高等学校电子信息类专业系列教材

信号与系统

主　编　宋家友　赵春雨　宫娜娜
副主编　王缓缓　乐丽琴

U0277873

西安电子科技大学出版社

内 容 简 介

本书主要阐述确定性信号的时域分析、频域分析、复频域分析,线性时不变系统及其性质以及信号通过线性时不变系统的时域分析、频域分析、复频域分析,同时在信号与系统的分析中引入了 MATLAB 仿真工具。本书采用连续和离散并行、先时域后变换域的体系结构,全面系统地论述了信号与系统的基本概念、基本理论和基本分析方法。主要内容包括信号与系统概述、信号与系统的时域分析、信号与系统的频域分析、连续时间信号与系统的复频域分析、离散时间信号与系统的复频域分析和系统的状态变量分析。

本书可作为高等学校电子信息工程、通信工程、计算机科学与技术、光电信息工程、测控技术与仪器、物联网工程及自动化等专业"信号与系统"课程的教材,也可供相关科技工作者自学参考使用。

图书在版编目(CIP)数据

信号与系统 / 宋家友,赵春雨,宫娜娜主编. —西安:西安电子科技大学出版社,2019.8
(2024.7 重印)
ISBN 978 - 7 - 5606 - 5311 - 2

Ⅰ. ① 信… Ⅱ. ① 宋… ② 赵… ③ 宫… Ⅲ. ① 信号系统 Ⅳ. ①TN911.6

中国版本图书馆 CIP 数据核字(2019)第 081920 号

策 划	秦志峰
责任编辑	宁晓蓉
出版发行	西安电子科技大学出版社(西安市太白南路 2 号)
电 话	(029)88202421 88201467 邮 编 710071
网 址	www. xduph. com 电子邮箱 xdupfxb001@163.com
经 销	新华书店
印刷单位	陕西天意印务有限责任公司
版 次	2019 年 8 月第 1 版 2024 年 7 月第 4 次印刷
开 本	787 毫米×1092 毫米 1/16 印张 17.5
字 数	414 千字
定 价	44.00 元

ISBN 978 - 7 - 5606 - 5311 - 2
XDUP 5613001 - 4

— 前　言 —

"信号与系统"是信息类专业如电子信息工程、通信工程、自动化、计算机科学与技术等专业学生必修的一门专业基础课。该课程的先修课程有"高等数学""线性代数""复变函数"和"电路分析"等，后续课程有"数字信号处理""通信原理""数字图像处理"等。该课程是将学生从具体的电路系统分析引入到普遍的信号与系统分析的关键课程，在本科四年的学习过程中有着举足轻重的作用。

本书是根据教育部高等学校电子电气基础课程教学指导分委员会 2011 年颁布的"信号与系统"课程教学基本要求进行编写的，在章节安排上采用连续与离散并行、先时域后变换域的结构体系。本书在信号分析中突出基本信号的描述和分析，强调各种变换的物理概念和工程意义，淡化其数学推导和运算；在系统分析中，侧重系统的变换域分析方法，突出频域响应和系统函数的概念和作用。本书在强化信号与系统理论的基础上，围绕课程教学内容进行整体优化，实现经典理论与现代理论可理解、可视化、可实践化的和谐统一。在课程教学中引入 MATLAB 软件加强工程设计理念，理论讲解后附有相应的 MATLAB 程序实现。每一章章末都附有本章小结，对重难点进行条理清楚的总结，有利于学生理清思路，更好地掌握本章内容。书中配有大量例题，对难点和重点进行解释与分析，使学生在有限的时间内既能掌握基本知识和必要技能，又具有一定的实践能力和创新精神，满足培养高素质学生对知识结构、能力结构和素质结构的需求。

本书由黄河科技学院信息工程学院的宋家友教授进行统筹，赵春雨和宫娜娜编写，王缓缓和乐丽琴参与了部分编写工作。

由于编者水平有限，书中不妥之处在所难免，敬请广大读者批评指正。

编　者

2019 年 2 月

— 目　　录 —

第一篇　信号与系统的时域分析

第二篇 信号与系统的频域分析

第三篇 信号与系统的复频域分析

信号与系统的时域分析

第1章 信号与系统概述

本章首先介绍信号与系统的基本概念,并以时间是否连续来分类讨论二者的描述方法,然后介绍信号与系统分析的基本内容及其分析方法,最后从三个方面对信号与系统分析理论的应用进行介绍。

1.1 信号与系统的概念与描述

信号与系统在自然科学和社会科学领域中发挥着越来越重要的作用,信号与系统问题无处不在。

近代,人们在自然科学以及工程、经济、社会科学等许多领域中,广泛地引用"系统"的概念、理念和方法,并根据各学科自身的规律,建立相应的数学模型,研究各自的问题。例如,工业部门常采用微机控制的过程控制系统,用于生产调度和质量分析等;商业部门常将产品产量与销售速率的关系看作经济关系,研究如何依据市场销售状况调节生产进度,使产品既不脱销也不积压,以达到节省资金、提高效益的目的;生态学家将生物种群数量与有关制约因素之间的关系看作生态系统,用以研究药物效能以及不同种群相互依存、相互竞争的关系。信号与系统概念已经深入到人们的生活和社会的各个方面。

1.1.1 信号的概念与描述

1. 信号的概念

人类在认识和改造自然界的过程中不断地获取着自然界的信息。所谓信息,是指存在于客观世界的一种事物形象,一般泛指消息、情报、指令、数据、信号等有关周围环境的知识。凡是物质的形态、特性在时间或空间上的变化,以及人类社会的各种活动都会产生信息。千万年来,人类用自己的感觉器官从客观世界获取各种信息,当人的思维活动产生一种想法存储在大脑中时,就获得了信息。可以说,我们是生活在信息的海洋之中,因此获取信息的活动是人类最基本的活动之一。

所谓消息,是指用来表达信息的某种客观对象,是信息的载体。消息是多种多样的,如电话中的声音,电视中的图像,电报中的电文,雷达的目标距离、方位、高度等,这些都是消息。在我们得到某一个消息后,可能得到了一定数量的信息,而所得到的信息的多少,与我们在得到消息前对某一事件的无知程度有关。在一切有意义的通信中,虽然消息的传递意味着信息的传递,但对于接收者而言,某些消息要比另外一些消息含有更多的信息。例如,一封"母病重,速归"的电报,如果接收者的母亲一直很健康,那么,这封电报就会使他感到突然和震惊,即这封电报含有很大的信息量("母病重"这一事件发生的概率很小);反之,如果接收者的母亲年迈、体衰、多病,那么这封电报便不足为奇了,它并没有带来很多的信息（"母病重"这一事件发生的概率很大）。由此，通常把消息中有意义的内容称为信息。

所谓信号，是带有信息的某种物理量，是消息的载体。各种形式的消息，如声音、图像等不便于直接传输，为了有效地传播和利用信息，常常需要将消息转换成便于传输和处理的信号。例如十字路口的红绿灯为光信号，用于指挥交通；电视机天线接收的是电信号，便于观看节目等。这些光、电信号都是最常用的信号，统称为信号。其中，电信号容易产生，便于控制，易于处理，本课程主要讨论电信号，简称"信号"。

由上述说明可以看出，任何通信系统传输的本质是信息，而信息是抽象的，必须借助于具体的消息才能够表达，而消息借助于物理的信号才能够进行有效的传输和处理。

2. 信号的描述

信号可描述范围极其广泛的物理现象。从不同的角度看，信号有着不同的描述。

物理上，信号按物理属性可分为电信号和非电信号，本课程讨论电信号，其基本形式为随时间变化的电压或电流。

数学上，信号是变量 t 的函数，无论电压或是电流，都可以统一用一个函数表达式 $x(t)$ 表示。在讨论信号的有关问题时，"信号"和"函数"两个词常互相通用。

形态上，信号表现为一种波形，可以提供更直观的分析。函数对应的图形也就是信号的波形。

本课程主要从数学表达式与波形两个角度来分析信号。

需要说明的是：按照信号是否有确定的表达式，可以分为确定信号和随机信号。其中确定信号有确定的表达式，能提前预知信号值；而随机信号没有确定的表达式，对于信号值不能提前预知。本课程主要分析确定信号，为今后随机信号的分析打下基础。

各种不同信号的描述方式略有不同。首先，按照信号的定义域 t 是连续还是离散的，信号分为连续时间信号和离散时间信号两大类。如果信号的自变量是连续取值的，即信号在自变量的某个连续范围内都有定义，则该信号为连续时间信号，简称连续信号。如果信号的自变量只在离散的瞬间取值（这些离散点在时间轴上可以均匀分布，也可以不均匀分布），在其他时刻没有定义，则该信号为离散时间信号，简称离散信号。连续与离散信号只对定义域做了要求，再按值域是连续或是离散，可将信号分为四类，如图 1.1.1 所示。

图 1.1.1　信号的分类

连续时间信号简称连续信号；若幅度也连续，称为模拟信号；若幅度离散，称为量化信号，如图 1.1.2 所示。

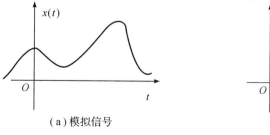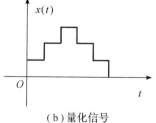

（a）模拟信号　　　　　　　　　　　　（b）量化信号

图 1.1.2　连续时间信号

离散时间信号简称离散信号：若幅度连续，称为抽样信号；若幅度也离散，称为数字信号，如图 1.1.3 所示。

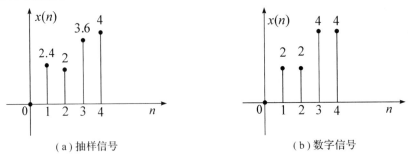

（a）抽样信号　　　　　　　　　　　（b）数字信号

图 1.1.3　离散时间信号

实际中产生的信号，如温/湿度、语音、图像等都是连续信号。离散信号的特点是只在离散的时间点上有函数值，其余时间没有定义。离散信号可以是自然产生的，如每年的人口、学生的成绩等，也可以由连续信号，如语音、图像等信号的抽样得到。在此只讨论对 $x(t)$ 进行等间隔抽样的情况，设抽样间隔为 T_s，则离散信号只在 $t=nT_s$ 时有定义，记作 $x(nT_s)$。为简便起见，抽样间隔可以不写，把 $x(nT_s)$ 简记为 $x(n)$。

连续信号的描述有两种形式：数学解析式与波形。

例如：正弦信号的解析式为 $x(t)=A\sin(\omega t+\varphi)$，波形如图 1.1.4 所示。

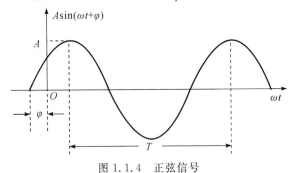

图 1.1.4　正弦信号

离散信号既可以用数学解析式、波形来描述，又可以用集合的方式写成一个按自变量 n 递增的有序数列，因此离散信号也称为序列。

如某离散信号的数学解析式为

$$x(n)=\begin{cases} n, & 0\leqslant n\leqslant 4 \\ 0, & \text{其他} \end{cases}$$

其图形如图 1.1.5 所示。序列形式为 $x(n)=\{0,1,2,3,4\}$，其中 ↑ 表示 $n=0$ 的时刻。若序列一边有无穷大的范围，则用"…"表示。

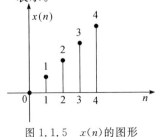

图 1.1.5　$x(n)$ 的图形

实际应用中，模拟信号和连续信号、数字信号和离散信号常不区分。

本课程主要以连续和离散为两条主线对信号与系统进行分析。

1.1.2　系统的概念与描述

1. 系统的概念

从狭义来说，任何完成信号的产生、转换、传输和处理的物理装置都称为系统。系统无处不在，实际的系统可大可小，功能作用也各不相同，小到一个电阻和细胞，大到一个集成电路和整个人体，都是一个系统。

从广义来讲，系统是指由若干相互作用、相互依存的事物按一定规律组合的能够完成某些特定功能的整体。如手机、电视机、通信网、计算机网等都是系统，它们所传送的一般都是电信号和光信号。典型的通信系统简要框图如图 1.1.6 所示。

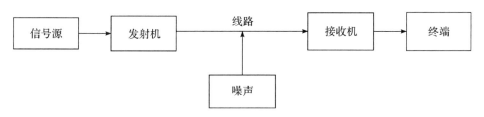

图 1.1.6　典型的通信系统框图

图 1.1.6 中，信号源产生的信号通过发射机加工处理后，沿某一通信线路发送出去。在接收端，信号被提取出来，送到终端处理机中还原成信息。在发射和接收过程中，还会从各种噪声源引入噪声。通常也将噪声划为通信系统的一个部分。

2. 系统的描述

信号的概念与系统的概念常常紧密地联系在一起。信号在系统中按一定规律变化，系统对信号进行变换和处理以后，输出所需的信号。信号与系统如图 1.1.7 所示。

图 1.1.7　信号与系统

输入信号常称为激励，输出信号常称为响应。信号由系统产生、发送、传输与接收；系统对信号进行变换、处理并转换为所需输出信号。没有信号的系统就没有存在的意义。所以说没有离开系统独立存在的信号，也没有离开信号独立存在的系统，信号与系统是相互依存的整体。

系统对于信号的作用，从数学上可以用一个算子 T 来表示，则图 1.1.7 中的系统可以用一个数学表达式来表示，即

$$y(t) = T[x(t)]$$

表示输入信号 $x(t)$ 经过系统 T 后，输出信号为 $y(t)$。具体的算子表达式可能有多种形式，下面通过举例来看如何由实际问题得到系统的数学模型。

例 1.1　RC 串联电路如图 1.1.8 所示，试列出以 $u_s(t)$ 作为激励（输入），以 $u_C(t)$ 作为响应（输出）时的数学模型。

解　由图 1.1.8 可知，$u_s(t)$ 为电压源，$u_C(t)$ 为电容两端电压。若以 $u_s(t)$ 作为激励，以 $u_C(t)$ 作为响应，则由基尔霍夫电压定律（KVL）得

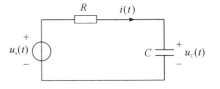

图 1.1.8　例 1.1 图

$$u_R(t) + u_C(t) = u_s(t)$$

由各元件端电压与电流关系（VAR）得

$$i(t) = Cu'_C(t)$$

$$u_R(t) = Ri(t) = RCu'_C(t)$$

其中 $u'_C(t) = \dfrac{\mathrm{d}u_C(t)}{\mathrm{d}t}$。代入 KVL 方程中并整理得

$$RCu'_C(t) + u_C(t) = u_s(t)$$

它是一个一阶常系数线性微分方程，要求得该方程的解，除 R、C 和 $u_s(t)$ 外，还需已知初始条件 $u_C(0_-)$。

例 1.2　设某地区在第 n 年的人口为 $y(n)$，人口的正常出生率和死亡率分别为 α 和 β，而第 n 年从外地迁入该地区的人口为 $x(n)$，求解第 n 年该地区的人口总数的表达式 $y(n)$。

解　由题意可知

$$y(n) = y(n-1) + \alpha y(n-1) - \beta y(n-1) + x(n)$$

整理得

$$y(n) - (1+\alpha-\beta)y(n-1) = x(n)$$

它是一个一阶差分方程，要求得该方程的解，除系数 α、β 和 $x(n)$ 外，还需要已知初始条件，即起始年（$n=0$）该地区的总人口数 $y(0)$。

若系统的输入和输出均为连续时间信号，则为连续时间系统，简称连续系统。若系统的输入和输出均为离散时间信号，则为离散时间系统，简称离散系统。由例 1.1 和例 1.2 可知，连续系统用微分方程描述，离散系统用差分方程描述。以二阶方程为例，对微分与差分方程进行对比，如表 1.1.1 所示。

表 1.1.1　微分方程与差分方程的比较

比较内容	微分方程	差分方程
方程形式	$a_2 y''(t) + a_1 y'(t) + a_0 y(t) = bx(t)$	$a_2 y(n) + a_1 y(n-1) + a_0 y(n-2) = bx(n)$
函数比较	含有 $y''(t)$、$y'(t)$、$y(t)$	含有 $y(n)$、$y(n-1)$、$y(n-2)$
阶次	输出函数导数的最高次数	输出函数自变量序号的最高与最低之差
初始状态	$y'(0_-)$、$y(0_-)$	$y(-1)$、$y(-2)$

上述方程从数学角度描述了系统，代表了某些运算关系，如相加、相乘、微分等。将这些基本运算用一些理想部件符号表示出来并相互连接，用以表示系统的激励与响应之间的数学运算关系，这样的图称为模拟框图，简称框图。基本运算部件如图 1.1.9 所示，其中箭头表示信号传输方向。加法器的功能是实现若干个信号相加；数乘器的功能是实现标量相乘运算，可以用来描述系统的放大作用；积分器的功能是实现对输入信号的积分运算，用于连续系统（需要强调的是模拟一个系统的微分方程不是采用微分器，而是采用积分器）；延时器的功能是将 t 时刻信号存储起来，延时 T 时间后再输出，用于连续系统；迟延器与延时器的功能相似，用于离散系统。

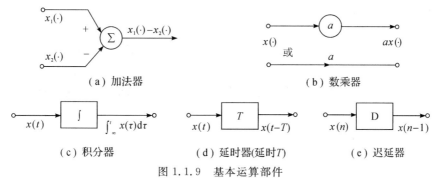

（a）加法器　　　　　　　　　（b）数乘器

（c）积分器　　　　（d）延时器(延时T)　　　（e）迟延器

图 1.1.9　基本运算部件

例 1.3　某连续系统的框图如图 1.1.10 所示，试写出该系统的微分方程。

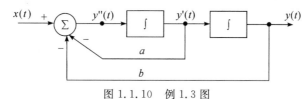

图 1.1.10　例 1.3 图

解　该系统中有两个积分器，故用二阶微分方程描述，简称二阶系统。考虑到积分器的输出是输入的积分，因而积分器的输入是其输出信号的一阶导数。现假设右边积分器的输出信号为 $y(t)$，则其输入信号为 $y'(t)$，左边积分器的输入信号为 $y''(t)$，如图 1.1.10 所示。

加法器的输出为

$$y''(t) = x(t) - by(t) - ay'(t)$$

将上式中除 $x(t)$ 以外的各项移到左边有

$$y''(t) + ay'(t) + by(t) = x(t)$$

上式即为所求微分方程。

例 1.4　某连续系统的框图如图 1.1.11 所示，写出该系统的微分方程。

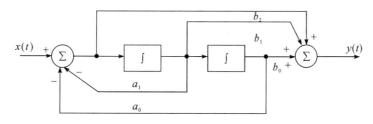

图 1.1.11　例 1.4 图

解　系统框图中有两个积分器，故描述该系统的也是二阶微分方程。与上例不同的是系统的响应 $y(t)$ 并非是右积分器的输出信号，而是经过一个加法器后的信号。

现设右积分器的输出为 $w(t)$，那么它的输入为 $w'(t)$，则左积分器的输入为 $w''(t)$。

左加法器的输出为

$$w''(t) = x(t) - a_1 w'(t) - a_0 w(t)$$

整理得

$$w''(t) + a_1 w'(t) + a_0 w(t) = x(t) \tag{1.1.1}$$

右加法器的输出为

$$y(t) = b_2 w''(t) + b_1 w'(t) + b_0 w(t) \tag{1.1.2}$$

为求得表述响应 $y(t)$ 与 $x(t)$ 之间关系的方程，就从上述两式中消去中间变量 $w(t)$ 及其导数。由式(1.1.2)可知，响应 $y(t)$ 是 $w(t)$ 及其各阶导数的线性组合，因而要消去 $w(t)$，以 $y(t)$ 为未知变量的微分方程左端的系数应与式(1.1.1)相同。为简便起见，省去自变量 t 有

$$a_0 y = b_2(a_0 w'') + b_1(a_0 w') + b_0(a_0 w)$$
$$a_1 y' = b_2(a_1 w'')' + b_1(a_1 w')' + b_0(a_1 w)'$$
$$y'' = b_2(w'')'' + b_1(w')'' + b_0(w)''$$

上述三个方程相加得

$$y'' + a_1 y' + a_0 y = b_2(w'' + a_1 w' + a_0 w)'' + b_1(w'' + a_1 w' + a_0 w)' + b_0(w'' + a_1 w' + a_0 w)$$

结合式(1.1.1)得

$$y''(t) + a_1 y'(t) + a_0 y(t) = b_2 x''(t) + b_1 x'(t) + b_0 x(t) \tag{1.1.3}$$

上式即为所求微分方程。

例 1.5　试画出下述两个系统的框图：

(1) $y''(t) + 2y'(t) - 3y(t) = x(t)$；

(2) $y''(t) + 2y'(t) - 3y(t) = 4'(t) + x(t)$。

解　图 1.1.12(a)为系统(1)的框图，图 1.1.12(b)为系统(2)的框图。

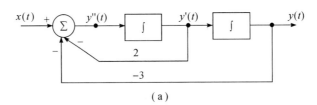

（a）

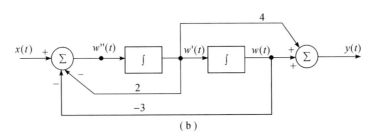

（b）

图 1.1.12　例 1.5 图

例 1.6　已知系统的框图如图 1.1.13 所示，写出系统的差分方程。

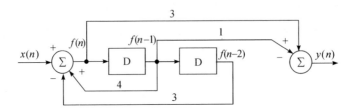

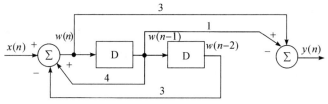

图 1.1.13 例 1.6 框图

解 设一中间变量 $w(n)$ 为左边加法器的输出，由左边加法器列方程得

$$w(n) = x(n) + 4w(n-1) - 3w(n-2)$$

整理得

$$w(n) - 4w(n-1) + 3w(n-2) = x(n)$$

由右边加法器列方程得

$$y(n) = 3w(n) - w(n-1)$$

消去中间变量得

$$y(n) - 4y(n-1) + 3y(n-2) = 3x(n) - x(n-1)$$

由上述例子可见，若已知系统的框图，列写微分或差分方程的一般步骤为：

(1) 选中间变量 $w(\cdot)$，对于连续系统，设其最右端积分器的输出为 $w(t)$；对于离散系统，设其最左端迟延单元的输入为 $w(n)$。

(2) 写出各加法器输出信号的方程。

(3) 消去中间变量 $w(\cdot)$。

若已知系统的微分或差分方程，也可以画出其框图，其步骤与上述步骤刚好相反。

1.2 信号与系统分析概述

1. 信号与系统分析的内容与方法

信号与系统理论涉及范围广泛，内容十分丰富。信号理论包括信号分析、信号传输、信号处理和信号综合；系统理论包括系统分析和系统综合。信号分析主要讨论信号的表示、信号的性质等；系统分析主要讨论对于给定的系统，在输入信号的作用下产生的输出信号。信号分析与系统分析之间关系紧密又各有侧重，前者侧重于信号的解析表示、性质、特征等，后者侧重于系统的特性、功能等。本书主要研究信号分析和系统分析的基本概念和基本分析方法，以便为读者进一步学习、研究有关网络理论、通信理论、控制理论、信号检测理论等打下基础。

对于信号与系统，本课程从时域、频域和复频域三种不同的角度进行分析。例如，对于一个人，我们以一些特征来区别和认识他，比如他是男是女，是高是矮等，只有对此人的特征从各方面给出全面描述，才能便于对此人的认识。同样对于信号与系统，只有同时从多方面给出信号的特性，才能更全面地了解、区别和认识此信号。信号的各种域的分析，实际上是将任意信号分解为不同的基本信号之和，来分析信号在各个域的特征，并通过求解基本信号的响应，达到求解任意信号响应的目的。

2. 信号与系统分析的应用

由于连续信号与系统、离散信号与系统的研究各有其应用背景，因此两者沿着各自的道路平行发展。连续信号与系统主要是在物理学和电路理论方面得到发展，而离散信号与系统理论则在数值分析、预测与统计等方面开展研究工作。由于数字计算机功能日趋完善，其应用也日益广泛；同时，大规模集成电路研制的进展使得体积小、重量轻、成本低、机动性好的离散系统有可能实现，因此，离散信号与系统的分析越来越受到人们的重视。以下从三个具体领域来说明信号与系统分析理论的应用。

1）通信领域

在通信系统中，许多信号不能直接进行传输，需要根据实际情况对信号进行适当的调制，以提高信号的传输质量或传输效率。信号的调制有多种形式，如幅度调制、频率调制和相位调制，但都是基于信号与系统的基本理论。信号的正弦幅度调制可以实现频分复用，信号的脉冲幅度调制可以实现时分复用，复用技术可以极大地提高信号的传输效率，有效利用信道资源。信号的频率调制和相位调制可以增强信号的抗干扰能力，提高传输质量。此外，离散信号的调制还可以实现信号的加密、多媒体信号的综合传输等。由此可见，信号与系统的理论与方法在通信领域有着广泛的应用。

2）控制领域

在控制系统中，系统的传输特性和稳定性是描述系统的重要属性。信号与系统分析中的系统函数可以有效地分析和控制连续时间系统与离散时间系统的传输特性和稳定性，一方面通过分析系统的系统函数，可以清楚地确定系统的时域特性、频响特性、相位特性以及系统的稳定性等；另一方面在使用系统函数分析系统特性的基础上，可以根据实际需要调整系统函数以实现所需的系统特性。如通过分析系统函数的零极点分布，可以了解系统是否稳定；若不稳定，可以通过反馈等方法调整系统函数实现系统稳定。系统函数在控制系统的分析与设计中有着重要的应用。

3）信号处理

在信号处理领域中，信号与系统的时域分析和变换域分析的理论和方法为信号处理奠定了必要的理论基础。在信号的变换域分析中，信号的傅里叶变换可以实现信号的频谱分析，连续信号的拉普拉斯变换和离散信号的 z 变换可以实现信号的变换域描述和表达等。信号的变换域分析拓展了信号时域分析的范畴，为信号的分析和处理提供了一种新途径。在实际的语音和图像处理中，语音与图像的数字化、预处理、谱分析、滤波、压缩等都是以信号的分析为基础的。

本 章 小 结

什么是信号？什么是系统？这些向来是初学者感到较为抽象和不易理解的概念，特别是与之前学过的高等数学、电路分析等课程相比较后，更加感到它的陌生和抽象。因此读者在学习本章内容时应首先接受信号与系统的所有基本概念并与周边较为熟悉的实际的电信号及电路进行比较，以便加深理解。

本章主要内容有：

（1）信号是反映信息变化规律的物理量，可用表达式或图形（波形）描述。

（2）信号按照不同分类法可以分为连续与离散信号、确定与随机信号等，本书主要研究确定信号的描述，讨论连续与离散两种信号的具体描述形式。

（3）系统是完成信号的产生、转换、传输和处理的物理装置。

（4）系统的描述方法有两种，一种是解析描述即建立微分方程或者差分方程，一种是框图描述；前者称为数学模型，后者称为物理模型。描述连续系统的数学模型是微分方程，描述离散系统的数学模型是差分方程。

（5）信号与系统分析理论的内容、方法与应用。

习　题　1

1.1　RLC 串联电路如题 1.1 图所示，试列出以 $u_s(t)$ 作为激励，以 $u_C(t)$ 作为响应时的数学模型。

1.2　电路如题 1.2 图所示，求：

（1）当以信号源电压 $u_s(t)$ 为激励，以电容两端电压 $u_C(t)$ 为响应时的微分方程；

（2）当以信号源电压 $u_s(t)$ 为激励，以电感电流 $i_L(t)$ 为响应时的微分方程。

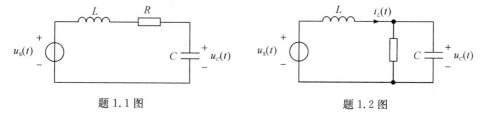

题 1.1 图　　　　　　　　　　题 1.2 图

1.3　写出题 1.3 图所示系统的微分方程。

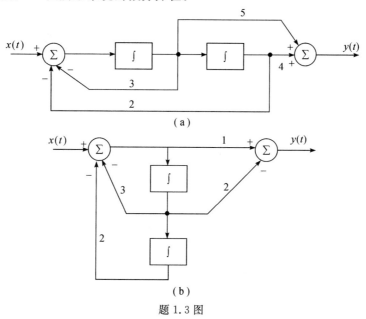

（a）

（b）

题 1.3 图

1.4　画出下列系统方程所对应的系统框图。

（1）$y''(t) + 2y'(t) + y(t) = x'(t) + 3x(t)$；

（2）$y''(t) + 5y'(t) + 6y(t) = x(t) - x(t - T)$。

第 2 章　信号的时域分析

　　第 1 章中已讲述了信号的概念与描述问题，本章主要从连续和离散两种角度对信号进行时域分析。首先讨论信号的基本运算，然后介绍一些常用的连续和离散信号，接着分析信号的性质，最后用 MATLAB 实现信号的时域分析。

2.1　信号的基本运算

　　信号在系统中的传输和处理，往往要经过信号的运算，在实际中某些特定的物理器件可直接实现这些运算，如加法器、乘法器、积分器等。本节主要分析在运算过程中信号表达式和波形的变化，将介绍连续与离散信号的一些基本运算，如加法和乘法、平移、反转、尺度变换、微分(或差分)、积分(或求和)等。

2.1.1　信号的加法和乘法

　　信号 $x_1(t)$ 和 $x_2(t)$ 相加或相乘，是指同一瞬时两信号值对应相加或相乘，构成一个新的"和信号"或"积信号"。

　　例 2.1　已知两信号如图 2.1.1 所示，求 $x_1(t)$ 与 $x_2(t)$ 之和、$x_1(t)$ 与 $x_2(t)$ 之积。

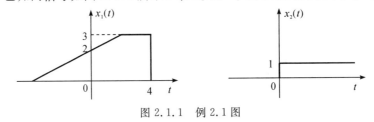

图 2.1.1　例 2.1 图

　　解　$x_1(t)$ 与 $x_2(t)$ 之和、$x_1(t)$ 与 $x_2(t)$ 之积分别如图 2.1.2(a)、(b)所示。

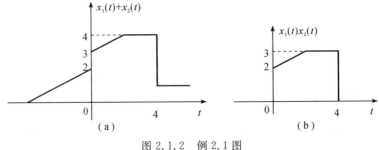

图 2.1.2　例 2.1 图

　　序列之间的加、乘，是指它的同序号的序列值逐项对应相加、相乘。

　　例 2.2　已知两序列如下，求 $x_1(n)$ 与 $x_2(n)$ 之和、$x_1(n)$ 与 $x_2(n)$ 之积。

$$x_1(n)=\begin{cases}2, & n=-1 \\ 3, & n=0 \\ 6, & n=1 \\ 0, & n=其他\end{cases}, \qquad x_2(n)=\begin{cases}3, & n=0 \\ 2, & n=1 \\ 4, & n=2 \\ 0, & n=其他\end{cases}$$

解　$x_1(n)$ 与 $x_2(n)$ 之和为　　　　　　　　　$x_1(n)$ 与 $x_2(n)$ 之积为

$$x_1(n)+x_2(n)=\begin{cases}2, & n=-1 \\ 6, & n=0 \\ 8, & n=1 \\ 4, & n=2 \\ 0, & n=其他\end{cases} \qquad x_1(n)x_2(n)=\begin{cases}9, & n=0 \\ 12, & n=1 \\ 0, & n=其他\end{cases}$$

2.1.2　信号的自变量变换

信号的自变量变换，指的是对于自变量(t 或 n)进行改变的运算，包括平移、反转和尺度变换。

1. 平移运算

信号的平移也称为时移或移位运算。平移后的延时信号 $x(t-t_0)$ 是将原信号 $x(t)$ 沿 t 轴平移 t_0 个单位。若 $t_0>0$，则将 $x(t)$ 向右平移；否则向左平移。$x(t)$ 及其左右平移 1 个单位的图形如图 2.1.3 所示。

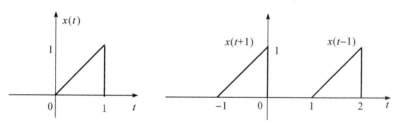

图 2.1.3　连续信号的平移运算

与连续信号类似，$x(n)$ 沿 n 轴平移 m 个单位得到 $x(n-m)$。若 $m>0$，则 $x(n)$ 向右平移；否则向左平移。$x(n)$ 及其左右平移 2 个单位的图形如图 2.1.4 所示。

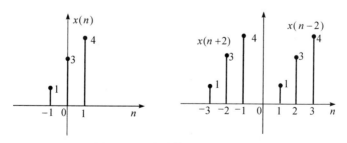

图 2.1.4　离散信号的平移运算

2. 反转运算

将信号的自变量 t 变为 $-t$，或 n 变为 $-n$，得到 $x(-t)$ 或 $x(-n)$，称为对信号 $x(\cdot)$ 的反转或反折运算。反转运算的几何含义是将 $x(\cdot)$ 以纵坐标为轴反转 $180°$，如图 2.1.5 和图 2.1.6 所示。

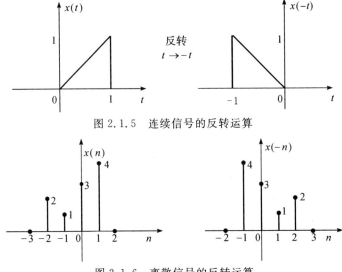

图 2.1.5　连续信号的反转运算

图 2.1.6　离散信号的反转运算

若将平移与反转相结合，还可得到 $x(-t-t_0)$ 以及 $x(-t+t_0)$ 等。需要注意，画这类信号的波形时，最好先平移(将 $x(t)$ 平移为 $x(t\pm t_0)$)，然后再反转(将变量相应地变为 $-t$)。如果反转后再进行平移，这时自变量变为 $-t$，但平移对于 t 来说仍然是"左加右减"(并不包括前面的符号)。总之，要牢记是针对自变量进行运算。对于 $x(n)$ 的变换也遵循这个规则。

例 2.3　$x(t)$ 波形如图 2.1.7 所示，试利用反转与平移结合画出 $x(2-t)$ 的波形。

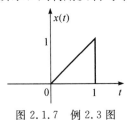

图 2.1.7　例 2.3 图

解　若先对 $x(t)$ 进行平移运算 $x(t) \rightarrow x(t+2)$，再进行反转运算 $x(t+2) \rightarrow x(-t+2)$，则运算过程如图 2.1.8(a)所示；若先对 $x(t)$ 进行反转运算 $x(t) \rightarrow x(-t)$，再进行平移运算 $x(-t) \rightarrow x(-t+2)$，则运算过程如图 2.1.8(b)所示。

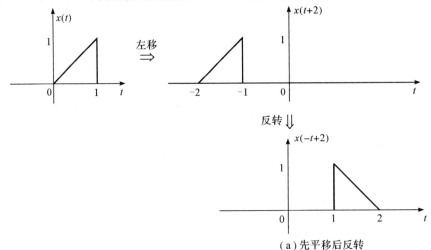

（a）先平移后反转

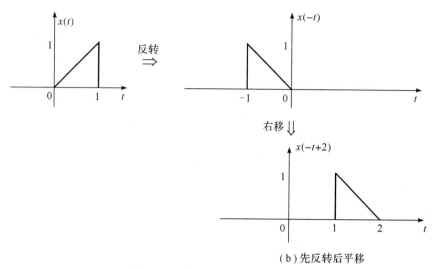

（b）先反转后平移

图 2.1.8 信号的平移加反转运算

3. 尺度变换（横坐标展缩）

将 $x(t) \rightarrow x(at)$，称为对信号 $x(t)$ 的尺度变换。尺度变换表现在图形上就是将信号横坐标的尺寸展宽或压缩。若 $a > 1$，则信号 $x(at)$ 表示将原信号 $x(t)$ 波形沿横轴压缩到原来的 $1/a$；若 $0 < a < 1$，则表示将 $x(t)$ 波形沿横轴展宽至原来的 $1/a$；若 $a < 0$，则表示将 $x(t)$ 波形反转并沿横轴压缩或展宽至原来的 $1/|a|$。

例 2.4 $x(t)$ 的波形如图 2.1.9(a) 所示，画出 $x(2t)$ 及 $x(0.5t)$ 的波形。

解 将信号 $x(t)$ 横坐标压缩到原来的一半，得到 $x(2t)$ 的波形，如图 2.1.9（b）所示。将信号 $x(t)$ 横坐标展宽到原来的 2 倍，得到 $x(0.5t)$ 的波形，如图 2.1.9（c）所示。

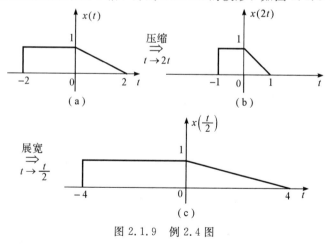

图 2.1.9 例 2.4 图

对于离散序列 $x(n)$，其尺度变换序列为 $x\left(\dfrac{n}{m}\right)$ 或 $x(nm)$，其中 m 为正整数。需要指出的是，它不同于连续信号在时间轴上简单地扩展或压缩 m 倍，而是以 m 为频率抽取或内插。$x(n)$ 与 $x(2n)$、$x\left(\dfrac{n}{2}\right)$ 的图形如图 2.1.10 所示。从图 2.1.10 可以看出，$x(2n)$ 是 $x(n)$ 每两点抽取一点后得到的序列；$x\left(\dfrac{n}{2}\right)$ 是 $x(n)$ 每相邻两点间插入一个零值点后得到的序列。

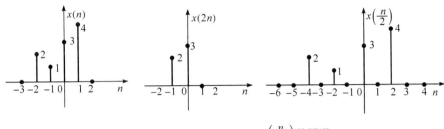

图 2.1.10　$x(n)$ 与 $x(2n)$、$x\left(\dfrac{n}{2}\right)$ 的图形

例 2.5　已知 $x(t)$ 波形如图 2.1.11(a)所示,利用平移、反转、尺度变换相结合画出 $x(-4-2t)$ 的波形。

解　此题有多种解法,可先平移,后尺度变换,再反转;也可先尺度变换,后平移。这里采用先平移,后尺度变换,再反转来实现,如图 2.1.11(b)所示。

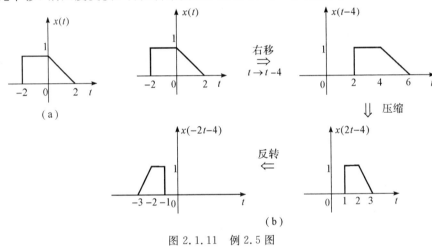

图 2.1.11　例 2.5 图

例 2.6　若已知 $x(-4-2t)$ 波形如图 2.1.12(a)所示,试画出 $x(t)$ 的波形。

解　此题与例 2.5 正好相反,这里采用先反转,后尺度变换,再平移来实现,波形如图 2.1.12(b)所示。

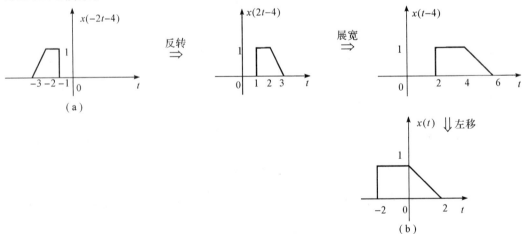

图 2.1.12　例 2.6 图

2.1.3　信号的微分与积分

1. 连续信号的微分与积分运算

1）微分运算

对信号 $x(t)$ 求导数 $x'(t)$ 称为对 $x(t)$ 的微分运算。一个信号的导数 $x'(t)$ 就是信号 $x(t)$ 各点的变化率。若信号 $x(t)$ 有间断点，则采用广义函数的概念，用冲激函数（带方向的箭头）表示，冲激强度等于跳变幅度。有关冲激函数的知识将在 2.2 节中详细介绍。

例 2.7　已知宽度为 4、高度为 1 的偶对称三角脉冲 $q_4(t)$ 波形如图 2.1.13(a) 所示，画出 $q_4'(t)$ 和 $q_4''(t)$ 的波形。

$$q_4(t) = \begin{cases} 1 - \dfrac{|t|}{2}, & |t| < 2 \\ 0, & |t| > 2 \end{cases}$$

解　$q_4'(t)$ 和 $q_4''(t)$ 的波形如图 2.1.13(b)、(c) 所示。

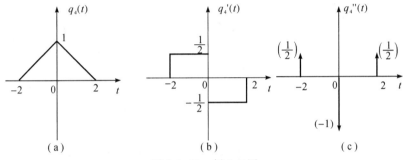

图 2.1.13　例 2.7 图

2）积分运算

对信号 $x(t)$ 求积分称为对 $x(t)$ 的积分运算。一个连续信号 $x(t)$ 的积分定义为

$$y(t) = \int_{-\infty}^{t} x(\tau) \mathrm{d}\tau \tag{2.1.1}$$

也就是求从 $-\infty$ 到任一瞬间 t 曲线 $x(\tau)$ 下面覆盖的面积，如图 2.1.14 所示。

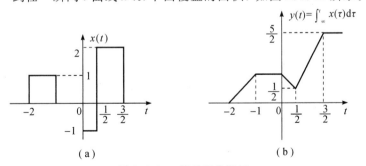

图 2.1.14　信号积分举例

2. 离散信号的差分与求和运算

对应于连续信号的微积分运算，离散信号有差分和求和运算。

1）差分运算

离散信号的差分有两种：前向差分和后向差分。一阶前向差分定义为

$$\Delta x(n) = x(n+1) - x(n) \tag{2.1.2}$$

一阶后向差分定义为

$$\nabla x(n) = x(n) - x(n-1) \tag{2.1.3}$$

式中，Δ 和 ∇ 称为差分算子。由式(2.1.2)和式(2.1.3)可知，前向差分与后向差分的关系为

$$\nabla x(n) = \Delta x(n-1) \tag{2.1.4}$$

二者仅位移不同，没有本质差别，因而其性质也相同。本书主要采用后向差分，并简称其为差分。

容易证明，若有序列 $x_1(n)$、$x_2(n)$ 和常数 a_1、a_2，则有

$$\nabla[a_1 x_1(n) + a_2 x_2(n)] = a_1 \nabla x_1(n) + a_2 \nabla x_2(n) \tag{2.1.5}$$

例 2.8 已知 $x(n)$ 的波形如图 2.1.15(a)所示，画出前向差分 $\Delta x(n)$ 和后向差分 $\nabla x(n)$ 的波形。

解 由前向差分与后向差分的定义式，可得结果如图 2.1.15(d)、(e)所示。

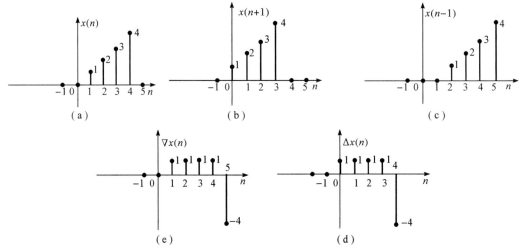

图 2.1.15 差分运算

2) 求和运算

序列 $x(n)$ 的求和运算为

$$y(n) = \sum_{i=-\infty}^{n} x(i) \tag{2.1.6}$$

注意：求和的上限为自变量 n。

例 2.9 已知 $x(n)$ 的波形如图 2.1.16(a)所示，画出其求和运算 $y(n)$ 的波形。

解 由求和运算定义有

$$y(-2) = 0$$
$$y(-1) = \cdots + x(-2) + x(-1) = -2$$
$$y(0) = \cdots + x(-2) + x(-1) + x(0) = -1$$
$$y(1) = y(0) + x(1) = 1$$
$$y(2) = y(1) + x(2) = 3$$
$$y(3) = y(2) + x(3) = 3$$
$$y(4) = y(3) + x(4) = 2$$
$$y(5) = y(4) + x(5) = 1$$

$$y(6) = y(5) + x(6) = 1$$
$$\vdots$$

其结果如图 2.1.16(b)所示。

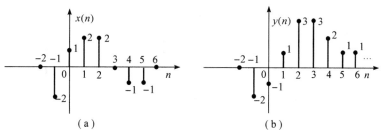

图 2.1.16　求和运算

2.2　常用连续时间信号

2.2.1　典型普通信号

1. 正弦信号

正弦信号如图 2.2.1(a)所示，其表达式为

$$x(t) = A\sin(\omega t + \varphi) \tag{2.2.1}$$

式中，A 为振幅；ω 为角频率，单位为弧度每秒(rad/s)；φ 为初始相位，单位为弧度。频率 $f = \omega/2\pi$，单位为赫兹，正弦信号的周期为 T，单位为秒(s)。

$$T = \frac{2\pi}{\omega} = \frac{1}{f} \tag{2.2.2}$$

在信号分析中，由于余弦信号同正弦信号只是在相位上相差 $\pi/2$，所以将余弦信号和正弦信号统称为正弦信号。

2. 矩形脉冲信号

矩形脉冲信号如图 2.2.1 (b)所示，其表达式为

$$p_\tau(t) = \begin{cases} 1, & |t| < \tau/2 \\ 0, & |t| > \tau/2 \end{cases} \tag{2.2.3}$$

3. 三角脉冲信号

三角脉冲信号如图 2.2.1 (c)所示，其表达式为

$$q_\tau(t) = \begin{cases} 1 - \dfrac{2|t|}{\tau}, & |t| < \tau/2 \\ 0, & |t| > \tau/2 \end{cases} \tag{2.2.4}$$

4. 单位斜坡信号

单位斜坡信号如图 2.2.1 (d)所示，其表达式为

$$r(t) = \begin{cases} 0, & t < 0 \\ t, & t \geqslant 0 \end{cases} \tag{2.2.5}$$

5. 抽样信号

抽样信号如图 2.2.1(e)所示，其表达式为

$$\mathrm{Sa}(t) = \frac{\sin t}{t} \tag{2.2.6}$$

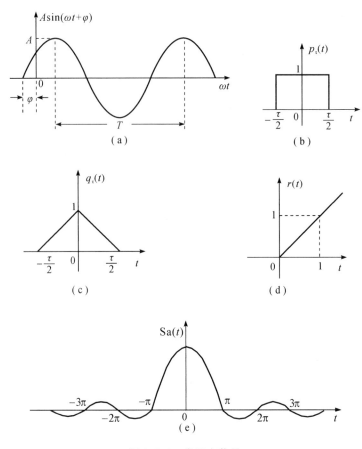

图 2.2.1　常见实信号

6. 复指数信号

以上 5 种信号的函数值为实数,属于实信号,物理上可以实现。函数值为复数的信号称为复信号。复信号由实部和虚部组成,虽然在实际中不能产生复信号,但是为了便于理论分析,往往采用复信号来代表某些物理量。在连续信号中最常用的是复指数信号,即

$$x(t) = \mathrm{e}^{st}, \quad -\infty < t < \infty \tag{2.2.7}$$

式中,复变量 $s = \sigma + \mathrm{j}\omega$,$\sigma$ 是 s 的实部,常记作 $\mathrm{Re}[s]$;ω 是 s 的虚部,常记作 $\mathrm{Im}[s]$。根据欧拉公式,上式可展开为

$$x(t) = \mathrm{e}^{(\sigma+\mathrm{j}\omega)t} = \mathrm{e}^{\sigma t}\cos(\omega t) + \mathrm{j}\mathrm{e}^{\sigma t}\sin(\omega t) \tag{2.2.8}$$

可见复指数信号可分解为实、虚两部分,它们是同频率增长(或衰减)的余弦、正弦振荡,即

$$\mathrm{Re}[\mathrm{e}^{st}] = \mathrm{e}^{\sigma t}\cos(\omega t), \ \mathrm{Im}[\mathrm{e}^{st}] = \mathrm{e}^{\sigma t}\sin(\omega t)$$

指数因子的实部 σ 表征了余弦和正弦函数的振幅随时间变化的情况,若 $\sigma > 0$,它们是增幅振荡;若 $\sigma < 0$,它们是减幅振荡;若 $\sigma = 0$,则是等幅振荡。

指数因子的虚部 ω 表征了余弦和正弦函数的角频率,若 $\omega = 0$,复指数信号就变成实指数信号 $\mathrm{e}^{\sigma t}$;若 $\sigma = \omega = 0$,则 $x(t) = 1$,就变成直流信号。信号虚部的波形与信号实部的波形

相似，只是相位相差 $\pi/2$。

可见，一个复指数信号可以概括许多常用信号。上述各种情况波形如图 2.2.2 所示。

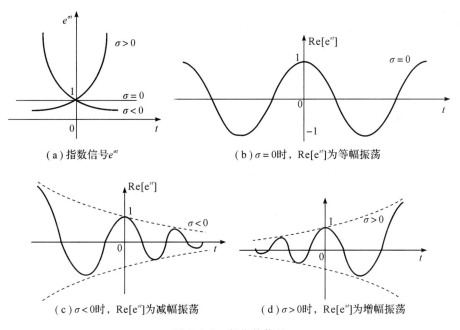

　　　　（a）指数信号 $e^{\sigma t}$　　　　　　　　　（b）$\sigma=0$ 时，$\mathrm{Re}[e^{st}]$ 为等幅振荡

　　　（c）$\sigma<0$ 时，$\mathrm{Re}[e^{st}]$ 为减幅振荡　　　　（d）$\sigma>0$ 时，$\mathrm{Re}[e^{st}]$ 为增幅振荡

图 2.2.2　复指数信号

2.2.2　奇异信号

在信号与系统分析中常遇到一类信号：阶跃函数和冲激函数，它们本身包含不连续点或其导数与积分存在不连续点，不同于普通函数，称为奇异函数。

普通函数描述的是自变量与因变量的数值对应关系，当自变量取不同值时，除间断点外，函数有确定的数值与之对应。但是如果要考虑某些物理量在空间或时间坐标上集中于一点的物理现象（如质量集中于一点的密度分布、作用时间趋于零的冲击力、宽度趋于零的电脉冲等），普通函数的概念就不够用了，而冲激函数就是描述这类现象的数学模型。在"信号与系统"这门课中引入奇异函数后，不仅使一些分析方法更加完美、灵活，而且使之更为简捷。

这里将以求函数序列极限的方式直观地定义阶跃函数和冲激函数。

1. 阶跃函数

1）阶跃函数的定义

选定一个函数序列 $\gamma_n(t)$，如图 2.2.3(a) 所示，其表达式为

$$\gamma_n(t)=\begin{cases}0, & t<-\dfrac{1}{n}\\[2mm]\dfrac{1}{2}+\dfrac{n}{2}t, & -\dfrac{1}{n}<t<\dfrac{1}{n}\\[2mm]1, & \dfrac{1}{n}<t\end{cases}\qquad(n=2,3,\cdots)\qquad(2.2.9)$$

该函数序列在 $\left(-\dfrac{1}{n},\dfrac{1}{n}\right)$ 区间直线上升，其斜率为 $\dfrac{n}{2}$；在 $t=0$ 处，$\gamma_n(0)=\dfrac{1}{2}$。

当 n 增长时，函数 $\gamma_n(t)$ 在 $\left(-\dfrac{1}{n},\dfrac{1}{n}\right)$ 区间的斜率增大，在 $t=0$ 处的值仍为 $\dfrac{1}{2}$。

当 $n\to\infty$ 时，函数 $\gamma_n(t)$ 在 $t=0$ 处立即由 0 跃变到 1，其斜率变为无限大，这个函数就定义为单位阶跃函数，简称阶跃函数，用 $u(t)$ 表示，如图 2.2.3(b) 所示。

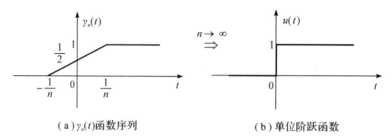

（a）$\gamma_n(t)$函数序列　　　　　　　　　（b）单位阶跃函数

图 2.2.3　阶跃函数

于是，直观地引出阶跃函数 $u(t)$ 的定义为

$$u(t) \stackrel{\text{def}}{=} \lim_{n\to\infty}\gamma_n(t)=\begin{cases}0, & t<0 \\[2mm] \dfrac{1}{2}, & t=0 \\[2mm] 1, & t>0\end{cases} \tag{2.2.10}$$

2) 阶跃函数的性质

（1）积分与微分。

阶跃函数的积分为

$$\int_{-\infty}^{t}u(\tau)\mathrm{d}\tau = tu(t) \tag{2.2.11}$$

由冲激函数与阶跃函数的定义可知，$u(t)$ 是 $\gamma_n(t)$ 在 $n\to\infty$ 时的极限，$\delta(t)$ 是 $p_n(t)$ 在 $n\to\infty$ 时的极限，又 $\gamma_n(t)$ 与 $p_n(t)$ 的关系为

$$p_n(t)=\frac{\mathrm{d}\gamma_n(t)}{\mathrm{d}t}$$

于是可得 $u(t)$ 与 $\delta(t)$ 的关系为

$$\delta(t)=\frac{\mathrm{d}u(t)}{\mathrm{d}t}, \qquad \int_{-\infty}^{t}\delta(\tau)\mathrm{d}\tau = u(t) \tag{2.2.12}$$

可见，冲激函数与阶跃函数互为微分与积分的关系。

显而易见，引入冲激函数之后，间断点处的导数也存在，如图 2.2.4 所示。图中，$x(t)=2u(t+1)-2u(t-1)$，$x'(t)=2\delta(t+1)-2\delta(t-1)$。

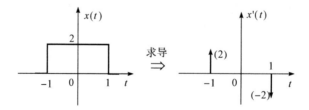

图 2.2.4　间断点处的导数

例 2.10　信号 $x(t)$ 如图 2.2.5(a) 所示，求其导数 $x'(t)$。

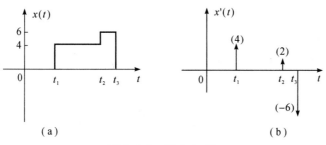

图 2.2.5　例 2.10 图

解　用单位阶跃函数表示函数 $x(t)$ 为
$$x(t) = 4u(t - t_1) + 2u(t - t_2) - 6u(t - t_3)$$
则由 $u(t)$ 与 $\delta(t)$ 的关系可得
$$x'(t) = 4\delta(t - t_1) + 2\delta(t - t_2) - 6\delta(t - t_3)$$

$x'(t)$ 的波形如图 2.2.5(b) 所示。这个冲激的面积（或称为强度）等于 $x(t)$ 在 $t = t_0$ 处不连续点的跳变值。

（2）用于信号加窗。

单位阶跃信号之差常用于给信号加窗。某个信号乘以单位阶跃函数，即保留大于 0 时的信号波形，其余置零；某个信号乘以单位阶跃函数之差，即保留该时间段内的信号波形，其余置零，如图 2.2.6 所示。

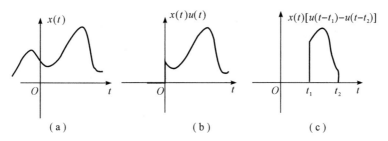

图 2.2.6　$u(t)$ 表示信号作用区间

（3）用于表示分段函数。

图 2.2.7 所示信号的表达式用 $u(t)$ 表示为
$$x_1(t) = 2u(t) - 3u(t - 1) + u(t - 2)$$
$$x_2(t) = u(t - t_0) - u(t - \tau)$$
$$p_\tau(t) = u\left(t + \frac{\tau}{2}\right) - u\left(t - \frac{\tau}{2}\right)$$

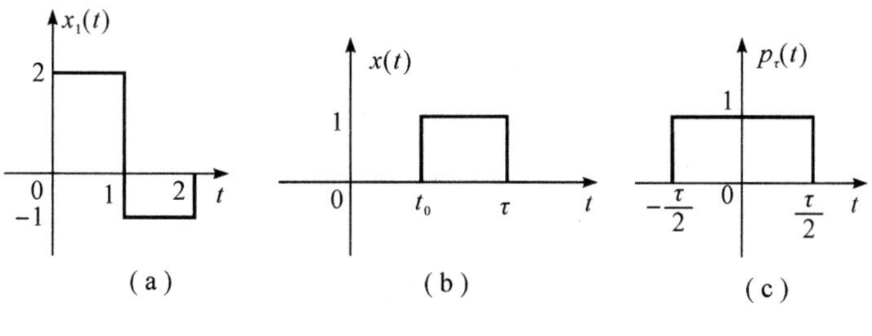

图 2.2.7　$u(t)$ 表示信号

2. 冲激函数

1）冲激函数的定义

单位冲激函数是个奇异函数，它是对强度极大、作用时间极短一类物理量的理想化模型。它可由两种方式进行定义。

（1）冲激函数的直观定义。

根据阶跃函数的引出方式，同样用求函数极限的方法得出冲激函数的定义。对 $\gamma_n(t)$ 求导得 $p_n(t)$，如图 2.2.8(a) 所示。

$$p_n(t) = \begin{cases} 0, & t < -\dfrac{1}{n} \\[2mm] \dfrac{n}{2}, & -\dfrac{1}{n} < t < \dfrac{1}{n} \quad (n = 2, 3, \cdots) \\[2mm] 0, & \dfrac{1}{n} < t \end{cases} \tag{2.2.13}$$

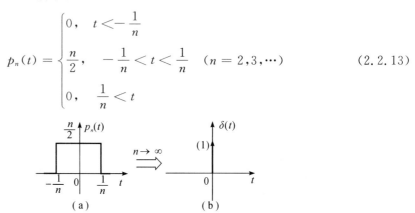

图 2.2.8　矩形脉冲与冲激函数

导数 $p_n(t)$ 是幅度为 $\dfrac{n}{2}$、宽度为 $\dfrac{2}{n}$ 的矩形脉冲。该矩形脉冲的面积为 1，称为 $p_n(t)$ 的强度。

当 n 增长时，导数 $p_n(t)$ 的幅度增大而宽度减小，其强度仍为 1。

当 $n \to \infty$ 时，导数 $p_n(t)$ 的幅度增至无限大，而宽度趋于零，但其强度仍为 1。这个函数就定义为单位冲激函数，简称冲激函数，用 $\delta(t)$ 表示，如图 2.2.8(b)) 表示。

于是我们直观地引出冲激函数 $\delta(t)$ 的定义为

$$\delta(t) \overset{\text{def}}{=} \lim_{n \to \infty} p_n(t) \tag{2.2.14}$$

（2）狄拉克定义。

狄拉克给出了冲激函数的另外一种定义：

$$\begin{cases} \delta(t) = 0, & t \neq 0 \\ \displaystyle\int_{-\infty}^{\infty} \delta(t)\mathrm{d}t = 1 \end{cases} \tag{2.2.15}$$

式中 $\displaystyle\int_{-\infty}^{\infty} \delta(t)\mathrm{d}t = 1$ 表示该函数波形下的面积恒为 1，这种定义与上述直观定义相一致。

由此可见，冲激函数 $\delta(t)$ 是一种持续时间无穷小，瞬间幅度无穷大，涵盖面积恒为 1 的理想信号，它的特点是只有在 $t = 0$ 时有能量。

2）冲激函数的性质

（1）积分与微分。

由式(2.2.12)可知，冲激函数的积分为阶跃函数。

单位冲激函数的导数 $\delta'(t)$ 定义为单位冲激偶函数，简称冲激偶，即

$$\delta'(t) = \frac{\mathrm{d}\delta(t)}{\mathrm{d}t} \tag{2.2.16}$$

前面讨论冲激函数 $\delta(t)$ 的定义时，已讲过函数 $p_n(t)$ 的极限即为 $\delta(t)$。这里我们先对 $p_n(t)$ 求导数，然后取极限，则结果如图 2.2.9 所示。

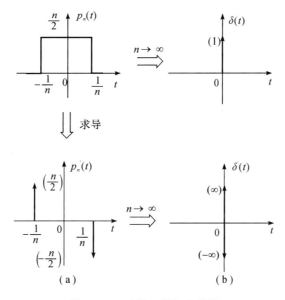

图 2.2.9　冲激函数与冲激偶

其中，$p_n'(t)=n/2\delta(t+1/n)-n/2\delta(t-1/n)$。由图 2.2.9 可知，由于冲激偶是由正、负极性的两个冲激函数构成的，所以它包含的面积等于零，这是因为正、负冲激的面积相互抵消了，于是有

$$\int_{-\infty}^{+\infty}\delta'(t)\mathrm{d}t = 0 \tag{2.2.17}$$

从奇偶函数的角度来看，不难发现有 $\delta'(-t)=-\delta'(t)$，即冲激偶为奇函数。

（2）取样特性与筛选特性。

由冲激函数 $\delta(t)$ 只在 $t=0$ 时不为零、其他任何时刻均为零的特殊定义，可得到它的取样特性。设普通函数 $x(t)$ 在 $t=0$、$t=t_0$ 处是连续的，则有

$$x(t)\delta(t) = x(0)\delta(t) \tag{2.2.18}$$

$$x(t)\delta(t-t_0) = x(t_0)\delta(t-t_0) \tag{2.2.19}$$

$$\int_{-\infty}^{+\infty}x(t)\delta(t)\mathrm{d}t = \int_{0_-}^{0_+}x(t)\delta(t)\mathrm{d}t = x(0)\int_{0_-}^{0_+}\delta(t)\mathrm{d}t = x(0) \tag{2.2.20}$$

$$\int_{-\infty}^{+\infty}x(t)\delta(t-t_0)\mathrm{d}t = \int_{-\infty}^{+\infty}x(\tau+t_0)\delta(\tau)\mathrm{d}\tau = x(t_0)\int_{0_-}^{0_+}\delta(t)\mathrm{d}t = x(t_0) \tag{2.2.21}$$

以上各式反映了冲激函数 $\delta(t)$ 作用于 $x(t)$ 的结果。式（2.2.18）、式（2.2.19）反映了冲激函数的筛选特性。式（2.2.20）、式（2.2.21）是将 $x(t)$ 在 $t=0$、$t=t_0$ 时的函数值取出来了，这一性质通常称为冲激函数 $\delta(t)$ 的取样特性。若 t_0 连续变化，则式（2.2.21）就能抽取 $x(t)$ 的每一时刻的值。

例 2.11　分别计算函数 t、e^{-at} 与函数 $\delta(t)$ 相乘的结果。

解　利用冲激函数的筛选性质可得

$$t\delta(t) = 0$$
$$e^{-at}\delta(t) = \delta(t)$$

例 2.12 计算下列各题:

① $\int_{-3}^{0} \sin\left(t - \frac{\pi}{4}\right)\delta(t-1)\mathrm{d}t$;

② $\int_{-1}^{9} \sin\left(t - \frac{\pi}{4}\right)\delta(t)\mathrm{d}t$;

③ $\int_{-1}^{1} 2\tau\delta(\tau-t)\mathrm{d}\tau$;

④ $\int_{-1}^{t} (\tau-1)^2\delta(\tau)\mathrm{d}\tau$。

解 对于含有冲激函数的积分,首先判断积分区间是否包括冲激函数所在点。若不包括,积分值直接是 0;若包括,先利用取样性质,把被积函数中的普通函数与冲激函数相乘进行化简,提出常数后,再对冲激函数进行积分。若积分上下限或被积函数中包含变量,就要讨论变量的取值范围。

① 因为积分区间 $(-3,0)$ 不包括冲激函数所在点 1,所以

$$\int_{-3}^{0} \sin\left(t - \frac{\pi}{4}\right)\delta(t-1)\mathrm{d}t = 0$$

② 因为积分区间 $(-1,9)$ 包括冲激函数所在点 0,所以

$$\int_{-1}^{9} \sin\left(t - \frac{\pi}{4}\right)\delta(t)\mathrm{d}t = \int_{-1}^{9} \sin\left(0 - \frac{\pi}{4}\right)\delta(t)\mathrm{d}t = \sin\left(-\frac{\pi}{4}\right)\int_{-1}^{9}\delta(t)\mathrm{d}t = -\frac{\sqrt{2}}{2}$$

③ $\qquad \int_{-1}^{1} 2\tau\delta(\tau-t)\mathrm{d}\tau = \int_{-1}^{1} 2t\delta(\tau-t)\mathrm{d}\tau = 2t\int_{-1}^{1}\delta(\tau-t)\mathrm{d}\tau$

被积函数中包括变量 t,需讨论。对于位置在 t 处的冲激,显然,当 t 包含在积分区间 $(-1,1)$,即 $-1 < t < 1$ 时,原式 $= 2t\int_{-1}^{1}\delta(\tau-t)\mathrm{d}\tau = 2t$;否则,原式结果为 0。所以

$$原式 = 2t[u(t+1) - u(t-1)]$$

④ $\qquad \int_{-1}^{t} (\tau-1)^2\delta(\tau)\mathrm{d}\tau = \int_{-1}^{t} (0-1)^2\delta(\tau)\mathrm{d}\tau = \int_{-1}^{t}\delta(\tau)\mathrm{d}\tau$

积分上限中包括变量 t,需讨论。当 $t < 0$ 时,积分为 0;当 $t > 0$ 时,积分为 1。所以

$$原式 = \int_{-1}^{t}\delta(\tau)\mathrm{d}\tau = u(t)$$

下面讨论冲激偶 $\delta'(\tau)$ 的取样和筛选特性。

设普通函数 $x(t)$ 在 $t=0$ 处是连续的,则有

$$x(t)\delta'(t) = [x(t)\delta(t)]' - x'(t)\delta(t) = x(0)\delta'(t) - x'(0)\delta(t) \qquad (2.2.22)$$

同理可得

$$x(t)\delta'(t-t_0) = x(t_0)\delta'(t-t_0) - x'(t_0)\delta(t-t_0) \qquad (2.2.23)$$

式(2.2.22)、式(2.2.23)称为冲激偶的筛选特性。将上式两边取积分得

$$\int_{-\infty}^{+\infty} x(t)\delta'(t)\mathrm{d}t = \int_{-\infty}^{+\infty} [x(0)\delta'(t) - x'(0)\delta(t)]\mathrm{d}t$$

$$= \int_{-\infty}^{+\infty} x(0)\delta'(t)\mathrm{d}t - \int_{-\infty}^{+\infty} x'(0)\delta(t)\mathrm{d}t$$

$$= -x'(0)\int_{-\infty}^{+\infty}\delta(t)\mathrm{d}t = -x'(0)$$

即

$$\int_{-\infty}^{+\infty} x(t)\delta'(t)\mathrm{d}t = -x'(0) \tag{2.2.24}$$

同理可得

$$\int_{-\infty}^{+\infty} x(t)\delta'(t-t_0)\mathrm{d}t = -x'(t_0) \tag{2.2.25}$$

式(2.2.24)、式(2.2.25)称为冲激偶的取样性质。普通函数 $x(t)$ 与 $\delta(t)$ 的高阶导数相乘的情况可类似分析,这里从略。

例 2.13　分别计算函数 t、e^{-at} 与函数 $\delta'(t)$ 相乘的结果。

解　利用冲激偶的筛选性质可得

$$t\delta'(t) = 0\delta'(t) - 1 \cdot \delta(t) = -\delta(t)$$
$$\mathrm{e}^{-at}\delta'(t) = \delta'(t) + a\delta(t)$$

(3) 尺度变换。

设有常数 $a(a \neq 0)$,则

$$\delta(at) = \frac{1}{|a|}\delta(t) \tag{2.2.26}$$

式(2.2.26)称为冲激函数 $\delta(t)$ 的尺度变换。下面证明等式两边与函数 $x(t)$ 乘积的积分值相等。

首先设 $a > 0$ 并令 $at = t_1$,则有

$$\int_{-\infty}^{\infty} \delta(at)x(t)\mathrm{d}t = \frac{1}{a}\int_{-\infty}^{\infty} \delta(t_1)x\left(\frac{t_1}{a}\right)\mathrm{d}t_1 = \frac{1}{a}x(0)$$

又设 $a < 0$ 并令 $-|a|t = t_1$,则有

$$\int_{-\infty}^{\infty} \delta(-|a|t)x(t)\mathrm{d}t = -\frac{1}{|a|}\int_{-\infty}^{\infty} \delta(t_1)x\left(\frac{t_1}{-|a|}\right)\mathrm{d}t_1$$
$$= \frac{1}{|a|}\int_{-\infty}^{\infty} \delta(t_1)x\left(\frac{t_1}{-|a|}\right)\mathrm{d}t_1 = \frac{1}{|a|}x(0)$$

对式(2.2.26)的右边积分得

$$\frac{1}{|a|}\int_{-\infty}^{\infty} \delta(t)x(t)\mathrm{d}t = \frac{1}{|a|}x(0)$$

故

$$\delta(at) = \frac{1}{|a|}\delta(t)$$

即式(2.2.26)成立。同时可得推论如下:

① $\delta(at-t_0) = \delta\left[a\left(t-\frac{t_0}{a}\right)\right] = \frac{1}{|a|}\delta\left(t-\frac{t_0}{a}\right)$;

② 式(2.2.26)中,若取 $a = -1$ 则有 $\delta(-t) = \delta(t)$,故 $\delta(t)$ 为偶函数。

例 2.14　已知函数 $x(t)$ 波形如图 2.2.10(a)所示,试画出 $g(t) = x'(t)$ 和 $g(2t)$ 的波形。

解　函数 $x(t)$ 用阶跃函数可表示为

$$x(t) = (-t+2)[u(t+2) - u(t-2)]$$

对上式求导得

$$x'(t) = -[u(t+2) - u(t-2)] + (-t+2)[\delta(t+2) - \delta(t-2)]$$

考虑到冲激函数的性质得

$$g(t) = x'(t) = -\left[u(t+2) - u(t-2)\right] + 4\delta(t+2)$$

上式中第一项与常义导数相同，在区间 $(-2, 2)$ 等于 -1；后一项表明 $x'(t)$ 在 $t = -2$ 处为强度为 4 的冲激函数。$g(t)$ 的波形如图 2.2.10(b)所示。

要得到 $g(2t)$ 的波形，则对 $x'(t)$ 进行尺度变换（压缩），在变换过程中注意 $\delta(t)$ 的尺度变换：

$$\delta(2t + 2) = \delta\left[2(t+1)\right] = \frac{1}{2}\delta(t+1)$$

于是 $g(2t)$ 的波形如图 2.2.10（c）所示。

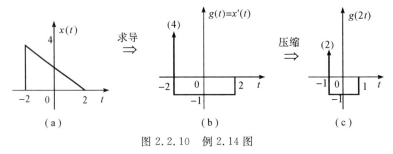

图 2.2.10　例 2.14 图

（4）奇偶性。

由以上讨论易知，冲激函数为偶函数，冲激偶函数为奇函数。

2.3　常用离散时间信号

一些常用离散信号和连续信号相似，但也有一些存在着很重要的不同之处，将在以下的讨论中予以指出。

1. 单位脉冲序列 $\delta(n)$

单位脉冲序列也可以称为单位样值序列或单位序列，其特点是仅在 $n=0$ 时为 1，其他时刻均为 0。单位脉冲序列的定义式为

$$\delta(n) = \begin{cases} 1, & n = 0 \\ 0, & n \neq 0 \end{cases} \tag{2.3.1}$$

它类似于连续信号 $\delta(t)$，不同的是 $\delta(t)$ 在 $t=0$ 时为无穷大，$t \neq 0$ 时为零，对时间 t 的积分为 1。$\delta(n)$ 移位 m 的表达式为

$$\delta(n - m) = \begin{cases} 1, & n = m \\ 0, & n \neq m \end{cases} \tag{2.3.2}$$

$\delta(n)$ 及其移位 m 的波形如图 2.3.1 所示。

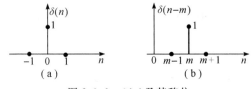

图 2.3.1　$\delta(n)$ 及其移位

与冲激函数的筛选性质类似，$\delta(n)$ 与序列相乘的结果如式(2.3.3)、式(2.3.4)所示。

$$x(n)\delta(n) = x(0)\delta(n) \tag{2.3.3}$$

$$x(n)\delta(n - n_0) = x(n_0)\delta(n - n_0) \tag{2.3.4}$$

2. 单位阶跃序列 $u(n)$

单位阶跃序列 $u(n)$ 的定义式为

$$u(n) = \begin{cases} 1, & n \geqslant 0 \\ 0, & n < 0 \end{cases} \tag{2.3.5}$$

其移位 m 的表达式为

$$u(n - m) = \begin{cases} 1, & n \geqslant m \\ 0, & n < m \end{cases} \tag{2.3.6}$$

波形如图 2.3.2 所示。

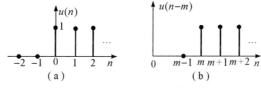

图 2.3.2　$u(n)$ 及其移位

$\delta(n)$ 与 $u(n)$ 的关系式为

$$\delta(n) = u(n) - u(n - 1) = \nabla u(n) \tag{2.3.7}$$

$$u(n) = \sum_{k=0}^{\infty} \delta(n - k) \tag{2.3.8}$$

令式(2.3.8)中 $n - k = m$，得到

$$u(n) = \sum_{m=-\infty}^{n} \delta(m) \tag{2.3.9}$$

3. 单位斜坡序列 $r(n) = nu(n)$

对单位斜坡信号 $r(t)$ 采样得到单位斜坡序列 $r(n)$，其定义式为

$$r(n) = nu(n) = \begin{cases} n, & n \geqslant 0 \\ 0, & n < 0 \end{cases} \tag{2.3.10}$$

其波形如图 2.3.3 所示。

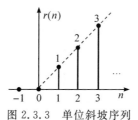

图 2.3.3　单位斜坡序列

容易得到 $u(n)$ 与 $r(n)$ 的关系式如下：

$$u(n) = r(n + 1) - r(n) \tag{2.3.11}$$

4. 矩形序列 $R_N(n)$

长度为 N 的矩形序列 $R_N(n)$ 定义式为

$$R_N(n) = \begin{cases} 1, & 0 \leqslant n \leqslant N - 1 \\ 0, & 其他 \end{cases} \tag{2.3.12}$$

$R_N(n)$ 的波形如图 2.3.4 所示。

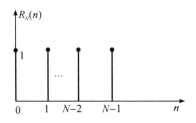

图 2.3.4 矩形序列

容易得到 $u(n)$ 与 $R_N(n)$ 的关系式如下：

$$R_N(n) = u(n) - u(n-N) \tag{2.3.13}$$

5. 单边指数序列

单边指数序列的定义式为

$$x(n) = a^n u(n) \tag{2.3.14}$$

其中，a 为实数。若 $|a|<1$，则 $x(n)$ 的幅度随着 n 的增大而减小，称 $x(n)$ 为收敛序列；若 $|a|>1$，则 $x(n)$ 的幅度随着 n 的增大而增大，称 $x(n)$ 为发散序列。具体情况分为六种，如图 2.3.5 所示。

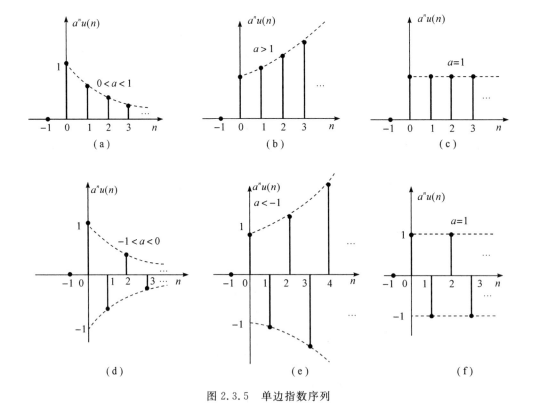

图 2.3.5 单边指数序列

6. 复指数序列

复指数序列定义式为

$$x(n) = \mathrm{e}^{(\sigma+\mathrm{j}\omega_0)n} = \mathrm{e}^{\sigma n}\mathrm{e}^{\mathrm{j}\omega_0 n} = \mathrm{e}^{\sigma n}\left[\cos(\omega_0 n) + \mathrm{j}\sin(\omega_0 n)\right] \tag{2.3.15}$$

所以

$$\mid x(n) \mid = \mathrm{e}^{\sigma n}$$
$$\arg[x(n)] = \omega_0 n$$

7. 正弦序列

正弦序列的定义式为

$$x(n) = A\sin(\omega_0 n + \varphi) \tag{2.3.16}$$

式中，ω_0 为正弦序列的数字域频率，单位是弧度，它表示序列变化的速率，或者相邻的两个序列值之间变化的弧度数。

若正弦序列是由模拟信号抽样得到的，设原模拟信号为

$$x(t) = A\sin(\Omega t + \varphi) \tag{2.3.17}$$

抽样周期为 T_s，其抽样信号为

$$x(t)\mid_{t=nT_s} = A\sin(\Omega nT_s + \varphi) \tag{2.3.18}$$

而离散序列为

$$x(n) = A\sin(n\omega_0 + \varphi) \tag{2.3.19}$$

因为对于相同的 n，序列值与抽样信号值相等，所以数字频率 ω_0 与模拟角频率 Ω 之间满足：

$$\omega_0 = \Omega T_s \tag{2.3.20}$$

式(2.3.20)具有普遍意义，它表示凡是由模拟信号抽样得到的序列，模拟信号角频率 Ω 与序列数字频率 ω_0 之间满足线性关系。由于抽样周期 T_s 与抽样频率 f_s 互为倒数，因此式(2.3.20)也可表示为

$$\omega_0 = \frac{\Omega}{f_s} \tag{2.3.21}$$

2.4　信号的时域性质

本节主要从时域讨论信号的两种性质：周期与非周期、能量与功率。了解信号的时域特性是信号时域分析的重要内容。

2.4.1　周期信号与非周期信号

定义在 $(-\infty, \infty)$ 区间，每隔一定时间 T（或整数 N）按相同规律重复变化的信号，称为周期信号。

连续时间周期信号可表示为

$$x(t) = x(t + mT), \quad m = 0, \pm 1, \pm 2, \cdots \tag{2.4.1}$$

离散时间周期信号可表示为

$$x(n) = x(n + mN), \quad m = 0, \pm 1, \pm 2, \cdots \tag{2.4.2}$$

满足上述关系的最小 T（或 N）值称为信号的重复周期，简称周期。只要给出周期信号任一周期内的函数式或波形，便可知它在任一时刻的值。因为周期信号每一周期内信号完全一样，故只需研究信号在一个周期内的状况。不具有周期性的信号称为非周期信号。

连续的正弦信号 $x(t) = A\sin(\omega t + \varphi)$ 一定是周期信号，且周期 $T = 2\pi/\omega$。

信号分析中一个重要的问题就是两个周期信号相加后是否为周期信号。假设 $x(t)$、$y(t)$ 都是周期信号，其对应的周期分别为 T_1 和 T_2，可以证明，若其周期之比 T_1/T_2 为有理数，则其和信号 $x(t) + y(t)$ 仍然是周期信号，其周期为 T_1 和 T_2 的最小公倍数。

例 2.15 判断下列信号是否为周期信号，若是周期信号，试确定其周期。

(1) $x_1(t) = \sin 2t + \cos 3t$；(2) $x_2(t) = \cos 2t + \sin \pi t$。

解 (1) $\sin 2t$ 是周期信号，其角频率和周期分别为

$$\omega_1 = 2 \text{ rad/s}, \quad T_1 = \frac{2\pi}{\omega_1} = \pi \text{ s}$$

$\cos 3t$ 是周期信号，其角频率和周期分别为

$$\omega_2 = 3 \text{ rad/s}, \quad T_2 = \frac{2\pi}{\omega_2} = \left(\frac{2\pi}{3}\right) \text{ s}$$

由于 $T_1/T_2 = 3/2$ 为有理数，故 $x_1(t)$ 为周期信号，其周期为 T_1 和 T_2 的最小公倍数 2π。

(2) $\cos 2t$ 和 $\sin \pi t$ 的周期分别为 $T_1 = \pi$ s，$T_2 = 2$ s，由于 T_1/T_2 为无理数，故 $x_2(t)$ 为非周期信号。

对于离散的正弦序列

$$x(n) = A\sin(\omega_0 n + \varphi)$$

则

$$x(n+N) = A\sin(\omega_0(n+N) + \varphi) = A\sin(\omega_0 n + \omega_0 N + \varphi)$$

根据周期的定义及正弦序列的性质，若要使 $x(n) = x(n+N)$，则 $\omega_0 N = 2m\pi$，即

$$\frac{2\pi}{\omega_0} = \frac{N}{m} \tag{2.4.3}$$

这里 N、m 均为整数，分以下三种情况讨论：

(1) 当 $\dfrac{2\pi}{\omega_0}$ 为整数时，满足条件的 N 和 m 存在，$x(n)$ 为周期序列，并且 $m=1$ 时，N 最小，所以该正弦序列周期为 $\dfrac{2\pi}{\omega_0}$。如 $\sin\left(\dfrac{\pi n}{8}\right)$，$\dfrac{2\pi}{\omega_0} = \dfrac{2\pi}{\pi/8} = 16$，该正弦序列周期为 16。

(2) 当 $\dfrac{2\pi}{\omega_0}$ 为有理数时，设 $\dfrac{2\pi}{\omega_0} = \dfrac{P}{Q}$，取 $m=Q$，那么 $N=P$，所以该正弦序列周期为 P。如 $\sin\left(\dfrac{4\pi n}{5}\right)$，$\dfrac{2\pi}{\omega_0} = \dfrac{2\pi}{4\pi/5} = \dfrac{5}{2}$，$N = P = 5$，该正弦序列周期为 5。

(3) 当 $\dfrac{2\pi}{\omega_0}$ 为无理数时，满足条件的 N 和 m 不存在，$x(n)$ 为非周期序列。如 $\sin\left(\dfrac{4n}{5}\right)$，$\dfrac{2\pi}{\omega_0} = \dfrac{2\pi}{4/5} = \dfrac{5\pi}{2}$，该正弦序列为非周期序列。

对于虚指数序列 $e^{j\omega_0 n}$ 有同样的分析结果。

因为离散周期序列的周期一定为整数，所以多个离散周期序列之和一定为周期序列。

由以上分析可总结出：

连续的正弦信号 $x(t) = A\sin(\omega t + \varphi)$ 一定是周期信号，而连续周期信号之和不一定是周期信号；反之，离散的正弦序列 $x(n) = A\sin(\omega_0 n + \varphi)$ 不一定是周期序列，而离散周期序列之和一定是周期序列。

2.4.2 能量信号与功率信号

为了知道信号能量或功率的特性，常常研究信号 $x(t)$（电流或电压）在 1 Ω 电阻上所消耗的能量或功率，也称为归一化能量或功率。信号在 1 Ω 电阻上的瞬时功率为 $|x(t)|^2$，则

在$(-\infty, \infty)$区间的信号$x(t)$的能量与平均功率定义如下：

信号能量用字母E表示为

$$E \overset{\text{def}}{=} \int_{-\infty}^{\infty} |x(t)|^2 \mathrm{d}t \tag{2.4.4}$$

信号功率用字母P表示为

$$P \overset{\text{def}}{=} \lim_{T \to \infty} \frac{1}{2T} \int_{-T}^{T} |x(t)|^2 \mathrm{d}t \tag{2.4.5}$$

离散序列能量E定义为

$$E \overset{\text{def}}{=} \sum_{t=-\infty}^{\infty} |x(i)|^2 \tag{2.4.6}$$

离散序列功率P定义为

$$P \overset{\text{def}}{=} \lim_{N \to \infty} \frac{1}{2N+1} \sum_{i=-N}^{N} |x(i)|^2 \tag{2.4.7}$$

应用以上公式时，可能有两种情况，一种是总能量为有限值而平均功率为零，即$0 < E < \infty$，$P = 0$，这种信号称为能量有限信号，简称能量信号；另一种情况是总能量为无限大而平均功率为有限值，即$E = \infty$，$0 < P < \infty$，这种信号称为功率有限信号，简称功率信号。

例 2.16　判断下列信号是能量信号还是功率信号，并求解其能量或功率。

(1) $x_1(t) = u(t)$；

(2) $x_2(t) = 2p_2(t)$；

(3) $x_3(t) = r(t) = tu(t)$。

解　(1)　$E = \int_{-\infty}^{\infty} |u(t)|^2 \mathrm{d}t = \int_0^{\infty} \mathrm{d}t = t \Big|_0^{\infty} = \infty$

$$P = \lim_{N \to \infty} \frac{1}{T} \int_{-T}^{T} |u(t)|^2 \mathrm{d}t = \lim_{N \to \infty} \frac{1}{2T} \int_0^{T} \mathrm{d}t = \lim_{N \to \infty} \frac{1}{2T} t \Big|_0^{T} = \frac{1}{2}$$

因为$u(t)$的功率为有限值，所以$u(t)$为功率信号，功率为$1/2$。

(2)　$E = \int_{-\infty}^{\infty} |2p_2(t)|^2 \mathrm{d}t = 4 \int_{-1}^{1} \mathrm{d}t = 4t \Big|_{-1}^{1} = 8$

$$P = \lim_{T \to \infty} \frac{1}{2T} \int_{-T}^{T} |2p_2(t)|^2 \mathrm{d}t = \lim_{T \to \infty} \frac{4}{2T} \int_{-1}^{1} \mathrm{d}t = \lim_{T \to \infty} \frac{2}{T} t \Big|_{-1}^{1} = \lim_{t \to \infty} \frac{4}{T} = 0$$

因为$2p_2(t)$的能量为有限值，所以$2p_2(t)$为能量信号，能量为8。

(3)　$E = \int_{-\infty}^{\infty} |r(t)|^2 \mathrm{d}t = \int_{-\infty}^{\infty} |tu(t)|^2 \mathrm{d}t = \int_0^{\infty} t^2 \mathrm{d}t = \frac{t^3}{3} \Big|_0^{\infty} = \infty$

$$P = \lim_{T \to \infty} \frac{1}{2T} \int_{-T}^{T} |r(t)|^2 \mathrm{d}t = \lim_{T \to \infty} \frac{1}{2T} \int_{-T}^{T} |tu(t)|^2 \mathrm{d}t$$

$$= \lim_{T \to \infty} \frac{1}{2T} \int_0^{T} t^2 \mathrm{d}t = \lim_{T \to \infty} \frac{1}{2T} \frac{t^3}{3} \Big|_0^{T} = \lim_{T \to \infty} \frac{T^2}{6} = \infty$$

因为$r(t)$的能量与功率均不为有限值，所以$r(t)$为非能量非功率信号。

由定义可知，一个信号不可能既是能量信号又是功率信号。但有一些信号如果幅度无限，就既非能量信号又非功率信号，如单位斜坡信号就是一例。一般而言，幅度有限的（有始）周期信号、直流信号等为功率信号，如正弦信号、阶跃信号等；仅在有限时间区间内不为零的信号为能量信号，如矩形脉冲、三角脉冲等。对于离散序列能量与功率的讨论具有类似的结论。

2.5　信号时域分析的 MATLAB 实现

2.5.1　MATLAB 实现常见标准信号波形

利用 MATLAB 软件，可以给出连续时间信号的解析形式并显示出来。由于 MATLAB 贯穿全书，所以读者应该熟悉基本的命令，建议复习一下 MATLAB 软件基本指令或相关指南。MATLAB 为用户提供了大量的内部函数，用于生成常用的信号波形，如周期矩形脉冲信号、三角波等，下面分别介绍其使用方法。

1. square 函数

square 函数用于产生周期矩形脉冲信号，该函数有两种调用方法：

(1) f＝square(a * t)；

(2) f＝aquare(a * t, duty)。

第一种调用格式产生指定周期、峰值为±1 的周期方波，常数 a 为信号时域尺度因子，用于调整信号周期。当 a＝1 时，产生周期为 2π、峰值为±1 的周期方波。第二种调用格式产生指定周期、峰值为±1 的周期矩形脉冲信号，duty 为信号占空比，即一个周期内信号为正的部分所占的比例。

例 2.17　编写 MATLAB 程序，分别产生周期为 2π 的方波和周期为 1 的方波，以及周期为 1、占空比为 80％的矩形脉冲信号。

具体程序如下：

```
％dm07301
％绘制周期矩形脉冲信号波形
t＝0:0.01:10;
subplot(3, 1, 1)
f1＝square(t);                          ％产生周期为 2π 的方波信号
plot(t, f1)
axis([0, 10, −1.2, 1.2])
set(gcf, 'color', 'w', )
subplot(3, 1, 2)
f1＝square(2 * pi * t);                 ％产生周期为 1 的方波信号
plot(t, f1)
axis([0, 10, −1.2, 1.2])
subplot(3, 1, 3)
f1＝square(2 * pi * t, 80);             ％产生周期为 1、占空比为 80％的矩形脉冲信号
plot(t, f1)
axis([0, 10, −1.2, 1.2])
```

上述程序绘制的信号时域波形如图 2.5.1 所示。

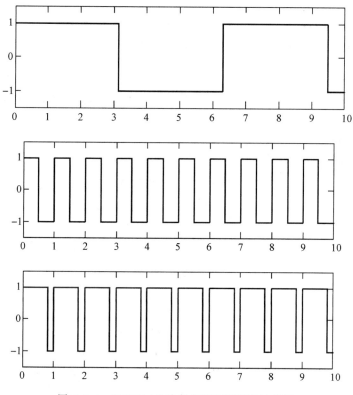

图 2.5.1　MATLAB 绘制方波和矩形脉冲信号

2. sawtooth 函数

sawtooth 函数用于产生周期锯齿波或三角波，该函数也有两种调用方法。

（1）f＝sawtooth(a＊t)；

（2）f＝sawtooth(a＊t, width)。

第一种调用格式产生指定周期、峰值为±1 的周期锯齿波，常数 a 为信号时域尺度因子，用于调整信号周期；当 a＝1 时，产生周期为 2π、峰值为±1 的周期锯齿波。第二种调用格式产生指定周期、峰值为±1 的周期三角波，width 是值为 0 到周期之间的常数，用于指定在一个周期内三角波最大值出现的位置；当 width 等于 0.5 时，该函数产生标准的对称三角波。

例 2.18　编写 MATLAB 程序,分别产生周期为 2π 的锯齿波、周期为 2 的锯齿波，以及周期为 1 的对称三角波。

具体程序如下：

```
%dm07302
%绘制周期锯齿波和三角波
t＝0:0.01:15;
subplot(3, 1, 1)
f1＝sawtooth(t);              %产生周期为 2π 的锯齿波
plot(t, f1)
axis([0, 15, −1.2, 1.2])
set(gcf, ′color′, ′w′, )
```

```
subplot(3, 1, 2)
f1＝sawtooth(pi * t);                    %产生周期为 2 的锯齿波
plot(t, f1)
axis([0, 15, −1.2, 1.2])
subplot(3, 1, 3)
f1＝sawtooth(2 * pi * t, 0.5);           %产生周期为 1、最大值在正中间的三角波
plot(t, f1)
axis([0, 15, −1.2, 1.2])
```

上述程序绘制的信号时域波形如图 2.5.2 所示。

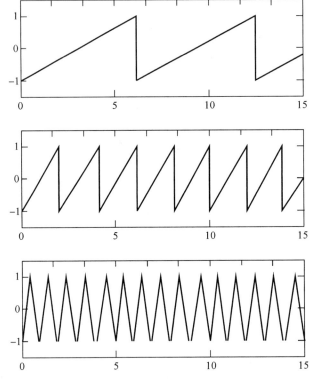

图 2.5.2　MATLAB 绘制锯齿波和三角波

3. sinc 函数

sinc 函数用于产生采样信号，采样信号定义为

$$\mathrm{sinc}(t) = \frac{\sin(\pi t)}{\pi t}$$

采样信号具有特殊的频率特性，其傅里叶变换是一矩形脉冲，即该信号为一严格的带宽有限信号。sinc 函数的调用格式为

　　　f＝sinc(t)

运行下面的 MATLAB 程序，将产生典型的 sinc 函数波形，如图 2.5.3 所示。

```
t＝−10:0.01:10;
f＝sinc(t);
plot(t, f)
axis([−10, 10, −0.5, 1.2])
```

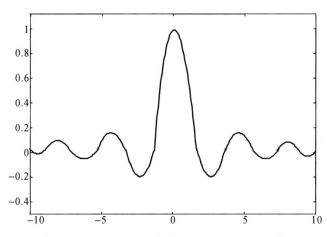

图 2.5.3　MATLAB 绘制典型的 sinc 函数波形

除上述常见函数，还有 rectplus 函数、triplus 函数等，rectplus 函数用于产生非周期矩形脉冲信号，triplus 函数用于产生非周期三角波，等等。这里从略，读者可参考相关资料。

例 2.19　编写 MATLAB 程序，产生单位脉冲序列。

具体程序如下：

```
n1=-5;n2=5;n0=0;        %显示从 n1 到 n2 之间的序列值，n0 为脉冲所在的位置
n=n1:n2;
x=[n==n0];
stem(n, x, 'filled');
title('单位脉冲序列');
xlabel('时间(n)');
ylabel('序列值 x(n)');
```

结果如图 2.5.4 所示。

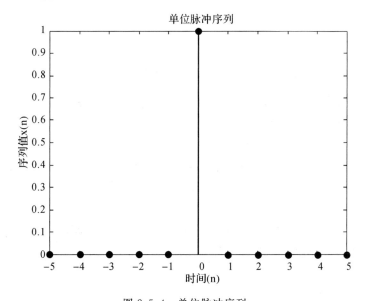

图 2.5.4　单位脉冲序列

例 2.20　编写 MATLAB 程序，产生单位阶跃序列。

具体程序如下：

```
n1=-2;n2=8;n0=0;          %显示从 n1 到 n2 之间的序列值，第一个非零点在 n0 位置
n=n1:n2;
nt=length(n);              %求样点 n 的个数
x=[zeros(1, n0-n1), ones(1, n2-n0+1)];
stem(n, x, 'filled');
title('单位阶跃序列');
xlabel('时间(n)');
ylabel('序列值 x(n)');
```

结果如图 2.5.5 所示。

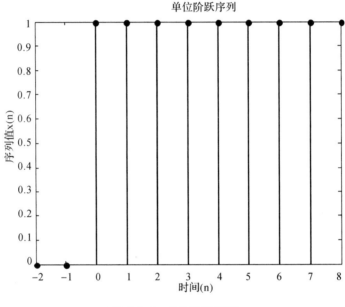

图 2.5.5　单位阶跃序列

2.5.2　MATLAB 实现信号的时域运算和变换

利用 MATLAB 可以方便地实现信号的时域运算,并可视化地观察信号时域运算的结果。下面通过举例说明其实现方法和过程。

例 2.21　已知信号 $x_1(t)=u(t+2)-u(t-2)$, $x_2(t)=\cos(2\pi t)$,试用 MATLAB 绘出此二信号的时域波形及满足下列要求的信号波形,观察信号时域运算的效果。

(1) $x_1(t)+x_2(t)$;

(2) $x_1(t)x_2(t)$。

解　信号 $x_1(t)$ 和 $x_2(t)$ 均可用符号表达式表示,因此该问题可利用 MATLAB 的符号运算功能实现,对应的 MATLAB 程序如下：

```
%dm07401
%观察分析连续信号的时域运算
syms t
x1=sym('Heaviside(t+2)-Heaviside(t-2)');
```

```
x2＝sym('cos(2 * pi * t)');
x3＝x1＋x2;                                    %两信号相加
x4＝x1 * x2;                                   %两信号相乘
subplot(2, 2, 1)
ezplot(x1, －5, 5);
title('x1(t)＝u(t+2)－u(t-2)')
axis([－5, 5, －0.2, 1.2])
subplot(2, 2, 2)
ezplot(x2); title('x2(t)＝(2 * pi * t)')
subplot(2, 2, 3)
ezplot(x3); title('x1(t)＋x2(t)')
subplot(2, 2, 4)
ezplot(x4, －5, 5); title('x1(t) * x2(t)')
set(gcf, 'color', 'w')
```

运行上述程序,绘制的信号时域运算波形如图 2.5.6 所示。

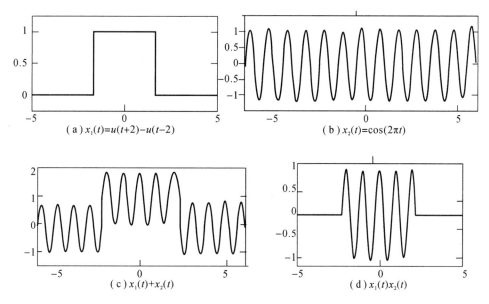

(a) $x_1(t)=u(t+2)-u(t-2)$　　　　　　(b) $x_2(t)=\cos(2\pi t)$

(c) $x_1(t)+x_2(t)$　　　　　　(d) $x_1(t)x_2(t)$

图 2.5.6　MATLAB 实现连续信号时域运算波形

例 2.22　已知连续时间信号 $x(t)$ 的时域波形如图 2.5.7 所示,试用 MATLAB 绘出 $x(t)$ 及其时域变换信号 $x(-t)$、$x(t-1.5)$、$x(t+1.5)$、$x(0.5t)$ 的波形,观察时域变换后信号波形的变化。

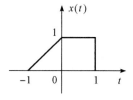

图 2.5.7　连续信号波形

解　首先利用 MATLAB 将 $x(t)$ 用符号表达式表示出来,再运用 MATLAB 的符号可视化函数 ezplot 即可绘制并观察该信号各种变换的时域波形及效果。对应的 MATLAB 程序如下：

```
%dm07402
%观察分析连续信号的时域变换运算
syms t
x=sym('(t+1)*(heaviside(t+1)-heaviside(t))');
x=x+sym('(heaviside(t)-heaviside(t-1))');          %定义信号符号表达式
ezplot(x,[-3,3])                                   %绘制信号波形
axis([-3,3,-1.2,1.2])
set(gcf,'color','w')
title('x(t)')
pause
x1=subs(x,t,t+1.5);                                %变量替换
ezplot(x1,[-3,3])                                  %绘制 x(t+1.5)波形
title('x(t+1.5)')
pause
x2=subs(x,t,t-1.5);                                %变量替换
ezplot(x2,[-3,3])                                  %绘制 x(t-1.5)波形
title('x(t-1.5)')
pause
x3=subs(x,t,-t);                                   %变量替换
ezplot(x3,[-3,3])                                  %绘制 x(-t)波形
title('x(-t)')
pause
x4=-x;                                             %变量替换
ezplot(x4,[-3,3])                                  %绘制-x(t)波形
title('-x(t)')
pause
x5=subs(x,t,(1/2)*t);                              %变量替换
ezplot(x5,[-3,3])                                  %绘制 x(0.5t)波形
title('x(0.5t)')
```

绘制的连续信号时域变换波形如图 2.5.8 所示。

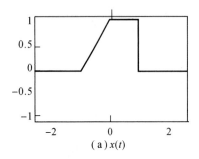

（a）$x(t)$

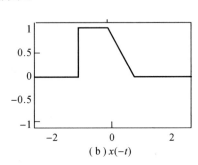

（b）$x(-t)$

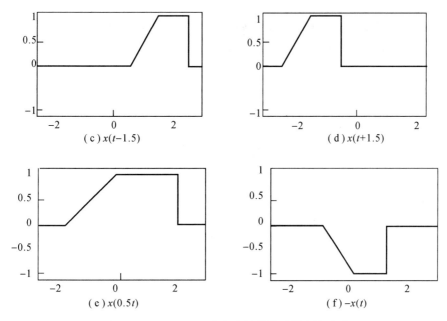

图 2.5.8　MATLAB 实现连续信号时域变换波形

本 章 小 结

本章借助数学工具，解决了连续信号与离散信号的时域分析问题。本章的绝大部分知识点在之前的课程中已经接触过，通过复习与归纳，让读者看到这些知识在信号分析中的应用。

本章的主要内容有：

（1）信号运算主要是研究信号在传输或处理中表达式与波形的变化，包括加法和乘法、反转、平移、尺度变换、微分（或差分）、积分（或求和），其中综合变换运算值得注意。

（2）常用的连续信号有正弦信号、矩形脉冲信号、三角脉冲信号、单位斜坡信号、抽样信号、复指数信号、单位阶跃信号、单位冲激信号等。

（3）常用的离散信号有单位脉冲序列、单位阶跃序列、单位斜坡序列、矩形序列、单边指数序列、复指数序列、正弦序列等。

（4）正弦信号与正弦序列的周期性分析，能量信号与功率信号的分析。

习 题 2

2.1　画出下列各函数（信号）的波形。

（1）$x_1(t)=(1-\mathrm{e}^{-t})u(t)$；

（2）$x_2(t)=(5\mathrm{e}^{-t}-3\mathrm{e}^{-2t})u(t)$；

（3）$x_3(t)=\mathrm{e}^{-t}\cos 10\pi t[u(t-1)-u(t-2)]$；

（4）$x_5(t)=t\mathrm{e}^{-t}u(t)$；

（5）$x_6(t)=u(t)-2u(t-1)+u(t-2)$；

（6）$x_7(t) = e^{-|t|}$，$-\infty < t < \infty$。

2.2 粗略画出下列各函数（信号）的波形，注意它们之间的区别。

（1）$x_1(t) = \sin(\pi t) u(t)$；

（2）$x_2(t) = \sin\left[\pi\left(t - \dfrac{1}{2}\right)\right] u(t)$；

（3）$x_3(t) = \sin(\pi t) u\left(t - \dfrac{1}{2}\right)$；

（4）$x_4(t) = \sin\left[\pi\left(t - \dfrac{1}{2}\right)\right] u\left(t - \dfrac{1}{2}\right)$；

（5）$x_7(t) = r(t) u(t-2)$（其中 $r(t)$ 为斜坡函数）；

（6）$x_8(t) = r(2t) u(2-t)$。

2.3 画出下列各序列的图形。

（1）$x_1(n) = n u(n+2)$；

（2）$x_2(n) = (2^n + 1) u(n+1)$；

（3）$x_3(n) = \begin{cases} n+2, & n > 0 \\ 2^n, & n < 0 \end{cases}$；

（4）$x_4(n) = x_1(n) x_3(n)$；

（5）$x_5(n) = x_2(2-n)$；

（6）$x_6(n) = u(n-3) - u(n-6)$。

2.4 写出题 2.4 图所示各信号的解析式。

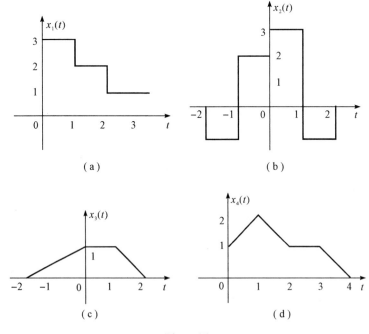

（a）　　　　　　　　　　　（b）

（c）　　　　　　　　　　　（d）

题 2.4 图

2.5 已知信号 $x(t)$ 的波形如题 2.5 图所示，画出下列信号的波形。

（1）$x(t-2) u(t)$；　　　　　　（2）$x(t-2) u(t-2)$；

（3）$x(2-t) u(t)$；　　　　　　（4）$x(1-t) u(1-t)$；

(5) $x(2t-2)$；

(6) $x\left(\dfrac{1}{2}t-2\right)u(t-2)$；

(7) $x(1-2t)u(t)$；

(8) $\dfrac{\mathrm{d}x(t)}{\mathrm{d}t}$；

(9) $\displaystyle\int_{-\infty}^{t}x(\tau)\mathrm{d}\tau$。

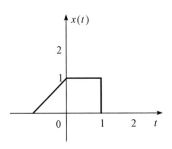

题 2.5 图

2.6　若 $x(t)=u(t)-u(1-t)$，试画出下列信号的波形。

(1) $x(-t)$；　　　　　　(2) $x(2-t)$；　　　　　　(3) $x(2t-2)$。

2.7　已知信号 $x(2-2t)$ 的波形如题 2.7 图所示，试画出 $x(t)$ 以及 $x'(t)$ 的波形。

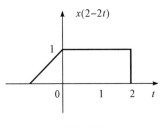

题 2.7 图

2.8　计算下列各式。

(1) $\dfrac{\mathrm{d}\left[\sin t\mathrm{e}^{-t}u(t)\right]}{\mathrm{d}t}$；

(2) $\delta\left(t-\dfrac{2}{3}\right)u(t-3)$；

(3) $\displaystyle\int_{-\infty}^{\infty}\delta\left(t-\dfrac{\pi}{4}\right)\sin t\mathrm{d}t$；

(4) $\displaystyle\int_{1}^{3}\delta'(t-2)\cos\dfrac{\pi}{4}t\,\mathrm{d}t$；

(5) $(2-t)\dfrac{\mathrm{d}\left[\mathrm{e}^{-t}\delta(t)\right]}{\mathrm{d}t}$；

(6) $\displaystyle\int_{-\infty}^{\infty}\left[\mathrm{e}^{-2t}\delta'(t)+\delta(t)\right]\mathrm{d}t$。

2.9　试说明下列信号是否为周期信号，若是，试确定其周期(其中 a、b、c 为常数)。

(1) $x_1(t)=a\sin t-b\sin2t$；

(2) $x_2(t)=a\sin4t+b\cos7t$；

(3) $x_3(t)=\cos\left[\pi(t-1)\right]$；

(4) $x_4(t)=\sin^2\pi t$。

2.10　已知信号 $x_1(t)=\cos20t$，$x_2(t)=\cos22t$，$x_3(t)=\cos t$，$x_4(t)=\cos\sqrt{2}t$。试问：$x_1(t)+x_2(t)$ 和 $x_3(t)+x_4(t)$ 是否为周期信号？若是，求其周期。

2.11　判断下列序列是否为周期序列，若是周期序列，试求其周期。

(1) $x(n)=3\cos\left(\dfrac{n\pi}{3}\right)+8\cos\left(\dfrac{n\pi}{8}\right)-2\cos\left(\dfrac{n\pi}{2}\right)$；

(2) $x(n) = e^{j\left(\frac{n}{8} - \pi\right)}$；

(3) $x(n) = A\sin(\omega_0 n)u(n)$。

2.12 判断序列 $\delta(n)$、$u(n)$、$R_N(n)$ 是能量序列还是功率序列，并求解其能量或功率。

第 3 章　系统的时域分析

第 1 章中已讲述了系统的概念与描述问题，本章主要从连续和离散两种角度，对系统进行时域分析。首先讨论系统的分类与性质，然后介绍线性时不变系统的响应的多种求解方法，最后用 MATLAB 实现系统的时域分析。

3.1　系统的分类及性质

本节主要讨论系统的分类及性质。可以从多种角度来观察、分析系统的特征，提出对系统进行分类的方法。按数学模型的不同，系统可分为连续系统和离散系统、即时系统和动态系统、线性系统和非线性系统、时变系统和时不变系统等。下面逐一介绍。

1. 连续系统与离散系统

若系统的激励(输入信号)是连续信号，其响应(输出信号)也是连续信号，则称该系统为连续时间系统，简称为连续系统。描述连续时间系统的数学模型是微分方程式。

若系统的激励和响应均是离散信号，则称该系统为离散时间系统，简称为离散系统。描述离散时间系统的数学模型是差分方程式。

2. 动态系统与即时系统

如果系统在任意时刻的响应仅决定于该时刻的激励，而与它过去的历史状况无关，就称其为即时系统(或无记忆系统)。全部由无记忆元件(例如电阻)组成的系统是即时系统。即时系统可用代数方程描述。

若系统在任一时刻的响应不仅与该时刻的激励有关，而且与它过去的历史状况有关，则称为动态系统或记忆系统。含有记忆元件(电容、电感等)的系统是动态系统。本书主要讨论动态系统。

3. 线性系统与非线性系统

满足线性性质的系统称为线性系统。下面着重讨论系统的线性性质。

系统的线性性质包括两个方面：齐次性和叠加性。若系统的激励 $x(\cdot)$ 所引起的响应为 $y(\cdot)$，则可简记为

$$y(\cdot) = T[x(\cdot)] \tag{3.1.1}$$

其中 T 为运算法则，简称算子。

若系统的激励增大 a(a 为任意常数)倍，它所引起的响应也增大 a 倍，即

$$T[ax(\cdot)] = aT[x(\cdot)] \tag{3.1.2}$$

则称系统是齐次的或均匀的，或者满足齐次性。

若系统的激励 $x_1(\cdot)$、$x_2(\cdot)$ 之和的响应等于各个激励所引起响应之和，即

$$T[x_1(\cdot) + x_2(\cdot)] = T[x_1(\cdot)] + T[x_2(\cdot)] \tag{3.1.3}$$

则称该系统是可加的，或者满足可加性或叠加性。

若系统既是齐次的又是可加的，则称该系统是线性的，即

$$T[a_1 x_1(\cdot) + a_2 x_2(\cdot)] = a_1 T[x_1(\cdot)] + a_2 T[x_2(\cdot)] \qquad (3.1.4)$$

动态系统的响应不仅与系统的激励 $\{x(\cdot)\}$（多个激励时用集合符号表示，简记为 $\{x(\cdot)\}$）有关，而且与系统的初始状态 $\{x(0)\}$（多个初始状态时用集合符号表示，简记为 $\{x(0)\}$）有关。初始状态有时也称为内部激励。这里为方便起见，假设初始时刻为 $t=t_0=0$（$n=n_0=0$）。于是系统在任意时刻的响应 $y(\cdot)$ 由初始状态 $\{x(0)\}$ 和激励 $\{x(\cdot)\}$ 完全确定。

系统的全响应 $y(\cdot)$ 为

$$y(\cdot) = T[\{x(0)\}, \{x(\cdot)\}] \qquad (3.1.5)$$

即系统的响应取决于两种不同的激励：初始状态 $\{x(0)\}$ 和输入信号 $\{x(\cdot)\}$。

若令系统的输入信号全为零，仅由系统的初始状态所引起的响应称为零输入响应，用 $y_{zi}(\cdot)$ 表示，即

$$y_{zi}(\cdot) = T[\{x(0)\}, \{0\}] \qquad (3.1.6)$$

若令系统的初始状态全为零，仅由系统的输入信号所引起的响应称为零状态响应，用 $y_{zs}(\cdot)$ 表示，即

$$y_{zs}(\cdot) = T[\{0\}, \{x(\cdot)\}] \qquad (3.1.7)$$

根据线性性质，线性系统的全响应是 $\{x(0)\}$ 与 $\{x(\cdot)\}$ 单独作用于系统引起的响应之和，即

$$y(\cdot) = y_{zi}(\cdot) + y_{zs}(\cdot) \qquad (3.1.8)$$

由式(3.1.8)可见，线性系统的全响应 $y(\cdot)$ 可分解成两个分量 $y_{zi}(\cdot)$ 和 $y_{zs}(\cdot)$，即零输入响应与零状态响应之和。线性系统的这一性质称为分解性。

当系统有多个输入信号、多个初始状态时，它必须对所有的输入信号、初始状态均呈现线性。即，当所有的初始状态均为 0 时，系统的零状态响应须对各输入信号呈现线性，这称为零状态线性。当所有的输入信号均为 0 时，系统的零输入响应须对各初始状态呈现线性，这称为零输入线性。当动态系统同时满足可分解性、零状态线性、零输入线性时称为线性系统；否则为非线性系统。显然上述讨论对于连续系统和离散系统均是适用的。

例 3.1　判断下列系统是否为线性系统。

(1) $y(t) = 3x(0) + 2x(t) + x(0)x(t) + 1$；

(2) $y(t) = 2x(0) + |x(t)|$；

(3) $y(t) = x^2(0) + 2x(t)$。

解　(1) 由零输入响应与零状态响应的定义可得

$$y_{zs}(t) = 2x(t) + 1, \quad y_{zi}(t) = 3x(0) + 1$$

由于 $y(t) \neq y_{zs}(t) + y_{zi}(t)$，即不满足可分解性，故该系统为非线性系统。

(2) 由零输入响应与零状态响应的定义可得

$$y_{zs}(t) = |x(t)|, \quad y_{zi}(t) = 2x(0)$$

由于 $y(t) = y_{zs}(t) + y_{zi}(t)$，满足可分解性；但由于 $T[\{0\}, \{ax(t)\}] = |ax(t)| \neq a y_{zs}(t)$，不满足零状态线性，故为非线性系统。

（3）由零输入响应与零状态响应的定义可得

$$y_{zs}(t) = 2x(t)，y_{zi}(t) = x^2(0)$$

显然满足可分解性；但由于 $T[\{ax(0)\}，\{0\}] = [ax(0)]^2 \neq ay_{zi}(t)$，不满足零输入线性，故为非线性系统。

例 3.2　判断 $y(t) = e^{-t}x(0) + \int_0^t \sin\tau x(\tau)\mathrm{d}\tau$ 是否为线性系统。

解　首先找出零输入响应与零状态响应：

$$y_{zi}(t) = e^{-t}x(0)，\quad y_{zs}(t) = \int_0^t \sin\tau x(\tau)\mathrm{d}\tau$$

由于 $y(t) = y_{zs}(t) + y_{zi}(t)$，满足可分解性。又

$$
\begin{aligned}
T[\{0\}，\{ax_1(t) + bx_2(t)\}] &= \int_0^t \sin\tau[ax_1(\tau) + bx_2(\tau)]\mathrm{d}\tau \\
&= a\int_0^t \sin\tau x_1(\tau)\mathrm{d}\tau + b\int_0^t \sin\tau x_2(\tau)\mathrm{d}\tau \\
&= aT[\{0\}，\{x_1(t)\}] + bT[\{0\}，\{x_2(t)\}]
\end{aligned}
$$

满足零状态线性。又

$$
\begin{aligned}
T[\{ax_1(0) + bx_2(0)\}，\{0\}] &= e^{-t}[ax_1(0) + bx_2(0)] = ae^{-t}x_1(0) + be^{-t}x_2(0) \\
&= aT[\{x_1(0)\}，\{0\}] + bT[\{x_2(0)\}，\{0\}]
\end{aligned}
$$

满足零输入线性。故该系统为线性系统。

4. 时不变系统与时变系统

时不变系统意味着只要初始状态不变，系统的输出波形仅取决于输入波形，而与输入波形接入系统的时刻无关。这种性质称为时不变性，满足时不变性质的系统称为时不变系统；否则称为时变系统。若系统的参数都是常数，它们不随时间变化，则该系统是时不变系统，用数学形式描述如下：

$$T[\{0\}，\{x(\cdot)\}] = y_{zs}(\cdot)$$

则对于连续与离散系统分别满足：

$$T[\{0\}，x(t - t_d)] = y_{zs}(t - t_d) \tag{3.1.9}$$

$$T[\{0\}，\{x(n - n_d)\}] = y_{zs}(n - n_d) \tag{3.1.10}$$

判断时不变性时，根据时不变性质的特点，从电路分析上看，主要是看元件的参数是否随时间发生变化，若元件参数不随时间变化则为时不变系统；从描述系统的方程上看，则主要体现在系数是否随时间变化，若方程系数均为常数且无反转、展缩变换则为时不变系统；从输入输出关系上看，则主要看系统输入延迟多少时间时，其零状态响应是否也相应延迟多少时间。

例 3.3　判断下列系统是否为时不变系统。

（1）$y_{zs}(t) = tx(t)$；

（2）$y_{zs}(t) = x(-t)$；

（3）$y_{zs}(t) = x(2t)$。

解　（1）令 $y_{zs}(t) = T[x(t)] = tx(t)$，则

$$T[x(t - t_d)] = tx(t - t_d)$$

而
$$y_{zs}(t-t_d) = (t-t_d)x(t-t_d)$$
显然 $T[x(t-t_d)] \neq y_{zs}(t-t_d)$，故该系统为时变系统。

(2) 令 $y_{zs}(t) = T[x(t)] = x(-t)$，则
$$T[x(t-t_d)] = x(-t-t_d)$$
而
$$y_{zs}(t-t_d) = x[-(t-t_d)] = x(-t+t_d)$$
显然 $T[x(t-t_d)] \neq y_{zs}(t-t_d)$，故该系统为时变系统。

(3) 令 $y_{zs}(t) = T[x(t)] = x(2t)$，则
$$T[x(t-t_d)] = x(2t-t_d)$$
而
$$y_{zs}(t-t_d) = x[2(t-t_d)] = x(2t-2t_d)$$
显然 $T[x(t-t_d)] \neq y_{zs}(t-t_d)$，故该系统为时变系统。

须指出，系统的线性和时不变性是两个不同的概念，线性系统可以是时不变的，也可以是时变的，非线性系统也是如此。本课程重点讨论线性时不变(Linear Time-Invariant)系统，简称 LTI 系统。

连续的 LTI 系统具有微分特性和积分特性。

1) 微分特性

LTI 系统在激励为 $x(t)$ 作用下，其零状态响应为 $y_{zs}(t)$，那么当激励变为 $x'(t)$ 时，该系统的零状态响应为 $y_{zs}'(t)$，即
$$x(t) \to y_{zs}(t)$$
则
$$x'(t) \to y_{zs}'(t) \tag{3.1.11}$$
上式表明，激励 $x(t)$ 的零状态响应为 $y_{zs}(t)$，则导数 $x'(t)$ 的零状态响应为响应 $y_{zs}(t)$ 的导数。

2) 积分特性

LTI 系统在激励 $x(t)$ 作用下，其零状态响应为 $y_{zs}(t)$，那么当激励变为 $\int_{-\infty}^{t} x(\tau)\mathrm{d}\tau$ 时，该系统的零状态响应为 $\int_{-\infty}^{t} y_{zs}(x)\mathrm{d}x$，即
$$x(t) \to y_{zs}(t)$$
则
$$\int_{-\infty}^{t} x(\tau)\mathrm{d}\tau \to \int_{-\infty}^{t} y_{zs}(x)\mathrm{d}x \tag{3.1.12}$$
上式表明，激励 $x(t)$ 的零状态响应为 $y_{zs}(t)$，则积分 $\int_{-\infty}^{t} x(\tau)\mathrm{d}\tau$ 的零状态响应为响应 $y_{zs}(t)$ 的积分。

同理，对于离散的 LTI 系统，具有差分与求和的性质。

若 $x(n) \to y_{zs}(n)$，则

$$\nabla x(n) \rightarrow \nabla y_{zs}(n) \tag{3.1.13}$$

$$\sum_{i=-\infty}^{n} x(i) \rightarrow \sum_{i=-\infty}^{n} y_{zs}(i) \tag{3.1.14}$$

例 3.4　某 LTI 连续系统，起始状态为 $x(0)$。已知当 $x(0)=1$，输入信号 $x_1(t)$ 时，全响应 $y_1(t)=\mathrm{e}^{-t}+\cos\pi t$，$t>0$；当 $x(0)=2$，输入信号 $x_2(t)=3x_1(t)$ 时，全响应 $y_2(t)=-2\mathrm{e}^{-t}+3\cos\pi t$，$t>0$。求输入 $x_3(t)=x_1'(t)+2x_1(t-1)$ 时，系统的零状态响应 $y_{3zs}(t)$。

解　设起始状态 $x(0)=1$ 时，产生的零输入响应为 $y_{zi}(t)$，激励为信号 $x_1(t)$ 时，产生的零状态响应为 $y_{zs}(t)$。则根据系统的线性性质，零输入与零状态响应同时满足线性，应有 $x(0)=2$ 时，产生的零输入响应为 $2y_{zi}(t)$，激励为信号 $3x_1(t)$ 时，产生的零状态响应为 $3y_{zs}(t)$。根据题中条件列出方程组：

$$\begin{cases} y_{zi}(t) + y_{zs}(t) = \mathrm{e}^{-t} + \cos\pi t \\ 2y_{zi}(t) + 3y_{zs}(t) = -2\mathrm{e}^{-t} + 3\cos\pi t \end{cases}$$

解得

$$y_{zs}(t) = -4\mathrm{e}^{-t} + \cos\pi t,\ t>0$$

可以写作

$$x_1(t) \rightarrow y_{zs}(t) = (-4\mathrm{e}^{-t} + \cos\pi t)u(t)$$

根据 LTI 系统的微分特性，有

$$x_1'(t) \rightarrow y'_{zs}(t) = -3\delta(t) + (4\mathrm{e}^{-t} - \pi\sin\pi t)u(t)$$

根据 LTI 系统的时不变性质，有

$$x_1(t-1) \rightarrow y_{zs}(t-1) = \{-4\mathrm{e}^{-t+1} + \cos[\pi(t-1)]\}u(t-1)$$

根据 LTI 系统的线性性质，可知当输入为 $x_1'(t)+2x_1(t-1)$ 时，系统的零状态响应为

$$y'_{zs}(t) + 2y_{zs}(t-1) = -3\delta(t) + (4\mathrm{e}^{-t} - \pi\sin\pi t)u(t) + 2\{-4\mathrm{e}^{-t+1} + \cos[\pi(t-1)]\}u(t-1)$$

5. 因果系统与非因果系统

在实际的物理系统中，激励是产生响应的原因，响应是激励引起的后果，即响应不会出现于激励之前，这种性质称为因果性。具备因果性的系统称为因果系统，即当且仅当有输入信号激励系统时，才会出现响应的系统。用数学形式描述如下：

$$t < t_0 (n < n_0),\ x(\cdot) = 0$$

则

$$t < t_0 (n < n_0),\ y_{zs}(\cdot) = 0 \tag{3.1.15}$$

例如，$y_{zs}(t) = 2x(t-2)$、$y_{zs}(t) = \displaystyle\int_{-\infty}^{t} x(\tau)\mathrm{d}\tau$ 为因果系统，而 $y_{zs}(t) = 2x(t+2)$、$y_{zs}(n) = x(3n)$ 为非因果系统。

6. 稳定系统与不稳定系统

一个系统，若对有界的激励 $x(\cdot)$ 所产生的零状态响应 $y_{zs}(\cdot)$ 也是有界的，则称该系统为有界输入有界输出稳定系统，简称稳定系统。即若 $|x(\cdot)| < \infty$，有

$$|y_{zs}(\cdot)| < \infty \tag{3.1.16}$$

则称系统是稳定的，否则为不稳定系统。如 $y_{zs}(n) = x(n) + x(n-1)$ 为稳定系统。$y_{zs}(t) =$

$\int_{-\infty}^{t} x(\tau) \mathrm{d}\tau$ 是不稳定系统，因为当 $x(t) = u(t)$ 时有界，但 $y_{zs}(t) = \int_{-\infty}^{t} u(x)\mathrm{d}x = tu(t)$ 在 $t \rightarrow \infty$ 时为无界的，故该系统为不稳定系统。

3.2　连续 LTI 系统的时域经典分析法

3.2.1　微分方程的经典解法

对于单输入-单输出 n 阶 LTI 连续系统，设其激励为 $x(t)$，所引起的响应为 $y(t)$，则描述该系统的微分方程一般形式为

$$a_n y^{(n)}(t) + a_{n-1} y^{(n-1)}(t) + \cdots + a_1 y^{(1)}(t) + a_0 y(t)$$
$$= b_m x^{(m)}(t) + b_{m-1} x^{(m-1)}(t) + \cdots + b_1 x^{(1)}(t) + b_0 x(t) \tag{3.2.1}$$

简写为

$$\sum_{i=0}^{n} a_i y^{(i)}(t) = \sum_{j=0}^{m} b_j x^{(j)}(t) \tag{3.2.2}$$

上式称为 n 阶常系数线性微分方程。式中 $a_i (i=0, 1, 2, \cdots, n)$ 和 $b_j (j=0, 1, 2, \cdots, m)$ 为常数，且 $a_n = 1$；$y^{(n)}(t)$ 为响应的 n 阶导数；$x^{(m)}(t)$ 为激励的 m 阶导数。解此微分方程就可得到系统的响应 $y(t)$。

由数学微分方程理论可知，微分方程的完全解应为微分方程的齐次解和特解之和，即

$$y(t) = y_h(t) + y_p(t) \tag{3.2.3}$$

其中 $y(t)$ 为微分方程的完全解；$y_h(t)$ 表示微分方程的齐次解；$y_p(t)$ 表示微分方程的特解。

齐次解 $y_h(t)$ 是齐次微分方程

$$y^{(n)}(t) + a_{n-1} y^{(n-1)}(t) + \cdots + a_1 y^{(1)}(t) + a_0 y(t) = 0 \tag{3.2.4}$$

的解。根据微分方程理论，对于式（3.2.4）应先求解该方程的特征方程。设其特征根为 λ，则相应的特征方程为

$$\lambda^n + a_{n-1} \lambda^{n-1} + \cdots + a_1 \lambda + a_0 = 0 \tag{3.2.5}$$

其 n 个根 λ_i 为微分方程的 n 个特征根。不同特征根所对应的齐次解的形式不同，如表 3.2.1 所示。

表 3.2.1　不同特征根所对应的齐次解

特征根 λ	齐次解 $y_h(t)$
单实根	$Ce^{\lambda t}$
r 重实根	$(C_{r-1}t^{r-1} + C_{r-2}t^{r-2} + \cdots + C_1 t + C_0)e^{\lambda t}$
一对共轭复根 $\lambda_{1,2} = \alpha \pm \mathrm{j}\beta$	$e^{\alpha t}(C\cos\beta t + D\sin\beta t)$ 或 $Ae^{\mathrm{j}\theta}\cos(\beta t - \theta)$，其中 $Ae^{\mathrm{j}\theta} = C + \mathrm{j}D$
r 重共轭复根	$[A_{r-1}t^{r-1}\cos(\beta t + \theta_{r-1}) + A_{r-2}t^{r-2}\cos(\beta t + \theta_{r-2}) + \cdots + A_0 t^0 \cos(\beta t + \theta_0)]e^{\alpha t}$

注：其中 A、B、C、D 为待定系数，由系统初始条件确定。

系统的特解则与激励的函数形式有关，由激励的形式确定，如表 3.2.2 所示。

表 3.2.2　不同激励所对应的特解

激励信号	特　　解
E（常数）	B
t^p	$B_1 t^p + B_2 t^{p-1} + \cdots + B_p t + B_{p+1}$
e^{at}（特征根 $\lambda \neq \alpha$）	$B e^{at}$
e^{at}（特征根 $\lambda = \alpha$）	$B t e^{at}$
$\cos(\omega t)$	$B_1 \cos(\omega t) + B_2 \sin(\omega t)$
$\sin(\omega t)$	
r 重共轭复根	$[A_{r-1} t^{r-1} \cos(\beta t + \theta_{r-1}) + A_{r-2} t^{r-2} \cos(\beta t + \theta_{r-2}) + \cdots + A_0 t^0 \cos(\beta t + \theta_0)] e^{at}$

注：其中 A、B 为待定系数，将特解代入微分方程中确定。

例 3.5　描述某系统的微分方程为

$$y''(t) + 7y'(t) + 12y(t) = x(t)$$

求：（1）当 $x(t) = 2e^{-t}$，$t \geqslant 0$；$y(0) = 2$，$y'(0) = -1$ 时的全解；（2）当 $x(t) = e^{-3t}$，$t \geqslant 0$；$y(0) = 1$，$y'(0) = 0$ 时的全解。

解　（1）特征方程为

$$\lambda^2 + 7\lambda + 12 = 0$$

特征根为 $\lambda_1 = -3$，$\lambda_2 = -4$。

由表 3.2.1 可知，齐次解为

$$y_h(t) = C_1 e^{-3t} + C_2 e^{-4t}$$

由表 3.2.2 可知，当 $x(t) = 2e^{-t}$ 时，其特解可设为

$$y_p(t) = B e^{-t}$$

将特解代入微分方程得

$$B e^{-t} + 7(-B e^{-t}) + 12 B e^{-t} = 2e^{-t}$$

解得 $B = \dfrac{1}{3}$，于是特解为

$$y_p(t) = \frac{1}{3} e^{-t}$$

全解为

$$y(t) = y_h(t) + y_p(t) = C_1 e^{-3t} + C_2 e^{-4t} + \frac{1}{3} e^{-t}$$

其中待定常数 C_1、C_2 由以下初始条件确定：

$$y(0) = C_1 + C_2 + \frac{1}{3} = 2$$

$$y'(0) = -3C_1 - 4C_2 - \frac{1}{3} = -1$$

解得 $C_1 = 6$，$C_2 = -\dfrac{13}{3}$。

最后得全解为

$$y(t) = 6\mathrm{e}^{-3t} - \frac{13}{3}\mathrm{e}^{-4t} + \frac{1}{3}\mathrm{e}^{-t}, \ t \geqslant 0$$

（2）同一微分方程所对应的特征方程相同，特征根相同，故齐次解形式相同。当激励 $x(t) = \mathrm{e}^{-3t}$ 时，由于其指数与特征根之一相重，故由表 3.2.2 知其特解为

$$y_{\mathrm{p}}(t) = (B_1 t + B_0)\mathrm{e}^{-3t}$$

代入微分方程可得

$$(9B_1 - 21B_1 + 12B_1)t\mathrm{e}^{-3t} + (-6B_1 + 9B_0 + 7B_1 - 21B_0 + 12B_0)\mathrm{e}^{-3t} = \mathrm{e}^{-3t}$$

化简得

$$B_1 \mathrm{e}^{-3t} = \mathrm{e}^{-3t}$$

所以 $B_1 = 1$，但 B_0 不能求得。

全解为

$$\begin{aligned} y(t) &= C_1 \mathrm{e}^{-3t} + C_2 \mathrm{e}^{-4t} + t\mathrm{e}^{-3t} + B_0 \mathrm{e}^{-3t} \\ &= (C_1 + B_0)\mathrm{e}^{-3t} + C_2 \mathrm{e}^{-4t} + t\mathrm{e}^{-3t} \end{aligned}$$

将初始条件代入得

$$y(0) = (C_1 + B_0) + C_2 = 1$$
$$y'(0) = -3(C_1 + B_0) - 4C_2 + 1 = 0$$

解得 $C_1 + B_0 = 3$，$C_2 = -2$，最后得微分方程的全解为

$$y(t) = 3\mathrm{e}^{-3t} - 2\mathrm{e}^{-4t} + t\mathrm{e}^{-t}, \ t \geqslant 0$$

上式第一项的系数 $C_1 + B_0 = 3$，不能区分 C_1 和 B_0，因而也不能区分齐次解和特解。

　　显然，齐次解的函数形式仅与系统本身的特性有关，由微分方程的特征根确定，而特解的形式由激励的形式确定。因为齐次解仅与系统本身有关，而与激励 $x(t)$ 无关，故称为系统的固有响应或自由响应；特解的函数形式由激励确定，称为强迫响应。

　　LTI 连续系统微分方程经典解法步骤可归纳如下：

　　（1）据微分方程写出特征方程，求出特征根，据表 3.2.1 写出齐次解形式；

　　（2）由激励形式，据表 3.2.2 写出特解形式，并代入微分方程，求出系数，从而确定特解；

　　（3）将齐次解＋特解＝全解代入初始条件，求出齐次解系数，从而确定全解。

3.2.2　0₋ 和 0₊ 初始值

　　由于 $t = 0_+$ 时刻包含了输入信号的作用，故不便于描述系统的历史信息。而在 $t = 0_-$ 时，激励尚未接入，故该时刻的值 $y^{(i)}(0_-)$（$i = 0, 1, \cdots, n-1$）反映了系统的历史情况，称这些值为初始状态。若输入 $x(t)$ 是在 $t = 0$ 时接入系统，则确定待定系数 C_i 时用 $t = 0_+$ 时刻的值，即 $y^{(i)}(0_+)$。一般对于具体的系统，初始状态较容易求得。这样为求解微分方程，就需要从已知的初始状态 $y^{(i)}(0_-)$ 设法求得 $y^{(i)}(0_+)$。基本原理是根据方程等号两边的冲激函数及其各阶导数的系数相等来求解，所以称之为冲激函数配平法。下面举例说明。

　　例 3.6　描述某系统的微分方程为

$$y''(t) + 4y'(t) + 3y(t) = x'(t) + x(t)$$

已知 $y(0_-) = 0$，$y'(0_-) = 1$，$x(t) = u(t)$，求 $y(0_+)$ 和 $y'(0_+)$。

　　解　将输入 $x(t) = u(t)$ 代入上述微分方程得

$$y''(t) + 4y'(t) + 3y(t) = \delta(t) + u(t) \tag{3.2.6}$$

式(3.2.6)对所有的 t 均成立，故等号两端 $\delta(t)$ 及其各阶导数的系数应分别相等，于是知式(3.2.6)中的 $y''(t)$ 应包含冲激函数(否则其他任何一项含有冲激都将会产生 $\delta'(t)$ 项)，故令

$$y''(t) = a\delta(t) + r_0(t) \tag{3.2.7}$$

其中 $r_0(t)$ 表示不含冲激函数及其各阶导数的一般函数。

为求解系数 a，需代入式(3.2.6)中确定，这时需要将 $y'(t)$ 和 $y(t)$ 表示出来。所以，对式(3.2.7)两端从 $-\infty$ 到 t 取积分有

$$y'(t) = au(t) + \int_{-\infty}^{t} r_0(\tau)\mathrm{d}\tau = r_1(t) \tag{3.2.8}$$

同理，对式(3.2.8)两端从 $-\infty$ 到 t 取积分有

$$y(t) = r_2(t) \tag{3.2.9}$$

其中 $r_1(t)$、$r_2(t)$ 表示不含冲激函数及其各阶导数的一般函数。

将式(3.2.7)～(3.2.9)代入式(3.2.6)中得

$$a\delta(t) + r_0(t) + 4r_1(t) + 3r_2(t) = \delta(t) + u(t)$$

根据 $\delta(t)$ 及其各阶导数系数相等，故得

$$a = 1$$

为了由 0_- 得到 0_+，需要知道 0_+ 与 0_- 之间的关系。因此对式(3.2.7)和式(3.2.8)两端从 0_- 到 0_+ 取积分有

$$y'(0_+) - y'(0_-) = \int_{0_-}^{0_+} \delta(t)\mathrm{d}t + \int_{0_-}^{0_+} r_0(t)\mathrm{d}t$$

$$y(0_+) - y(0_-) = \int_{0_-}^{0_+} r_1(t)\mathrm{d}t$$

由于 $r_0(t)$、$r_1(t)$ 不含冲激函数及其各阶导数，而且积分在无穷小区间 $[0_-, 0_+]$，故

$$\int_{0_-}^{0_+} r_0(t)\mathrm{d}t = 0, \quad \int_{0_-}^{0_+} r_1(t)\mathrm{d}t = 0$$

所以

$$y'(0_+) - y'(0_-) = \int_{0_-}^{0_+} \delta(t)\mathrm{d}t = 1$$

$$y(0_+) - y(0_-) = 0$$

已知 $y(0_-)=0$，$y'(0_-)=1$，故得 $y(0_+)=0$，$y'(0_+)=2$。

由此可见，冲激函数配平法的步骤可概括为：

(1) 将激励代入方程中，若右边不含冲激函数及其各阶导数，则 0_- 与 0_+ 相等。当微分方程等号右端含有冲激函数及其各阶导数时，响应 $y(t)$ 及其各阶导数中有些在 $t=0$ 处将发生跃变。这时求解需要按如下步骤继续进行。

(2) 如等号右端含有 $\delta(t)$ 及其各阶导数，根据微分方程等号两端奇异函数的系数相等的原理，可知方程左端 $y(t)$ 的最高阶导数包含右端 $\delta(t)$ 的最高阶次，其中包含待定系数，并且不含有冲激函数及其各阶导数的一般函数用 $r(t)$ 表示。

(3) 将(2)中的表示式从 $-\infty$ 到 t 取积分，得到 $y(t)$ 及其各阶导数的表达式，代入原方程，可以确定系数。

(4) 对确定系数后的 $y(t)$ 及其各阶导数的表达式两边从 0_- 到 0_+ 进行积分，依次求得各 0_+ 时刻与 0_- 时刻值之间的关系，由已知的 0_- 值求解 0_+ 值。

3.3　连续 LTI 系统的线性分析法

本节主要介绍微分方程的另一种解法——线性分析法：将系统的全响应分为零输入响应和零状态响应来求解。

前面已讲述过线性系统的分解性：

$$y(t) = y_{zi}(t) + y_{zs}(t)$$

即 LTI 系统的完全响应等于零输入响应和零状态响应之和，零输入响应是激励为零时仅由系统的初始状态所引起的响应，即 $y_{zi}(t)$，零状态响应是系统初始状态为零时仅由外部激励所引起的响应，即 $y_{zs}(t)$。

3.3.1　零输入响应的求解

$$\sum_{i=0}^{n} a_i y^{(i)}(t) = \sum_{j=0}^{m} b_j x^{(j)}(t)$$

对于上述微分方程，由于激励为零，故零输入响应满足 $\sum\limits_{i=0}^{n} a_i y_{zi}^{(i)}(t) = 0$，因此 $y_{zi}(t)$ 具有齐次解的形式，其中的系数由 $y_{zi}^{(i)}(0_+)$ 来确定。

对于 $t=0$ 时接入激励 $x(t)$ 的系统，初始状态 $y_{zi}^{(i)}(0_-)$、$y_{zs}^{(i)}(0_-)$（$i=0,1,\cdots,n-1$）的计算也满足分解特性，即

$$y^{(i)}(0_-) = y_{zi}^{(i)}(0_-) + y_{zs}^{(i)}(0_-) \quad (i=0,1,\cdots,n-1)$$

对于零状态响应，在 $t=0_-$ 时刻激励尚未接入，故应有

$$y_{zs}^{(i)}(0_-) = 0 \ (i=0,1,\cdots,n-1)$$

又因 $y_{zi}(t)$ 由初始状态决定，在 0 处不会跳变，故 0_+ 和 0_- 时刻 $y_{zi}(t)$ 及其各阶导均相等，等于初始值：

$$y_{zi}^{(i)}(0_+) = y_{zi}^{(i)}(0_-) = y^{(i)}(0_-) \quad (i=0,1,\cdots,n-1)$$

例 3.7　描述某系统的微分方程为

$$y''(t) + 4y'(t) + 4y(t) = x'(t) + 3x(t)$$

已知 $y(0_-)=1$，$y'(0_-)=2$，求该系统的零输入响应。

解　对于零输入响应 $y_{zi}(t)$，满足如下微分方程：

$$y''_{zi}(t) + 4y'_{zi}(t) + 4y_{zi}(t) = 0 \tag{3.3.1}$$

该微分方程的特征方程为

$$\lambda^2 + 4\lambda + 4 = 0$$

特征根为 $\lambda_1 = \lambda_2 = -2$。由表 3.2.1 可知，齐次解（系统的零输入响应）为

$$y_{zi}(t) = y_{zih}(t) = (C_{zi1} + C_{zi0}t)e^{-2t}$$

各初始状态为

$$y_{zi}(0_+) = y_{zi}(0_-) = y(0_-) = 1$$
$$y_{zi}'(0_+) = y_{zi}'(0_-) = y'(0_-) = 2$$

代入初始值得

$$y_{zi}(0_+) = C_{zi1} = 1$$

$$y_{zi}{}'(0_+) = -2C_{zi1} + C_{zi2} = 2$$

解得系数 $C_{zi1} = 1$，$C_{zi0} = 4$，则系统的零输入响应为

$$y_{zi}(t) = (C_{zi1} + C_{zi0}t)e^{-2t} = (1 + 4t)e^{-2t}, \quad t \geqslant 0$$

3.3.2　零状态响应的求解

对于零状态响应满足方程：

$$\sum_{i=0}^{n} a_i y_{zs}^{(i)}(t) = \sum_{j=0}^{m} b_j x^{(j)}(t)$$

且 $y_{zs}^{(i)}(0_-) = 0$　$(i = 0, 1, \cdots, n-1)$。

方程既有齐次解又有特解，齐次解中的系数由 $y_{zs}^{(i)}(0_+)$ 来确定，所以需要由 $y_{zs}^{(i)}(0_-)$ 求解 $y_{zs}^{(i)}(0_+)$，此时需要用到冲激函数配平法。

例 3.8　描述某系统的微分方程为

$$y''(t) + 4y'(t) + 4y(t) = x'(t) + 3x(t)$$

已知 $x(t) = e^{-t}u(t)$，求该系统的零状态响应。

解　对于零状态响应 $y_{zs}(t)$，由于激励为 $x(t) = e^{-t}u(t)$，故微分方程变为

$$y_{zs}''(t) + 4y_{zs}'(t) + 4y_{zs}(t) = \delta(t) + 2e^{-t}u(t) \tag{3.3.2}$$

$$y_{zs}(0_-) = y_{zs}'(0_-) = 0$$

由上述冲激函数配平法由 0_- 值求解 0_+ 值可得 $y_{zs}(0_+) = 0$，$y'_{zs}(0_+) = 1$。

微分方程式(3.3.2)的齐次解形式为

$$y_{zsh}(t) = (C_{zs1} + C_{zs0}t)e^{-2t}$$

根据激励的形式，由表 3.2.2 不难求得其特解为 $2e^{-t}$，故零状态响应为

$$y_{zs}(t) = (C_{zs1} + C_{zs0}t)e^{-2t} + 2e^{-t}, \quad t \geqslant 0$$

代入初始条件求得 $C_{zs1} = -2$，$C_{zs0} = -1$，则系统的零状态响应为

$$y_{zs}(t) = (-2 - t)e^{-2t} + 2e^{-t}, \quad t \geqslant 0$$

前面已提到过系统的自由响应即齐次解，强迫响应即特解，这里补充一下稳态响应和瞬时响应的概念。

瞬态响应：当输入为阶跃信号或有始的周期信号，系统的全响应也可分为瞬态响应和稳态响应。瞬态响应是指当激励接入以后，全响应中暂出现的分量，随着时间的增长，它将消失。也就是全响应中指数衰减的各项组成瞬态响应。

稳态响应：全响应中减去瞬态响应就是稳态响应，它通常是由阶跃函数和周期函数组成的。

3.4　连续 LTI 系统的冲激响应和阶跃响应

3.4.1　冲激响应

一个 LTI 系统，由单位冲激函数 $\delta(t)$ 所引起的零状态响应称为单位冲激响应，简称冲激响应，记为 $h(t)$，即

$$h(t) = T[0, \delta(t)] \tag{3.4.1}$$

即激励为 $\delta(t)$ 时系统的零状态响应。

根据冲激函数的特性，激励 $\delta(t)$ 是在 $t=0$ 瞬间激励系统、给系统输入能量的，且储存在系统中。而在 $t=0_+$ 以后激励就变为 0，起作用的就是冲激引入的储能了。因而冲激响应 $h(t)$ 由这个储能唯一确定。因此，系统的冲激响应 $h(t)$ 与该系统的零输入响应（即系统的齐次解）应具有相同的函数形式。

一般，若 n 阶微分方程右端只含激励 $x(t)$，即若
$$y^{(n)}(t) + a_{n-1}y^{(n-1)}(t) + \cdots + a_1 y^{(1)}(t) + a_0 y(t) = x(t)$$
则冲激响应 $h(t)$ 满足的微分方程及初始状态为
$$h^{(n)}(t) + a_{n-1}h^{(n-1)}(t) + \cdots + a_1 h^{(1)}(t) + a_0 h(t) = \delta(t)$$
$$h^{(j)}(0_-) = 0, \quad j = 0, 1, 2, \cdots, n-1$$
且各 0_+ 时刻初始值为
$$h^{(j)}(0_+) = 0, \quad j = 0, 1, 2, \cdots, n-2$$
$$h^{(n-1)}(0_+) = 1$$

例 3.9　描述某系统的微分方程为
$$y''(t) + 5y'(t) + 6y(t) = x(t)$$
求其冲激响应 $h(t)$。

解　根据 $h(t)$ 的定义：当 $x(t) = \delta(t)$ 时，有 $y(t) = h(t)$，微分方程及初始状态为
$$h''(t) + 5h'(t) + 6h(t) = \delta(t)$$
$$h'(0_-) = h(0_-) = 0$$

先求 $h'(0_+)$ 和 $h(0_+)$，再求齐次解。

由上边的分析可知，$h(0_+) = 0$，$h'(0_+) = 1$。

系统的冲激响应与齐次解形式相同。微分方程的特征方程为
$$\lambda^2 + 5\lambda + 6 = 0$$
特征根为 $\lambda_{1,2} = -2, -3$。故系统的冲激响应为
$$h(t) = C_1 e^{-2t} + C_2 e^{-3t}$$
代入初始条件得
$$h(0_+) = C_1 + C_2 = 0$$
$$h'(0_+) = -2C_1 - 3C_2 = 1$$
解得 $C_1 = 1$，$C_2 = -1$，所以冲激响应为
$$h(t) = (e^{-2t} - e^{-3t})u(t)$$

若微分方程右端不只含激励 $x(t)$，还有其各阶导数，则解法分两步进行：

(1) 选新变量 $y_1(t)$，使它满足微分方程左端与原系统微分方程左端相同，右端只含有冲激，即满足：
$$y_1^{(n-1)}(t) + a_{n-1}y_1^{(n-1)}(t) + \cdots + a_1 y_1^{(1)}(t) + a_0 y_1(t) = x(t)$$
设其冲激响应为 $h_1(t)$。

(2) 由 LTI 系统的线性性质和微分特性，原系统的冲激响应 $h(t)$ 为
$$h(t) = b_m h_1^{(m)}(t) + b_{m-1}h_1^{(m-1)}(t) + \cdots + b_0 h_1(t)$$

例 3.10　描述某系统的微分方程为
$$y''(t) + 5y'(t) + 6y(t) = x''(t) + 2x'(t) + 3x(t)$$

求其冲激响应 $h(t)$。

解　选新变量 $y_1(t)$，使它满足微分方程左端与原系统微分方程左端相同，右端只含有冲激，即满足：

$$y_1''(t) + 5y_1'(t) + 6y_1(t) = x(t)$$

设其冲激响应为 $h_1(t)$，则系统的冲激响应为

$$h(t) = h_1''(t) + 2h_1'(t) + 3h_1(t)$$

现在求 $h_1(t)$。借助例 3.9 的结果有

$$h_1(t) = (\mathrm{e}^{-2t} - \mathrm{e}^{-3t})u(t)$$

它的一阶导数、二阶导数为

$$h_1'(t) = (-2\mathrm{e}^{-2t} + 3\mathrm{e}^{-3t})u(t) + (\mathrm{e}^{-2t} - \mathrm{e}^{-3t})\delta(t) = (-2\mathrm{e}^{-2t} + 3\mathrm{e}^{-3t})u(t)$$

$$h_1''(t) = (4\mathrm{e}^{-2t} - 9\mathrm{e}^{-3t})u(t) + (-2\mathrm{e}^{-2t} + 3\mathrm{e}^{-3t})\delta(t) = (4\mathrm{e}^{-2t} - 9\mathrm{e}^{-3t})u(t) + \delta(t)$$

因此求得 $h(t)$ 为

$$h(t) = (3\mathrm{e}^{-2t} - 6\mathrm{e}^{-3t})u(t) + \delta(t)$$

3.4.2　阶跃响应

一个 LTI 系统，由单位阶跃函数 $u(t)$ 所引起的零状态响应称为单位阶跃响应，简称阶跃响应，记为 $g(t)$，即

$$g(t) = T[0, u(t)] \tag{3.4.2}$$

即激励为 $u(t)$ 时系统的零状态响应。

经典法解单位阶跃响应 $g(t)$ 时，不仅有齐次解，还有特解（为常数）。

对于微分方程：

$$y^{(n)}(t) + a_{n-1}y^{(n-1)}(t) + \cdots + a_1 y^{(1)}(t) + a_0 y(t) = x(t)$$

令激励 $x(t) = u(t)$，则阶跃响应 $g(t)$ 满足

$$g^{(n)}(t) + a_{n-1}g^{(n-1)}(t) + \cdots + a_1 g^{(1)}(t) + a_0 g(t) = u(t)$$

$$g^{(i)}(0_-) = 0, \quad i = 0, 1, \cdots, n-1$$

由于等号右端只有 $u(t)$，故除 $g^{(n)}(t)$ 外，$g(t)$ 及其直到 $n-1$ 阶导数均在 $t=0$ 处连续（否则将出现冲激函数），故各 0_+ 初始值为

$$g^{(i)}(0_+) = g^{(i)}(0_-) = 0, \quad i = 0, 1, \cdots, n-1$$

对于微分方程：

$$y^{(n)}(t) + a_{n-1}y^{(n-1)}(t) + \cdots + a_1 y^{(1)}(t) + a_0 y(t)$$

$$= b_m x^{(m)}(t) + b_{m-1}x^{(m-1)}(t) + \cdots + b_1 x^{(1)}(t) + b_0 x(t)$$

可先求得微分方程 $y_1^{(n)}(t) + a_{n-1}y_1^{(n-1)}(t) + \cdots + a_1 y_1^{(1)}(t) + a_0 y_1(t) = x(t)$ 的阶跃响应 $g_1(t)$，根据 LTI 系统的线性特性与叠加性质，可得原系统的阶跃响应 $g(t)$ 为

$$g(t) = b_m g_1^{(m)}(t) + b_{m-1}g_1^{(m-1)}(t) + \cdots + b_0 g_1(t)$$

例 3.11　描述某系统的微分方程为

$$y''(t) + 3y'(t) + 2y(t) = -x'(t) + 2x(t)$$

求系统的阶跃响应 $g(t)$。

解　设 $y_1''(t) + 3y_1'(t) + 2y_1(t) = x(t)$ 的阶跃响应为 $g_1(t)$，则原系统的阶跃响应为

$$g(t) = -g_1'(t) + 2g_1(t)$$

由阶跃响应定义可知，阶跃响应 $g_1(t)$ 满足方程：

$$g_1''(t) + 3g_1'(t) + 2g_1(t) = u(t)$$

$$g_1(0_-) = g_1'(0_-) = 0$$

$t>0$ 时：

$$g_1''(t) + 3g_1'(t) + 2g_1(t) = 1$$

则系统特征方程为 $\lambda^2 + 3\lambda + 2 = 0$，特征根为 $\lambda_{1,2} = -1, -2$，特解为 $\frac{1}{2}$，则 $g_1(t)$ 为

$$g_1(t) = \left(C_1 e^{-t} + C_2 e^{-2t} + \frac{1}{2}\right) u(t)$$

又 0_+ 初始值均为零，即 $g_1(0_+) = g_1(0_-) = 0$，代入到上式中有

$$g_1(0_+) = C_1 + C_2 + \frac{1}{2} = 0$$

$$g_1'(0_+) = -C_1 - 2C_2 = 0$$

可解得 $C_1 = -1$，$C_2 = \frac{1}{2}$，于是得

$$g_1(t) = \left(-e^{-t} + \frac{1}{2}e^{-2t} + \frac{1}{2}\right) u(t)$$

其一阶导数为

$$g_1'(t) = \left(-e^{-t} + \frac{1}{2}e^{-2t} + \frac{1}{2}\right)\delta(t) + (e^{-t} - e^{-2t})u(t) = (e^{-t} - e^{-2t})u(t)$$

则原系统阶跃响应为

$$g(t) = -g_1'(t) + 2g_1(t) = (-3e^{-t} + 2e^{-2t} + 1)u(t)$$

另外，由于 $\delta(t)$ 与 $u(t)$ 互为微积分关系，又由于 LTI 系统的微积分特性，故单位冲激响应 $h(t)$ 与单位阶跃响应 $g(t)$ 也是互为微积分的关系，即

$$g(t) = \int_{-\infty}^{t} h(\tau)\mathrm{d}\tau \ , \ h(t) = \frac{\mathrm{d}g(t)}{\mathrm{d}t}$$

所以若已知两者之一，通常利用上述关系求解另一个。如例 3.11 中可以求得系统冲激响应为 $h(t) = (3e^{-t} - 4e^{-2t})u(t)$，易验证 $h(t)$ 与 $g(t)$ 满足微积分关系。

3.5　连续 LTI 系统的零状态响应——卷积积分

本节所要讨论的卷积积分方法就是将输入信号分解为众多的冲激函数之和（这里是积分），利用冲激响应求解 LTI 系统对任意激励的零状态响应。卷积方法在信号与系统理论中占有重要地位。

3.5.1　卷积积分的定义

1. 卷积积分的定义

已知定义在区间 $(-\infty, \infty)$ 上的两个函数 $x_1(t)$ 和 $x_2(t)$，则定义积分

$$x(t) = \int_{-\infty}^{\infty} x_1(\tau)x_2(t-\tau)\mathrm{d}\tau \tag{3.5.1}$$

为 $x_1(t)$ 与 $x_2(t)$ 的卷积积分，简称卷积，记为

$$x(t) = x_1(t) * x_2(t) \tag{3.5.2}$$

2. 卷积积分的作用

先来看看图 3.5.1 中几个图形的关系。

不难发现，矩形脉冲 $x_1(t)$、$x_2(t)$ 与门函数 $p(t)$ 的关系为

$$x_1(t) = \frac{A}{\frac{1}{\Delta}}p(t) = A\Delta p(t)$$

$$x_2(t) = A\Delta p(t - T)$$

由冲激函数的函数极限定义易知，$\delta(t) = \lim\limits_{\Delta \to 0} p(t)$。

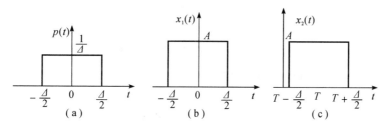

图 3.5.1　门函数与脉冲函数

现在考虑任意信号。把 $x(t)$ 分解为许多宽度为 Δ 的窄脉冲，如图 3.5.2 所示。其中"0"号脉冲的高度为 $x(0)$，宽度为 Δ，可用 $p(t)$ 表示为 $x(0)\Delta p(t)$；"1"号脉冲高度为 $x(\Delta)$，宽度为 Δ，可用 $p(t-\Delta)$ 表示为 $x(\Delta)\Delta p(t-\Delta)$；"$-1$"号脉冲高度为 $x(-\Delta)$，宽度为 Δ，可用 $p(t+\Delta)$ 表示为 $x(-\Delta)\Delta p(t+\Delta)$。依此类推，可以将 $x(t)$ 近似地看作是由一系列强度不同、接入时刻不同的窄脉冲组成，所有这些窄脉冲的和近似地等于 $x(t)$，即

$$\hat{x}(t) = \sum_{n=-\infty}^{\infty} x(n\Delta)\Delta p(t-n\Delta)$$

当 $\Delta \to 0$ 时，$p(t) \to \delta(t)$，$n\Delta \to \tau$，$\Delta \to \mathrm{d}\tau$，$p(t-n\Delta) \to \delta(t-\tau)$，有

$$x(t) = \lim_{\Delta \to 0}\hat{x}(t) = \lim_{\Delta \to 0}\sum_{n=-\infty}^{\infty} x(n\Delta)\Delta p(t-n\Delta) = \int_{-\infty}^{\infty} x(\tau)\delta(t-\tau)\mathrm{d}\tau \tag{3.5.3}$$

由式(3.5.1)卷积积分的定义式可知，式(3.5.3)可写成

$$x(t) = x(t) * \delta(t) \tag{3.5.4}$$

上式说明，任意信号 $x(t)$ 与 $\delta(t)$ 的卷积和仍然等于其本身。

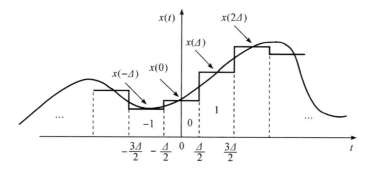

图 3.5.2　信号 $x(t)$ 的分解

对于 LTI 系统，若激励为 $\delta(t)$，零状态响应为 $h(t)$，即

$$\delta(t) \rightarrow h(t)$$

由时不变性可知

$$\delta(t-\tau) \rightarrow h(t-\tau)$$

由齐次性可知

$$x(\tau)\delta(t-\tau) \rightarrow x(\tau)h(t-\tau)$$

由可加性可知

$$\int_{-\infty}^{\infty} x(\tau)\delta(t-\tau)\mathrm{d}\tau \rightarrow \int_{-\infty}^{\infty} x(\tau)h(t-\tau)\mathrm{d}\tau$$

由式(3.5.3)可知 $x(t) = \int_{-\infty}^{\infty} x(\tau)\delta(t-\tau)\mathrm{d}\tau$，这意味着，当输入为任意信号 $x(t)$ 时，系统的零状态响应为

$$y_{\mathrm{zs}}(t) = \int_{-\infty}^{\infty} x(\tau)h(t-\tau)\mathrm{d}\tau \tag{3.5.5}$$

明显，上式称为信号 $x(t)$ 与 $h(t)$ 的卷积积分，简记为

$$y_{\mathrm{zs}}(t) = x(t) * h(t) \tag{3.5.6}$$

上式表明，LTI 系统对于任意激励 $x(t)$ 的零状态响应是激励与系统单位冲激响应 $h(t)$ 的卷积积分。

3.5.2　卷积积分的解法

1. 定义法(解析法)

例 3.12　已知 LTI 系统的冲激响应为 $h(t) = (6\mathrm{e}^{-2t} - 1)u(t)$，对于激励 $x(t) = \mathrm{e}^{t}$（$-\infty < t < \infty$），求其零状态响应 $y_{\mathrm{zs}}(t)$。

解　激励 $x(t)$ 的零状态响应等于激励与系统单位冲激响应 $h(t)$ 的卷积积分，即

$$y_{\mathrm{zs}}(t) = x(t) * h(t) = \int_{-\infty}^{\infty} \mathrm{e}^{\tau}\left[6\mathrm{e}^{-2(t-\tau)} - 1\right]u(t-\tau)\mathrm{d}\tau$$

当 $t < \tau$，即 $\tau > t$ 时，$u(t-\tau) = 0$，原积分 $= 0$，所以

$$y_{\mathrm{zs}}(t) = \int_{-\infty}^{t} \mathrm{e}^{\tau}\left[6\mathrm{e}^{-2(t-\tau)} - 1\right]\mathrm{d}\tau = \int_{-\infty}^{t} (6\mathrm{e}^{-2t}\mathrm{e}^{3\tau} - \mathrm{e}^{\tau})\mathrm{d}\tau$$

$$= \mathrm{e}^{-2t}\int_{-\infty}^{t} (6\mathrm{e}^{3\tau})\mathrm{d}\tau - \int_{-\infty}^{t} \mathrm{e}^{\tau}\mathrm{d}\tau$$

$$= \mathrm{e}^{-2t} \cdot 2\mathrm{e}^{3\tau}\Big|_{-\infty}^{t} - \mathrm{e}^{\tau}\Big|_{-\infty}^{t}$$

$$= 2\mathrm{e}^{-2t} \cdot \mathrm{e}^{3t} - \mathrm{e}^{t} = \mathrm{e}^{t}$$

注意，计算卷积积分时定积分上下限是关键，由于系统的因果性或激励信号存在时间的局限性，因此卷积的积分限会有所变化，积分限由 $x_1(t)$、$x_2(t)$ 存在的具体区间决定，即由 $x_1(t)x_2(t-\tau) \neq 0$ 决定。

2. 图解法

卷积的图解法能直观地表明卷积的含义，使卷积的过程更加明确。由卷积积分的定义式 $x_1(t) * x_2(t) = \int_{-\infty}^{\infty} x_1(\tau)x_2(t-\tau)\mathrm{d}\tau$ 可知，函数 $x_1(t)$、$x_2(t)$ 的卷积运算可分为以下几步：

（1）换元：将函数 $x_1(t)$、$x_2(t)$ 的自变量用 τ 替换，即 t 换为 τ，得 $x_1(\tau)$、$x_2(\tau)$。

（2）反转：将函数 $x_2(\tau)$ 进行反转运算得 $x_2(-\tau)$。

（3）平移：将 $x_2(-\tau)$ 沿正 τ 轴平移时间 t，得 $x_2(t-\tau)$。注意 t 的值不同，$x_2(t-\tau)$ 的位置将不同。

（4）相乘：将函数 $x_1(\tau)$ 与反转平移后得到的 $x_2(t-\tau)$ 相乘得 $x_1(\tau)x_2(t-\tau)$。

（5）积分：τ 从 $-\infty$ 到 ∞ 对乘积项 $x_1(\tau)x_2(t-\tau)$ 进行积分并求积分值。

注意 t 为参变量。下面举例说明。

例 3.13　已知函数 $x(t)$、$h(t)$ 的波形如图 3.5.3 所示，求零状态响应 $y_{zs}(t)$。

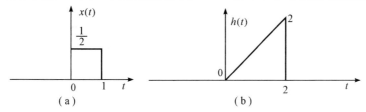

图 3.5.3　例 3.13 图

解　由卷积积分定义可知：

$$y_{zs}(t) = x(t) * h(t)$$

图解法求卷积积分的步骤如下：

（1）将 $h(t)$ 换元为 $h(\tau)$，$x(t)$ 换元为 $x(\tau)$，将 $x(\tau)$ 反转为 $x(-\tau)$，将 $x(-\tau)$ 沿 τ 轴平移 t 个单位，得 $x(t-\tau)$，如图 3.5.4(a) 所示。

（2）计算乘积 $x(t-\tau)h(\tau)$ 并对乘积项进行积分，有以下几种情况，如图 3.5.4(b)、(c) 所示。

① $t<0$ 时，$x(t-\tau)$ 向左移，$x(t-\tau)h(\tau)=0$，故 $y_{zs}(t)=0$。

② $0 \leqslant t \leqslant 1$ 时，$x(t-\tau)$ 向右移：

$$y_{zs}(t) = \int_0^t \tau \frac{1}{2} \mathrm{d}\tau = \frac{1}{4}t^2$$

③ $1 \leqslant t \leqslant 2$ 时，$x(t-\tau)$ 向右移：

$$y_{zs}(t) = \int_{t-1}^t \tau \frac{1}{2} \mathrm{d}\tau = \frac{1}{2}t - \frac{1}{4}$$

④ $2 \leqslant t \leqslant 3$ 时，$x(t-\tau)$ 向右移：

$$y_{zs}(t) = \int_{t-1}^2 \frac{\tau}{2} \mathrm{d}\tau = -\frac{1}{4}t^2 + \frac{1}{2}t + \frac{3}{4}$$

⑤ $3 \leqslant t$ 时，$x(t-\tau)$ 向右移，$x(t-\tau)h(\tau)=0$，故 $y_{zs}(t)=0$。

故把上述各段的结果归纳在一起，得

$$y_{zs}(t) = \begin{cases} 0, & t<0 \\ \dfrac{1}{4}t^2, & 0 \leqslant t \leqslant 1 \\ \dfrac{1}{2}t - \dfrac{1}{4}, & 1 \leqslant t \leqslant 2 \\ -\dfrac{1}{4}t^2 + \dfrac{1}{2}t + \dfrac{3}{4}, & 2 \leqslant t \leqslant 3 \\ 0, & 3 \leqslant t \end{cases}$$

$y_{zs}(t)$的波形如图 3.5.4(d)所示。

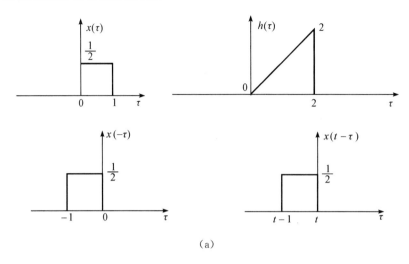

图 3.5.4 例 3.13 图解法过程

由上例可见,图解法求卷积时一般比较繁琐,但若只求某一时刻卷积值时还是比较方便的,其中确定积分的上下限仍是关键。

例 3.14 已知函数 $x_1(t)$、$x_2(t)$波形如图 3.5.5 所示,$x(t)=x_2(t) * x_1(t)$,求 $x(2)$的值。

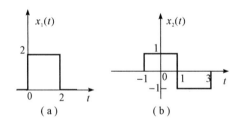

图 3.5.5 例 3.14 图

解 根据卷积积分:

$$x(2) = \int_{-\infty}^{+\infty} x_2(\tau)x_1(2-\tau)\mathrm{d}\tau$$

图解法求卷积积分的步骤如下:

(1) 将 $x_1(t)$、$x_2(t)$换元为 $x_1(\tau)$、$x_2(\tau)$,如图 3.5.6(a)、(b)所示,将 $x_1(\tau)$反转为 $x_1(-\tau)$,并将 $x_1(-\tau)$沿 τ 轴右移 2 个单位,得 $x_1(2-\tau)$,如图 3.5.6(a)所示。

(2) 计算乘积 $x_2(\tau)x_1(2-\tau)$,如图 3.5.6(c)所示。

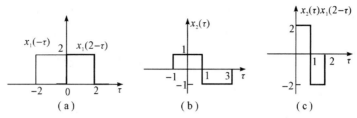

图 3.5.6 例 3.14 图解法

（3）计算卷积积分

$$x(2) = \int_0^1 2 \cdot 1 \mathrm{d}\tau + \int_1^2 2 \cdot (-1) \mathrm{d}\tau = 0$$

得 $x(2)=0$。

例 3.15 已知 $x(t)=\mathrm{e}^{-t}u(t)$，$h(t)=u(t)$，试计算 $y(t)=x(t)*h(t)$。

解 根据卷积积分：

$$y(t) = x(t)*h(t) = \int_{-\infty}^{+\infty} x(\tau)h(t-\tau)\mathrm{d}\tau$$

采用卷积的图解法，按步骤进行如下：

（1）换元：将 $x(t)$ 换元为 $x(\tau)$，$h(t)$ 换元为 $h(\tau)$。

（2）反转并平移 t：将 $h(\tau)$ 反转为 $h(-\tau)$，再右平移 t 变为 $h(t-\tau)$。

（3）计算乘积 $x(\tau)h(t-\tau)$，有以下几种情况：

① 当 $t<0$ 时，$h(t-\tau)$ 左移，$x(\tau)$ 与 $h(t-\tau)$ 如图 3.5.7(a) 所示，显然两图形没有相遇，所以有

$$y(t) = x(t)*h(t) = \int_{-\infty}^{+\infty} x(\tau)h(t-\tau)\mathrm{d}\tau = 0$$

② 当 $t>0$ 时，$h(t-\tau)$ 右移，$x(\tau)$ 与 $h(t-\tau)$ 如图 3.5.7(b) 所示，显然两图形相遇并部分重合，且随着 t 的增加，其重合面积增大，重合区间为 $(0,t)$，所以有

$$y(t) = x(t)*h(t) = \int_{-\infty}^{+\infty} x(\tau)h(t-\tau)\mathrm{d}\tau$$

$$= \int_0^t \mathrm{e}^{-x}u(t-\tau)\mathrm{d}\tau = \int_0^t \mathrm{e}^{-x}\mathrm{d}\tau = 1-\mathrm{e}^{-t}, \quad t>0$$

$y(t)$ 的波形如图 3.5.7(c) 所示。注意计算积分时一般把复杂函数放在前面。

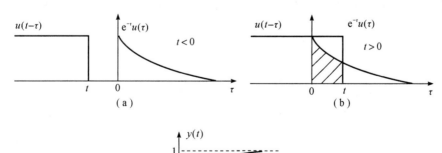

图 3.5.7 例 3.15 图

两函数的卷积积分是否存在，与该函数的性质有关，一般若两函数均为有始的可积函数，那么二者的卷积积分存在，否则要依具体情况而定。比如，$u(t)*u(t)=tu(t)$，$tu(t)*u(t)=\dfrac{1}{2}t^2u(t)$，而 $u(t)*u(-t)$ 不存在。这里对于两函数的卷积积分是否存在不作过多讨论，请读者自行参考相关资料。

3.5.3 卷积积分的性质

应用卷积积分是时域分析的基本手段，本节将对卷积和它的性质作进一步的研究，以便能有更深入的了解。卷积积分是一种数学运算，它有许多重要的性质（或运算规则），灵活地运用它们能简化卷积积分运算。下面的讨论均设卷积积分是收敛的（或存在的），这时二重积分的次序可以交换，导数与积分的次序也是可以交换的。

1. 卷积代数运算

卷积的代数运算满足乘法运算的三个基本定律：交换律、分配律和结合律。

1）交换律

$$x_1(t)*x_2(t)=x_2(t)*x_1(t)$$

证明如下：

$$x_1(t)*x_2(t)=\int_{-\infty}^{\infty}x_1(\tau)x_2(t-\tau)\mathrm{d}\tau$$

上式中，令 $t-\tau=\xi$，则 $\tau=t-\xi$，$\mathrm{d}\tau=-\mathrm{d}\xi$，代入上式得

$$x_1(t)*x_2(t)=\int_{-\infty}^{\infty}x_1(t-\xi)x_2(\xi)d\xi=x_2(t)*x_1(t)$$

交换律的几何含义是对任意时刻 t，乘积函数 $x_1(\tau)x_2(t-\tau)$ 曲线下的面积和 $x_2(\tau)x_1(t-\tau)$ 曲线下的面积相等。

2）分配律

$$x_1(t)*[x_2(t)+x_3(t)]=x_1(t)*x_2(t)+x_1(t)*x_3(t)$$

分配律的几何含义可以这么理解：若 $x_1(t)$ 是系统的冲激响应，$x_2(t)$ 和 $x_3(t)$ 是激励，则两个输入信号之和的零状态响应等于每个激励的零状态响应之和。也可以这样理解：若 $x_2(t)+x_3(t)$ 是系统的冲激响应，$x_1(t)$ 是激励，则激励 $x_1(t)$ 作用于冲激响应为 $x_2(t)+x_3(t)$ 的系统所引起的零状态响应，等于 $x_1(t)$ 分别作用于冲激响应为 $x_2(t)$ 的系统和冲激响应为 $x_3(t)$ 的系统所引起的零状态响应之和。

3）结合律

$$[x_1(t)*x_2(t)]*x_3(t)=x_1(t)*[x_2(t)*x_3(t)]$$

结合律的几何含义可以这么理解：若激励为 $x_1(t)$，对于冲激响应分别为 $x_2(t)$ 和 $x_3(t)$ 的两个系统相级联，则其零状态响应等于一个冲激响应为 $x_2(t)*x_3(t)$ 的系统的零状态响应。

分配律和结合律可根据卷积的定义获得证明，有兴趣的读者可自行证明。

2. 奇异函数的卷积特性

这里考查卷积运算中两函数之一是奇异函数的情况。

1）$x(t)*\delta(t)=\delta(t)*x(t)=x(t)$

利用卷积积分的交换律和冲激函数的筛选性质，很容易证明上式的成立。上式表明任

意函数与冲激函数的卷积积分等于它本身。上式进一步推广可得

$$x(t) * \delta(t-t_1) = \delta(t-t_1) * x(t) = x(t-t_1)$$

若令 $x(t) = \delta(t-t_2)$，则有

$$\delta(t-t_2) * \delta(t-t_1) = \delta(t-t_1) * \delta(t-t_2) = \delta(t-t_1-t_2)$$

若令 $x(t) = x(t-t_2)$，则有

$$x(t-t_2) * \delta(t-t_1) = \delta(t-t_1) * x(t-t_2) = x(t-t_1-t_2)$$

2) $x(t) * \delta'(t) = x'(t)$

利用冲激偶 $\delta'(t)$ 的性质，上式证明如下：

$$\delta'(t) * x(t) = \int_{-\infty}^{+\infty} \delta'(\tau) x(t-\tau) \mathrm{d}\tau = x'(t)$$

它表明任意函数与冲激函数的导数的卷积等于它本身的导数。上式进一步推广得

$$x(t) * \delta^{(n)}(t) = x^{(n)}(t)$$

3) $x(t) * u(t) = \int_{-\infty}^{\infty} x(\tau) u(t-\tau) \mathrm{d}\tau = \int_{-\infty}^{t} x(\tau) \mathrm{d}\tau$

上式表明任意函数与阶跃函数的卷积等于它的积分。可推广为

$$u(t) * u(t) = tu(t)$$

3. 卷积的时移特性

若 $x(t) = x_1(t) * x_2(t)$，则

$$
\begin{aligned}
x_1(t-t_1) * x_2(t-t_2) &= x_1(t-t_2) * x_2(t-t_1) \\
&= x_1(t-t_1-t_2) * x_2(t) \\
&= x_1(t) * x_2(t-t_1-t_2) \\
&= x(t-t_1-t_2)
\end{aligned}
$$

卷积的时移特性可利用前述卷积积分的几种性质以及推论获得证明，这里从略。

4. 卷积的微积分性质

由卷积的代数运算性质可知，卷积的代数运算规律与普通乘法相似，但其微分与积分运算却与普通函数不同。

1) 卷积的微分

两个函数相卷积后的导数等于两函数中之一的导数与另一函数的卷积，即

$$\frac{\mathrm{d}^n}{\mathrm{d}t^n}[x_1(t) * x_2(t)] = \frac{\mathrm{d}^n x_1(t)}{\mathrm{d}t^n} * x_2(t) = x_1(t) * \frac{\mathrm{d}^n x_2(t)}{\mathrm{d}t^n}$$

证明如下：

$$
\begin{aligned}
\frac{\mathrm{d}^n}{\mathrm{d}t^n}[x_1(t) * x_2(t)] &= \delta^{(n)}(t) * [x_1(t) * x_2(t)] \\
&= [\delta^{(n)}(t) * x_1(t)] * x_2(t) = x_1^{(n)}(t) * x_2(t)
\end{aligned}
$$

$$
\begin{aligned}
\frac{\mathrm{d}^n}{\mathrm{d}t^n}[x_1(t) * x_2(t)] &= \delta^{(n)}(t) * [x_1(t) * x_2(t)] \\
&= [\delta^{(n)}(t) * x_2(t)] * x_1(t) = x_2^{(n)}(t) * x_1(t)
\end{aligned}
$$

上式简称导数的转移。若 $n=1$，则最简单的有

$$[x_1(t) * x_2(t)]' = x_1'(t) * x_2(t) = x_1(t) * x_2'(t)$$

2) 卷积的积分

两个函数相卷积后的积分等于两函数之一的积分与另一函数相卷积，即

$$\int_{-\infty}^{t} \left[x_1(\tau) * x_2(\tau) \right] \mathrm{d}\tau = \left[\int_{-\infty}^{t} x_1(\tau)\mathrm{d}\tau \right] * x_2(t) = x_1(t) * \left[\int_{-\infty}^{t} x_2(\tau)\mathrm{d}\tau \right]$$

证明如下：

$$\int_{-\infty}^{t} \left[x_1(\tau) * x_2(\tau) \right]\mathrm{d}\tau = u(t) * \left[x_1(t) * x_2(t) \right]$$
$$= \left[u(t) * x_1(t) \right] * x_2(t)$$
$$= \left[\int_{-\infty}^{t} x_1(\tau)\mathrm{d}\tau \right] * x_2(t)$$
$$= x_1(t) * \left[u(t) * x_2(t) \right] = x_1(t) * \left[\int_{-\infty}^{t} x_2(\tau)\mathrm{d}\tau \right]$$

上式简称积分的转移。

应用类似的推导，可以得出卷积积分的高阶导数和多重积分运算规律，设 $x(t)=x_1(t) * x_2(t)$，则有

$$x^{(i)}(t) = x_1^{(j)}(t) * x_2^{(i-j)}(t)$$

其中 i、j 为整数，正数表示求导，负数表示积分。

由以上关系不难证明：

$$x(t) = x_1(t) * x_2(t) = x_1'(t) * \int_{-\infty}^{t} x_2(\tau)\mathrm{d}\tau = \int_{-\infty}^{t} x_1(\tau)\mathrm{d}\tau * x_2'(t)$$

5. 卷积积分的长度

若有 $x(t)=x_1(t) * x_2(t)$，设 $x_1(t)$ 的非零区间范围为 (t_1, t_2)，$x_2(t)$ 的非零区间范围为 (t_3, t_4)，则 $x(t)$ 的非零区间范围为 (t_1+t_3, t_2+t_4)。

由这个结论可以看到，两个卷积信号中若有一个在时域内无限宽，则卷积后得到的信号也是时域无限宽的。

例 3.16 已知 $x_1(t)=1$，$x_2(t)=\mathrm{e}^{-t}u(t)$，求 $x_1(t) * x_2(t)$。

解 在计算卷积积分的几个步骤中，通常选择简单函数进行反转和平移，代入定义式得

$$x_1(t) * x_2(t) = x_2(t) * x_1(t)$$
$$= \int_{-\infty}^{\infty} \mathrm{e}^{-\tau}u(\tau)\mathrm{d}\tau = \int_{0}^{\infty} \mathrm{e}^{-\tau}\mathrm{d}\tau = -\mathrm{e}^{-\tau} \Big|_{0}^{\infty} = 1$$

此例是用定义来计算的。

例 3.17 已知 $x_1(t)$ 波形如图 3.5.8 所示，$x_2(t)=\mathrm{e}^{-t}u(t)$，试求 $x_1(t) * x_2(t)$。

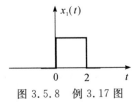

图 3.5.8　例 3.17 图

解 由 $x_1(t)$ 的波形图得其表达式为

$$x_1(t) = u(t) - u(t-2)$$

此题可用卷积的微积分特性求得，也可由卷积定义及时移特性求得。

解法一：利用卷积微积分特性求解。

$$x_1(t) * x_2(t) = x_1'(t) * \int_{-\infty}^{t} x_2(\tau)\mathrm{d}\tau$$

其中

$$x_1'(t) = \delta(t) - \delta(t-2)$$

故

$$\int_{-\infty}^{t} x_2(\tau)\mathrm{d}\tau = \int_{-\infty}^{t} \mathrm{e}^{-\tau}u(\tau)\mathrm{d}\tau = \left[\int_{0}^{t} \mathrm{e}^{-\tau}\mathrm{d}\tau\right]u(t)$$

$$= -\mathrm{e}^{-\tau}\Big|_0^t u(t) = (1-\mathrm{e}^{-t})u(t)$$

$$x_1(t) * x_2(t) = \left[\delta(t) - \delta(t-2)\right] * \left[(1-\mathrm{e}^{-t})u(t)\right]$$

$$= (1-\mathrm{e}^{-t})u(t) - \left[1-\mathrm{e}^{-(t-2)}\right]u(t-2)$$

解法二：利用卷积定义及时移特性求得。

$$x_1(t) * x_2(t) = \left[u(t) - u(t-2)\right] * x_2(t)$$

$$= u(t) * x_2(t) - u(t-2) * x_2(t) \qquad \text{（卷积分配律）}$$

$$= \int_{-\infty}^{t} x_2(\tau)\mathrm{d}\tau - u(t) * x_2(t-2) \qquad \text{（卷积时移性）}$$

$$= \int_{-\infty}^{t} x_2(\tau)\mathrm{d}\tau - \int_{-\infty}^{t} x_2(\tau-2)\mathrm{d}\tau \qquad \text{（奇异函数卷积特性）}$$

$$= (1-\mathrm{e}^{-t})u(t) - \left[1-\mathrm{e}^{-(t-2)}\right]u(t-2)$$

例 3.18 已知 $x_1(t)$、$x_2(t)$ 波形如图 3.5.9 所示，试求 $x_1(t) * x_2(t)$。

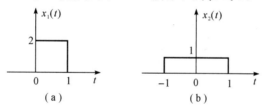

图 3.5.9 例 3.18 图

解 此题也有多种解法，可由卷积定义及时移特性求得，也可由卷积的图解法求得。

解法一：利用卷积定义及时移特性求得。

由波形图得各表达式为

$$x_1(t) = 2u(t) - 2u(t-1), \quad x_2(t) = u(t+1) - u(t-1)$$

由卷积定义得

$$x(t) = x_1(t) * x_2(t)$$

$$= \left[2u(t) - 2u(t-1)\right] * \left[u(t+1) - u(t-1)\right]$$

$$= 2u(t) * u(t+1) - 2u(t) * u(t-1) - 2u(t-1) * u(t+1)$$

$$+ 2u(t-1) * u(t-1)$$

又由奇异函数卷积特性 $u(t) * u(t) = tu(t)$ 以及卷积时移特性可得

$$x(t) = 2(t+1)u(t+1) - 2(t-1)u(t-1) - 2tu(t) + 2(t-2)u(t-2)$$

解法二：利用卷积图解法求得。

(1) 换元：将 $x_1(t)$ 换元为 $x_1(\tau)$，$x_2(t)$ 换元为 $x_2(\tau)$。

(2) 反转并平移 t：将 $x_1(\tau)$ 反转为 $x_1(-\tau)$，再平移 t 变为 $x_1(t-\tau)$。

(3) 计算乘积 $x_2(\tau)x_1(t-\tau)$，有以下几种情况：

① 当 $t < -1$ 时，$x_1(t-\tau)$ 左移，$x_2(\tau)$ 与 $x_1(t-\tau)$ 图形没有相遇，故

$$x(t) = \int_{-\infty}^{+\infty} x_2(\tau) x_1(t-\tau) \mathrm{d}\tau = 0$$

② 当 $-1 < t < 0$ 时，$x_1(t-\tau)$ 左移，$x_2(\tau)$ 与 $x_1(t-\tau)$ 图形相遇并部分重合，故

$$x(t) = \int_{-1}^{t} x_2(\tau) x_1(t-\tau) \mathrm{d}\tau = \int_{-1}^{t} 1 \cdot 2\mathrm{d}\tau = 2(t+1)$$

③ 当 $0 < t < 1$ 时，$x_1(t-\tau)$ 右移，$x_2(\tau)$ 与 $x_1(t-\tau)$ 相遇并重合，故

$$x(t) = \int_{t-1}^{t} x_2(\tau) x_1(t-\tau) \mathrm{d}\tau = \int_{t-1}^{t} 1 \cdot 2\mathrm{d}\tau = 2$$

④ 当 $1 < t < 2$ 时，$x_1(t-\tau)$ 右移，$x_2(\tau)$ 与 $x_1(t-\tau)$ 图形部分重合，故

$$x(t) = \int_{t-1}^{1} x_2(\tau) x_1(t-\tau) \mathrm{d}\tau = \int_{t-1}^{1} 2\mathrm{d}\tau = 4 - 2t$$

⑤ 当 $t > 2$ 时，$x_1(t-\tau)$ 右移，$x_2(\tau)$ 与 $x_1(t-\tau)$ 图形没有重合，故

$$x(t) = \int_{-\infty}^{+\infty} x_2(\tau) x_1(t-\tau) \mathrm{d}\tau = 0$$

解法二的结果与解法一相同，显然两种方法中利用卷积定义及时移特性解题较简单。

常见函数的卷积积分如表 3.5.1 所示。

表 3.5.1 卷积积分表

	$x_1(t)$	$x_2(t)$	$x_1(t) * x_2(t)$
1	$x(t)$	$\delta'(t)$	$x'(t)$
2	$x(t)$	$\delta(t)$	$x(t)$
3	$x(t)$	$u(t)$	$\int_{-\infty}^{t} x(\tau)\mathrm{d}\tau$
4	$u(t)$	$u(t)$	$tu(t)$
5	$tu(t)$	$u(t)$	$\dfrac{1}{2}t^2 u(t)$
6	$e^{-\alpha t}u(t)$	$u(t)$	$\dfrac{1}{\alpha}(1 - e^{-\alpha t})u(t)$
7	$e^{-\alpha_1 t}u(t)$	$e^{-\alpha_2 t}u(t)$	$\dfrac{1}{\alpha_2 - \alpha_1}(e^{-\alpha_1 t} - e^{-\alpha_2 t})u(t),\ \alpha_1 \neq \alpha_2$
8	$e^{-\alpha t}u(t)$	$e^{-\alpha t}u(t)$	$te^{-\alpha t}u(t)$
9	$tu(t)$	$e^{-\alpha t}u(t)$	$\left(\dfrac{\alpha t - 1}{\alpha^2} + \dfrac{1}{\alpha^2}e^{-\alpha t}\right)u(t)$
10	$te^{-\alpha_1 t}u(t)$	$e^{-\alpha_2 t}u(t)$	$\left(\dfrac{(\alpha_2 - \alpha_1)t - 1}{(\alpha_2 - \alpha_1)^2}e^{-\alpha_1 t} + \dfrac{1}{(\alpha_2 - \alpha_1)^2}e^{-\alpha_2 t}\right)u(t)$ $\alpha_1 \neq \alpha_2$
11	$te^{-\alpha t}u(t)$	$e^{-\alpha t}u(t)$	$\dfrac{1}{2}t^2 e^{-\alpha t}u(t)$
12	$e^{-\alpha_1 t}\cos(\beta t + \theta)u(t)$	$e^{-\alpha_2 t}u(t)$	$\left[\dfrac{e^{-\alpha_1 t}\cos(\beta t + \theta - \varphi)}{\sqrt{(\alpha_2 - \alpha_1)^2 + \beta^2}} - \dfrac{e^{-\alpha_2 t}\cos(\theta - \varphi)}{\sqrt{(\alpha_2 - \alpha_1)^2 + \beta^2}}\right]u(t)$ $\varphi = \arctan\left(\dfrac{\beta}{\alpha_2 - \alpha_1}\right)$

3.6　离散 LTI 系统的时域经典分析法

前面介绍了连续系统的时域分析方法，从本节开始，研究离散系统的时域分析。离散系统的分析方法在许多方面与连续系统有着相似性，如表 3.6.1 所示。

表 3.6.1　离散系统与连续系统的比较

比较内容 ＼ 系统分类	连续系统	离散系统
数学模型	微分方程	差分方程
核心运算	卷积积分	卷积和
基本信号	$\delta(t)$	$\delta(n)$
频域分析	连续傅里叶变换	离散傅里叶变换
复频域分析	拉普拉斯变换	z 变换

离散系统的数学模型是常系数线性差分方程，分析信号通过系统的响应即求解差分方程。

N 阶常系数线性差分方程的一般形式可表示为

$$a_0 y(n) + a_1 y(n-1) + \cdots + a_{N-1} y(n-N+1) + a_N y(n-N)$$
$$= b_0 x(n) + b_1 x(n-1) + \cdots + b_{M-1} x(n-M+1) + b_M x(n-M) \quad (3.6.1)$$

式中 a 和 b 是常数，通常 $a_0 = 1$，已知序列 $x(n)$ 的位移阶次是 M，未知序列 $y(n)$ 的位移阶次 N 即表示此差分方程的阶次。利用取和符号可将式(3.6.1)缩写为

$$\sum_{k=0}^{N} a_k y(n-k) = \sum_{r=0}^{M} b_r x(n-r) \quad (3.6.2)$$

求解此常系数线性差分方程的方法如下：

(1) 迭代法：包括手算逐次代入求解或利用计算机求解。这种方法概念清楚，也比较简便，但只能得到其数值解，不能直接给出一个完整的解析式也称闭合式。

(2) 时域经典法：与微分方程的时域经典法类似，先分别求齐次解与特解，然后代入初始条件求待定系数。这种方法便于从物理概念说明各响应分量之间的关系，但求解过程比较麻烦，在解决具体问题时不宜采用。

(3) 线性分析法：零输入响应加零状态响应求解法，可以利用求齐次解的方法得到零输入响应，利用卷积和的方法求零状态响应。与连续系统的情况类似，卷积方法在离散系统分析中同样占有十分重要的地位。

另外也可以利用 z 变换在变换域求解差分方程，此方法有许多优点，也是实际应用中简便而有效的方法，将在之后的章节中介绍。

3.6.1　迭代法

由于描述离散时间系统的差分方程是具有递推关系的代数方程，因此若已知初始状态和激励，则可以利用迭代法求差分方程的数值解。

例 3.19 已知描述某一阶系统的差分方程为

$$y(n) - 0.5y(n-1) = u(n), \quad n \geqslant 0$$

初始状态 $y(-1)=1$，试用迭代法求解系统响应。

解 将差分方程变形为

$$y(n) = u(n) + 0.5y(n-1)$$

代入初始状态 $y(-1)=1$，可得

$$y(0) = u(0) + 0.5y(-1) = 1.5$$

类似可得

$$y(1) = u(1) + 0.5y(0) = 1.75$$

$$y(2) = u(2) + 0.5y(1) = 1.875$$

$$\vdots$$

对于 N 阶常系数线性差分方程描述的 N 阶离散系统，当已知 N 个初始状态 $\{y(-1),$ $y(-2), \cdots, y(-N)\}$ 和输入 $x(n)$ 时，利用迭代法就可以计算出系统的输出。

用迭代法求解差分方程思路清楚，便于编写计算程序，能得到方程的数值解，但不易得到解析形式的解。

3.6.2 差分方程的经典解法

与微分方程的经典解类似，差分方程的解由齐次解和特解两部分组成。齐次解用 $y_h(n)$ 表示，特解用 $y_p(n)$ 表示，即

$$y(n) = y_h(n) + y_p(n)$$

1. 齐次解

当式(3.6.1)中 $x(n)$ 及其各移位项均为零时，齐次差分方程

$$y(n) + a_1 y(n-1) + \cdots + a_{N-1} y(n-N+1) + a_N y(n-N) = 0 \qquad (3.6.3)$$

的解称为齐次解。它的齐次解由形式为 $C\lambda^n$ 的序列组合而成，将 $C\lambda^n$ 代入式(3.6.3)得

$$C\lambda^n + a_1 C\lambda^{n-1} + \cdots + a_{N-1} C\lambda^{n-N+1} + a_N C\lambda^{n-N} = 0 \qquad (3.6.4)$$

整理得

$$\lambda^N + a_1 \lambda^{N-1} + \cdots + a_{N-1}\lambda + a_N = 0 \qquad (3.6.5)$$

上式称为差分方程(3.6.1)的特征方程，它有 N 个根，称为特征方程的特征根。依据特征根的不同，差分方程齐次解的形式见表 3.6.2。其中 C、D、A、θ 均为待定常数。

表 3.6.2 不同特征根所对应的齐次解

特征根 λ	齐次解 $y_h(n)$
单实根	$C\lambda^n$
r 重实根	$(C_{r-1}n^{r-1} + C_{r-2}n^{r-2} + \cdots + C_1 n + C_0)\lambda^n$
一对共轭复根 $\lambda_{1,2} = a \pm jb = \rho e^{\pm j\omega}$	$\rho^n[C\cos(\omega n) + D\sin(\omega n)]$ 或 $A\rho^n \cos(\omega n - \theta)$，其中，$Ae^{j\theta} = C + jD$
r 重共轭复根	$\rho^n[A_{r-1}n^{r-1}\cos(\omega n - \theta_{r-1}) + A_{r-2}n^{r-2}\cos(\omega n - \theta_{r-2}) + \cdots + A_0\cos(\omega n - \theta_0)]$

2. 特解

特解的函数形式与激励的函数形式有关，表 3.6.3 列出了几种典型激励所对应的特

解。选定特解后代入原差分方程,求出其待定系数 C、D、A、θ 等,就得出方程的特解。

表 3.6.3 不同激励所对应的特解

激励 $x(n)$	特解 $y_p(n)$
P(常数)	A(常数)
n^k	$A_k n^k + A_{k-1} n^{k-1} + \cdots + A_1 n + A_0$ (所有特征根均不等于 1) $n^r[A_k n^k + A_{k-1} n^{k-1} + \cdots + A_1 n + A_0]$ (r 重等于 1 的特征根)
a^n	Aa^n (当 a 不等于特征根时) $[A_1 n + A_0]a^n$ (当 a 是特征单根时)
$\cos(\omega n)$ 或 $\sin\omega n$	$C\cos(\omega n) + D\sin(\omega n)$ 或 $A\cos(\omega n - \theta)$, 其中 $Ae^{j\theta} = C + jD$, 所有特征根均不等于 $e^{\pm j\omega}$

3. 全解

线性方程的全解是齐次解和特解之和。其中齐次解中的待定系数由初始条件确定。如果激励信号是在 $n=0$ 时接入的,差分方程的解适合于 $n \geqslant 0$。对于 N 阶差分方程,用给定的 N 个初始条件 $y(0)$, $y(1) \cdots y(N-1)$ 就可以确定全部的待定系数。

例 3.20 若描述某系统的差分方程为

$$y(n) + 4y(n-1) + 4y(n-2) = x(n)$$

已知初始条件 $y(0)=0$, $y(1)=-1$;激励 $x(n)=2^n$, $n \geqslant 0$。求方程的全解。

解 首先求齐次解。

上述差分方程的特征方程为

$$\lambda^2 + 4\lambda + 4 = 0$$

可解得特征根 $\lambda_1 = \lambda_2 = -2$,由表 3.6.2 可知其齐次解为

$$y_h(n) = (C_1 n + C_0)(-2)^n$$

再求特解,由表 3.6.3,根据激励的形式可设特解为

$$y_p(n) = A(2)^n, \ n \geqslant 0$$

代入差分方程得

$$A(2)^n + 4A(2)^{n-1} + 4A(2)^{n-2} = 2^n$$

解得

$$A = \frac{1}{4}$$

所以得特解为

$$y_p(n) = (2)^{n-2}, \ n \geqslant 0$$

故全解为

$$y(n) = (C_1 n + C_0)(-2)^n + (2)^{n-2}, \ n \geqslant 0$$

代入初始条件解得

$$C_1 = 1 \ , \ C_0 = -\frac{1}{4}$$

最后得方程的全解为

$$y(n) = \left(n - \frac{1}{4}\right)(-2)^n + \frac{1}{4}(2)^n, \ n \geqslant 0$$

3.7 离散 LTI 系统的线性分析法

同连续 LTI 系统一样，离散 LTI 系统的完全响应也可以看作由初始状态与输入激励分别单独作用于系统产生的响应的叠加，分别称为零输入响应和零状态响应，记作 $y_{zi}(n)$ 和 $y_{zs}(n)$，因此有

$$y(n) = y_{zi} + y_{zs}(n)$$

即系统的完全响应为零输入响应和零状态响应之和。

3.7.1 零输入响应的求解

离散系统的零输入响应是输入激励为零时，仅由初始状态所引起的响应，用 $y_{zi}(n)$ 表示。在零输入下，描述 N 阶 LTI 离散系统的数学模型式(3.6.2)等号右端为零，为齐次方程，即

$$\sum_{k=0}^{N} a_k y_{zi}(n-k) = 0 \tag{3.7.1}$$

故零输入响应与齐次解的形式一致。

一般设定激励是在 $n=0$ 时接入系统的，在 $n<0$ 时，激励尚未接入，故齐次方程的初始状态满足 $y_{zi}(-1)=y(-1)$，$y_{zi}(-2)=y(-2)$，$\cdots$，$y_{zi}(-N)=y(-N)$，其中 $y(-1)$，$y(-2)$，$\cdots$，$y(-N)$ 为系统的初始状态。

例 3.21 若描述某离散系统的差分方程为

$$y(n) - 3y(n-1) + 2y(n-2) = x(n) \tag{3.7.2}$$

已知初始状态 $y(-1)=0$，$y(-2)=\dfrac{1}{2}$，求该系统的零输入响应。

解 根据定义，零输入响应满足方程：

$$y_{zi}(n) - 3y_{zi}(n-1) + 2y_{zi}(n-2) = 0 \tag{3.7.3}$$

其初始状态 $y_{zi}(-1) = y(-1) = 0$，$y_{zi}(-2) = y(-2) = \dfrac{1}{2}$。

首先求出初始值 $y_{zi}(0)$、$y_{zi}(1)$，式(3.7.3)可写为

$$y_{zi}(n) = 3y_{zi}(n-1) = 2y_{zi}(n-2) \tag{3.7.4}$$

令 $n=0$、1，并将 $y_{zi}(-1)$、$y_{zi}(-2)$ 代入得 $y_{zi}(0)=-1$，$y_{zi}(1)=-3$。

特征方程的特征根 $\lambda_1=1$、$\lambda_2=2$，其齐次解为

$$y_{zi}(n) = C_{zi1} + C_{zi2}(2)^n \tag{3.7.5}$$

将初始值代入得 $C_{zi1}=1$，$C_{zi2}=-2$，于是得系统的零输入响应为

$$y_{zi}(n) = 1 - 2(2)^n, \ n \geqslant 0$$

实际上，直接用 $y_{zi}(-1)$、$y_{zi}(-2)$ 确定待定系数将更简便，因为初始值 $y_{zi}(0)$、$y_{zi}(1)$ 也是由 $y_{zi}(-1)$、$y_{zi}(-2)$ 根据式(3.7.4)递推出来的，因此用哪种条件都可以。

3.7.2 零状态响应的求解

离散系统的零状态响应是系统的初始状态为零，仅由输入信号 $x(n)$ 所产生的响应，用 $y_{zs}(n)$ 表示。在零状态下，式(3.6.2)仍为非齐次差分方程，其初始状态为零，即零状态响应满足

$$\sum_{k=0}^{N} y_{zs}(n-k) = \sum_{r=0}^{M} b_r x(n-r)$$

其初始状态 $y_{zs}(-1)$, $y_{zs}(-2)$, $\cdots$, $y_{zs}(-N)$ 为零。

例 3.22 若描述某离散系统的差分方程为

$$y(n) - 3y(n-1) + 2y(n-2) = x(n) \qquad (3.7.6)$$

已知激励 $x(n)=3^n$, $n \geqslant 0$, 求该系统的零状态响应。

解 零状态响应满足

$$y_{zs}(n) - 3y_{zs}(n-1) + 2y_{zs}(n-2) = 3^n \qquad (3.7.7)$$

且 $y_{zs}(-1) = y_{zs}(-2) = 0$。

先求其初始值 $y_{zs}(0)$、$y_{zs}(1)$, 由式(3.7.7)得

$$y_{zs}(n) = 3y_{zs}(n-1) - 2y_{zs}(n-2) + 3^n$$

令 $n=0$、1, 由上式得 $y_{zs}(0)=1$, $y_{zs}(1)=6$。

利用齐次解与特解的方法, 求解式(3.7.7)。其特征根 $\lambda_1=1$、$\lambda_2=2$, 不难求得其特解 $y_p(n) = \frac{9}{2}(3)^n$, 故零状态响应为

$$y_{zs}(n) + C_{zs1} + C_{zs2}(2)^n + \frac{9}{2}(3)^n$$

代入初始值解得

$$C_{zs1} = \frac{1}{2}, \quad C_{zs2} = -4$$

于是得零状态响应为

$$y_{zs}(n) = \frac{1}{2} - 4(2)^n + \frac{9}{2}(3)^n, \quad n \geqslant 0$$

3.8 离散 LTI 系统的脉冲响应和阶跃响应

3.8.1 脉冲响应

单位脉冲序列 $\delta(n)$ 作用于离散 LTI 系统所产生的零状态响应称为单位脉冲响应, 用符号 $h(n)$ 表示。

$$h(n) = T[0, \delta(n)] \qquad (3.8.1)$$

它的作用同连续系统的单位冲激响应 $h(t)$。

首先, 讨论方程右边只有 $x(n)$ 的情况。单位脉冲序列 $\delta(n)$ 在 $n=0$ 处为1, 当 $n>0$ 时, $x(n) = \delta(n) = 0$, 此时描述系统的差分方程变成齐次方程, 这样就转化为求解齐次方程的问题, 由此即可得到 $h(n)$ 的解析解。$h(n)$ 在 $n=0$ 时的值, 可以根据差分方程和零状态条件 $h(-1) = h(-2) = \cdots = h(-N) = 0$ 由迭代法求出。下面举例说明这种方法。

例 3.23 若描述某离散时间 LTI 系统的差分方程为

$$y(n) - y(n-1) - 2y(n-2) = x(n)$$

求其单位脉冲响应。

解 根据单位脉冲响应 $h(n)$ 的定义, 它应满足方程:

$$h(n) - h(n-1) - 2h(n-2) = \delta(n) \tag{3.8.2}$$

（1）求初始值。

将式(3.8.2)写成

$$h(n) = \delta(n) + h(n-1) + 2h(n-2) \tag{3.8.3}$$

因为是零状态响应，故有 $h(-1)=0$，$h(-2)=0$，代入式(3.8.3)，可以推出初始值为

$$h(0) = \delta(0) + h(-1) + 2h(-2) = 1$$

$$h(1) = \delta(1) + h(0) + 2h(-1) = 1$$

（2）求单位脉冲响应。

对于 $n>0$，可知 $h(n)$ 满足齐次方程：

$$h(n) - h(n-1) - 2h(n-2) = 0$$

其特征方程为

$$\lambda^2 - \lambda - 2 = 0$$

其特征根 $\lambda_1 = -1$，$\lambda_2 = 2$，得方程的齐次解为

$$h(n) = C_1(-1)^n + C_2(2)^n, \quad n>0$$

将初始值代入，有

$$h(0) = C_1 + C_2 = 1$$

$$h(1) = -C_1 + 2C_2 = 1$$

解得 $C_1 = 1/3$，$C_2 = 2/3$，故系统的单位脉冲响应为

$$h(n) = \left[\frac{1}{3}(-1)^n + \frac{2}{3}(2)^n \right]$$

显然，$n=0$ 也满足该方程，所以有

$$h(n) = \left[\frac{1}{3}(-1)^n + \frac{2}{3}(2)^n \right] u(n)$$

然后，讨论方程右边包含 $x(n)$ 及其移位时的情况。此时 $\sum_{k=0}^{N} a_k y(n-k) = \sum_{r=0}^{M} b_r x(n-r)$，则解法分两步进行：

第 1 步：选新变量 $y_1(n)$，使它满足差分方程左端与原系统差分方程左端相同，右端只含有 $x(n)$，即满足：

$$\sum_{k=0}^{N} a_k y_1(n-k) = x(n)$$

设其脉冲响应为 $h_1(n)$，可利用上述方法求得。

第 2 步：由 LTI 系统的线性性质和差分特性，原系统的脉冲响应 $h(n)$ 为

$$h(n) = \sum_{r=0}^{M} b_r h_1(n-r)$$

3.8.2　阶跃响应

与连续系统的单位阶跃响应对应，离散系统的单位阶跃响应是激励为 $u(n)$ 时的零状态响应，用 $g(n)$ 表示：

$$g(n) = T[0, u(n)] \tag{3.8.4}$$

离散 LTI 系统具有差分求和性质，$\delta(n)$ 与 $u(n)$ 具有差分求和关系，其零状态响应 $h(n)$

与 $g(n)$ 同样具有如下关系：

$$h(n) = \nabla g(n) = g(n) - g(n-1) \tag{3.8.5}$$

$$g(n) = \sum_{i=-\infty}^{n} h(i) \tag{3.8.6}$$

例 3.24　已知某离散 LTI 系统的脉冲响应为 $h(n) = (3^{n+1} - 2^{n+1})u(n)$，试求其单位响应 $g(n)$。

解　由式(3.8.6)得

$$g(n) = \sum_{i=-\infty}^{n} h(i) = \sum_{i=0}^{n} (3^{i+1} - 2^{i+1}) = 3 \cdot \frac{1 - 3^{n+1}}{1-3} - 2 \cdot \frac{1 - 2^{n+1}}{1-2}$$

$$= -\frac{3}{2}(1 - 3^{n+1}) + 2(1 - 2^{n+1}), \quad n \geqslant 0$$

3.9　离散 LTI 系统的零状态响应——卷积和

在连续 LTI 系统中，通过把激励信号分解为冲激信号的线性组合，求出每一个冲激信号单独作用于系统的冲激响应，然后把这些响应叠加，即得系统对应此激励信号的零状态响应。这个叠加的过程表现为卷积积分。在离散 LTI 系统中，可以采用相同的原理进行分析，只不过将卷积积分变成了卷积和。

3.9.1　卷积和的定义

1. 卷积和的定义

对于任意两个序列 $x_1(n)$ 和 $x_2(n)$，和式

$$x(n) = x_1(n) * x_2(n) = \sum_{i=-\infty}^{\infty} x_1(i) x_2(n-i) \tag{3.9.1}$$

称为 $x_1(n)$ 与 $x_2(n)$ 的卷积和。

2. 卷积和的作用

任意一个离散序列 $x(n)(n = \cdots, -2, -1, 0, 1, 2, \cdots)$ 都可以表示成单位脉冲序列之和，即

$$x(n) = \cdots + x(-2)\delta(n+2) + x(-1)\delta(n+1) + x(0)\delta(n)$$
$$+ x(1)\delta(n-1) + x(2)\delta(n-2) + \cdots$$

$$= \sum_{i=-\infty}^{\infty} x(i)\delta(n-i) = x(n) * \delta(n) \tag{3.9.2}$$

式(3.9.2)说明，任意序列 $x(n)$ 与 $\delta(n)$ 的卷积和仍然等于其本身。

其示意图如图 3.9.1 所示。

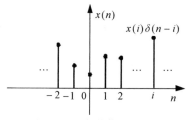

图 3.9.1　离散信号的表示

对于 LTI 系统，若激励为 $\delta(n)$，零状态响应为 $h(n)$，即

$$\delta(n) \rightarrow h(n)$$

由时不变性可知

$$\delta(n-i) \rightarrow h(n-i)$$

由齐次性可知

$$x(i)\delta(n-i) \rightarrow x(i)h(n-i)$$

由可加性可知

$$\sum_{i=-\infty}^{\infty} x(i)\delta(n-i) \rightarrow \sum_{i=-\infty}^{\infty} x(i)h(n-i)$$

式 $x(n) = \sum_{i=-\infty}^{\infty} x(i)\delta(n-i) = x(n) * \delta(n)$ 意味着，当输入为任意序列 $x(n)$ 时，系统的零状态响应为

$$y_{zs}(n) = \sum_{i=-\infty}^{\infty} x(i)h(n-i) = x(n) * h(n) \tag{3.9.3}$$

上式表明，LTI 系统的零状态响应等于输入序列 $x(n)$ 与系统的单位脉冲响应 $h(n)$ 的卷积和。

3.9.2　卷积和的解法

1. 定义法(解析法)

如果输入信号为无限长序列，或需要得到卷积的解析式，就必须按照定义式求解，这时确定求和的上下限很关键。

例 3.25　已知 $x_1(n) = a^n u(n)$，$x_2(n) = b^n u(n)$，求解 $x(n) = x_1(n) * x_2(n)$。

解　根据卷积和的定义式可得

$$x(n) = x_1(n) * x_2(n) = \sum_{i=-\infty}^{\infty} a^i u(i) b^{n-i} u(n-i)$$

考虑到 $i<0$ 时，$u(i)=0$，$i>n$ 时，$u(n-i)=0$，以及 $0 \leqslant i \leqslant n$ 时，$u(i) = u(n-i) = 1$，有

$$x(n) = a^n u(n) * b^n u(n) = \left[\sum_{i=0}^{n} a^i b^{n-i} \right] u(n)$$

$$= \left[b^n \sum_{i=0}^{n} \left(\frac{a}{b} \right)^i \right] u(n)$$

当 $a \neq b$ 时，有

$$x(n) = a^n u(n) * b^n u(n) = \left[b^n \sum_{i=0}^{n} \left(\frac{a}{b} \right)^i \right] u(n)$$

$$= \frac{b^{n+1} - a^{n+1}}{b-a} u(n) \tag{3.9.4}$$

当 $a = b$ 时，有

$$x(n) = \left[b^n \sum_{i=0}^{n} 1 \right] u(n) = (n+1) b^n u(n) \tag{3.9.5}$$

式(3.9.4)中，$a \neq 1$，$b=1$ 时，有

$$a^n u(n) * u(n) = \frac{1 - a^{n+1}}{1 - a} u(n) \tag{3.9.6}$$

若式(3.9.5)中 $a = b = 1$，有

$$u(n) * u(n) = (n+1)u(n) \tag{3.9.7}$$

2. 图解法

离散卷积的图解法与连续系统的卷积十分相似，主要分为换元、反转、平移、相乘和相加五步。具体如下：

(1) 换元：将序列 $x_1(n)$ 和 $x_2(n)$ 的自变量 n 用 i 代替，得到 $x_1(i)$ 和 $x_2(i)$。

(2) 反转：将其中一个序列 $x_2(i)$ 以纵轴为轴线反转，得到 $x_2(-i)$。

(3) 平移：将 $x_2(-i)$ 移位 n，得到 $x_2(n-i)$，其中 $n>0$ 时序列右移，$n<0$ 时序列左移。

(4) 相乘：将 $x_1(i)$ 和 $x_2(n-i)$ 相同的 i 序列值对应相乘，得到一个新序列。

(5) 相加：将步骤(4)得到的序列的所有序列值相加，得到卷积和结果。

例 3.26　已知两序列 $x_1(n) = \{1, 2, 3, 4\}$，$x_2(n) = \{2, 3, 1\}$，求两个序列的卷积和 $x(n) = x_1(n) * x_2(n)$。

解　将 $x_1(n)$ 和 $x_2(n)$ 的自变量 n 用 i 代替，得到 $x_1(i)$ 和 $x_2(-i)$，如图 3.9.2(a)、(b)所示。

$n<0$ 时，$x_1(i)$ 和 $x_2(n-i)$ 无重叠区域，故 $x(n) = x_1(n) * x_2(n) = 0$。

$n=0$ 时，$x_1(i)$ 和 $x_2(0-i)$ 对应相乘相加，由图 3.9.2(a)、(b)得 $x(0) = 1 \times 2 = 2$。

$n=1$ 时，$x_1(i)$ 和 $x_2(1-i)$ 对应相乘相加，由图 3.9.2(a)、(c)得 $x(1) = 1 \times 3 + 2 \times 2 = 7$。

$n=2$ 时，$x_1(i)$ 和 $x_2(2-i)$ 对应相乘相加，由图 3.9.2(a)、(d)得 $x(2) = 1 \times 1 + 2 \times 3 + 3 \times 2 = 13$。

$n=3$ 时，$x_1(i)$ 和 $x_2(3-i)$ 对应相乘相加，由图 3.9.2(a)、(e)得 $x(3) = 2 \times 1 + 3 \times 3 + 4 \times 2 = 19$。

$n=4$ 时，$x_1(i)$ 和 $x_2(4-i)$ 对应相乘相加，由图 3.9.2(a)、(f)得 $x(4) = 3 \times 1 + 4 \times 3 = 15$。

$n=5$ 时，$x_1(i)$ 和 $x_2(5-i)$ 对应相乘相加，由图 3.9.2(a)、(g)得 $x(5) = 4 \times 1 = 4$。

$n \geqslant 6$ 时，$x_1(i)$ 和 $x_2(n-i)$ 无重叠区域，由图 3.9.2(a)、(h)得 $x(n) = x_1(n) * x_2(n) = 0$。

所以，$x(n) = \{2, 7, 13, 19, 15, 4\}$。

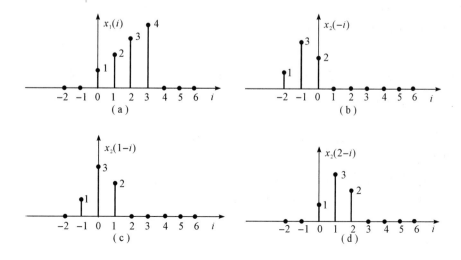

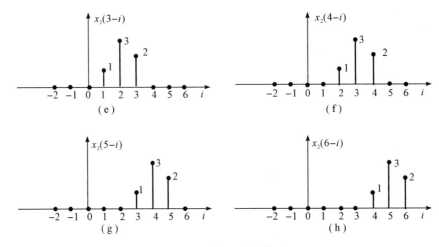

图 3.9.2　卷积和的计算过程

3. 不进位乘法

对于两个有限长序列，可以通过一种"不进位乘法"较快地求出卷积结果。这种方法不用作出序列的图形，只要把两个序列样值以各自 n 的最高值右对齐排列，然后按照普通乘法进行相乘，但结果不进位，接着把位于同一列上的值求和，也不向高位进位，最后确定序列值对应的自变量 n 值，即可得到卷积结果。由卷积和的性质可知，结果序列的自变量 n 的最低值等于两个序列 n 的最低值相加。

例 3.27　已知 $x_1(n)=\{2,2,2\}$，$x_2(n)=\{0,1,4,9\}$，求其卷积和 $x(n)=x_1(n) * x_2(n)$。

解　将两序列样值以各自的 n 最高值按右端对齐，进行不进位乘法，对位如下：

$$
\begin{array}{rrrrr}
 & & 2 & 2 & 2 \\
\times & & 1 & 4 & 9 \\
\hline
 & & 18 & 18 & 18 \\
 & 8 & 8 & & \\
+\,2 & 2 & 2 & & \\
\hline
2 & 10 & 28 & 26 & 18
\end{array}
$$

由于序列 $x_1(n)$ 的非零序列值对应的 n 值最低为 0，$x_2(n)$ 的非零序列值对应的 n 值最低为 1，所以，$x(n)$ 自变量 n 的最低值为 $0+1=1$，即

$$x(n)=\{0,2,10,28,26,18\}$$

不难发现，不进位乘法过程实质上是将图解法的反转与移位用乘法排列来表示。

3.9.3　卷积和的性质

卷积和的性质和卷积积分类似，只是把积分变成求和。

1. 代数性质

与连续卷积积分相同，离散卷积和也满足交换律、分配律和结合律。

（1）交换律：$x_1(n) * x_2(n)=x_2(n) * x_1(n)$。

（2）分配律：$x_1(n) * [x_2(n)+x_3(n)]=x_1(n) * x_2(n)+x_1(n) * x_3(n)$。

（3）结合律：$x_1(n) * [x_2(n) * x_3(n)]=[x_1(n) * x_2(n)] * x_3(n)$。

2. 与 $\delta(n)$ 和 $u(n)$ 的卷积和

与 $\delta(n)$ 的卷积和为

$$x(n) * \delta(n) = x(n)$$

可以证明：

$$x(n) * \delta(n-j) = x(n-j) \tag{3.9.8}$$

$$x(n-i) * \delta(n-j) = x(n-i-j) \tag{3.9.9}$$

与 $u(n)$ 的卷积和为

$$x(n) * u(n) = \sum_{i=-\infty}^{\infty} x(i)u(n-i) = \sum_{i=-\infty}^{n} x(i) \tag{3.9.10}$$

$$x(n) * u(n-j) = \sum_{i=-\infty}^{\infty} x(i)u(n-j-i) = \sum_{i=-\infty}^{n-j} x(i) \tag{3.9.11}$$

3. 位移性质

若 $x(n)=x_1(n)*x_2(n)$，则

$$x_1(n-i) * x_2(n-j) = x_1(n-j) * x_2(n-i) = x(n-i-j) \tag{3.9.12}$$

4. 卷积和的差分和求和性质

类似于卷积积分的微积分性质，卷积和有差分和求和性质：

$$\nabla[x_1(n) * x_2(n)] = [\nabla x_1(n)] * x_2(n) = x_1(n) * [\nabla x_2(n)] \tag{3.9.13}$$

$$\sum_{i=-\infty}^{n} [x_1(i) * x_2(i)] = \Big[\sum_{i=-\infty}^{n} x_1(i)\Big] * x_2(n) = x_1(n) * \Big[\sum_{i=-\infty}^{n} x_2(i)\Big] \tag{3.9.14}$$

$$x_1(n) * x_2(n) = [\nabla x_1(n)] * \Big[\sum_{i=-\infty}^{n} x_2(i)\Big] = \Big[\sum_{i=-\infty}^{n} x_1(i)\Big] * [\nabla x_2(n)] \tag{3.9.15}$$

5. 卷积和的长度

若有

$$x(n) = x_1(n) * x_2(n)$$

设 $x_1(n)$ 的区间范围为 $[N_1, N_2]$，长度为 M，$x_2(n)$ 的区间范围为 $[N_3, N_4]$，长度为 N，则有 $x(n)$ 的区间范围为 $[N_1+N_3, N_2+N_4]$，区间长度为 $L=M+N-1$。

由这个结论可以看到，两个卷积序列中若有一个为无限长，则卷积后得到的序列也是无限长的。

常用序列的卷积和结论如表 3.9.1 所示。

表 3.9.1　常用序列的卷积和

	$x_1(n)$	$x_2(n)$	$x_1(n) * x_2(n)$
1	$x(n)$	$\delta(n)$	$x(n)$
2	$x(n)$	$u(n)$	$\displaystyle\sum_{i=-\infty}^{n} x(i)$
3	$u(n)$	$u(n)$	$(n+1)u(n)$
4	$nu(n)$	$u(n)$	$\dfrac{1}{2}n(n+1)u(n)$

续表

	$x_1(n)$	$x_2(n)$	$x_1(n) * x_2(n)$
5	$a^n u(n)$	$b^n u(n)$	$\dfrac{b^{n+1}-a^{n+1}}{b-a}u(n),\ a\neq b$
6	$a^n u(n)$	$u(n)$	$\dfrac{1-a^{n+1}}{1-a}u(n),\ a\neq 1$
7	$a^n u(n)$	$a^n u(n)$	$(n+1)a^n u(n)$
8	$nu(n)$	$nu(n)$	$\dfrac{1}{6}(n+1)n(n-1)u(n)$

3.10　基于冲激(脉冲)响应的系统特性分析

因相同的冲激函数(脉冲序列)$\delta(\cdot)$作用于不同的系统，引起的冲激(脉冲)响应$h(\cdot)$均不相同，因此可以用$h(\cdot)$来表征系统。本节首先讨论级联和并联系统的冲激(脉冲)响应的求解，然后讨论利用冲激(脉冲)响应判断系统的因果性与稳定性。

3.10.1　复合系统的冲激(脉冲)响应

如图 3.10.1 所示，两个子系统$h_1(\cdot)$和$h_2(\cdot)$级联，构成一个复合系统$h(\cdot)$，由卷积运算的结合律可知：

$$h(\cdot)=h_1(\cdot)*h_2(\cdot) \tag{3.10.1}$$

即级联系统的冲激(脉冲)响应，等于各子系统的冲激(脉冲)响应相卷积。

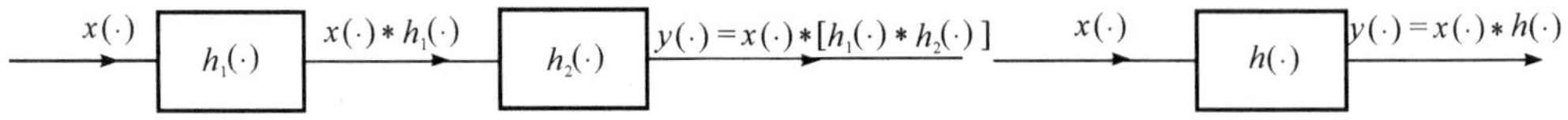

图 3.10.1　级联系统的冲激(脉冲)响应

如图 3.10.2 所示，两个子系统$h_1(\cdot)$和$h_2(\cdot)$级联，构成一个复合系统$h(\cdot)$，由卷积运算的分配律可知：

$$h(\cdot)=h_1(\cdot)+h_2(\cdot) \tag{3.10.2}$$

即并联系统的冲激(脉冲)响应，等于各子系统的冲激(脉冲)响应之和。

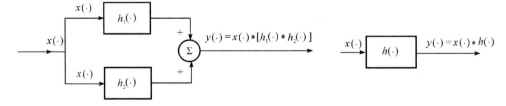

图 3.10.2　并联系统的冲激(脉冲)响应

例 3.28　图 3.10.3 所示的复合系统中$h_1(n)=u(n)$，$h_2(n)=u(n-5)$，求复合系统的单位脉冲响应$h(n)$。

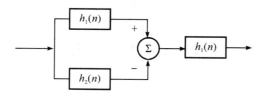

图 3.10.3　例 3.28 图

解　根据复合系统 $h(n)$，有

$$
\begin{aligned}
h(n) &= \big[\, h_1(n) - h_2(n) \,\big] * h_1(n) \\
&= h_1(n) * h_1(n) - h_2(n) * h_1(n) \\
&= u(n) * u(n) - u(n-5) * u(n) \\
&= (n+1)u(n) - (n+1-5)u(n-5) \\
&= (n+1)u(n) - (n-4)u(n-5)
\end{aligned}
$$

3.10.2　因果性与稳定性的判定

系统的因果性与稳定性的概念在 3.1 节中已介绍过，这里重点研究借助 $h(\cdot)$ 来判断 LTI 系统的因果性与稳定性。

1. 因果性

对于一般的系统，若系统某时刻的输出，只取决于该时刻以及该时刻以前的输入信号，而与该时刻以后的输入无关，则称该系统为因果系统。

连续 LTI 系统是因果系统的充要条件为

$$h(t) = 0, \quad t < 0 \tag{3.10.3}$$

离散 LTI 系统是因果系统的充要条件为

$$h(n) = 0, \quad n < 0 \tag{3.10.4}$$

满足以上两式的信号称为因果信号，因此因果系统的冲激（脉冲）响应必然是因果信号。因果系统的条件从概念上也容易理解：因为激励为 $\delta(t)$ 或 $\delta(n)$，在 0 时刻以前，激励值为零，所引起的零状态响应 $h(\cdot)$ 也应该为零。

2. 稳定性

对于一般的系统，稳定系统是指有界输入产生有界输出的系统。

连续 LTI 系统是稳定系统的充要条件：单位冲激响应 $h(t)$ 绝对可积，即

$$\int_{-\infty}^{\infty} \big| h(t) \big| \, \mathrm{d}t \leqslant M < \infty \tag{3.10.5}$$

离散 LTI 系统是稳定系统的充要条件：单位脉冲响应 $h(n)$ 绝对可和，即

$$\sum_{n=-\infty}^{\infty} \big| h(n) \big| \leqslant N < \infty \tag{3.10.6}$$

其中，M、N 为正的常数。以上两条件的严格证明可参考相关的书籍。

例 3.29　某离散 LTI 系统的单位脉冲响应 $h(n) = a^n u(n)$，试讨论其因果性与稳定性。

解　因为 $n < 0$ 时，$h(n) = a^n u(n) = 0$，所以为因果系统。

根据稳定性判定的充要条件有

$$
\sum_{n=-\infty}^{\infty} \big| h(n) \big| = \sum_{n=-\infty}^{\infty} \big| a^n u(n) \big| = \sum_{n=0}^{\infty} \big| a^n \big| =
\begin{cases}
\dfrac{1}{1 - |a|}, & |a| < 1 \\[2mm]
\infty, & |a| \geqslant 1
\end{cases}
$$

所以在 $|a|<1$ 时，为稳定系统；$|a|\geqslant1$ 时，为不稳定系统。

3.11 系统时域分析的 MATLAB 实现

3.11.1 用 MATLAB 实现 LTI 连续系统的时域波形仿真

MATLAB 的 lsim 函数可对式(3.2.2)所示微分方程所描述的 LTI 连续系统的响应进行仿真。

lsim 函数不仅能绘制连续系统在指定的任意时间范围内系统响应的时域波形及输入信号的时域波形，还能求出连续系统在指定的任意时间范围内系统响应的数值解。lsim 函数有两种调用格式，下面分别介绍其使用方法及实现过程。

1. lsim(sys, f, t)

该调用格式对向量 t 定义的时间范围内的系统响应进行仿真，即绘制 LTI 连续系统响应的时域波形，同时还绘出系统的激励信号对应的时域波形。在该调用格式中，输入参量 f 和 t 是两个表示输入信号的行向量，其中 t 表示输入信号时间范围的向量，f 则表示输入信号在向量 t 定义的时间点上的采样值。例如：

    t=0：0.01：5；
    f=cos(2 * t)；

上述命令定义了 0~5 s 时间范围内的余弦输入信号 cos(2 * t)(采样时间间隔为 0.01 s)。当采样间隔足够小时，向量 f 和 t 所定义的离散信号就是连续信号 cos(2 * t)较好的近似。

输入参量 sys 是由 MATLAB 的 tf 函数根据描述系统的微分方程的系数生成的系统函数对象(TF 对象)。tf 函数的调用格式如下：

    sys=tf(b, a)

上述 tf 函数的调用格式中，输入参量 b 为式(3.2.2)所描述系统的微分方程右边多项式系数 $b_j(j=0,1,2,\cdots,m)$ 构成的行向量，a 为微分方程左边多项式系数 $a_i(i=0,1,2,\cdots,n)$ 构成的行向量，输出参量 sys 为返回 MATLAB 定义的系统函数对象(包含微分方程描述的系统的符号对象)。

例如，对如下微分方程描述的系统

$$y''(t)+3y'(t)+2y(t)=-x'(t)+2x(t)$$

由 tf 函数生成其系统函数对象 sys 的命令为

    a=[1 3 2]；
    b=[-1 2]；
    sys=tf(b, a)   %调用 tf 函数生成系统函数对象 sys

上述命令运行结果为

    Transfer function：
    -s+2
    s²+3s+2

调用 tf 函数生成系统函数对象 sys，并用向量 f 和 t 定义了系统激励信号后，即可调用 lsim 函数对连续系统的响应进行仿真。

例 3.30　已知描述某连续系统的微分方程为

$$y''(t) + 2y'(t) + y(t) = x'(t) + 2x(t)$$

试用 MATLAB 对该系统当输入信号为 $x(t) = e^{-2t}u(t)$ 时的系统响应进行仿真,并绘出系统响应及输入信号的时域波形。

解　该问题可调用 lsim 函数来实现,对应的 MATLAB 命令如下:

```
%dm02401
%绘制连续系统响应波形
a=[1  2  1];
b=[1  2];
sys=tf(b, a);               %定义系统函数定义对象
p=0.01;                     %定义采样时间间隔
t=0：p：5;                   %定义时间范围向量
f=exp(-2*t);                %定义输入信号
lsim(sys, f, t);            %对系统输出信号进行仿真
```

执行上述命令绘制的系统响应时域波形如图 3.11.1 所示。

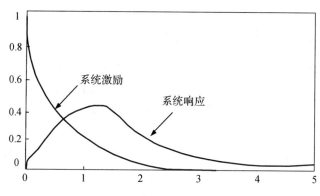

图 3.11.1　连续系统响应仿真

在由 lism 函数绘制的系统响应波形窗口中,将鼠标指向系统响应或激励波形曲线并单击右键,即可交互式地察看各个时刻系统响应或激励波形的信号对应样值。函数 lism 对系统响应进行仿真的效果取决于向量 t 的时间间隔 p 的大小,若 p 过大,则只能得到系统响应的粗略近似波形。

2. y=lsim(sys, f, t)

该调用格式中的输入参量 sys、f 和 t 的作用与格式 1 完全相同。所不同的是,该调用格式并不绘出系统响应和激励的时域波形,而是由输出参量 y 返回由输入参量 sys、f 和 t 所定义的系统在与向量 t 定义的时间范围相一致的系统响应的数值解。例如,对例 3.30 所示系统运行如下命令:

```
%dm02401
%求 LTI 连续系统响应的数值解
a=[1  2  1];
b=[1  2];
sys=tf(b, a);               %定义系统函数对象
p=0.5;                      %定义采样时间间隔
```

```
t=0：p：5；                          %定义输入信号
y=lism(sys，f，t)                    %求出系统响应数值解
```

运行结果为

```
y=
    0
    0.3284
    0.3984
    0.3626
    0.2933
    0.2224
    0.1619
    0.1145
    0.0794
    0.0542
    0.0365
```

3.11.2 用 MATLAB 实现 LTI 连续系统的冲激响应

求解系统的冲激响应 $h(t)$ 对进行连续系统时域分析具有非常重要的意义。MATLAB 为用户提供了专门用于求连续系统冲激响应并绘制其时域波形的 impulse 函数。impulse 函数有四种调用格式，下面分别介绍它们的使用方法及调用过程。

1. impulse(b, a)

该调用格式将以默认方式绘出由向量 a 和 b 定义的 LTI 连续系统的冲激响应时域波形，并提供交互式功能查看任意时刻冲激响应的信号样值。其中输入参量 a 和 b 分别是描述系统的微分方程左边和右边系数构成的行向量。

例如，对如下微分方程描述的系统

$$y'''(t) + 2y'(t) + 4y(t) = -x'(t) + 6x(t)$$

则定义该系统的向量 a 和 b 应使用如下命令：

```
a=[1  0  2  4];
b=[-1  6];
```

注意，在用向量 a 和 b 来表示微分方程描述的连续系统时，向量的元素要以微分方程时间求导的降幂次序来排列，且缺项要用 0 来补齐。

例 3.31 已知描述某连续系统的微分方程为

$$y''(t) + y'(t) + y(t) = x''(t) + x(t)$$

试用 MATLAB 绘出该系统冲激响应的时域波形。

解 该问题可直接调用 impulse 函数来实现，对应的 MATLAB 命令如下：

```
a=[1  1  1];
b=[1  1];
impulse(b, a)
```

执行上述命令绘制的系统冲激响应时域波形如图 3.11.2 所示。

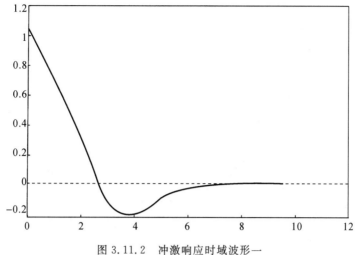

图 3.11.2　冲激响应时域波形一

2. impulse(b, a, t)

该调用格式将绘制由向量 a 和 b 定义的 LTI 连续系统在时间参数 t 所指定的 0~t 时间范围内系统冲激响应的时域波形。例如，对例 3.31 运行如下命令：

```
a=[1  1  1];
b=[1  1];
impulse(b, a, 6)
```

将绘制出系统在 0~6 s 时间范围内的冲激响应波形，如图 3.11.3 所示。

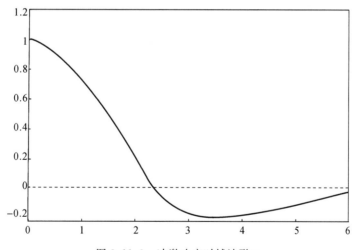

图 3.11.3　冲激响应时域波形二

3. impulse(b, a, t1：ts：t2)

该调用格式将绘制由向量 a 和 b 定义的 LTI 连续系统在 t1~t2 时间范围内，且以时间间隔 ts 均匀采样的系统冲激响应的时域波形。仍以例 3.31 为例，运行如下命令：

```
a=[1  1  1];
b=[1  1];
impulse(b, a, 2：0.1：5)
```

将绘制出系统在 2~5 s 范围内以时间间隔 0.1 s 均匀采样的冲激响应的时域波形，如图

3.11.4 所示。

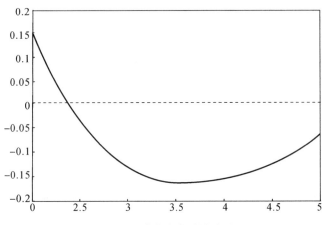

图 3.11.4　冲激响应时域波形三

4．y＝impulse(b, a, t1：ts：t2)

该调用格式并不绘制 LTI 连续系统冲激响应的波形，而是求出向量 a 和 b 定义的 LTI 连续系统在 t1～t2 时间范围内以时间间隔 ts 均匀采样的系统冲激响应的数值解。仍以例 3.31 为例，运行如下命令：

　　　　a＝[1　1　1];
　　　　b＝[1　1];
　　　　y＝impulse(b, a, 2:0.1:3)

则运行结果为

　　　　y＝
　　　　　0.1506
　　　　　0.1100
　　　　　0.0723
　　　　　0.0374
　　　　　0.0055
　　　　　−0.0234
　　　　　−0.0493
　　　　　−0.0723
　　　　　−0.0924
　　　　　−0.1097
　　　　　−0.1244

3.11.3　用 MATLAB 实现 LTI 连续系统的阶跃响应

阶跃响应 $g(t)$ 和冲激响应 $h(t)$ 互为微积分的关系，即

$$h(t) = g'(t)$$

MATLAB 为用户提供了专门用于求连续系统阶跃响应并绘制其时域波形的 step 函数。step 函数也有四种调用格式：

（1）step(b, a)。

（2）step(b, a, t)。

（3）step(b，a，t1：ts：t2)。

（4）y＝step(b，a，t1：ts：t2)。

上述四种调用格式的使用方法和调用过程与 impulse 函数完全相同，只是该函数绘制的是系统阶跃响应的时域波形而不是冲激响应波形。

例 3.32　已知描述某连续系统的微分方程为

$$y'''(t) + 6y''(t) + 11y'(t) + 6y(t) = x''(t) + 2x(t)$$

试用 MATLAB 绘出该系统阶跃响应的时域波形。

解　该问题可直接调用 step 函数来实现，对应的 MATLAB 命令如下：

```
%dm02403
%绘制 LTI 连续系统阶跃响应波形
a=[1  6  11  6];
b=[1  0  2];
subplot(2，2，1)
step(b，a)
subplot(2，2，2)
step(b，a，10)
```

绘制的系统阶跃响应波形如图 3.11.5 所示。（两图仅是所占时间长短不同）

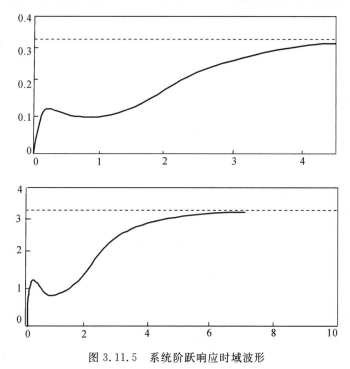

图 3.11.5　系统阶跃响应时域波形

3.11.4　用 MATLAB 实现离散系统的分析

例 3.33　某离散系统的差分方程为 $6y(n) - 5y(n-1) + y(n-2) = x(n)$，初始条件为 $y(0) = 0$，$y(1) = 1$，激励 $x(n) = \cos\left(\dfrac{n\pi}{2}\right)u(n)$。求其单位脉冲响应 $h(n)$、单位阶跃响应 $g(n)$、零状态响应 $y_{zs}(n)$ 和全响应 $y(n)$。

解 激励和响应可能是无限长的，但是为了方便，MATLAB 产生的序列只能显示有限的长度。如以下程序中，只显示从 -10 到 20 之间的激励与响应。

程序如下：

```
%单位脉冲响应,利用 impz 函数求解
n=-10:20;
a=[6-5 1];
b=[1];
figure(1),
subplot(211),impz(b,a,n)
title('h(n)'),xlabel('n');
%单位阶跃响应,利用 filter 函数求解
k=0:30;
un=ones(1,length(k));
gn=filter(b,a,un);
subplot(212),stem(k,gn,'filled'),title('g(n)'),xlabel('n');
%零状态响应,利用卷积的原理求解
xn=cos(k * pi/2);
y1=filter(b,a,xn);
figure(2)
subplot(211),stem(k,xn,'filled'),title('x(n)=cos(n * pi/2)');xlabel('n');
subplot(212),stem(k,y1,'filled'),title('zero state response');xlabel('n');
%全响应,利用迭代法求解
y(1)=0;y(2)=1;
for m=3:length(k);
    y(m)=(1/6) * (5 * y(m-1)-y(m-2)+xn(m));
end
figure(3)
subplot(211),stem(k,y,'filled'),title('y(n)');xlabel('n');
```

显示结果如图 3.11.6～3.11.8 所示。

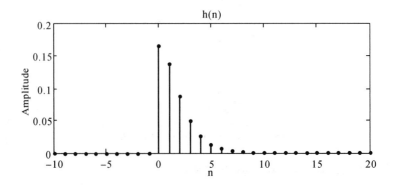

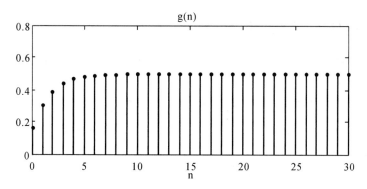

图 3.11.6　单位脉冲响应 $h(n)$ 与单位阶跃响应 $g(n)$

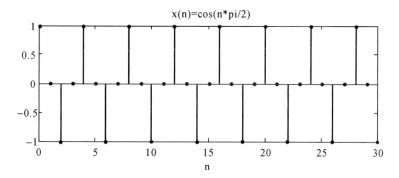

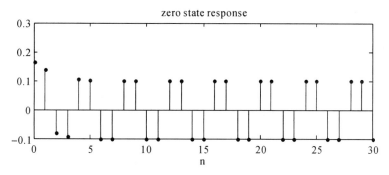

图 3.11.7　激励与零状态响应

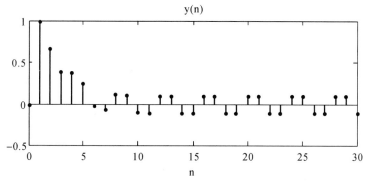

图 3.11.8　全响应

3.11.5 用 MATLAB 求解卷积

MATLAB 提供了一个函数 conv 求解两个离散序列的卷积和,调用格式为

y＝conv(x, h)

其中,x 和 h 为待卷积的两个序列的向量表示,y 是卷积结果。

注意:无论是连续信号还是离散序列,求卷积均采用上述函数。因为计算机处理的都是离散序列,只是画图时连续信号用 plot 函数画连续曲线,离散序列用 stem 函数画离散的竖线。

例 3.34 用 MATLAB 计算下列序列的卷积和。

$$x_1(n) = \{2, 2, \underset{\uparrow}{2}, 2, 2, 2\}, x_2(n) = \{1, 1, \underset{\uparrow}{1}, 1, 1, 1\}$$

解 程序段如下

```
x1＝[2 2 2 2 2 2]
x2＝[1 1 1 1 1 1]
x＝conv(x1, x2)

x1＝
    2    2    2    2    2    2

x2＝
    1    1    1    1    1    1

x＝
    2    4    6    8    10    12    10    8    6    4    2
```

由理论结论可知,x 的起始坐标为$-2+-2=-4$,所以有

$$x(n) = \{2, 4, 6, 8, \underset{\uparrow}{10}, 12, 10, 8, 6, 4, 2\}$$

若想显示图形,可使用如下程序段:

```
x1＝[2 2 2 2 2 2]
x2＝[1 1 1 1 1 1]
x＝conv(x1, x2)
n1＝-2, f1＝3;
n2＝-2, f2＝3;
n＝n1+n2, f＝f1+f2;
i1＝-2:3;i2＝-2:3;i＝(n1+n2):f1+f2;
subplot(1, 3, 1), stem(i1, x1, 'fill');title('x1');
subplot(1, 3, 2), stem(i2, x2, 'fill');title('x2');
subplot(1, 3, 3), stem(i, x, 'fill');title('x');
```

结果如图 3.11.9 所示。

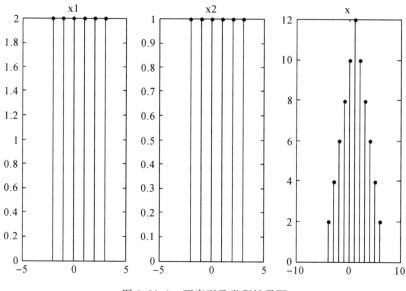

图 3.11.9 两序列及卷积结果图

本 章 小 结

本章借助于数学工具，解决了连续系统与离散系统的时域分析问题。通过本章的学习使读者真正体会到数学中的微分方程、差分方程在系统分析中的实际应用，进一步掌握系统中输入与输出的关系。

本章的主要内容有：

（1）系统的分类及性质。

① 线性系统：必须同时满足齐次性与叠加性。

② 时不变系统：系统的参数不随时间而变化。

③ 因果系统：系统的输出取决于现在与过去的输入，而与未来的输入无关。

④ 稳定系统：若输入有界，则输出也有界。

本书主要讨论线性时不变系统。

（2）系统响应的经典解法。将方程的解分为齐次解和特解，其中齐次解形式由方程决定，特解形式由激励决定，齐次解中的系数由初始状态确定。

（3）系统响应的线性分析法。将系统的响应分为零输入响应和零状态响应。系统的零输入响应是激励为零时仅由系统的初始状态所引起的响应，用 $y_{zi}(\cdot)$ 表示；零状态响应是系统初始状态为零时仅由外部激励所引起的响应，用 $y_{zs}(\cdot)$ 表示。

（4）冲激（脉冲）响应和阶跃响应。系统的冲激（脉冲）响应是指由冲激（脉冲）函数 $\delta(\cdot)$ 所引起的零状态响应；系统的阶跃响应是指由阶跃函数 $u(\cdot)$ 所引起的零状态响应。两者均可以通过求解零状态响应的方法求解，不过又有其自身的特点。另外，可通过冲激（脉冲）响应判断系统的性质。

（5）卷积。卷积积分和卷积和统称为卷积，是求解零状态响应常用的方法，可以采取定义法、图解法、卷积结论性质等 3 种方法求解。另外，卷积和的求解多了一种不进位乘法。

习　题　3

3.1　判断下列系统是否为线性系统。

(1) $y(t)=(t+1)x(t)$；　　　　　　　　(2) $y(t)=t^2x(t)$；

(3) $y(t)=2x(t)+3$；　　　　　　　　　(4) $y(t)=3x'(t)$。

3.2　试判断下列系统是否为时不变系统。

(1) $y(t)=\sin[x(t)]$；　　　　　　　　(2) $y(t)=\cos t \cdot x(t)$；

(3) $y(t)=4x^2(t)+3x(t)$；　　　　　　(4) $y(t)=2tx(t)$。

3.3　判断下列系统是否线性系统，并说明理由。其中 $x(\cdot)$ 为输入激励，$x(0)$ 为初始状态，$y(\cdot)$ 为输出响应。

(1) $y(t)=x^2(0)+x^2(t)$，$t\geqslant 0$；

(2) $y(t)=x(0)+\log x(t)$，$t\geqslant 0$；

(3) $y(t)=x(0)+\int_0^t x(\tau)\mathrm{d}\tau$，$t\geqslant 0$；

(4) $y(t)=\log x(0)+\dfrac{\mathrm{d}x(t)}{\mathrm{d}t}$，$t\geqslant 0$。

3.4　系统的初始状态、激励、响应分别为 $x(0)$、$x(t)$、$y(t)$，若它们之间具有如下关系，试判断哪些是线性系统，哪些是非线性系统，哪些是时变系统，哪些是时不变系统（其中 a、b 为常数）。

(1) $y(t)=ax(0)+bx(t)$，$t\geqslant 0$；

(2) $y(t)=x^2(0)+3t^2x(t)$，$t\geqslant 0$；

(3) $y(t)=x(0)\sin 5t+tx(t)$，$t\geqslant 0$；

(4) $y(t)=x(0)-x(t)\dfrac{\mathrm{d}x(t)}{\mathrm{d}t}$，$t\geqslant 0$。

3.5　下列微分方程所描述的系统是线性的还是非线性的？是时变的还是时不变的？

(1) $y'(t)+3y(t)=x'(t)-x(t)$；

(2) $y'(t)+2\sin t y(t)=2x(t)$；

(3) $y'(t)+2\left[y(t)\right]^2=x(t)$。

3.6　设激励为 $x(\cdot)$，各系统的零状态响应 $y_{zs}(\cdot)$ 如下。判断各系统是否是线性的、时不变的、因果的、稳定的。

(1) $y_{zs}(t)=x(t-1)-x(1-t)$；　　　　(2) $y_{zs}(t)=x\left(1-\dfrac{t}{3}\right)$；

(3) $y_{zs}(t)=x(t)x(t-1)$；　　　　　　(4) $y_{zs}(t)=\sin(2\pi t)x(t)$。

3.7　某 LTI 连续系统，当其输入激励为 $x(t)=u(t)$ 时，其零状态响应 $y_{zs}(t)=\mathrm{e}^{-2t}u(t)$。求：

(1) 当输入为冲激函数 $\delta(t)$ 时的零状态响应；

(2) 当输入为斜坡函数 $tu(t)$ 时的零状态响应。

3.8　一个 LTI 连续系统在相同的初始状态下，当输入为 $x(t)$ 时，全响应为 $y(t)=2\mathrm{e}^{-t}+\cos 2t$，当输入为 $2x(t)$ 时，全响应为 $y(t)=\mathrm{e}^{-t}+2\cos 2t$。求在相同的初始条件下，输入为 $4x(t)$ 时的全响应。

3.9 某 LTI 连续系统 A，已知当激励为阶跃函数 $u(t)$ 时，其零状态响应为

$$y_{zs}(t) = u(t) - 2u(t-1) + u(t-2)$$

现将两个完全相同的系统相串联，如题 3.9 图(a)所示。当这个复杂系统的输入为题 3.9 图(b)所示的信号时，求该系统的零状态响应。

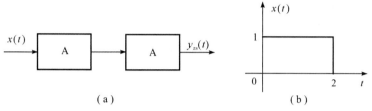

题 3.9 图

3.10 已知描述系统的微分方程和初始状态如下，试求其零输入响应。

(1) $y''(t) + 2y'(t) + 5y(t) = x(t)$，$y(0_-) = 2$，$y'(0_-) = -2$；

(2) $y''(t) + y(t) = x(t)$，$y(0_-) = 2$，$y'(0_-) = 0$；

(3) $y'''(t) + 4y''(t) + 5y'(t) + 2y(t) = x(t)$，$y(0_-) = 0$，$y'(0_-) = 1$，$y''(0_-) = -1$。

3.11 已知描述系统的微分方程和初始状态如下，试求其 0_+ 初始值。

(1) $y''(t) + 6y'(t) + 8y(t) = x'(t)$，$y(0_-) = 0$，$y'(0_-) = 1$，$x(t) = u(t)$；

(2) $y''(t) + 4y'(t) + 5y(t) = x'(t)$，$y(0_-) = 1$，$y'(0_-) = 2$，$x(t) = e^{-2t}u(t)$。

3.12 已知描述系统的微分方程和初始状态如下，试求其零输入响应、零状态响应和完全响应。

(1) $y''(t) + 4y'(t) + 3y(t) = x(t)$，$y(0_-) = y'(0_-) = 1$，$x(t) = u(t)$；

(2) $y''(t) + 2y'(t) + 2y(t) = x'(t)$，$y(0_-) = 0$，$y'(0_-) = 1$，$x(t) = u(t)$。

3.13 试计算题 3.11 中各系统的冲激响应。

3.14 试计算题 3.12 中各系统的冲激响应。

3.15 电路如题 3.15 图所示，若以 $i_s(t)$ 为输入，$u_R(t)$ 为输出，试列出其微分方程，求出其冲激响应和阶跃响应。

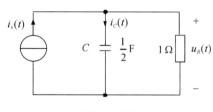

题 3.15 图

3.16 已知电路如题 3.16 图所示，若以电容电压为响应，试列出其微分方程，并求出其冲激响应和阶跃响应。

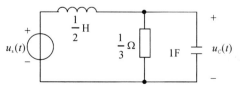

题 3.16 图

3.17　描述系统的方程如下，求其冲激响应和阶跃响应。

(1) $y'(t)+2y(t)=x'(t)-x(t)$；

(2) $y'(t)+2y(t)=x''(t)$。

3.18　各函数波形如题 3.18 图所示，图(b)、(c)、(d)中均为单位冲激函数。试求下列卷积，并画出波形图。

(1) $x_1(t) * x_2(t)$；

(2) $x_1(t) * x_2(t) * x_3(t)$；

(3) $x_1(t) * x_3(t)$；

(4) $x_1(t) * [2x_4(t) - x_3(t-3)]$。

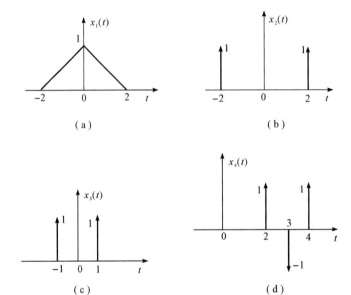

题 3.18 图

3.19　求下列函数的卷积积分 $x_1(t) * x_2(t)$。

(1) $x_1(t) = e^{-2t}u(t)$，$x_2(t) = u(t)$；

(2) $x_1(t) = e^{-2t}u(t)$，$x_2(t) = e^{-3t}u(t)$；

(3) $x_1(t) = u(t+2)$，$x_2(t) = u(t-3)$；

(4) $x_1(t) = u(t) - u(t-4)$，$x_2(t) = \sin\pi t \cdot u(t)$；

(5) $x_1(t) = tu(t)$，$x_2(t) = u(t) - u(t-2)$；

(6) $x_1(t) = e^{-2t}u(t+1)$，$x_2(t) = u(t-3)$。

3.20　某 LTI 系统的冲激响应如题 3.20 图(a)所示，求输入为下列函数时的零状态响应。

(1) 输入为单位阶跃函数 $u(t)$；

(2) 输入为 $x_1(t)$，如题 3.20 图(b)所示；

(3) 输入为 $x_2(t)$，如题 3.20 图(c)所示；

(4) 输入为 $x_3(t)$，如题 3.20 图(d)所示。

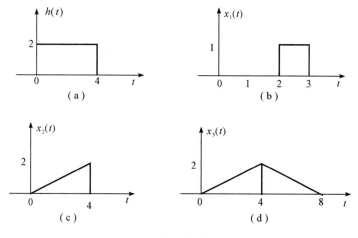

题 3.20 图

3.21　某 LTI 系统，其输入与输出的关系为

$$y_{zs}(t) = \int_{t-1}^{\infty} e^{-2(t-\tau)} x(\tau - 2) d\tau$$

求该系统的冲激响应。

3.22　某 LTI 系统的输入信号 $x(t)$ 和其零状态响应 $y_{zs}(t)$ 的波形图如题 3.22 图所示。

(1) 求该系统的冲激响应 $h(t)$；

(2) 用积分器、加法器和延时器构成该系统。

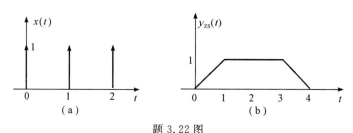

题 3.22 图

3.23　题 3.23 图所示系统由几个子系统组成，各子系统的冲激响应分别为 $h_1(t) = u(t)$（积分器），$h_2(t) = \delta(t-1)$（单位延时），$h_3(t) = -\delta(t)$（倒相器）。求复合系统的冲激响应。

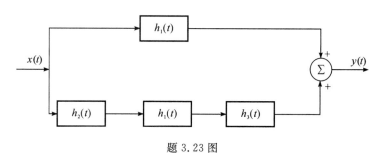

题 3.23 图

3.24　求下列差分方程所描述的 LTI 离散系统的零输入响应。

(1) $y(n) - 5y(n-1) + 6y(n-2) = 0$，$y(0) = 2$，$y(1) = 1$；

(2) $y(n) + 3y(n-1) + 2y(n-2) = x(n)$，$y(-1) = 0$，$y(-2) = 1$。

3.25 描述某离散系统的差分方程为 $y(n)-y(n-1)-2y(n-2)=6x(n)$，已知 $y(0)=0$，$y(1)=3$，激励 $x(n)=u(n)$，求全解。

3.26 描述某离散系统的差分方程为 $y(n)+2y(n-1)=5u(n)$，已知 $y(-1)=1$，激励 $x(n)=u(n)$，求系统的零输入响应、零状态响应和全响应。

3.27 求下列差分方程所描述的离散时间系统的单位脉冲响应。

(1) $y(n)+y(n-2)=x(n-2)$；

(2) $y(n)-7y(n-1)+6y(n-2)=6x(n)$。

3.28 求下列序列的卷积和。

(1) $u(n)*u(n)$； (2) $0.5^nu(n)*u(n)$； (3) $nu(n)*\delta(n-1)$；

(4) $[u(n+2)-u(n-2)]*\sin\left(\dfrac{\pi n}{2}\right)$

3.29 已知离散时间信号为

$$x_1(n)=\begin{cases}1,2,3,2,1\,(n=0,1,2,3,4)\\0\,(其他)\end{cases}$$

$$x_2(n)=\begin{cases}2,1,1,2,3\,(n=0,1,2,3,4)\\0\,(其他)\end{cases}$$

试求卷积和 $x_1(n)*x_2(n)$，并画出卷积和的图形。

3.30 某 LTI 系统的框图如题 3.30 图所示，求该系统的单位脉冲响应。

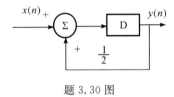

题 3.30 图

3.31 题 3.31 图所示离散系统由两个子系统级联组成，已知 $h_1(n)=2\cos\left(\dfrac{n\pi}{4}\right)$，$h_2(n)=a^nu(n)$，激励 $x(n)=\delta(n-1)-a\delta(n-2)$，求该系统的零状态响应。

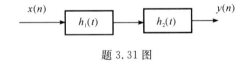

题 3.31 图

<<< 第二篇

信号与系统的频域分析

第4章 信号的频域分析

1822 年，法国数学家傅里叶(J. Fourier，1768—1830)在研究热传导理论时发表了《热的解析理论》一书，提出并证明了将周期函数展开为正弦级数的原理，奠定了傅里叶级数的理论基础。泊松(Poisson)、高斯(Gauss)等人使这一成果在电学中得到了广泛应用。进入20 世纪以后，谐振电路、滤波器、正弦振荡器等一系列具体问题的解决为正弦函数与傅里叶分析的进一步应用开辟了广阔的空间。在通信与控制系统的理论研究和工程实际应用中，傅里叶变换法具有很多的优点。快速傅里叶变换(FFT)为傅里叶分析法赋予了新的生命力。

本章从信号分析的角度介绍连续周期信号的连续傅里叶级数（Continuous Fourier Series，CFS）、连续非周期信号的连续时间傅里叶变换（Continuous Time Fourier Transform，CTFT）、离散周期信号的离散傅里叶级数（Discrete Fourier Series，DFS）、离散非周期信号的离散时间傅里叶变换（Discrete Time Fourier Transform，DTFT），引入信号频谱的概念及 MATLAB 分析信号频谱的基本方法，分析信号时域与频域之间的对应关系。

4.1 连续周期信号的傅里叶级数

傅里叶提出满足一定条件的时域信号可以表示为一系列正弦（或虚指数）信号的加权和，称为信号的傅里叶表示。信号傅里叶表示中的加权系数称为信号的频谱，并且时域信号与其对应的频谱之间构成一一对应关系。信号的傅里叶表示揭示了信号的时域与频域之间的内在联系，为信号和系统的分析提供了一种新的方法和途径。

4.1.1 周期信号的傅里叶级数

周期信号 $x(t)$ 是定义在 $(-\infty, \infty)$ 区间，每隔一定的时间 T，按相同规律重复变化的信号。周期信号满足等式 $x(t) = x(t + mT)$，式中 m 为任意整数，时间 T 称为该信号的重复周期，简称周期。周期的倒数称为该信号的频率。

根据信号分解为正交函数的理论，周期信号在区间 $(t_0, t_0 + T)$ 可以展开成在完备正交信号空间中的无穷级数。如果完备的正交函数集是三角函数集或是指数函数集，那么，周期信号所展开的无穷级数就分别称为"三角型傅里叶级数"或"指数型傅里叶级数"，统称为傅里叶级数。需要指出，只有当周期信号满足狄里赫利条件时，才能展开成傅里叶级数。一般我们遇到的周期信号都满足该条件，以后不再特别说明。

1. 三角形式的傅里叶级数

根据傅里叶级数的理论，满足狄里赫利条件的周期信号可以展开成傅里叶级数。设有周期信号 $x(t)$，周期是 T，角频率 $\omega_0 = \dfrac{2\pi}{T}$，它可以分解为

$$x(t) = a_0 + \sum_{k=1}^{\infty} a_k \cos(k\omega_0 t) + \sum_{k=1}^{\infty} b_k \sin(k\omega_0 t) \tag{4.1.1}$$

式中 a_k 和 b_k 称为傅里叶系数。

直流分量为

$$a_0 = \frac{1}{T} \int_{t_0}^{t_0+T} x(t)\,\mathrm{d}t \tag{4.1.2}$$

余弦分量的幅度为

$$a_k = \frac{2}{T} \int_{t_0}^{t_0+T} x(t)\cos(k\omega_0 t)\,\mathrm{d}t \quad k = 1,\,2,\cdots \tag{4.1.3}$$

正弦分量的幅度为

$$b_k = \frac{2}{T} \int_{t_0}^{t_0+T} x(t)\sin(k\omega_0 t)\,\mathrm{d}t \quad k = 1,\,2,\cdots \tag{4.1.4}$$

其中 $a_{-k} = a_k$，$b_{-k} = b_k$；另外，为了方便起见，积分区间常取 $(0 \sim T)$ 或 $\left(-\dfrac{T}{2} \sim +\dfrac{T}{2}\right)$。

式(4.1.1)表明：任何周期信号只要满足狄里赫利条件就可以分解成直流分量及许多正弦、余弦分量。其中，第一项是常数项，这些正弦、余弦分量的频率必定是基频 $f_0(f_0 = 1/T)$ 的整数倍。通常把频率为 f_0 的分量称为基波，频率为 $2f_0$，$3f_0$，$\cdots$ 的分量分别称为二次谐波、三次谐波、$\cdots$。显然，直流分量的大小以及基波与各次谐波的幅度、相位取决于周期信号的波形。将同频率项合并，可写成如下形式：

$$x(t) = A_0 + \sum_{k=1}^{\infty} A_k \cos(k\omega_0 t + \varphi_k) \tag{4.1.5}$$

比较以上各式，可得各傅里叶系数之间的关系为

$$\begin{cases} a_0 = A_0 \\ A_k = \sqrt{a_k^{\,2} + b_k^{\,2}} \\ \varphi_k = -\arctan \dfrac{b_k}{a_k} \qquad (k = 1,\,2,\cdots) \\ a_k = A_k \cos\varphi_k \\ b_k = -A_k \sin\varphi_k \end{cases}$$

例 4.1　求图 4.1.1 所示的周期方波信号 $x(t)$ 的傅里叶级数表示式。

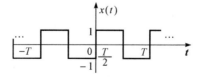

图 4.1.1　周期方波信号

解　由式(4.1.2)和式(4.1.3)可得

$$a_0 = \frac{1}{T} \int_{-\frac{T}{2}}^{\frac{T}{2}} x(t)\,\mathrm{d}t = 0$$

$$a_k = \frac{2}{T}\int_{-\frac{T}{2}}^{\frac{T}{2}} x(t)\cos(k\omega_0 t)\mathrm{d}t$$

$$= \frac{2}{T}\int_{-\frac{T}{2}}^{0}(-1)\cos(k\omega_0 t)\mathrm{d}t + \frac{2}{T}\int_{0}^{\frac{T}{2}}(1)\cos(k\omega_0 t)\mathrm{d}t$$

$$= \frac{2}{T}\cdot\frac{1}{k\omega_0}\left[-\sin(k\omega_0 t)\right]\Big|_{-\frac{T}{2}}^{0} + \frac{2}{T}\cdot\frac{1}{k\omega_0}\left[\sin(k\omega_0 t)\right]\Big|_{0}^{\frac{T}{2}}$$

由于 $\omega_0 = \dfrac{2\pi}{T}$，则有

$$a_k = 0$$

$$b_k = \frac{2}{T}\int_{-\frac{T}{2}}^{\frac{T}{2}} x(t)\sin(k\omega_0 t)\mathrm{d}t$$

$$= \frac{2}{T}\int_{-\frac{T}{2}}^{0}(-1)\sin(k\omega_0 t)\mathrm{d}t + \frac{2}{T}\int_{0}^{\frac{T}{2}}(1)\sin(k\omega_0 t)\mathrm{d}t$$

$$= \frac{2}{T}\cdot\frac{1}{k\omega_0}\left[\cos(k\omega_0 t)\right]\Big|_{-\frac{T}{2}}^{0} + \frac{2}{T}\cdot\frac{1}{k\omega_0}\left[-\cos(k\omega_0 t)\right]\Big|_{0}^{\frac{T}{2}}$$

$$= \frac{2}{k\pi}\left[1-\cos(k\pi)\right] = \begin{cases} 0, & k=2,4,6,\cdots \\ \dfrac{4}{k\pi}, & k=1,3,5,\cdots \end{cases}$$

将 a_0、a_k 和 b_k 代入式(4.1.1)得

$$x(t) = \sum_{k=1}^{\infty}\frac{2}{k\pi}\left[1-\cos(k\pi)\right]\sin(k\omega_0 t)$$

$$= \frac{4}{\pi}\left[\sin(\omega_0 t) + \frac{1}{3}\sin(3\omega_0 t) + \frac{1}{5}\sin(5\omega_0 t) + \frac{1}{7}\sin(7\omega_0 t) + \cdots\right], \quad k=1,3,5,\cdots$$

上式表明图 4.1.1 所示周期方波信号只含一、三、五、⋯奇次谐波分量。

2. 傅里叶级数的指数形式

三角函数形式的傅里叶级数含义比较明确，但运算比较繁琐，因而常采用指数形式的傅里叶级数。

由式(4.1.1)可知，周期信号的三角函数形式为

$$x(t) = a_0 + \sum_{k=1}^{\infty}\left[a_k\cos(k\omega_0 t) + b_k\sin(k\omega_0 t)\right] \tag{4.1.6}$$

根据欧拉公式：

$$\cos(k\omega_0 t) = \frac{1}{2}(\mathrm{e}^{\mathrm{j}k\omega_0 t} + \mathrm{e}^{-\mathrm{j}k\omega_0 t}) \tag{4.1.7}$$

$$\sin(k\omega_0 t) = \frac{1}{2\mathrm{j}}(\mathrm{e}^{\mathrm{j}k\omega_0 t} - \mathrm{e}^{-\mathrm{j}k\omega_0 t}) \tag{4.1.8}$$

代入式(4.1.6)得

$$x(t) = a_0 + \sum_{k=1}^{\infty}\left(\frac{a_k-\mathrm{j}b_k}{2}\mathrm{e}^{\mathrm{j}k\omega_0 t} + \frac{a_k+\mathrm{j}b_k}{2}\mathrm{e}^{-\mathrm{j}k\omega_0 t}\right) \tag{4.1.9}$$

令 $c_k = \dfrac{a_k-\mathrm{j}b_k}{2}$，由于 $a_k = a_{-k}$，$b_k = -b_{-k}$，故

$$c_{-k} = \frac{a_k+\mathrm{j}b_k}{2}$$

代入式(4.1.9)得

$$x(t) = a_0 + \sum_{k=1}^{\infty} (c_k e^{jk\omega_0 t} + c_{-k} e^{-jk\omega_0 t}) \tag{4.1.10}$$

考虑到 $\sum_{k=1}^{\infty} c_{-k} e^{-jk\omega_0 t} = \sum_{k=-\infty}^{-1} c_k e^{jk\omega_0 t}$，令 $c_0 = a_0$，得 $x(t)$ 的指数形式傅里叶级 数为

$$x(t) = \sum_{k=-\infty}^{\infty} c_k e^{jk\omega_0 t} \tag{4.1.11}$$

c_k 称为周期信号的复傅里叶系数，简称傅里叶系数。根据以上讨论，可得傅里叶系数为

$$c_0 = a_0 = \frac{1}{T} \int_{t_0}^{t_0+T} x(t) dt$$

$$c_k = \frac{a_k - jb_k}{2} = \frac{1}{T} \int_{t_0}^{t_0+T} x(t) e^{-jk\omega_0 t} dt, \quad k = \pm 1, \pm 2, \cdots \tag{4.1.12}$$

4.1.2　信号的对称性与傅里叶系数的关系

当周期信号 $x(t)$ 的波形具有某种对称性时，其相应的傅里叶级数的系数会呈现出一定的特征。波形的对称性有两类，一类是对整周期对称，例如偶函数和奇函数；另一类是对半周期对称，例如奇谐函数。前者决定了级数展开式中是否含有余弦项或正弦项，后者决定了级数展开式中是否含有偶次谐波或奇次谐波。

1. $x(t)$ 为偶函数

若 $x(t)$ 是时间 t 的偶函数，即 $x(-t) = x(t)$，此时波形相对于纵坐标轴对称，如图4.1.2 所示。

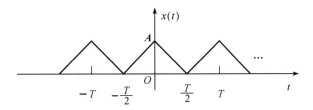

图 4.1.2　偶函数

式(4.1.3)中 $x(t)\cos(k\omega_0 t)$ 是 t 的偶函数，式(4.1.4)中 $x(t)\sin(k\omega_0 t)$ 是 t 的奇函数，所以傅里叶系数等于

$$a_k = \frac{4}{T} \int_0^{\frac{T}{2}} x(t)\cos(k\omega_0 t) dt, \quad k = 1, 2, \cdots \tag{4.1.13}$$

$$b_k = 0, \quad k = 1, 2, \cdots \tag{4.1.14}$$

进而有

$$|a_k| = A_k$$

$$c_k = c_{-k} = \frac{a_k}{2}$$

$$\varphi_k = 0$$

所以，偶函数的傅里叶级数中只含直流项和余弦项。

2. $x(t)$ **为奇函数**

若 $x(t)$ 是时间 t 的奇函数，即 $x(-t)=-x(t)$，此时波形关于原点对称，如图 4.1.3 所示。

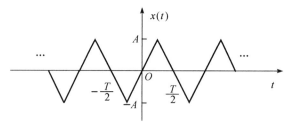

图 4.1.3　奇函数

式 (4.1.3) 中 $x(t)\cos(k\omega_0 t)$ 是 t 的奇函数，式 (4.1.4) 中 $x(t)\sin(k\omega_0 t)$ 是 t 的偶函数，所以傅里叶系数等于

$$a_k = 0, \quad k = 0, 1, 2, \cdots \tag{4.1.15}$$

$$b_k = \frac{4}{T}\int_0^{\frac{T}{2}} x(t)\sin(k\omega_0 t)\mathrm{d}t, \quad k = 1, 2, \cdots \tag{4.1.16}$$

进而有

$$|b_k| = A_k$$

$$c_k = -c_{-k} = -\mathrm{j}\frac{b_k}{2}$$

$$\varphi_k = -\frac{\pi}{2}$$

所以奇函数的傅里叶级数中只含正弦项。

3. $x(t)$ **为奇谐函数**

若 $x(t)$ 是奇谐函数，即 $x(t)=-x\left(t\pm\dfrac{T}{2}\right)$，$x(t)$ 波形沿时间轴平移半个周期并相对于该轴反转，此时波形并不发生变化，如图 4.1.4 所示。

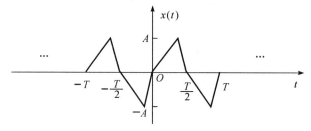

图 4.1.4　奇谐函数

构造周期为 T 的信号 $x_1(t)$，它在第一个周期内的值为

$$x_1(t) = \begin{cases} x(t), & 0 \leqslant t < \dfrac{T}{2} \\[2mm] 0, & \dfrac{T}{2} \leqslant t < T \end{cases}$$

则

$$x(t) = x_1(t) - x_1\left(t - \frac{T}{2}\right) \tag{4.1.17}$$

若周期信号 $x_1(t)$ 的傅里叶级数表示式为

$$x_1(t) = \sum_{k=-\infty}^{\infty} c_k e^{jk\omega_0 t}$$

其中 $c_k = \dfrac{1}{T}\displaystyle\int_0^{\frac{T}{2}} x(t) e^{-jk\omega_0 t} dt, \quad k = \pm 1, \pm 2, \cdots$，则有

$$x_1\left(t - \frac{T}{2}\right) = \sum_{k=-\infty}^{\infty} c_k e^{jk\omega_0\left(t-\frac{T}{2}\right)} = \sum_{k=-\infty}^{\infty} (-1)^k c_k e^{jk\omega_0 t}$$

所以有

$$x(t) = x_1(t) - x_1\left(t - \frac{T}{2}\right) = \sum_{k\text{为奇数}} 2c_k e^{jk\omega_0 t} \tag{4.1.18}$$

所以，在半波对称周期函数的傅里叶级数展开式中，只会含有基波和奇次谐波的正弦、余弦项，而不会包含偶次谐波项，即有

$$a_0 = a_2 = a_4 = \cdots = b_2 = b_4 = \cdots = 0$$

这也是"奇谐函数"名称的由来。

4.2　连续周期信号的频谱

4.2.1　周期信号的频谱

连续周期信号的傅里叶级数的数学概念表明，周期信号 $x(t)$ 可以表示为一系列正弦信号或虚指数信号的线性组合，即

$$x(t) = A_0 + \sum_{k=1}^{\infty} A_k \cos(k\omega_0 t + \varphi_k) \tag{4.2.1}$$

或

$$x(t) = \sum_{k=-\infty}^{\infty} c_k e^{jk\omega_0 t} \tag{4.2.2}$$

其中 c_k 一般是复函数，表示为 $c_k = |c_k| e^{j\varphi_k}$。

傅里叶级数展开式中每个分量的角频率都是基波角频率的整数倍。傅里叶系数 A_k 反映了周期信号傅里叶级数表示式中各次谐波的振幅，φ_k 反映了各次谐波的初相。傅里叶系数 c_k 反映了周期信号傅里叶级数表示式中角频率为 $k\omega_0$ 的虚指数信号的幅度和相位。对于不同的周期信号，其傅里叶级数的表示形式相同，不同的是各周期信号对应的傅里叶系数。周期信号的傅里叶级数建立了周期信号的 $x(t)$ 与其傅里叶系数之间的一一对应关系。

从广义上说，信号的某种特征量随信号频率变化的关系称为信号的频谱，所画出的图形称为信号的频谱图。周期信号的频谱是指周期信号中各次谐波幅值、相位随频率的变化关系，即将 $A_k \sim \omega$ 和 $\varphi_k \sim \omega$ 的关系分别画在以 ω 为横轴的平面上得到的两个图，分别称为振幅频谱图和相位频谱图。因为 $k \geqslant 0$，所以称这种频谱为单边谱。也可画 $|c_k| \sim \omega$ 和 $\varphi_k \sim \omega$ 的关系，称为双边谱。若 c_k 为实数，也可直接画 c_k。对于双边谱，负频率只有数学意义而无物理意义。

例 4.2　计算周期信号 $x(t) = 1 + \cos\left(\omega_0 t - \dfrac{\pi}{2}\right) + 0.5\cos\left(2\omega_0 t + \dfrac{\pi}{3}\right)$ 的频谱，并画出频谱图。

解　由欧拉公式，周期信号 $x(t)$ 可表示为

$$x(t) = 1 + \cos\left(\omega_0 t - \frac{\pi}{2}\right) + 0.5\cos\left(2\omega_0 t + \frac{\pi}{3}\right)$$

$$= 1 + \frac{1}{2}\left(e^{-\frac{j\pi}{2}}e^{j\omega_0 t} + e^{\frac{j\pi}{2}}e^{-j\omega_0 t}\right) + \frac{1}{4}\left(e^{\frac{j\pi}{3}}e^{j2\omega_0 t} + e^{-\frac{j\pi}{3}}e^{-j2\omega_0 t}\right)$$

可得该信号的频谱为

$$c_0 = 1,\ c_1 = \frac{1}{2}e^{-\frac{j\pi}{2}},\ c_{-1} = \frac{1}{2}e^{\frac{j\pi}{2}},\ c_2 = \frac{1}{4}e^{\frac{j\pi}{3}},\ c_{-2} = \frac{1}{4}e^{-\frac{j\pi}{3}}$$

该信号的频谱如图 4.2.1 所示。

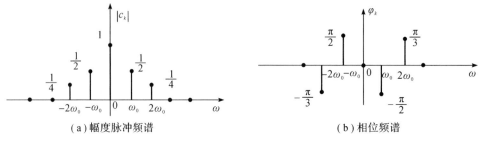

（a）幅度脉冲频谱　　　　　　　　　　　　（b）相位频谱

图 4.2.1　例 4.2 图

4.2.2　周期矩形脉冲信号的频谱

设有一幅度为 E、脉冲宽度为 τ 的周期矩形脉冲，如图 4.2.2 所示。其周期为 T，计算该信号的频谱，并画出频谱图。

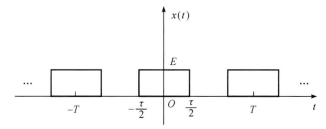

图 4.2.2　周期矩形脉冲信号

根据式（4.1.12）可计算出周期信号 $x(t)$ 的频谱：

$$c_k = \frac{1}{T}\int_{-\frac{T}{2}}^{\frac{T}{2}} x(t)e^{-jk\omega_0 t}\,dt = \frac{1}{T}\int_{-\frac{\tau}{2}}^{\frac{\tau}{2}} x(t)e^{-jk\omega_0 t}\,dt$$

$$= \frac{E}{T(-jk\omega_0)}e^{-jk\omega_0 t}\bigg|_{t=-\frac{\tau}{2}}^{t=\frac{\tau}{2}} = \frac{E\sin\left(\dfrac{k\omega_0\tau}{2}\right)}{T\dfrac{k\omega_0\tau}{2}}$$

$$= \frac{E\tau}{T}\mathrm{Sa}\left(\frac{k\omega_0\tau}{2}\right) = \frac{E\tau}{T}\mathrm{Sa}\left(\frac{k\pi\tau}{2}\right),\quad K = 0, \pm 1, \pm 2 \qquad (4.2.3)$$

由于周期矩形脉冲信号 $x(t)$ 的频谱 c_k 为实函数，因而各谐波成分的相位或为零（c_k 为正）或为 π（c_k 为负）。因此可以直接画出周期矩形脉冲信号的频谱，不需要分别画出其幅度频谱与相位频谱。根据抽样函数 $\mathrm{Sa}(t)$ 的曲线便可得周期矩形脉冲信号 $x(t)$ 的频谱。$T = 5\tau$ 的周期矩形脉冲信号的频谱如图 4.2.3 所示。

周期矩形脉冲信号的频谱具有周期信号频谱的共同特性。

1. 离散频谱特性

所有周期信号的频谱都是由间隔为 ω_0 的谱线组成的。周期信号频谱的离散性是周期信号频谱的重要特征。不同的周期信号其频谱分布的形状不同，但都是以基频 ω_0 为间隔分布的离散频谱。由于谱线的间隔 $\omega_0 = \dfrac{2\pi}{T}$，故信号的周期决定其离散频谱的谱线间隔大小。信号的周期 T 越大，其基频 ω_0 就越小，则谱线越密；反之，T 越小，ω_0 越大，则谱线越疏。

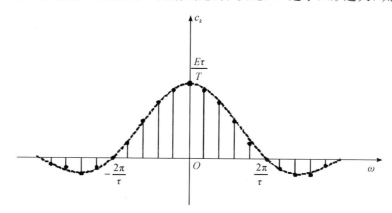

图 4.2.3　周期矩形脉冲信号的频谱

2. 幅度衰减特性

不同的周期信号对应的频谱不同，但都有一个共同的特性，这就是频谱幅度衰减特性，即随着谐波角频率 $k\omega_0$ 增大，幅度频谱不断衰减，并最终趋于零。

3. 信号的有限带宽

从周期矩形脉冲信号的频谱图可见，每当 $\dfrac{k\omega_0\tau}{2} = m\pi$，即 $k\omega_0 = \dfrac{2m\pi}{\tau}(m = \pm 1, \pm 2, \cdots)$ 时，其频谱包络线通过零点。其中第一个零点在 $\pm\dfrac{2\pi}{\tau}$ 处，此后谐波的幅度逐渐减小。通常将包含主要谐波分量的 $0 \sim 2\pi/\tau$ 这段频率范围称为周期矩形脉冲信号的有效频带宽度（简称有效带宽），以符号 ω_B（单位为 rad/s）或 f_B（单位为 Hz）表示，即有

$$\omega_B = \frac{2\pi}{\tau}, \ f_B = \frac{1}{\tau}$$

信号的有效带宽 ω_B 与信号的持续时间 τ 成反比，即 τ 越大，其 ω_B 越小。

信号的有效带宽是信号频率特性中的重要指标，具有实际的应用意义。在信号的有效带宽内，集中了信号的绝大部分谐波分量。换句话说，若信号丢失有效带宽以外的谐波成分，不会对信号产生明显的影响。同样，任何系统也有其有效带宽。当信号通过系统时，信号与系统的有效带宽必须"匹配"。若信号的有效带宽大于系统的有效带宽，则信号通过此系统时，就会损失许多重要的成分而产生较大的失真；若信号的有效带宽远小于系统的带宽，信号可以顺利通过，但对系统资源是巨大的浪费。

4.2.3　周期信号的功率谱

周期信号属于功率信号，周期信号在 1 Ω 电阻上消耗的平均功率定义为

$$P = \frac{1}{T} \int_{-\frac{T}{2}}^{\frac{T}{2}} |x(t)|^2 \mathrm{d}t \qquad (4.2.4)$$

将周期信号 $x(t)$ 的指数形式傅里叶级数代入式(4.2.4)，得

$$P = \frac{1}{T} \int_{-\frac{T}{2}}^{\frac{T}{2}} |x(t)|^2 \mathrm{d}t = \frac{1}{T} \int_{-\frac{T}{2}}^{\frac{T}{2}} x(t) x^*(t) \mathrm{d}t$$

$$= \frac{1}{T} \int_{-\frac{T}{2}}^{\frac{T}{2}} x^*(t) \sum_{k=-\infty}^{\infty} c_k \mathrm{e}^{\mathrm{j}k\omega_0 t} \mathrm{d}t$$

交换上式中的求和与积分次序，得

$$P = \sum_{k=-\infty}^{\infty} c_k \frac{1}{T} \int_{-\frac{T}{2}}^{\frac{T}{2}} x^*(t) \mathrm{e}^{\mathrm{j}k\omega_0 t} \mathrm{d}t = \sum_{k=-\infty}^{\infty} c_k \left(\frac{1}{T} \int_{-\frac{T}{2}}^{\frac{T}{2}} x(t) \mathrm{e}^{-\mathrm{j}k\omega_0 t} \mathrm{d}t \right)^* = \sum_{k=-\infty}^{\infty} c_k c_k^* = \sum_{k=-\infty}^{\infty} |c_k|^2$$

即

$$P = \frac{1}{T} \int_{-\frac{T}{2}}^{\frac{T}{2}} |x(t)|^2 \mathrm{d}t = \sum_{k=-\infty}^{\infty} |c_k|^2 \qquad (4.2.5)$$

式(4.2.5)称为帕斯瓦尔功率守恒定理，该式表明，周期信号在时域的平均功率等于其频域各次谐波分量的平均功率之和。

对实周期信号，因为存在 $c_k = c_{-k}$，故有

$$P = \frac{1}{T} \int_{-\frac{T}{2}}^{\frac{T}{2}} |x(t)|^2 \mathrm{d}t = \sum_{k=-\infty}^{\infty} |c_k|^2 = |c_0| + 2 \sum_{k=1}^{\infty} |c_k|^2$$

由于 $|c_k| = \frac{1}{2} A_k$，上式改写为

$$P = \frac{1}{T} \int_{-\frac{T}{2}}^{\frac{T}{2}} |x(t)|^2 \mathrm{d}t = \sum_{k=-\infty}^{\infty} |c_k|^2 = |c_0| + 2 \sum_{k=1}^{\infty} |c_k|^2 = \frac{A_0}{2} + \sum_{k=1}^{\infty} \frac{1}{2} A_k^2$$

即

$$P = \frac{1}{T} \int_{-\frac{T}{2}}^{\frac{T}{2}} |x(t)|^2 \mathrm{d}t = \frac{A_0}{2} + \sum_{k=1}^{\infty} \frac{1}{2} A_k^2 \qquad (4.2.6)$$

上式表明，任意周期信号的平均功率等于信号所包含的直流、基波以及各次谐波的平均功率之和。

$|c_k|^2$ 随 ω 分布的特性称为周期信号的功率频谱，简称功率谱。显然周期信号的功率频谱也为离散频谱。从周期信号的功率谱中不仅可以看到各平均功率分量的分布情况，而且可以确定周期信号的有效带宽内谐波分量的平均功率占整个周期信号的平均功率之比。

例4.3 求图 4.2.4 所示周期矩形脉冲信号的功率谱。

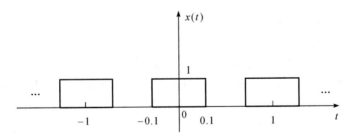

图 4.2.4 周期矩形脉冲信号

解 由式(4.2.3)可知

$$c_k = \frac{E\tau}{T} \mathrm{Sa}\left(\frac{k\omega_0 \tau}{2} \right)$$

将 $E=1$，$T=1$，$\tau=0.2$ 代入上式得

$$c_k = 0.2\mathrm{Sa}(0.2k\pi)$$

因此可得周期矩形脉冲信号的功率谱为

$$|\,c_k\,|^2 = 0.04\mathrm{Sa}^2(0.2k\pi)$$

功率谱如图 4.2.5 所示。

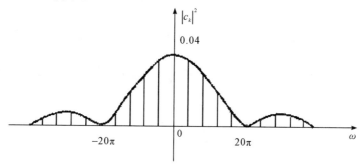

图 4.2.5 例 4.3 周期矩形脉冲信号的功率谱

信号的平均功率为

$$P = \frac{1}{T}\int_{-\frac{T}{2}}^{\frac{T}{2}} |\,x(t)\,|^2 \mathrm{d}t = 0.2$$

包含在有效带宽 $\left(0,\dfrac{2\pi}{\tau}\right)$ 内的各谐波平均功率之和为

$$P_1 = \sum_{k=-4}^{4} |\,c_k\,|^2 = |\,c_0\,| + 2\sum_{k=1}^{4} |\,c_k\,|^2 = 0.1806$$

$$\frac{P_1}{P} = \frac{0.1806}{0.2} = 90\%$$

上式表明，周期矩形脉冲信号包含在有效带宽内的各谐波平均功率之和占整个信号平均功率的 90%。因此，若用直流分量、基波以及二次、三次、四次谐波来近似周期矩形脉冲信号，可以达到很高的精度。同样，若该信号在通过系统时只损失了有效带宽以外的谐波，则信号只有较少的失真。

4.3 连续非周期信号的傅里叶变换

4.3.1 连续时间信号的傅里叶变换

当周期矩形脉冲信号的周期 T 无限大时，周期信号就转化为非周期的单脉冲信号，所以可以把非周期信号看成是周期 T 趋于无限大的周期信号。当周期信号的周期 T 增大时，谱线间隔 ω_0 变小，若周期 T 趋于无限大，则谱线的间隔趋于无限小，这样离散谱就变成连续谱了。同时，谱线的长度也趋近于无穷小。不过，这些无穷小量之间仍保持一定的比例关系。为了描述非周期信号的频谱特性，引入了频谱密度的概念。下面我们由周期信号的傅里叶级数推导出傅里叶变换，并说明其物理含义。

连续周期函数的傅里叶级数为

$$x(t) = \sum_{k=-\infty}^{\infty} c_k \mathrm{e}^{\mathrm{j}k\omega_0 t} \tag{4.3.1}$$

其频谱为

$$c_k = \frac{1}{T}\int_{-\frac{T}{2}}^{\frac{T}{2}} x(t)\,\mathrm{e}^{-\mathrm{j}k\omega_0 t}\,\mathrm{d}t \tag{4.3.2}$$

两边乘以 T 得

$$c_k T = \frac{2\pi c_k}{\omega_0} = \int_{-\frac{T}{2}}^{\frac{T}{2}} x(t)\,\mathrm{e}^{-\mathrm{j}k\omega_0 t}\,\mathrm{d}t \tag{4.3.3}$$

对于非周期信号，重复周期 $T \to \infty$，重复频率 $f_0 \to 0$，谱线间隔 $\omega_0 = \frac{2\pi}{T} \to \mathrm{d}\omega$，而离散角频率 $k\omega_0$ 变成连续角频率 ω。同时，$c_k \to 0$，但 $\frac{2\pi c_k}{\omega_0}$ 趋近于有限值，且变成一个连续函数，记作 $X(\mathrm{j}\omega)$，即

$$X(\mathrm{j}\omega) = \lim_{\omega_0 \to 0} \frac{2\pi c_k}{\omega_0} = \lim_{T \to \infty} c_k T \tag{4.3.4}$$

则式(4.3.4)将变成

$$X(\mathrm{j}\omega) = \lim_{T \to \infty} \int_{-\frac{T}{2}}^{\frac{T}{2}} x(t)\,\mathrm{e}^{-\mathrm{j}k\omega_0 t}\,\mathrm{d}t \tag{4.3.5}$$

即

$$X(\mathrm{j}\omega) = \int_{-\infty}^{\infty} x(t)\,\mathrm{e}^{-\mathrm{j}\omega t}\,\mathrm{d}t \tag{4.3.6}$$

同理，由傅里叶级数

$$x(t) = \sum_{k=-\infty}^{\infty} c_k\,\mathrm{e}^{\mathrm{j}k\omega_0 t} \tag{4.3.7}$$

得

$$x(t) = \frac{1}{2\pi}\int_{-\infty}^{\infty} X(\mathrm{j}\omega)\,\mathrm{e}^{\mathrm{j}\omega t}\,\mathrm{d}\omega \tag{4.3.8}$$

式(4.3.6)和(4.3.8)称为傅里叶变换，通常式(4.3.6)称为傅里叶正变换，$X(\mathrm{j}\omega)$ 称为 $x(t)$ 的频谱密度函数，简称频谱函数。式(4.3.8)称为傅里叶逆变换。为书写方便，习惯上采用如下符号：

傅里叶正变换：

$$X(\mathrm{j}\omega) = \mathscr{F}\big[x(t)\big] = \int_{-\infty}^{\infty} x(t)\,\mathrm{e}^{-\mathrm{j}\omega t}\,\mathrm{d}t \tag{4.3.9}$$

傅里叶逆变换：

$$x(t) = \mathscr{F}^{-1}\big[X(\mathrm{j}\omega)\big] = \frac{1}{2\pi}\int_{-\infty}^{\infty} X(\mathrm{j}\omega)\,\mathrm{e}^{\mathrm{j}\omega t}\,\mathrm{d}\omega \tag{4.3.10}$$

或

$$x(t) \leftrightarrow X(\mathrm{j}\omega)$$

频谱密度函数 $X(\mathrm{j}\omega)$ 一般是复函数，可以写作

$$X(\mathrm{j}\omega) = |X(\mathrm{j}\omega)|\,\mathrm{e}^{\mathrm{j}\varphi(\omega)}$$

其中 $|X(\mathrm{j}\omega)|$ 是 $X(\mathrm{j}\omega)$ 的幅度函数，它代表信号中各频率分量幅度的相对大小。$\varphi(\omega)$ 是 $X(\mathrm{j}\omega)$ 的相位函数，它表示信号中各频率分量之间的相位关系。为了与周期信号的频谱相一致，在这里习惯上也把 $|X(\mathrm{j}\omega)| \sim \omega$ 与 $\varphi(\omega) \sim \omega$ 曲线分别称为非周期信号的幅度频谱与相位频谱。

式(4.3.8)也可写成三角形式：

$$x(t) = \frac{1}{2\pi}\int_{-\infty}^{\infty} X(j\omega)e^{j\omega t}\,d\omega = \frac{1}{2\pi}\int_{-\infty}^{\infty} |X(j\omega)|e^{j[\omega t+\varphi(\omega)]}\,d\omega$$

$$= \frac{1}{2\pi}\int_{-\infty}^{\infty} |X(j\omega)|\cos[\omega t+\varphi(\omega)]\,d\omega + j\frac{1}{2\pi}\int_{-\infty}^{\infty} |X(j\omega)|\sin[\omega t+\varphi(\omega)]\,d\omega$$

$$(4.3.11)$$

若 $x(t)$ 是实函数，则 $|X(j\omega)|$ 与 $\varphi(\omega)$ 分别是 ω 的偶函数和奇函数（在傅里叶变换的性质中将给出证明）。这样，式(4.3.11)化简为

$$x(t) = \frac{1}{\pi}\int_{0}^{\infty} |X(j\omega)|\cos[\omega t+\varphi(\omega)]\,d\omega$$

可见，非周期信号与周期信号一样，也可以分解成许多不同频率的正弦分量，所不同的是它包含了从零到无限大的所有频率分量。同时，各频点的分量幅度 $\frac{|X(j\omega)|\,d\omega}{\pi}$ 趋于无限小。所以频谱不能再用幅度表示，而改用密度函数来表示。

非周期信号 $x(t)$ 的频谱 $X(j\omega)$ 是反映非周期信号特征的重要参数。周期信号频谱与非周期信号的频谱反映的都是信号的频率分布特性，但是两者也有某些区别。

(1) 周期信号的频谱为离散频谱，非周期信号的频谱为连续频谱。

(2) 周期信号的频谱为 c_k 的分布，表示每个谐波分量的复振幅；而非周期信号的频谱为 $X(j\omega)$ 的分布，$\left[\dfrac{X(j\omega)}{2\pi}\right]d\omega$ 表示合成谐波分量的复振幅，所以也称 $X(j\omega)$ 为频谱密度函数。

需要说明，前面推导傅里叶变换时并未遵循数学上的严格步骤。从理论上讲，傅里叶变换也应满足一定的条件才能存在。傅里叶变换存在的充分条件是在无限区间上满足绝对可积，即

$$\int_{-\infty}^{\infty} |x(t)|\,dt < \infty$$

但它非必要条件，当引入广义函数概念以后，在傅里叶变换中允许奇异函数存在，这样，许多并不满足绝对可积的函数也能进行傅里叶变换，给信号与系统分析带来了很大方便。

4.3.2　典型非周期信号的频谱

下面通过常见信号的傅里叶变换来分析信号的频谱，以加深对非周期信号的频谱概念的理解。另外，许多复杂信号的频域分析也可以通过信号的分解或傅里叶变换的性质，利用这些简单信号的傅里叶变换来实现。

1. 单边指数信号

图 4.3.1 所示单边指数信号的表达式为

$$x(t) = \begin{cases} e^{-\alpha t}, & t > 0 \\ 0, & t < 0 \end{cases}$$

其中 $\alpha > 0$。

信号频谱为

$$X(j\omega) = \int_{-\infty}^{\infty} x(t)e^{-j\omega t}\,dt = \int_{0}^{\infty} e^{-\alpha t}e^{-j\omega t}\,dt$$

$$= \int_{0}^{\infty} e^{-(\alpha+j\omega)t}\,dt = \frac{1}{\alpha+j\omega} \qquad (4.3.12)$$

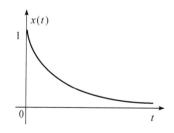

图 4.3.1　单边指数信号($\alpha > 0$)

幅度频谱和相位频谱分别为

$$|X(j\omega)| = \frac{1}{\sqrt{\alpha^2 + \omega^2}}$$

$$\varphi(\omega) = -\arctan\left(\frac{\omega}{\alpha}\right)$$

频谱图如图 4.3.2 所示。

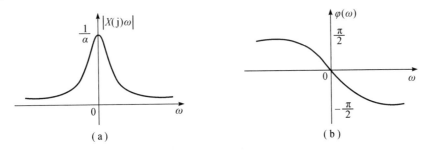

(a)　　　　　　　　　　(b)

图 4.3.2　单边指数信号的幅度频谱和相位频谱

2. 双边指数信号

图 4.3.3 所示双边指数信号的表达式为

$$x(t) = e^{-\alpha|t|} \quad (\alpha > 0)$$

信号频谱为

$$X(j\omega) = \int_{-\infty}^{\infty} x(t) e^{-j\omega t} dt = \int_{-\infty}^{\infty} e^{-\alpha|t|} e^{-j\omega t} dt = \int_{-\infty}^{0} e^{(\alpha - j\omega)t} dt + \int_{0}^{\infty} e^{-(\alpha + j\omega)t} dt = \frac{2\alpha}{\alpha^2 + \omega^2}$$

$$(4.3.13)$$

幅度频谱和相位频谱分别为

$$|X(j\omega)| = \frac{2\alpha}{\alpha^2 + \omega^2} \tag{4.3.14}$$

$$\varphi(\omega) = 0 \tag{4.3.15}$$

频谱图如图 4.3.3 所示。

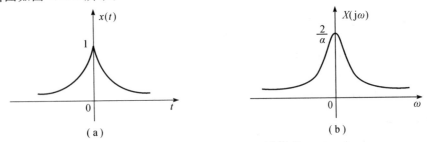

(a)　　　　　　　　　　(b)

图 4.3.3　双边指数信号及其频谱

3. 矩形脉冲信号

图 4.3.4(a) 所示矩形脉冲信号的表示式为

$$p_\tau(t) = \begin{cases} 1, & |t| < \dfrac{\tau}{2} \\ 0, & |t| > \dfrac{\tau}{2} \end{cases}$$

其中 τ 为脉冲宽度。

信号频谱为

$$P(\mathrm{j}\omega) = \int_{-\infty}^{\infty} p_\tau(t)\mathrm{e}^{-\mathrm{j}\omega t}\,\mathrm{d}t = \int_{-\frac{\tau}{2}}^{\frac{\tau}{2}} \mathrm{e}^{-\mathrm{j}\omega t}\,\mathrm{d}t$$

$$= \frac{2}{\omega}\sin\left(\frac{\omega\tau}{2}\right) = \tau\left[\frac{\sin\left(\frac{\omega\tau}{2}\right)}{\frac{\omega\tau}{2}}\right] = \tau\mathrm{Sa}\left(\frac{\omega\tau}{2}\right) \tag{4.3.16}$$

可得，矩形脉冲信号的幅度频谱和相位频谱分别为

$$|P(\mathrm{j}\omega)| = \tau\left|\mathrm{Sa}\left(\frac{\omega\tau}{2}\right)\right| \tag{4.3.17}$$

$$\varphi(\omega) = \begin{cases} 0, & \dfrac{4n\pi}{\tau} < |\omega| < \dfrac{2(2n+1)\pi}{\tau} \\[3mm] \pi, & \dfrac{2(2n+1)\pi}{\tau} < |\omega| < \dfrac{4(n+1)\pi}{\tau} \end{cases} \tag{4.3.18}$$

$P(\mathrm{j}\omega)$ 是实函数，通常用一条 $P(\mathrm{j}\omega)$ 曲线同时表示幅度谱和相位谱，如图 4.3.4(b) 所示。

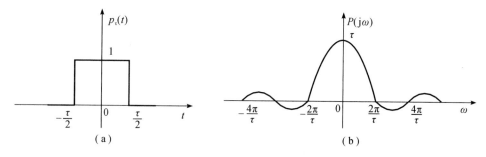

图 4.3.4　矩形脉冲信号及其频谱

由图 4.3.4 可见，虽然矩形脉冲信号在时域内集中于有限的范围内，然而它的频谱却以 $\mathrm{Sa}\left(\dfrac{\omega\tau}{2}\right)$ 的规律变化，分布在无限宽的频率范围上，但是其主要的信号能量处于 $f=0\sim\dfrac{1}{\tau}$ 范围。因而，通常认为这种信号占有的频率范围(频带)B 近似为 $\dfrac{1}{\tau}$，即

$$B \approx \frac{1}{\tau}$$

4. 符号函数

符号函数(或称正符号函数)以符号 sgn 表示，它的定义为

$$\mathrm{sgn}(t) = \begin{cases} -1, & t<0 \\ 0, & t=0 \\ 1, & t>0 \end{cases}$$

其波形如图 4.3.5 所示。

显然，这个信号不满足绝对可积条件，但是它却存在傅里叶变换。我们可以借助符号函数与双边指数衰减函数相乘，先求得此乘积信号 $x_1(t)$ 的频谱，然后取极限，可得符号函数 $x_1(t)$ 的频谱。

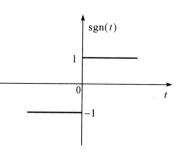

图 4.3.5　符号信号

设 $x_1(t) = \text{sgn}(t) \cdot e^{-a|t|}$，其频谱函数为

$$X_1(j\omega) = \int_{-\infty}^{\infty} x_1(t) e^{-j\omega t} dt = \int_{-\infty}^{0} -e^{(\alpha-j\omega)t} dt + \int_{0}^{\infty} e^{-(\alpha+j\omega)t} dt$$

$$= -j \frac{2\omega}{\alpha^2 + \omega^2} \qquad (4.3.19)$$

可得幅度谱和相位谱分别为

$$|X_1(j\omega)| = \frac{2|\omega|}{\alpha^2 + \omega^2} \qquad (4.3.20)$$

$$\varphi_1(\omega) = \begin{cases} \dfrac{\pi}{2}, & \omega < 0 \\ -\dfrac{\pi}{2}, & \omega > 0 \end{cases} \qquad (4.3.21)$$

信号 $x_1(t)$ 波形及其幅度谱如图 4.3.6 所示。

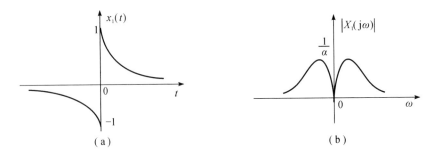

图 4.3.6　信号 $x_1(t)$ 波形及其幅度谱

由于 $\text{sgn}(t) = \lim\limits_{a \to 0} x_1(t)$，故其频谱函数为

$$X(j\omega) = \lim_{a \to 0} X_1(j\omega) = \lim_{a \to 0} -j \frac{2\omega}{\alpha^2 + \omega^2} = \frac{2}{j\omega} \qquad (4.3.22)$$

可得幅度谱和相位谱分别为

$$|X(j\omega)| = \frac{2}{|\omega|} \qquad (4.3.23)$$

$$\varphi(\omega) = \begin{cases} \dfrac{\pi}{2}, & \omega < 0 \\ -\dfrac{\pi}{2}, & \omega > 0 \end{cases} \qquad (4.3.24)$$

5. 冲激函数的傅里叶变换

根据傅里叶变换的定义式，并且考虑到冲激函数的取样性质，得

$$X(j\omega) = \int_{-\infty}^{\infty} \delta(t) e^{-j\omega t} dt = 1 \qquad (4.3.25)$$

上述结果也可以由矩形脉冲取极限得到，当脉宽 τ 逐渐变窄时，其频谱必然展宽。若 $\tau \to 0$，而 $E\tau = 1$，这时矩形脉冲就变成了 $\delta(t)$，其相应的频谱函数必等于常数 1。

可见，单位冲激函数的频谱等于常数，也就是说，在整个频域范围内频谱是均匀分布的，在时域中变化异常剧烈的冲激函数包含幅度相等的所有频率分量。因此，这种频谱常常被叫作"均匀谱"或"白色频谱"，如图 4.3.7 所示。

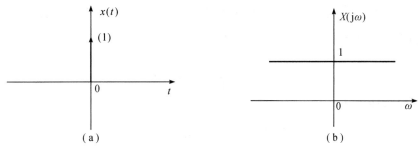

图 4.3.7　冲激函数及其频谱

6. 直流信号

我们已经知道，冲激函数的频谱等于常数，反过来，怎样的函数其频谱为冲激函数呢？也就是需要求 $\delta(\omega)$ 的傅里叶逆变换。由逆变换定义可得

$$x(t) = \frac{1}{2\pi}\int_{-\infty}^{\infty}\delta(\omega)\,\mathrm{e}^{\mathrm{j}\omega t}\,\mathrm{d}\omega = \frac{1}{2\pi} \tag{4.3.26}$$

可见，直流信号的傅里叶变换是冲激函数。

直流信号及其频谱如图 4.3.8 所示。

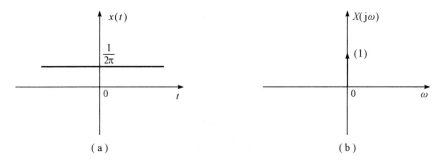

图 4.3.8　直流信号及其频谱

7. 冲激偶的傅里叶变换

由于冲激函数 $\delta(t)$ 的傅里叶变换是 1，根据傅里叶逆变换可得

$$\delta(t) = \frac{1}{2\pi}\int_{-\infty}^{\infty}\mathrm{e}^{\mathrm{j}\omega t}\,\mathrm{d}\omega$$

将上式两边求导，可得

$$\frac{\mathrm{d}}{\mathrm{d}t}\big[\delta(t)\big] = \frac{1}{2\pi}\int_{-\infty}^{\infty}(\mathrm{j}\omega)\,\mathrm{e}^{\mathrm{j}\omega t}\,\mathrm{d}\omega$$

得

$$\mathscr{F}\Big[\frac{\mathrm{d}}{\mathrm{d}t}\delta(t)\Big] = \mathrm{j}\omega \tag{4.3.27}$$

同理可得

$$\mathscr{F}\Big[\frac{\mathrm{d}^{n}}{\mathrm{d}t^{n}}\delta(t)\Big] = (\mathrm{j}\omega)^{n} \tag{4.3.28}$$

8. 单位阶跃信号

图 4.3.9(a) 所示单位阶跃信号的表示式为

$$u(t) = \begin{cases} 1, & t > 0 \\ 0, & t < 0 \end{cases}$$

单位阶跃函数 $u(t)$ 也不满足绝对可积条件，但是它仍存在傅里叶变换。它可以看作是幅度为 $\frac{1}{2}$ 的直流信号与幅度为 $\frac{1}{2}$ 的符号函数之和，即

$$u(t) = \frac{1}{2} + \frac{1}{2}\operatorname{sgn}(t) \tag{4.3.29}$$

对两边进行傅里叶变换，得

$$\mathscr{F}[u(t)] = \frac{1}{2}\mathscr{F}[1] + \frac{1}{2}\mathscr{F}[\operatorname{sgn}(t)] = \pi\delta(\omega) + \frac{1}{\mathrm{j}\omega} \tag{4.3.30}$$

单位阶跃函数的幅度谱如图 4.3.9(b) 所示。

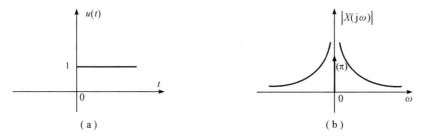

图 4.3.9　单位阶跃函数及其幅度谱

9. 虚指数信号 $x(t) = \mathrm{e}^{\mathrm{j}\omega_0 t}$

利用傅里叶变换的定义可得虚指数信号的频谱函数为

$$X(\mathrm{j}\omega) = \int_{-\infty}^{\infty} \mathrm{e}^{-\mathrm{j}(\omega-\omega_0)t}\mathrm{d}t = 2\pi\delta(\omega - \omega_0) \tag{4.3.31}$$

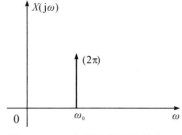

虚指数信号的频谱如图 4.3.10 所示。由图可知，其频谱为仅在 $\omega = \omega_0$ 处的一个冲激，因此也称虚指数信号为单频信号。

图 4.3.10　虚指数信号的频谱

10. 正弦型信号

根据欧拉公式，可得正弦型信号的频谱函数为

$$\cos(\omega_0 t) = \frac{1}{2}(\mathrm{e}^{\mathrm{j}\omega_0 t} + \mathrm{e}^{-\mathrm{j}\omega_0 t}) \leftrightarrow \pi[\delta(\omega + \omega_0) + \delta(\omega - \omega_0)] \tag{4.3.32}$$

$$\sin(\omega_0 t) = \frac{1}{2\mathrm{j}}(\mathrm{e}^{\mathrm{j}\omega_0 t} - \mathrm{e}^{-\mathrm{j}\omega_0 t}) \leftrightarrow \mathrm{j}\pi[\delta(\omega + \omega_0) - \delta(\omega - \omega_0)] \tag{4.3.33}$$

其频谱如图 4.3.11 和图 4.3.12 所示。

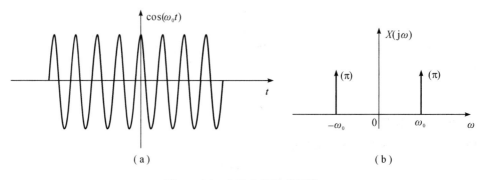

图 4.3.11　余弦信号及其频谱

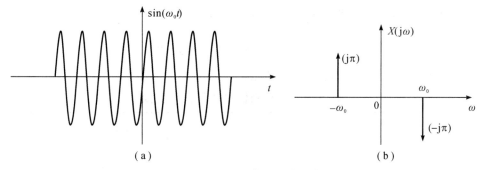

图 4.3.12　正弦信号及其频谱

11. 一般周期信号

由于周期信号不满足绝对可积条件，故求其傅里叶变换时，可以展成傅里叶级数，引出奇异函数 $\delta(\omega)$ 表示其傅里叶变换，即

$$\widetilde{x}(t) = \sum_{k=-\infty}^{\infty} C_k \mathrm{e}^{\mathrm{j}k\omega_0 t}, \ \omega_0 = \frac{2\pi}{T} \tag{4.3.34}$$

然后对上式两边进行傅里叶变换，得

$$\widetilde{X}(\mathrm{j}\omega) = \mathscr{F}\left[\widetilde{x}(t)\right] = \mathscr{F}\left[\sum_{k=-\infty}^{\infty} C_k \mathrm{e}^{\mathrm{j}k\omega_0 t}\right] = \sum_{k=-\infty}^{\infty} C_k \mathscr{F}\left[\mathrm{e}^{\mathrm{j}k\omega_0 t}\right]$$

$$= 2\pi \sum_{k=-\infty}^{\infty} C_k \delta(\omega - k\omega_0) \tag{4.3.35}$$

上式表明，连续周期信号的频谱密度函数 $\widetilde{X}(\mathrm{j}\omega)$ 是冲激函数串，强度为 $2\pi C_k$，其中 C_k 为傅里叶级数系数。连续周期信号既存在傅里叶级数系数 C_k，也存在傅里叶变换 $\widetilde{X}(\mathrm{j}\omega)$，而且两者存在密切的关系。虽然周期信号的傅里叶级数系数 C_k 足以清晰地描述周期信号的频域特性，但是周期信号的傅里叶变换可以将周期信号和非周期信号的频域分析统一起来，有利于连续信号的频域分析和处理。

12. 周期冲激串 $\delta_T(t)$

周期为 T 的单位冲激串定义为

$$\delta_T(t) = \sum_{n=-\infty}^{\infty} \delta(t - nT), \ n \text{ 为整数}$$

其频谱如图 4.3.13 所示。其傅里叶级数系数为

$$C_k = \frac{1}{T} \int_{-\frac{T}{2}}^{\frac{T}{2}} \delta_T(t) \mathrm{e}^{-\mathrm{j}k\omega_0 t} \mathrm{d}t = \frac{1}{T} \int_{-\frac{T}{2}}^{\frac{T}{2}} \delta(t) \mathrm{e}^{-\mathrm{j}k\omega_0 t} \mathrm{d}t = \frac{1}{T}$$

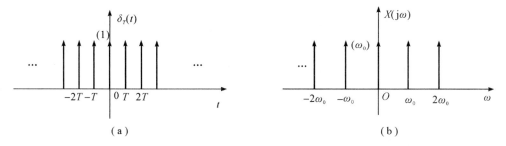

图 4.3.13　周期冲激串及其频谱

可得周期信号 $\delta_T(t)$ 的傅里叶变换为

$$\widetilde{X}(j\omega) = \frac{2\pi}{T} \sum_{k=-\infty}^{\infty} \delta(\omega - k\omega_0) = \omega_0 \sum_{k=-\infty}^{\infty} \delta(\omega - k\omega_0) \qquad (4.3.36)$$

常用信号的傅里叶变换如表 4.3.1 所示。

表 4.3.1　常用信号的傅里叶变换

时间函数 $x(t)$	傅里叶变换 $X(j\omega)$
$e^{-at}u(t)$	$\dfrac{1}{\alpha + j\omega}$
$e^{-\alpha\lvert t\rvert}$	$\dfrac{2\alpha}{\alpha^2 + \omega^2}$
$p_\tau(t)$	$\tau \mathrm{Sa}\left(\dfrac{\omega\tau}{2}\right)$
$\mathrm{sgn}(t)$	$\dfrac{2}{j\omega}$
$\delta(t)$	1
1	$2\pi\delta(\omega)$
$\delta'(t)$	$j\omega$
$u(t)$	$\pi\delta(\omega) + \dfrac{1}{j\omega}$
$e^{j\omega_0 t}$	$2\pi\delta(\omega - \omega_0)$
$\cos(\omega_0 t)$	$\pi[\delta(\omega + \omega_0) + \delta(\omega - \omega_0)]$
$\sin(\omega_0 t)$	$j\pi[\delta(\omega + \omega_0) - \delta(\omega - \omega_0)]$
$\widetilde{x}(t) = \displaystyle\sum_{k=-\infty}^{\infty} C_k e^{jk\omega_0 t}$	$2\pi \displaystyle\sum_{k=-\infty}^{\infty} C_k \delta(\omega - k\omega_0)$
$\delta_T(t) = \displaystyle\sum_{n=-\infty}^{\infty} \delta(t - nT)$	$\omega_0 \displaystyle\sum_{k=-\infty}^{\infty} \delta(\omega - k\omega_0)$

4.4　傅里叶变换的性质

时间信号 $x(t)$ 可以用频谱函数 $X(j\omega)$ 表示，也就是说，任意信号可以有两种描述方法：时域的描述和频域的描述。在实际信号分析中，经常需要对信号的时域和频域之间的对应关系以及转换规律有一个清楚而深入的理解。这样，我们就有必要讨论傅里叶变换的基本性质。

1. 线性

若 $x_1(t) \leftrightarrow X_1(j\omega)$，$x_2(t) \leftrightarrow X_2(j\omega)$，则

$$ax_1(t) + bx_2(t) \leftrightarrow aX_1(j\omega) + bX_2(j\omega) \qquad (4.4.1)$$

其中 a 和 b 为任意常数。

2. 对称性

若 $x(t) \leftrightarrow X(j\omega)$，则

$$x^*(t) \leftrightarrow X^*(-j\omega) \tag{4.4.2a}$$

$$x^*(-t) \leftrightarrow X^*(j\omega) \tag{4.4.2b}$$

证明　$\mathscr{F}[x^*(t)] = \int_{-\infty}^{\infty} x^*(t) e^{-j\omega t} dt = \left[\int_{-\infty}^{\infty} x(t) e^{j\omega t} dt \right]^* = X^*(-j\omega)$

$\mathscr{F}[x^*(-t)] = \int_{-\infty}^{\infty} x^*(-t) e^{-j\omega t} dt = -\int_{\infty}^{-\infty} x^*(t) e^{j\omega t} dt = \int_{-\infty}^{\infty} x^*(t) e^{j\omega t} dt$

$$= \left[\int_{-\infty}^{\infty} x(t) e^{-j\omega t} dt \right]^* = X^*(j\omega)$$

连续时间信号的频谱一般为 ω 的复函数，可以表示为幅度频谱 $|X(j\omega)|$ 和相位频谱 $\varphi(\omega)$ 的形式，即 $X(j\omega) = |X(j\omega)| e^{j\varphi(\omega)}$，也可以表示为实部 $X_r(\omega)$ 和虚部 $X_i(\omega)$ 的形式，即 $X(j\omega) = X_r(\omega) + jX_i(\omega)$。

（1）当 $x(t)$ 为实信号时，由式(4.4.2a)可知，若 $x(t) = x^*(t)$，则有

$$X(j\omega) = X^*(-j\omega)$$

考虑到 $X(j\omega) = |X(j\omega)| e^{j\varphi(\omega)} = X_r(\omega) + jX_i(\omega)$，可得

$$|X(j\omega)| e^{j\varphi(\omega)} = |X(-j\omega)| e^{-j\varphi(-\omega)}$$

$$X_r(\omega) + jX_i(\omega) = X_r(-\omega) - jX_i(-\omega)$$

即

$$|X(j\omega)| = |X(-j\omega)|, \quad \varphi(\omega) = -\varphi(-\omega)$$

$$X_r(\omega) = X_r(-\omega), \quad X_i(\omega) = -X_i(-\omega)$$

上式表明，实信号 $x(t)$ 的幅度频谱 $|X(j\omega)|$ 具有偶对称性的特性，相位频谱 $\varphi(\omega)$ 具有奇对称的特性；实信号 $x(t)$ 的频谱函数 $X(j\omega)$ 的实部 $X_r(\omega)$ 具有偶对称性的特性，虚部 $X_i(\omega)$ 具有奇对称的特性。

（2）当 $x(t)$ 为实信号且具有偶对称特性时，由式(4.4.2b)可得

$$X(j\omega) = X^*(j\omega)$$

上式表明，当 $x(t)$ 是实偶信号时，其频谱函数 $X(j\omega)$ 是 ω 的实函数，且满足偶对称。

（3）当 $x(t)$ 为实信号且具有奇对称特性时，由式(4.4.2b)可知

$$X(j\omega) = -X^*(j\omega)$$

上式表明，当 $x(t)$ 是实奇信号时，其频谱函数 $X(j\omega)$ 是 ω 的纯虚函数，且虚部满足奇对称。

（4）当实信号 $x(t)$ 为奇分量和偶分量之和时，即

$$x(t) = x_e(t) + x_o(t)$$

式中 $x_e(t)$ 为偶分量满足式 $x_e(t) = x_e(-t)$，$x_o(t)$ 为奇分量满足式 $x_o(t) = -x_o(-t)$，则

$$x(-t) = x_e(t) - x_o(t)$$

故

$$x_e(t) = \frac{1}{2}[x(t) + x(-t)], \quad x_o(t) = \frac{1}{2}[x(t) - x(-t)]$$

对应的频谱函数为

$$x_e(t) \leftrightarrow \frac{1}{2}\left[X(j\omega) + X^*(j\omega)\right] = X_r(\omega)$$

$$x_o(t) \leftrightarrow \frac{1}{2}\left[X(j\omega) - X^*(j\omega)\right] = jX_i(\omega)$$

例 4.4　求双边指数信号 $x(t) = e^{-\alpha|t|}$ $(\alpha > 0)$ 的频谱函数。

解　由式(4.3.12)可知

$$e^{-\alpha t}u(t) \leftrightarrow \frac{1}{\alpha + j\omega}$$

因为

$$x_e(t) = \frac{1}{2}\left[e^{-\alpha t}u(t) + e^{\alpha t}u(-t)\right] = \frac{1}{2}e^{-\alpha|t|}u(t)$$

可得

$$x_e(t) \leftrightarrow \frac{1}{2}\left[X(j\omega) + X^*(j\omega)\right] = X_r(\omega) = \frac{\alpha}{\alpha^2 + \omega^2}$$

故

$$e^{-\alpha|t|} \leftrightarrow \frac{2\alpha}{\alpha^2 + \omega^2}$$

3. 互易对称性

若 $x(t) \leftrightarrow X(j\omega)$，则

$$X(jt) \leftrightarrow 2\pi x(-\omega) \tag{4.4.3}$$

证明　由于 $x(t) = \dfrac{1}{2\pi}\displaystyle\int_{-\infty}^{\infty} X(j\omega)e^{j\omega t}\,d\omega$，显然有

$$x(-t) = \frac{1}{2\pi}\int_{-\infty}^{\infty} X(j\omega)e^{-j\omega t}\,d\omega$$

将上式中 t 换成 ω，将原有的 ω 换成 t，得

$$x(-\omega) = \frac{1}{2\pi}\int_{-\infty}^{\infty} X(jt)e^{-j\omega t}\,dt$$

即

$$2\pi x(-\omega) = \int_{-\infty}^{\infty} X(jt)e^{-j\omega t}\,dt$$

上式表明，时间函数 $X(jt)$ 的傅里叶变换为 $2\pi x(-\omega)$，即信号的时域波形与其频域函数具有对称互易关系。

例 4.5　求信号 $x(t) = \dfrac{1}{\pi t}$ 的傅里叶变换。

解　由式(4.3.22)可知

$$\text{sgn}(t) \leftrightarrow \frac{2}{j\omega}$$

根据傅里叶变换的互易对称性，可得

$$\frac{2}{jt} \leftrightarrow 2\pi\text{sgn}(-\omega) = -2\pi\text{sgn}(\omega)$$

根据线性，得

$$\frac{1}{\pi t} \leftrightarrow -\mathrm{jsgn}(\omega)$$

在信号的 Hilbert（希尔伯特）变换和信号单边幅度调制中，信号 $\dfrac{1}{\pi t}$ 及其傅里叶变换 $-\mathrm{jsgn}(\omega)$ 得到了广泛的应用。

4. 展缩特性

若 $x(t) \leftrightarrow X(\mathrm{j}\omega)$，则

$$x(at) \leftrightarrow \frac{1}{|a|} X\left(\mathrm{j}\,\frac{\omega}{a}\right) \tag{4.4.4}$$

式中 a 为不等于零的实常数。

证明
$$\mathscr{F}\left[x(at)\right] = \int_{-\infty}^{\infty} x(at)\mathrm{e}^{-\mathrm{j}\omega t}\,\mathrm{d}t$$

令 $u = at$，则 $\mathrm{d}u = a\mathrm{d}t$，代入上式可得

当 $a > 0$ 时

$$\mathscr{F}\left[x(at)\right] = \frac{1}{a}\int_{-\infty}^{\infty} x(u)\mathrm{e}^{-\mathrm{j}\omega\frac{u}{a}}\,\mathrm{d}u = \frac{1}{a}X\left(\mathrm{j}\,\frac{\omega}{a}\right)$$

当 $a < 0$ 时

$$\mathscr{F}\left[x(at)\right] = -\frac{1}{a}\int_{-\infty}^{\infty} x(u)\mathrm{e}^{-\mathrm{j}\omega\frac{u}{a}}\,\mathrm{d}u = -\frac{1}{a}X\left(\mathrm{j}\,\frac{\omega}{a}\right)$$

综合以上两种情况可得

$$\mathscr{F}\left[x(at)\right] = \frac{1}{|a|}X\left(\mathrm{j}\,\frac{\omega}{a}\right)$$

上式表明，时域波形的压缩，对应其频谱函数的扩展；反之，时域波形的扩展，对应其频谱函数的压缩。由此可见，信号的持续时间与其有效带宽成反比。若 $a = -1$，上式变为

$$\mathscr{F}\left[x(-t)\right] = X(-\mathrm{j}\omega)$$

下面以矩形脉冲信号与其频谱函数之间的关系来说明展缩特性。图 4.4.1 表示不同宽度的矩形信号对应的频谱函数。

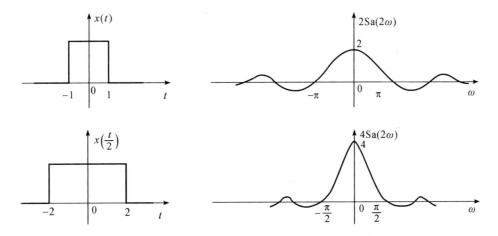

图 4.4.1　傅里叶变换的展缩特性

5. 时移特性(延时特性)

若 $x(t) \leftrightarrow X(j\omega)$，则

$$x(t \pm t_0) \leftrightarrow e^{\pm j\omega t_0} X(j\omega) \qquad (4.4.5)$$

式中 t_0 为任意实数。

上式表明，信号在时域中的时移，对应频谱函数在频域中产生的附加相移，而幅度频谱保持不变。

例 4.6 求信号 $x(t) = u(t+1) - u(t-3)$ 的傅里叶变换。

解 由于

$$x(t) = u(t+1) - u(t-3) = p_4(t-1)$$

其中 $p_4(t)$ 为宽度为 4，幅度为 1，以原点为中心的矩形脉冲。

由于 $p_4(t) \leftrightarrow 4\mathrm{Sa}(2\omega)$，利用傅里叶变换的时移特性可得

$$p_4(t-1) \leftrightarrow 4e^{-j\omega} \mathrm{Sa}(2\omega)$$

故

$$X(j\omega) = 4e^{-j\omega} \mathrm{Sa}(2\omega)$$

实际上，信号可能同时出现时移和展缩，这时可综合利用傅里叶变换的时移特性和展缩特性来分析信号的频谱。

例 4.7 已知 $x(t)$ 的频谱函数为 $X(j\omega)$，$g(t) = x(2t+4)$，求信号 $g(t)$ 的频谱函数。

解 方法一：因为 $x(t) \leftrightarrow X(j\omega)$，先利用傅里叶变换的展缩特性得

$$x(2t) \leftrightarrow \frac{1}{2} X\left(j \frac{\omega}{2}\right)$$

再利用傅里叶变换的时移特性得

$$x[2(t+2)] = x(2t+4) \leftrightarrow \frac{1}{2} e^{j2\omega} X\left(j \frac{\omega}{2}\right)$$

方法二：因为 $x(t) \leftrightarrow X(j\omega)$，先利用傅里叶变换的时移特性得

$$x(t+4) \leftrightarrow e^{j4\omega} X(j\omega)$$

再利用傅里叶变换的展缩特性得

$$x(2t+4) \leftrightarrow \frac{1}{2} e^{j2\omega} X\left(j \frac{\omega}{2}\right)$$

推广：若 $x(t) \leftrightarrow X(j\omega)$，则

$$x(at-b) \leftrightarrow \frac{1}{|a|} e^{-j\frac{b}{a}\omega} X\left(j \frac{\omega}{a}\right)$$

式中 a 和 b 为实常数，且 $a \neq 0$。

6. 频移特性(调制特性)

若 $x(t) \leftrightarrow X(j\omega)$，则

$$x(t)e^{\pm j\omega_0 t} \leftrightarrow X[j(\omega \mp \omega_0)] \qquad (4.4.6)$$

式中 ω_0 为常数。

证明 $\mathscr{F}[x(t)e^{+j\omega_0 t}] = \int_{-\infty}^{\infty} x(t)e^{j\omega_0 t} e^{-j\omega t} \mathrm{d}t = \int_{-\infty}^{\infty} x(t)e^{-j(\omega-\omega_0)t}\mathrm{d}t = X(\omega - \omega_0)$

上式表明：信号在时域的相移，对应频谱函数在频域的频移。

例 4.8 已知信号 $x(t)$ 的频谱函数 $X(\mathrm{j}\omega)$，试求信号 $y(t)=x(t)\cos(\omega_0 t)$ 的频谱函数。

解
$$Y(\mathrm{j}\omega)=\mathscr{F}\left[x(t)\cos(\omega_0 t)\right]=\frac{1}{2}\mathscr{F}\left[x(t)\mathrm{e}^{\mathrm{j}\omega_0 t}\right]+\frac{1}{2}\mathscr{F}\left[x(t)\mathrm{e}^{-\mathrm{j}\omega_0 t}\right]$$

$$=\frac{1}{2}X[\mathrm{j}(\omega-\omega_0)]+\frac{1}{2}X[\mathrm{j}(\omega+\omega_0)]$$

上式表明，信号 $x(t)$ 与余弦信号 $\cos(\omega_0 t)$ 相乘后，信号 $x(t)\cos(\omega_0 t)$ 的频谱函数是原来信号 $x(t)$ 的频谱幅度减半，左、右搬移 ω_0 后相加得到的。

同理：

$$x(t)\sin(\omega_0 t)\leftrightarrow\frac{\mathrm{j}}{2}X[\mathrm{j}(\omega+\omega_0)]-\frac{\mathrm{j}}{2}X[\mathrm{j}(\omega-\omega_0)]$$

频谱搬移技术在各类电子系统中得到了广泛的应用，如调幅、同步解调、变频等过程都是在频谱搬移的基础上完成的。频谱搬移的实现原理是将信号 $x(t)$ 乘以载频信号 $\cos(\omega_0 t)$ 或 $\sin(\omega_0 t)$。实现频谱搬移的原理如图 4.4.2 所示。

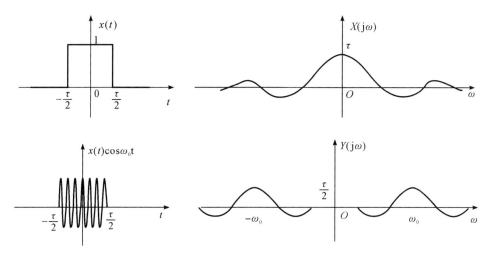

图 4.4.2 频谱搬移原理图

7. 卷积特性

1）时域卷积定理

若 $x_1(t)\leftrightarrow X_1(\mathrm{j}\omega)$，$x_2(t)\leftrightarrow X_2(\mathrm{j}\omega)$，则

$$x_1(t)*x_2(t)\leftrightarrow X_1(\mathrm{j}\omega)X_2(\mathrm{j}\omega) \tag{4.4.7}$$

证明
$$\mathscr{F}\left[x_1(t)*x_2(t)\right]=\int_{-\infty}^{\infty}\left[\int_{-\infty}^{\infty}x_1(\tau)x_2(t-\tau)\mathrm{d}\tau\right]\mathrm{e}^{-\mathrm{j}\omega t}\mathrm{d}t$$

交换积分次序得

$$\mathscr{F}\{x_1(t)*x_2(t)\}=\int_{-\infty}^{\infty}x_1(\tau)\left[\int_{-\infty}^{\infty}x_2(t-\tau)\mathrm{e}^{-\mathrm{j}\omega t}\mathrm{d}t\right]\mathrm{d}\tau$$

由时移特性可得

$$\mathscr{F}\left[x_1(t)*x_2(t)\right]=\int_{-\infty}^{\infty}x_1(\tau)X_2(\mathrm{j}\omega)\mathrm{e}^{-\mathrm{j}\omega\tau}\mathrm{d}\tau=X_1(\mathrm{j}\omega)X_2(\mathrm{j}\omega)$$

上式表明，两信号在时域中的卷积对应其频谱函数在频域中的乘积。

例 4.9　图 4.4.3 所示宽度为 τ，幅度为 A 的三角波信号表达式如下：

$$x_\Delta(t) = \begin{cases} A - \dfrac{2A}{\tau}|t| & |t| < \dfrac{\tau}{2} \\ 0, & |t| > \dfrac{\tau}{2} \end{cases}$$

求该信号的频谱函数。

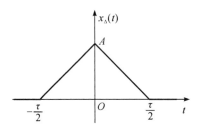

图 4.4.3　三角波信号

解　设 $p(t)$ 为宽度为 1，幅度为 1 的矩形脉冲信号，则 $x(t) = p(t) * p(t)$ 为宽度为 2，幅度为 1 的三角波信号，如图 4.4.4 所示。

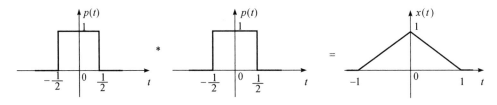

图 4.4.4　时域卷积

由于 $p(t)$ 的频谱为 $\mathrm{Sa}\left(\dfrac{\omega}{2}\right)$，根据卷积特性可得 $x(t)$ 的频谱为 $\mathrm{Sa}^2\left(\dfrac{\omega}{2}\right)$，利用展缩特性可得

$$\mathscr{F}[x_\Delta(t)] = \mathscr{F}\left[Ax\left(\dfrac{2t}{\tau}\right)\right] = \dfrac{A\tau}{2}\mathrm{Sa}^2\left(\dfrac{\omega\tau}{4}\right)$$

2）频域卷积定理

若 $x_1(t) \leftrightarrow X_1(\mathrm{j}\omega)$，$x_2(t) \leftrightarrow X_2(\mathrm{j}\omega)$，则

$$x_1(t)x_2(t) \leftrightarrow \dfrac{1}{2\pi}X_1(\mathrm{j}\omega) * X_2(\mathrm{j}\omega) \tag{4.4.8}$$

频域卷积定理证明与时域卷积定理类似，请读者自行完成。

8. 时域微分特性

若 $x(t) \leftrightarrow X(\mathrm{j}\omega)$，则

$$x^{(n)}(t) \leftrightarrow (\mathrm{j}\omega)^{(n)}X(\mathrm{j}\omega) \tag{4.4.9}$$

证明　由卷积的微分特性可知

$$x'(t) = x(t) * \delta'(t)$$

根据时域卷积定理有

$$\mathscr{F}[x'(t)] = \mathscr{F}[x(t) * \delta(t)] = \mathscr{F}[x(t)]\mathscr{F}[\delta(t)] = \mathrm{j}\omega X(\mathrm{j}\omega)$$

重复利用以上结果可得

$$\mathscr{F}\left[x^{(n)}(t)\right] = (\mathrm{j}\omega)^{(n)} X(\mathrm{j}\omega)$$

9. 时域积分特性

若 $x(t) \leftrightarrow X(\mathrm{j}\omega)$，则

$$\int_{-\infty}^{t} x(\tau)\mathrm{d}\tau \leftrightarrow \pi X(0)\delta(\omega) + \frac{1}{\mathrm{j}\omega}X(\mathrm{j}\omega) \tag{4.4.10}$$

证明　由卷积的积分特性可知

$$\int_{-\infty}^{t} x(\tau)\mathrm{d}\tau = x(t) * u(t)$$

根据时域卷积定理得

$$\mathscr{F}\left[\int_{-\infty}^{t} x(\tau)\mathrm{d}\tau\right] = X(\mathrm{j}\omega)\left[\pi\delta(\omega) + \frac{1}{\mathrm{j}\omega}\right] = \pi X(0)\delta(\omega) + \frac{1}{\mathrm{j}\omega}X(\mathrm{j}\omega)$$

10. 频域微分特性

若 $x(t) \leftrightarrow X(\mathrm{j}\omega)$，则

$$tx(t) \leftrightarrow \mathrm{j}\frac{\mathrm{d}X(\mathrm{j}\omega)}{\mathrm{d}\omega} \tag{4.4.11}$$

证明
$$X(\mathrm{j}\omega) = \int_{-\infty}^{\infty} x(t)\mathrm{e}^{-\mathrm{j}\omega t}\mathrm{d}t$$

则

$$\mathrm{j}\frac{\mathrm{d}X(\mathrm{j}\omega)}{\mathrm{d}\omega} = \mathrm{j}\int_{-\infty}^{\infty} x(t)\frac{\mathrm{d}\mathrm{e}^{-\mathrm{j}\omega t}}{\mathrm{d}\omega}\mathrm{d}t = \mathrm{j}\int_{-\infty}^{\infty}\left[(-\mathrm{j}t)x(t)\right]\mathrm{e}^{-\mathrm{j}\omega t}\mathrm{d}t = \int_{-\infty}^{\infty}\left[tx(t)\right]\mathrm{e}^{-\mathrm{j}\omega t}\mathrm{d}t$$

例 4.10　求信号 $x(t) = tu(t)$ 的频谱。

解　由于 $u(t) \leftrightarrow \pi\delta(\omega) + \dfrac{1}{\mathrm{j}\omega}$，根据频域微分特性可得

$$tu(t) \leftrightarrow \mathrm{j}\frac{\mathrm{d}}{\mathrm{d}\omega}\left[\pi\delta(\omega) + \frac{1}{\mathrm{j}\omega}\right] = \mathrm{j}\pi\delta'(\omega) - \frac{1}{\omega^2}$$

在信号的频谱分析中，一般需将复杂的信号 $x(t)$ 分解为基本信号，通过基本信号的频谱和傅里叶的性质来完成复杂信号的频谱分析。由此可见，信号的时域分析与频域分析密切相关。从某种意义上说，信号的时域分析是信号频域分析的基础。

11. Parserval 定理

若 $x(t) \leftrightarrow X(\mathrm{j}\omega)$，则

$$E = \int_{-\infty}^{\infty} |x(t)|^2 \mathrm{d}t = \frac{1}{2\pi}\int_{-\infty}^{\infty} |X(\mathrm{j}\omega)|^2 \mathrm{d}\omega \tag{4.4.12}$$

证明　根据傅里叶逆变换可知

$$E = \int_{-\infty}^{\infty} |x(t)|^2 \mathrm{d}t = \int_{-\infty}^{\infty} x(t)x^*(t)\mathrm{d}t = \int_{-\infty}^{\infty}\left[\frac{1}{2\pi}\int_{-\infty}^{\infty} X(\mathrm{j}\omega)\mathrm{e}^{\mathrm{j}\omega t}\mathrm{d}\omega\right]x^*(t)\mathrm{d}t$$

$$= \frac{1}{2\pi}\int_{-\infty}^{\infty} X(\mathrm{j}\omega)\left[\int_{-\infty}^{\infty} x(t)\mathrm{e}^{-\mathrm{j}\omega t}\mathrm{d}t\right]^* \mathrm{d}\omega$$

$$= \frac{1}{2\pi}\int_{-\infty}^{\infty} X(\mathrm{j}\omega)X^*(\mathrm{j}\omega)\mathrm{d}\omega = \frac{1}{2\pi}\int_{-\infty}^{\infty} |X(\mathrm{j}\omega)|^2 \mathrm{d}\omega$$

式(4.4.12)表明，信号在时域中的能量等于信号在频域中的能量。

傅里叶变换的性质如表 4.4.1 所示。

表 4.4.1　傅里叶变换的性质

性　　质	时域 $x(t)=\dfrac{1}{2\pi}\displaystyle\int_{-\infty}^{\infty}X(\mathrm{j}\omega)\mathrm{e}^{\mathrm{j}\omega t}\,\mathrm{d}\omega$		频域 $X(\mathrm{j}\omega)=\displaystyle\int_{-\infty}^{\infty}x(t)\mathrm{e}^{-\mathrm{j}\omega t}\,\mathrm{d}t$
对称性	$x(t)$ 为实信号		$\|X(\mathrm{j}\omega)\|=\|X(-\mathrm{j}\omega)\|,\ \varphi(\omega)=-\varphi(-\omega)$ $X_r(\omega)=X_r(-\omega),\ X_i(\omega)=-X_i(-\omega)$
		$x(t)=x(-t)$ $x(t)=-x(-t)$	$X(\mathrm{j}\omega)=X_r(\omega),\ X_i(\omega)=0$ $X(\mathrm{j}\omega)=X_r(\omega)+\mathrm{j}X_i(\omega),\ X_r(\omega)=0$
互易对称性	$X(\mathrm{j}t)$		$2\pi x(-\omega)$
展缩特性	$x(at)$		$\dfrac{1}{\|a\|}X\left(\mathrm{j}\,\dfrac{\omega}{a}\right)$
时移特性	$x(t\pm t_0)$		$\mathrm{e}^{\pm\mathrm{j}\omega t_0}X(\mathrm{j}\omega)$
	$x(at-b)$		$\dfrac{1}{\|a\|}\mathrm{e}^{-\mathrm{j}\frac{b}{a}\omega}X\left(\mathrm{j}\,\dfrac{\omega}{a}\right)$
频移特性	$x(t)\mathrm{e}^{\pm\mathrm{j}\omega_0 t}$		$X[\mathrm{j}(\omega\mp\omega_0)]$
时域卷积特性	$x_1(t)*x_2(t)$		$X_1(\mathrm{j}\omega)X_2(\mathrm{j}\omega)$
频域卷积特性	$x_1(t)x_2(t)$		$\dfrac{1}{2\pi}X_1(\mathrm{j}\omega)*X_2(\mathrm{j}\omega)$
时域微分特性	$x^{(n)}(t)$		$(\mathrm{j}\omega)^{(n)}X(\mathrm{j}\omega)$
时域积分特性	$\displaystyle\int_{-\infty}^{t}x(\tau)\,\mathrm{d}\tau$		$\pi X(0)\delta(\omega)+\dfrac{1}{\mathrm{j}\omega}X(\mathrm{j}\omega)$
频域微分特性	$tx(t)$		$\mathrm{j}\dfrac{\mathrm{d}X(\mathrm{j}\omega)}{\mathrm{d}\omega}$
Parserval 定理	$\displaystyle\int_{-\infty}^{\infty}\|x(t)\|^2\,\mathrm{d}t$		$\dfrac{1}{2\pi}\displaystyle\int_{-\infty}^{\infty}\|X(\mathrm{j}\omega)\|^2\,\mathrm{d}\omega$

4.5　离散时间信号的频域分析

　　傅里叶分析用以从频域的角度研究连续时间信号。类似地，将傅里叶级数和傅里叶变换的分析方法应用于离散时间信号称为序列的傅里叶分析，它对于信号分析和处理技术的实现具有十分重要的意义。

4.5.1　周期序列的离散时间傅里叶级数(DFS)

周期性的离散时间信号 $x_N(n)$ 满足：

$$x_N(n) = x_N(n+lN)$$

式中 N 表示离散时间信号的周期，l 为任意整数。

对于连续时间信号，周期信号 $x_T(t)$ 可分解为一系列角频率为 $k\omega_0(k=0,\pm1,\pm2,\cdots)$ 的虚指数 $e^{jk\omega_0 t}$(其中 $\omega_0 = \dfrac{2\pi}{T}$ 为基波角频率)之和。类似地，周期为 N 的序列 $x_N(n)$ 也可展开为许多虚指数 $e^{jk\frac{2\pi}{N}n}$ 之和，且 $e^{j\frac{2\pi}{N}kn} = e^{j\frac{2\pi}{N}(k+lN)n}$。

周期序列的离散傅里叶级数中只有 N 个独立的谐波成分，展成离散傅里叶级数时只能取 $k=0$ 到 $k=N-1$ 的 N 个独立的谐波分量，$k=0$ 表示周期序列的直流成分。因此，$x_N(n)$ 的离散傅里叶级数展开式可写为

$$x_N(n) = \sum_{k=0}^{N-1} c_k e^{jk\frac{2\pi}{N}n} \tag{4.5.1}$$

式中 c_k 为待定系数。将上式两端同乘以 $e^{-j\frac{2\pi}{N}mn}$ 并在一个周期内对 n 求和，则有

$$\sum_{n=0}^{N-1} x_N(n) e^{-j\frac{2\pi}{N}mn} = \sum_{n=0}^{N-1} e^{-j\frac{2\pi}{N}mn} \left[\sum_{k=0}^{N-1} c_k e^{j\frac{2\pi}{N}kn} \right] = \sum_{k=0}^{N-1} c_k \left[\sum_{n=0}^{N-1} e^{j(k-m)\frac{2\pi}{N}n} \right]$$

上式仅当 $k=m$ 时为非零且等于 N，即

$$\sum_{n=0}^{N-1} x_N(n) e^{-j\frac{2\pi}{N}mn} = c_m N$$

得

$$c_m = \frac{1}{N} \sum_{n=0}^{N-1} x_N(n) e^{-j\frac{2\pi}{N}mn}$$

即

$$c_k = \frac{1}{N} \sum_{n=0}^{N-1} x_N(n) e^{-j\frac{2\pi}{N}kn} = \frac{1}{N} X_N(k)$$

式中

$$X_N(k) = \sum_{n=0}^{N-1} x_N(n) e^{-j\frac{2\pi}{N}kn} \tag{4.5.2}$$

称为离散傅里叶系数。将 c_k 代入式(4.5.1)得

$$x_N(n) = \frac{1}{N} \sum_{k=0}^{N-1} X_N(k) e^{j\frac{2\pi}{N}kn} \tag{4.5.3}$$

称为周期序列的离散傅里叶级数。令 $W = e^{-j\frac{2\pi}{N}}$，式(4.5.2)和式(4.5.3)可写为

$$\mathrm{DFS}[x_N(n)] = X_N(k) = \sum_{n=0}^{N-1} x_N(n) W^{nk} \tag{4.5.4}$$

$$\mathrm{IDFS}[X_N(k)] = x_N(n) = \frac{1}{N} \sum_{k=0}^{N-1} X_N(k) W^{-nk} \tag{4.5.5}$$

式(4.5.3)和式(4.5.4)称为离散傅里叶级数变换对。式中 $\mathrm{DFS}[\cdot]$ 表示求离散傅里叶系数(正变换)，$\mathrm{IDFS}[\cdot]$ 表示求离散傅里叶级数展开式(逆变换)。

与连续周期信号不同，由于 $e^{jk\frac{2\pi}{N}n}$ 也是周期为 N 的序列，因而离散周期序列 $x_N(n)$ 只有

N 个独立的谐波成分，即离散序列中有直流，基波 $e^{j\frac{2\pi}{N}n}$，二次谐波 $e^{j2\frac{2\pi}{N}n}$，$\cdots$，$N-1$ 次谐波 $e^{j(N-1)\frac{2\pi}{N}n}$，且这 N 个谐波之间是相互正交的。

例 4.11   求图 4.5.1(a)所示周期脉冲序列的离散傅里叶级数展开式。

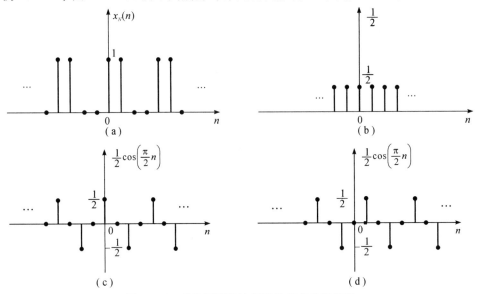

图 4.5.1   离散周期脉冲序列及其各分量波形

解   周期 $N=4$，$\omega_0=\frac{\pi}{2}$，求和范围 $[0,3]$，根据式(4.5.2)得

$$X_N(k) = \sum_{n=0}^{3} x_N(n)e^{-j\frac{\pi}{2}kn}$$

$$X_N(0) = \sum_{n=0}^{3} x_N(n) = 1+1 = 2$$

$$X_N(1) = \sum_{n=0}^{3} x_N(n)e^{-j\frac{\pi}{2}n} = 1-j1$$

$$X_N(2) = \sum_{n=0}^{3} x_N(n)e^{-j\pi n} = 0$$

$$X_N(3) = \sum_{n=0}^{3} x_N(n)e^{-j\frac{3\pi}{2}n} = 1+j1$$

由式(4.5.3)可知

$$x_N(n) = \frac{1}{4}\sum_{k=0}^{N-1} X_N(k)e^{j\frac{\pi}{2}kn} = \frac{1}{4}\left[2+(1-j1)e^{j\frac{\pi}{2}n}+(1+j1)e^{j\frac{3\pi}{2}n}\right]$$

$$= \frac{1}{4}\left[2+(1-j1)e^{j\frac{\pi}{2}n}+(1+j1)e^{-j\frac{\pi}{2}n}\right]$$

$$= \frac{1}{2}+\frac{1}{2}\cos\left(\frac{\pi}{2}n\right)+\frac{1}{2}\sin\left(\frac{\pi}{2}n\right)$$

4.5.2 非周期序列的离散时间傅里叶变换(DTFT)

与连续时间信号类似，周期序列 $x_N(n)$ 在周期 $N\to\infty$ 时，将变成非周期序列 $x(n)$，同时 $X_N(k)$ 的谱线间隔趋于无穷小，离散谱变成连续谱。

当 $N \to \infty$ 时，$k\dfrac{2\pi}{N}$ 趋于连续变量 Ω（数字角频率，单位为 rad），由式(4.5.2)和式(4.5.3)可得非周期序列的离散傅里叶变换为

$$X(\mathrm{e}^{\mathrm{j}\Omega}) = \sum_{n=-\infty}^{\infty} x(n)\mathrm{e}^{-\mathrm{j}n\Omega} \tag{4.5.6}$$

$$x(n) = \frac{1}{2\pi}\int_{-\pi}^{\pi} X(\mathrm{e}^{\mathrm{j}\Omega})\mathrm{e}^{\mathrm{j}\Omega n}\,\mathrm{d}\Omega \tag{4.5.7}$$

式(4.5.6)称为离散傅里叶正变换，式(4.5.7)称为离散傅里叶逆变换。非周期序列的离散时间傅里叶变换 $X(\mathrm{e}^{\mathrm{j}\Omega})$ 是 Ω 的连续周期函数，周期为 2π。通常它是复函数，可表示为

$$X(\mathrm{e}^{\mathrm{j}\Omega}) = \left|X(\mathrm{e}^{\mathrm{j}\Omega})\right|\mathrm{e}^{\mathrm{j}\varphi(\Omega)}$$

其中 $\left|X(\mathrm{e}^{\mathrm{j}\Omega})\right|$ 称为幅频特性，$\varphi(\Omega)$ 称为相频特性。

式(4.5.6)和式(4.5.7)可用符号简记为

$$X(\mathrm{e}^{\mathrm{j}\Omega}) = \mathrm{DTFT}[x(n)] \tag{4.5.8}$$

$$x(n) = \mathrm{IDTFT}[X(\mathrm{e}^{\mathrm{j}\Omega})] \tag{4.5.9}$$

例 4.12　求单位脉冲序列的傅里叶变换。

解
$$X(\mathrm{e}^{\mathrm{j}\Omega}) = \mathrm{DTFT}[\delta(n)] = \sum_{n=-\infty}^{\infty} \delta(n)\mathrm{e}^{-\mathrm{j}\Omega n} = 1$$

例 4.13　设 $x(n) = R_N(n)$，波形如图 4.5.2 所示，求 $x(n)$ 的傅里叶变换。

解
$$X(\mathrm{e}^{\mathrm{j}\Omega}) = \mathrm{DTFT}[R_N(n)] = \sum_{n=-\infty}^{\infty} R_N(n)\mathrm{e}^{-\mathrm{j}\Omega n}$$

$$= \sum_{n=0}^{N-1} \mathrm{e}^{-\mathrm{j}\Omega n} = \frac{1-\mathrm{e}^{-\mathrm{j}\Omega N}}{1-\mathrm{e}^{-\mathrm{j}\Omega}} = \frac{\mathrm{e}^{-\mathrm{j}\Omega N/2}(\mathrm{e}^{\mathrm{j}\Omega N/2}-\mathrm{e}^{-\mathrm{j}\Omega/2})}{\mathrm{e}^{-\mathrm{j}\Omega/2}(\mathrm{e}^{\mathrm{j}\Omega/2}-\mathrm{e}^{-\mathrm{j}\Omega/2})}$$

$$= \mathrm{e}^{-\mathrm{j}\Omega(N-1)/2}\,\frac{\sin(\Omega N/2)}{\sin(\Omega/2)}$$

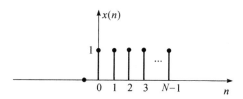

图 4.5.2　$R_N(n)$ 的波形

$N=4$ 时 $X(\mathrm{e}^{\mathrm{j}\Omega})$ 的频谱如图 4.5.3 所示。

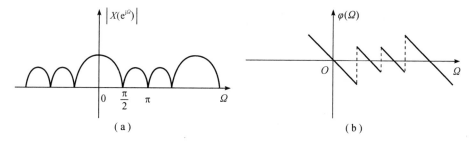

(a)　　　　　　　　　　(b)

图 4.5.3　$N=4$ 时的幅度频谱和相位频谱

4.6 信号频域分析的 MATLAB 实现

4.6.1 非周期信号频域分析的 MATLAB 实现

在信号的频域分析中，常常需要用到许多复杂的运算。MATLAB 提供了许多数值计算的工具，可以用来进行信号的频域分析。quadl 是计算数值积分的函数，其常用的调用方式为

$$y = \text{quadl}('function\_name', a, b)$$

其中 function_name 是一个字符串，它表示被积函数的文件名。a、b 分别表示积分的下限和上限。

例 4.14 试用数值计算的方法近似计算三角波信号 $x(t) = (1 - |t|)p_2(t)$ 的频谱。

解 为了用 quadl 计算 $x(t)$ 的频谱，定义如下 MATLAB 函数：

```
function y = sf1(t, w);
y = (t >= -1 & t <= 1). * (1 - abs(t)). * exp(-j * w * t)
```

对于不同的参数 w，函数 sf1 将计算出傅里叶变换中被积函数的值。近似计算信号频谱的 MATLAB 程序为

```
w = linspace(-6 * pi, 6 * pi, 512);
N = length(w);
X = zeros(1, N);
for k = 1:N;
        X(k) = quadl(@(t)sf1(t, w(k)), -1, 1);
end
plot(w, real(X));
xlabel('\omega');
ylabel('X(j\omega)');
```

三角波信号的近似频谱如图 4.6.1 所示。

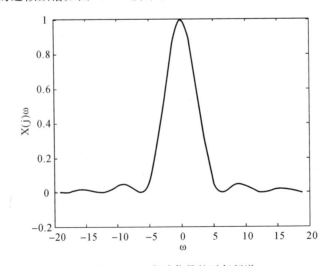

图 4.6.1 三角波信号的近似频谱

4.6.2　周期信号频域分析的 MATLAB 实现

对于离散的周期信号 $x(n)$，由于其 DFS 系数 $X(k)$ 也是离散周期序列，因而可以通过数字计算精确得到其在一个周期内的频谱。MATLAB 提供的函数 fft 和 ifft 其调用格式分别为

　　　　X＝fft(x)

　　　　x＝ifft(X)

其中向量 x 为周期信号 $x(n)$ 一个周期的 N 个值。返回的序列 X 是频谱 $X(k)$ 在 $0 \leqslant k \leqslant N-1$ 时的值。

信号的频谱一般为复数，可分别用 abs 和 angle 获得其幅度频谱和相位频谱，其调用格式分别为

　　　　Mag＝abs(X)

　　　　Pha＝angle(X)

也可利用 real 和 image 函数获得频谱的实部和虚部，其调用格式分别为

　　　　Re＝real(X)

　　　　Im＝imag(X)

例 4.15　试用 MATLAB 计算图 4.6.2 所示周期矩形脉冲序列的 DFS。

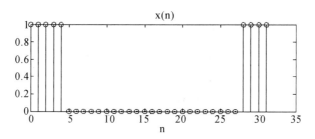

图 4.6.2　周期矩形脉冲序列

MATLAB 程序为

```
N＝32;M＝4;                                          ％定义周期方波序列的参数
x＝[ones(1, M＋1) zeros(1, N－2＊M－1) ones(1, M)];    ％产生序列
X＝fft(x);
k＝0:N－1;
n＝0:N－1;
subplot(2, 1, 1);
stem(n, x);
xlabel('n');
title('x(n)')
subplot(2, 2, 2);
stem(k, real(X));
xlabel('k'); title('X(k)的实部');
subplot(2, 2, 4);
```

```
stem(k, imag(X));
xlabel('k');
title('X(k)的虚部');
subplot(2, 2, 3);
xr=ifft(X);
stem(n, real(xr));
xlabel('n');
title('重建的 x(n)')
```

$N=32$，$M=4$ 周期矩形波序列的 DFS 如图 4.6.3 所示。

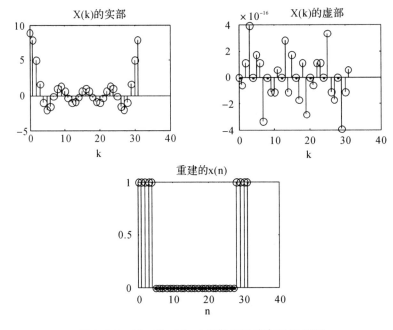

图 4.6.3　$N=32$，$M=4$ 周期矩形波序列的 DFS

例 4.16　求图 4.6.4 所示周期矩形脉冲信号的傅里叶级数表示式，并用 MATLAB 求出由前 N 次谐波合成的信号近似波形。

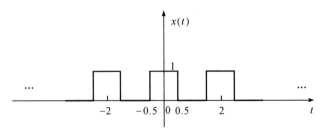

图 4.6.4　周期矩形脉冲信号

MATLAB 程序如下：

```
t=-2:0.001:2;                          %信号的抽样点
N=input('N=');
c0=0.5;
```

```
fN=c0 * ones(1, length(t));          %计算抽样点上的直流分量
for n=1:2:N                           %偶次谐波为 0
    fN=fN+cos(pi * n * t) * sinc(n/2);
end
plot(t, fN);
title(['N'=num2str(N)]);
axis([-2 2 -0.2 1.2]);
```

前 N 项傅里叶系数合成的近似波形如图 4.6.5 所示。

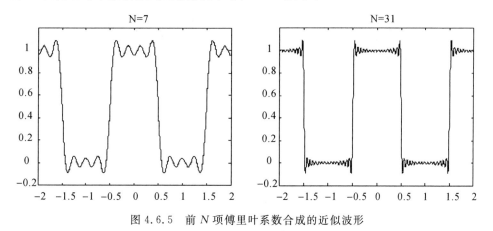

图 4.6.5 前 N 项傅里叶系数合成的近似波形

本 章 小 结

本章的主要内容有：

（1）连续周期信号的三角型傅里叶级数和指数型傅里叶级数，在此基础上引入周期信号的单边频谱和双边频谱的概念。周期信号的频谱一般都具有离散性、谐波性和收敛性这三个特点。

（2）连续非周期信号的傅里叶变换及其基本性质。熟记一些基本信号的频谱，对于理解傅里叶变换的性质和灵活解题都有好处。

（3）周期信号除可以展开傅里叶级数外，还可以进行傅里叶变换。周期信号的傅里叶变换由无穷多个频域上的冲激函数组成，这些冲激函数位于信号的各谐波频率 $k\omega_0$ 处。由于周期信号的频谱是离散的，而傅里叶变换反映的是频谱密度的概念，因此周期信号的傅里叶变换 $X(j\omega)$ 不同于其傅里叶系数 c_k，它不是有限值，而是冲激函数，这表明在无穷小的谐波频率点上取得了无穷大的频谱值。

习 题 4

4.1 求下列周期信号的基波角频率 ω_0 和周期 T。

(1) e^{j100t}；

(2) $\cos\left[\dfrac{\pi}{2}(t-3)\right]$；

（3）$\cos(2t)+\sin(4t)$；

（4）$\cos(2\pi t)+\cos(3\pi t)+\cos(5\pi t)$；

（5）$\cos\left(\dfrac{\pi}{2}t\right)+\cos\left(\dfrac{\pi}{4}t\right)$；

（6）$\cos\left(\dfrac{\pi}{2}t\right)+\cos\left(\dfrac{\pi}{3}t\right)+\cos\left(\dfrac{\pi}{5}t\right)$。

4.2　求题 4.2 图所示周期信号的傅里叶级数。

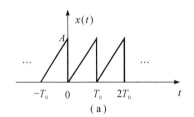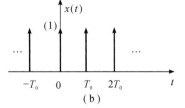

题 4.2 图

4.3　题 4.3 图所示的周期性方波电压作用于 RL 电路，试求电流的前五次谐波。

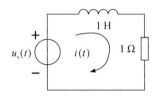

题 4.3 图

4.4　求下列周期信号的频谱，并画出其频谱图。

（1）$x(t)=\sin(2\omega_0 t)$；

（2）$x(t)=\sin^2(\omega_0 t)$；

（3）$x(t)=\cos\left(3t+\dfrac{\pi}{3}\right)$；

（4）$x(t)=\sin(2t)+\cos(4t)+\sin(6t)$。

4.5　已知连续周期信号的频谱如题 4.5 图所示，试写出其对应的周期信号 $x(t)(\omega_0=3)$。

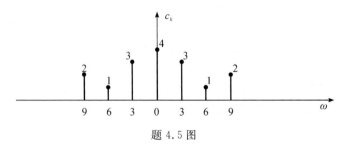

题 4.5 图

4.6　某 1 Ω 电阻两端电压 $x(t)$ 的波形如题 4.6 图所示。

（1）求 $x(t)$ 的三角形式傅里叶级数。

（2）利用（1）的结果和 $x\left(\dfrac{1}{2}\right)=1$，求下列无穷级数之和：

$$S=1-\frac{1}{3}+\frac{1}{5}-\frac{1}{7}+\cdots$$

（3）求 1 Ω 电阻上的平均功率和电压有效值。

（4）利用（3）的结果求下列无穷级数之和：

$$S = 1 + \frac{1}{3^2} + \frac{1}{5^2} + \frac{1}{7^2} + \cdots$$

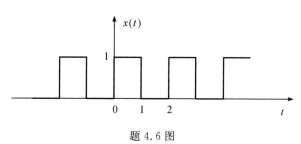

题 4.6 图

4.7　试利用 MATLAB 计算下列连续信号的频谱，画出频谱图。

（1）$x(t) = u(t) - u(t-2)$；

（2）$x(t) = \cos[u(t) - u(t-2)]$；

（3）$x(t) = 1$；

（4）$x(t) = \mathrm{e}^{-t} u(t)$。

4.8　若 $x(t)$ 为复函数，可表示为 $x(t) = x_r(t) + \mathrm{j}x_i(t)$，式中 $x_r(t)$ 和 $x_i(t)$ 均为实信号，$X(\mathrm{j}\omega) = \mathscr{F}[x(t)]$。试证明：

（1）$\mathscr{F}[x^*(t)] = X^*(-\mathrm{j}\omega)$；

（2）$\mathscr{F}[x_i(t)] = \frac{1}{2}[X(\mathrm{j}\omega) + X^*(-\mathrm{j}\omega)]$，$\mathscr{F}[x_i(t)] = \frac{1}{2\mathrm{j}}[X(\mathrm{j}\omega) - X^*(-\mathrm{j}\omega)]$。

4.9　信号 $x(t)$ 如题 4.9 图所示，$X(\mathrm{j}\omega) = \mathscr{F}[x(t)]$，求下列各值。

（1）$X(0) = X(\mathrm{j}\omega)\big|_{\omega=0}$；

（2）$\displaystyle\int_{-\infty}^{\infty} X(\mathrm{j}\omega)\,\mathrm{d}\omega$；

（3）$\displaystyle\int_{-\infty}^{\infty} |X(\mathrm{j}\omega)|^2\,\mathrm{d}\omega$。

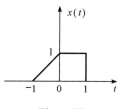

题 4.9 图

4.10　若 $x(t)$ 的傅里叶变换为 $X(\mathrm{j}\omega)$，试求下列信号的频谱函数。

（1）$t\dfrac{\mathrm{d}x(t)}{\mathrm{d}(t)}$；　　　　　　　　　　　　（2）$tx(2t)$；

（3）$\dfrac{\mathrm{d}x(t)}{\mathrm{d}(t)} * \dfrac{1}{\pi t}$；　　　　　　　　　（4）$x(1-t)$；

（5）$\mathrm{e}^{\mathrm{j}t}x(2t-3)$；　　　　　　　　　　　（6）$(t-2)x(t)$。

4.11　应用傅里叶变换求下列积分的值。

（1）$\dfrac{1}{\pi}\displaystyle\int_{-\infty}^{\infty}\dfrac{\sin\omega}{\omega}\mathrm{d}\omega$；
（2）$\dfrac{1}{\pi}\displaystyle\int_{0}^{\infty}\dfrac{\sin2\omega}{\omega}\mathrm{d}\omega$。

4.12　求下列各信号的傅里叶变换。

（1）$x_1(t)=\dfrac{2\alpha}{\alpha^2+t^2}$；
（2）$x_2(t)=\dfrac{\sin3t}{t}$；

（3）$x_3(t)=\mathrm{sgn}(t^2-4)$；
（4）$x_4(t)=\dfrac{\sin[2\pi(t-2)]}{\pi(t-2)}$。

4.13　信号 $x(t)$ 的表达式为

$$x(t)=\begin{cases}\cos\omega_0 t, & -\dfrac{T}{4}\leqslant t\leqslant\dfrac{T}{4}\\[2mm]0, & 其他\end{cases}$$

（1）求其频谱 $X(\mathrm{j}\omega)$。

（2）若以周期 T 构成周期信号 $x_T(t)$，写出该周期信号的傅里叶展开式 $x_T(t)=\displaystyle\sum_{k=-\infty}^{\infty}c_k\mathrm{e}^{\mathrm{j}k\omega_0 t}$ 中的系数 c_k，其中 $\omega_0=\dfrac{2\pi}{T}$。

4.14　求下列序列的离散时间傅里叶变换（DTFT）。

（1）$x(n)=u(n)-u(n-6)$；

（2）$x(n)=n[u(n)-u(n-4)]$；

（3）$x(n)=\left(\dfrac{1}{2}\right)^n u(n)$；

（4）$x(n)=\begin{cases}a^n, & n\geqslant0\\a^{-n}, & n<0\end{cases}$　$(0<a<1)$。

4.15　试利用 MATLAB 计算下列离散周期序列的频谱，画出频谱图。

（1）$x_N(n)=\cos(0.2n\pi)$；

（2）$x_N(n)=\cos(0.2n\pi)+\cos(0.7n\pi)$。

第 5 章　系统的频域分析

本章介绍连续系统频率响应的概念、周期信号和非周期信号通过 LTI 系统时零状态响应的频域分析方法、无失真传输系统和理想滤波器的时域特性和频域特性、信号的抽样定理、离散系统的频域分析以及用 MATLAB 进行系统频域分析的基本方法。

5.1　连续时间 LTI 系统的频域分析

5.1.1　频率响应和连续信号通过系统的频域分析

设 LTI 系统的冲激响应为 $h(t)$，当激励是角频率为 ω 的基本信号 $\mathrm{e}^{\mathrm{j}\omega t}$ 时，其响应为

$$
\begin{aligned}
y(t) &= h(t) * \mathrm{e}^{\mathrm{j}\omega t} \\
&= \int_{-\infty}^{\infty} h(\tau) \mathrm{e}^{\mathrm{j}\omega(t-\tau)} \mathrm{d}\tau \\
&= \int_{-\infty}^{\infty} h(\tau) \mathrm{e}^{-\mathrm{j}\omega\tau} \mathrm{d}\tau \cdot \mathrm{e}^{\mathrm{j}\omega t}
\end{aligned}
\tag{5.1.1}
$$

上式中积分 $\int_{-\infty}^{\infty} h(\tau) \mathrm{e}^{-\mathrm{j}\omega\tau} \mathrm{d}\tau$ 正好是 $h(t)$ 的傅里叶变换，记为 $H(\mathrm{j}\omega)$，称为系统的频率响应函数。则系统的输出为

$$
y(t) = H(\mathrm{j}\omega) \mathrm{e}^{\mathrm{j}\omega t}
\tag{5.1.2}
$$

$H(\mathrm{j}\omega)$ 反映了响应 $y(t)$ 的幅度和相位随频率变化的情况。

当激励 $x(t)$ 为任意信号时，由式(4.3.10)可得

$$
x(t) = \frac{1}{2\pi} \int_{-\infty}^{\infty} X(\mathrm{j}\omega) \mathrm{e}^{\mathrm{j}\omega t} \mathrm{d}\omega
$$

即信号 $x(t)$ 可看作是无穷多不同频率的虚指数分量之和，其中频率为 ω 的分量为 $\dfrac{X(\mathrm{j}\omega)\mathrm{d}\omega}{2\pi} \cdot \mathrm{e}^{\mathrm{j}\omega t}$，该分量的响应为 $\dfrac{X(\mathrm{j}\omega)\mathrm{d}\omega}{2\pi} H(\mathrm{j}\omega) \mathrm{e}^{\mathrm{j}\omega t}$，将所有这些响应分量求和（积分），就得到系统的响应，即

$$
y(t) = \int_{-\infty}^{\infty} \frac{X(\mathrm{j}\omega)\mathrm{d}\omega}{2\pi} H(\mathrm{j}\omega) \mathrm{e}^{\mathrm{j}\omega t} = \frac{1}{2\pi} \int_{-\infty}^{\infty} X(\mathrm{j}\omega) H(\mathrm{j}\omega) \mathrm{e}^{\mathrm{j}\omega t} \mathrm{d}\omega
\tag{5.1.3}
$$

若令响应 $y(t)$ 的频谱函数为 $Y(\mathrm{j}\omega)$，则由上式可得

$$
Y(\mathrm{j}\omega) = X(\mathrm{j}\omega) H(\mathrm{j}\omega)
$$

频率响应 $H(\mathrm{j}\omega)$ 可定义为系统零状态响应的傅里叶变换 $Y(\mathrm{j}\omega)$ 与激励 $x(t)$ 的傅里叶变换 $X(\mathrm{j}\omega)$ 之比，即

$$H(j\omega) = \frac{Y(j\omega)}{X(j\omega)} \tag{5.1.4}$$

一般情况下，系统的频率响应 $H(j\omega)$ 为复函数，可表示为

$$H(j\omega) = |H(j\omega)| e^{j\varphi(\omega)} = \frac{|Y(j\omega)|}{|X(j\omega)|} e^{j[\varphi_y(\omega) - \varphi_x(\omega)]} \tag{5.1.5}$$

$|H(j\omega)|$ 称为幅频特性(或幅频响应)；$\varphi(\omega)$ 称为相频特性(或相频响应)。$|H(j\omega)|$ 是 ω 的偶函数，$\varphi(\omega)$ 是 ω 的奇函数。

例 5.1 已知某 LTI 连续系统的输入信号 $x(t) = e^{-t}u(t)$，输出信号 $y(t) = e^{-t}u(t) + e^{-2t}u(t)$，求系统的频率响应和冲激响应。

解 对 $x(t)$ 和 $y(t)$ 分别进行傅里叶变换可得

$$X(j\omega) = \frac{1}{j\omega + 1}$$

$$Y(j\omega) = \frac{1}{j\omega + 1} + \frac{1}{j\omega + 2} = \frac{j2\omega + 3}{(j\omega + 1)(j\omega + 2)}$$

根据式(5.1.4)得

$$H(j\omega) = \frac{Y(j\omega)}{X(j\omega)} = \frac{j2\omega + 3}{j\omega + 2} = 2 - \frac{1}{j\omega + 2}$$

对上式进行傅里叶反变换，即得系统的频率响应为

$$h(t) = 2\delta(t) - e^{-2t}u(t)$$

例 5.2 已知描述某连续系统的微分方程为

$$y'(t) + 2y(t) = x(t)$$

求 $x(t) = e^{-t}u(t)$ 时的响应 $y(t)$。

解 对微分方程两边取傅里叶变换可得

$$j\omega Y(j\omega) + 2Y(j\omega) = X(j\omega)$$

则系统的频率响应函数为

$$H(j\omega) = \frac{Y(j\omega)}{X(j\omega)} = \frac{1}{j\omega + 2}$$

由于 $x(t) = e^{-t}u(t)$，则有

$$X(j\omega) = \frac{1}{j\omega + 1}$$

故

$$Y(j\omega) = H(j\omega)X(j\omega) = \frac{1}{(j\omega + 1)(j\omega + 2)} = \frac{1}{j\omega + 1} - \frac{1}{j\omega + 2}$$

取傅里叶逆变换得

$$y(t) = (e^{-t} - e^{-2t})u(t)$$

例 5.3 如图 5.1.1(a)所示系统，已知乘法器的输入 $x(t) = \frac{\sin(2t)}{t}$，$s(t) = \cos(3t)$，系统的频率响应为

$$H(j\omega) = \begin{cases} 1, & |\omega| < 3 \text{ rad/s} \\ 0, & |\omega| > 3 \text{ rad/s} \end{cases}$$

求输出 $y(t)$。

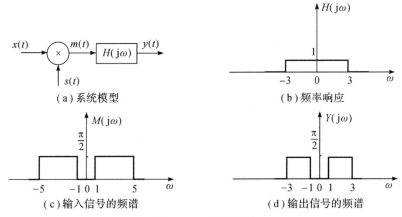

（a）系统模型　　　　　　　　　　（b）频率响应

（c）输入信号的频谱　　　　　　　　（d）输出信号的频谱

图 5.1.1　例 5.3 图

解　乘法器的输出 $m(t) = x(t)s(t)$，根据频域卷积定理可知

$$M(j\omega) = \frac{1}{2\pi}X(j\omega) * Y(j\omega)$$

由于 $p_\tau(t) \leftrightarrow \tau \mathrm{Sa}\left(\dfrac{\omega\tau}{2}\right) = \dfrac{2\sin\left(\dfrac{\omega\tau}{2}\right)}{\omega}$，根据对称性可得

$$\frac{\sin\left(\dfrac{\tau t}{2}\right)}{t} \leftrightarrow \pi P_\tau(\omega)$$

令 $\tau = 4$，有

$$\frac{\sin(2t)}{t} \leftrightarrow \pi P_4(\omega)$$

故

$$M(j\omega) = \frac{1}{2\pi}X(j\omega) * S(j\omega) = \frac{1}{2\pi}\pi P_4(\omega) * \pi[\delta(\omega+3) + \delta(\omega-3)]$$

$$= \frac{\pi}{2}[P_4(\omega+3) + P_4(\omega-3)]$$

其频谱图如图 5.1.1(c)所示。

系统的输出 $y(t)$ 的频谱函数为

$$Y(j\omega) = H(j\omega)M(j\omega) = P_6(\omega) \times \pi[P_4(\omega+3) + P_4(\omega-3)]$$

$$= \frac{\pi}{2}[P_2(\omega+2) + P_2(\omega-2)]$$

对上式取傅里叶反变换，得

$$y(t) = \frac{\sin t}{t}\cos(2t)$$

5.1.2　连续周期信号通过系统响应的频域分析

设连续时间 LTI 系统的输入激励信号为

$$x(t) = \sin(\omega_0 t + \theta)$$

由欧拉公式可得

$$x(t) = \frac{1}{2\mathrm{j}}\big[\mathrm{e}^{\mathrm{j}(\omega_0 t+\theta)} - \mathrm{e}^{-\mathrm{j}(\omega_0 t+\theta)}\big]$$

根据式(5.1.2)及 LTI 系统的线性性质,可得零状态响应:

$$y(t) = \frac{1}{2\mathrm{j}}\big[H(\mathrm{j}\omega_0)\mathrm{e}^{\mathrm{j}(\omega_0 t+\theta)} - H(-\mathrm{j}\omega_0)\mathrm{e}^{-\mathrm{j}(\omega_0 t+\theta)}\big]$$

$$= \frac{1}{2\mathrm{j}}\big[|H(\mathrm{j}\omega_0)|\mathrm{e}^{\mathrm{j}(\omega_0 t+\theta+\varphi(\omega_0))} - |H(-\mathrm{j}\omega_0)|\mathrm{e}^{-\mathrm{j}(\omega_0 t+\theta-\varphi(-\omega_0))}\big] \tag{5.1.6}$$

当系统的冲激响应 $h(t)$ 为实信号时,由傅里叶变换的性质有

$$H(\mathrm{j}\omega) = H^*(-\mathrm{j}\omega)$$

即 $|H(\mathrm{j}\omega)| = |H(-\mathrm{j}\omega)|$,$\varphi(\omega) = -\varphi(-\omega)$,故式(5.1.6)化简为

$$y(t) = \frac{1}{2\mathrm{j}}\big[|H(\mathrm{j}\omega_0)|\mathrm{e}^{\mathrm{j}(\omega_0 t+\theta+\varphi(\omega_0))} - |H(-\mathrm{j}\omega_0)|\mathrm{e}^{-\mathrm{j}(\omega_0 t+\theta-\varphi(-\omega_0))}\big]$$

$$= \frac{1}{2\mathrm{j}}\big[|H(\mathrm{j}\omega_0)|\mathrm{e}^{\mathrm{j}(\omega_0 t+\theta+\varphi(\omega_0))} - |H(-\mathrm{j}\omega_0)|\mathrm{e}^{-\mathrm{j}(\omega_0 t+\theta+\varphi(\omega_0))}\big]$$

$$= |H(\mathrm{j}\omega_0)|\sin[\omega_0 t + \varphi(\omega_0) + \theta] \tag{5.1.7}$$

同理,可推出余弦信号 $x(t)=\cos(\omega_0 t+\theta)$ 通过 LTI 系统的零状态响应为

$$y(t) = |H(\mathrm{j}\omega_0)|\cos[\omega_0 t + \varphi(\omega_0) + \theta] \tag{5.1.8}$$

由式(5.1.7)和(5.1.8)可知正弦型信号作用于线性时不变系统时,其零状态响应 $y(t)$ 仍为同频率的正弦型信号,$y(t)$ 的幅度由系统的幅频响应确定,$y(t)$ 的相位由相频响应确定。

对于周期为 T 的周期信号 $x(t)$,可用傅里叶级数表示为

$$x(t) = \sum_{k=-\infty}^{\infty} c_k \mathrm{e}^{\mathrm{j}k\omega_0 t} \tag{5.1.9}$$

式中 $\omega_0 = 2\pi/T$。

式(5.1.9)中的每一个分量 $\mathrm{e}^{\mathrm{j}k\omega_0 t}$ 通过系统的响应为 $H(\mathrm{j}\omega_0)\mathrm{e}^{\mathrm{j}k\omega_0 t}$,利用系统的线性性质可得周期信号 $x(t)$ 作用于系统的响应 $y(t)$ 为

$$y(t) = \sum_{k=-\infty}^{\infty} c_k H(\mathrm{j}\omega_0)\mathrm{e}^{\mathrm{j}k\omega_0 t}, \quad -\infty < t < \infty \tag{5.1.10}$$

例 5.4 如图 5.1.2 所示 RC 电路,$R=1\ \Omega$,$C=1\ \mathrm{F}$,以电容电压 $u_C(t)$ 为输出,求单位冲激响应 $h(t)$。若激励电压源 $u_s(t)=2\cos(t)$,求电容电压 $u_C(t)$ 的零状态响应。

解 频域电路模型如图 5.1.3 所示,则 RC 网络的频率响应函数为

$$H(\mathrm{j}\omega) = \frac{U_C(\mathrm{j}\omega)}{U_s(\mathrm{j}\omega)} = \frac{\dfrac{1}{\mathrm{j}\omega C}}{R + \dfrac{1}{\mathrm{j}\omega C}} = \frac{1}{\mathrm{j}\omega + 1}$$

取其傅里叶逆变换得冲激响应为

$$h(t) = \mathrm{e}^{-t}u(t)$$

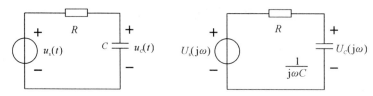

图 5.1.2 RC 电路　　　图 5.1.3 频域电路模型

以下求电容电压 $u_C(t)$ 的零状态响应。

方法一：由于 $H(\text{j}1) = \dfrac{1}{\text{j}1+1} = \dfrac{1}{\sqrt{2}} \angle -45°$，故激励为 $u_s(t) = 2\cos(t)$ 时输出电压为

$$u_C(t) = \sqrt{2}\cos(t-45°)\,\text{V}$$

方法二：由于激励 $u_s(t)$ 的频谱函数为

$$U_s(\text{j}\omega) = 2\pi[\delta(\omega+1)+\delta(\omega-1)]$$

故响应的频谱函数为

$$U_C(\text{j}\omega) = U_s(\text{j}\omega)H(\text{j}\omega) = 2\pi[\delta(\omega+1)+\delta(\omega-1)]\frac{1}{\text{j}\omega+1}$$

$$= 2\pi\left[\frac{1}{-\text{j}1+1}\delta(\omega+1) + \frac{1}{\text{j}1+1}\delta(\omega-1)\right]$$

$$= \frac{\sqrt{2}}{2}\text{e}^{\text{j}45°}\left[2\pi\delta(\omega+1)\right] + \frac{\sqrt{2}}{2}\text{e}^{-\text{j}45°}\left[2\pi\delta(\omega-1)\right]$$

对上式取傅里叶反变换，得

$$u_C(t) = \frac{\sqrt{2}}{2}\text{e}^{-\text{j}(t-45°)} + \frac{\sqrt{2}}{2}\text{e}^{\text{j}(t-45°)} = \sqrt{2}\cos(t-45°)\,\text{V}$$

例 5.5　已知某连续时间 LTI 系统的频率响应如图 5.1.4 所示。

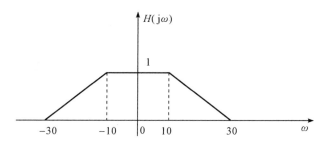

图 5.1.4　系统的频率响应

若系统输入信号 $x(t) = 4 + 4\cos(10t) + 2\cos(20t) + \cos(30t) + \cos(40t)$，$-\infty < t < \infty$，试求系统的零状态响应。

解　由于输入信号是由余弦信号组成的，根据图 5.1.4 可知，系统在角频率 $\omega = 0$、10、20、30、40 处的频率响应分别为 1、1、1/2、0、0。

因此，由式 (5.1.8) 可得系统的零状态响应为

$$y(t) = 4 + 4\cos(10t) + \cos(20t), \quad -\infty < t < \infty$$

5.2　无失真传输系统和理想滤波器

5.2.1　无失真传输

信号无失真传输是指系统的输出信号与输入信号相比，只有幅度的大小和出现时间的先后不同，而没有波形上的变化。即输入信号为 $x(t)$，经过无失真传输后，输出信号应为

$$y(t) = Kx(t-t_d) \tag{5.2.1}$$

其频谱关系为 $Y(\text{j}\omega) = K\text{e}^{-\text{j}\omega t_d}X(\text{j}\omega)$。

故要实现无失真传输,要求系统的频率响应 $H(j\omega)$ 满足下式

$$H(j\omega) = \frac{Y(j\omega)}{X(j\omega)} = Ke^{-j\omega t_d} \tag{5.2.2}$$

其幅频响应 $|H(j\omega)| = K$,相频响应 $\varphi(\omega) = -\omega t_d$,即在全部频带内,系统的幅频特性 $|H(j\omega)|$ 应为一常数,而相频特性 $\varphi(\omega)$ 应为通过原点的直线。无失真传输系统的幅频、相频特性如图 5.2.1 所示。

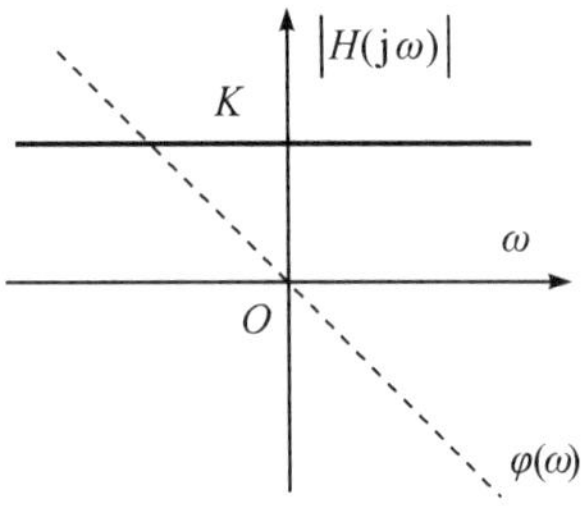

只有相位与频率成正比,方能保证各谐波有相同的延迟时间,在延迟后各次谐波叠加方能不失真。延迟时间 t_d 是相位特性的斜率,即

$$\frac{d\varphi(\omega)}{d\omega} = -t_d$$

定义群延迟特性为

图 5.2.1　无失真传输系统的幅频和相频特性

$$\tau = -\frac{d\varphi(\omega)}{d\omega} \tag{5.2.3}$$

在满足信号传输不产生相位失真的情况下,系统的群延迟特性应为常数。

上述是信号无失真传输的理想条件。当传输有限带宽的信号时,只要在信号占有频带范围内,系统的幅频、相频特性满足以上条件即可。

对式(5.2.2)取傅里叶逆变换,可得无失真传输系统的冲激响应为

$$h(t) = K\delta(t - t_d)$$

上式表明,无失真传输系统的冲激响应也应是冲激函数,只是它是输入冲激函数的 K 倍并延时 t_d。

5.2.2　理想低通滤波器

具有图 5.2.2 所示幅频、相频特性的系统称为理想低通滤波器。ω_c 称为截止角频率。

理想低通滤波器的频率响应可写为

$$H(j\omega) = \begin{cases} e^{-j\omega t_d}, & |\omega| < \omega_c \\ 0, & |\omega| > \omega_c \end{cases} = P_{2\omega_c}(\omega)e^{-j\omega t_d} \tag{5.2.4}$$

理想低通滤波器的冲激响应为

$$h(t) = \frac{\omega_c}{\pi}Sa[\omega_c(t - t_d)] \tag{5.2.5}$$

理想低通滤波器的冲激响应如图 5.2.3 所示。

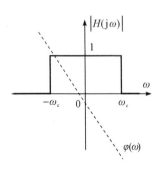

图 5.2.2　理想低通滤波器的幅频和相频特性 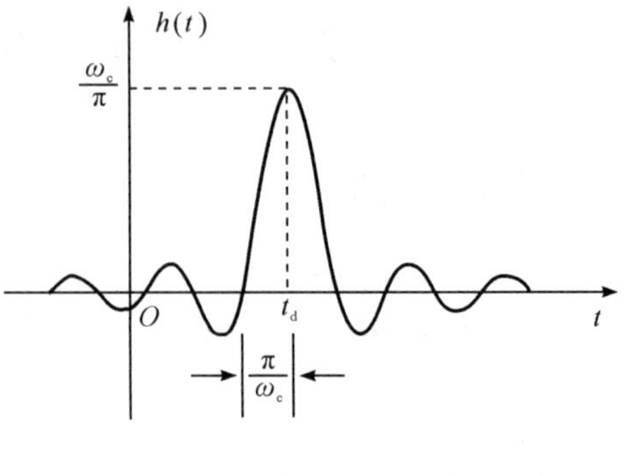　　　　图 5.2.3　理想低通滤波器冲激响应

由图 5.2.3 可见，理想低通滤波器冲激响应的峰值比输入的冲激函数 $\delta(t)$ 延迟了 t_d，而且输出脉冲在其建立之前就已经出现。对于实际的物理系统，当 $t<0$ 时，输入信号尚未接入，当然不可能有输出。这里的结果是由于采用了实际上不可能实现的理想化传输特性所致。

设理想低通滤波器的阶跃响应为 $g(t)$，它等于冲激响应 $h(t)$ 与单位阶跃函数的卷积积分，即

$$g(t) = h(t) * u(t) = \int_{-\infty}^{t} h(\tau)\mathrm{d}\tau = \int_{-\infty}^{t} \frac{\omega_\mathrm{c}}{\pi} \frac{\sin[\omega_\mathrm{c}(\tau - t_\mathrm{d})]}{\omega_\mathrm{c}(\tau - t_\mathrm{d})}\mathrm{d}\tau \qquad (5.2.6)$$

经推导可得

$$g(t) = \frac{1}{2} + \frac{1}{\pi}\int_{0}^{\omega_\mathrm{c}(t-t_\mathrm{d})} \frac{\sin x}{x}\mathrm{d}x \qquad (5.2.7)$$

函数 $\frac{\sin x}{x}$ 的定积分称为正弦积分，表示为 $\mathrm{Si}(y) = \int_{0}^{y} \frac{\sin x}{x}\mathrm{d}x$，故

$$g(t) = \frac{1}{2} + \frac{1}{\pi}\mathrm{Si}[\omega_\mathrm{c}(t - t_\mathrm{d})] \qquad (5.2.8)$$

其波形如图 5.2.4 所示。

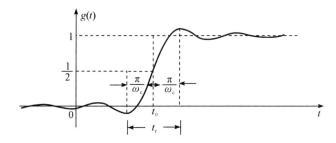

图 5.2.4 理想低通滤波器阶跃响应

由图 5.2.4 可见，理想低通滤波器的阶跃响应不像阶跃信号那样陡峭上升，而且同样在 $t<0$ 时就已出现，这也是采用理想化频率响应所致。

理想低通滤波器在物理上是不可实现的，下面给出近似理想低通滤波器的实例。图 5.2.5 是一个二阶低通滤波器。

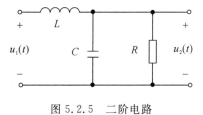

图 5.2.5 二阶电路

若 $R = \sqrt{\dfrac{L}{C}}$，且令 $\omega_\mathrm{c} = \dfrac{1}{\sqrt{LC}}$，可得系统的频率响应函数为

$$H(\mathrm{j}\omega) = \frac{1}{1 - \omega^2 LC + \mathrm{j}\omega \dfrac{L}{R}} \qquad (5.2.9)$$

系统幅频和相频特性如图 5.2.6 所示。

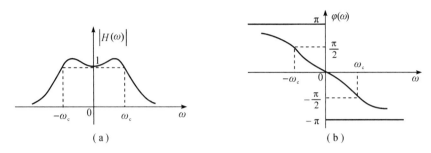

图 5.2.6　二阶电路幅频特性和相频特性

冲激响应函数为

$$h(t) = \frac{2\omega_c}{\sqrt{3}} e^{-\frac{\omega_c t}{2}} \sin\left(\frac{\sqrt{3}}{2}\omega_c t\right) u(t) \tag{5.2.10}$$

冲激响应波形如图 5.2.7 所示。可以看出，其特性接近理想低通滤波器。

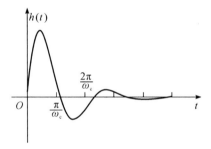

图 5.2.7　二阶电路冲激响应

5.3　抽　样　定　理

　　由于离散时间信号(或数字信号)的处理更为灵活、方便，因此实际中通常先将连续信号转换为相应的离散信号，进行加工处理，然后再将处理后的离散信号转换为连续信号。抽样定理则为连续时间信号和离散时间信号的相互转换提供了理论依据，它论述了一个连续时间信号完全可以用该信号在等间隔上的样本值表示的条件，即在一定条件下，利用样本值可以恢复原来的连续信号。

5.3.1　信号的抽样

　　所谓"抽样"，就是利用抽样脉冲序列 $s(t)$ 从连续信号 $x(t)$ 中"抽取"一系列的离散样本，这种离散信号通常称为"抽样信号"，用 $x_s(t)$ 表示，如图 5.3.1 所示。

　　抽样信号的表示式为

$$x_s(t) = x(t)s(t) \tag{5.3.1}$$

　　$s(t)$ 也称开关函数，如果各脉冲的间隔相同，均为 T_s，就称为均匀抽样。T_s 称为抽样周期，$f_s = \dfrac{1}{T_s}$ 称为抽样频率或抽样率，$\omega_s = 2\pi f_s = \dfrac{2\pi}{T_s}$ 称为抽样角频率。

　　如果 $x(t) \leftrightarrow X(j\omega)$，$s(t) \leftrightarrow S(j\omega)$，则有

$$S(j\omega) = 2\pi \sum_{k=-\infty}^{\infty} c_k \delta(\omega - k\omega_s)$$

式中 $c_k = \dfrac{1}{T_s} \displaystyle\int_{-\frac{T_s}{2}}^{\frac{T_s}{2}} s(t) \mathrm{e}^{-jk\omega_s t} \mathrm{d}t$, $\quad k = 0, \pm 1, \pm 2, \cdots$。

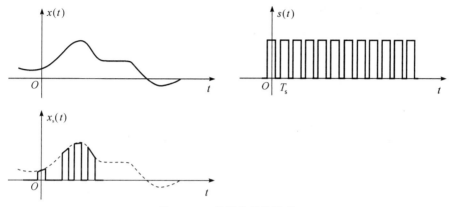

图 5.3.1 抽样信号的波形

由频域卷积定理可得抽样信号 $x_s(t)$ 的频谱函数为

$$X_s(j\omega) = \frac{1}{2\pi} X(j\omega) * S(j\omega)$$

$$= \sum_{k=-\infty}^{\infty} c_k X[j(\omega - k\omega_s)] \tag{5.3.2}$$

式 (5.3.2) 表明：抽样信号的频谱 $X_s(j\omega)$ 是连续信号的频谱 $X(j\omega)$ 以抽样频率 ω_s 为间隔周期地重复而得到的，其幅度被傅里叶系数 c_k 所加权。因为 c_k 只是 k 的函数，所以在重复的过程中不会使 $X(j\omega)$ 形状发生改变。

随着数字技术和计算机的迅速发展，数字通信系统的很多性能都要比模拟通信系统优越，利用数字通信系统传输模拟信号的通信方式已经得到了广泛的应用。这就需要将连续信号经抽样变成抽样信号，再经过量化、编码变成数字信号。本节只研究信号的抽样过程。

1. 冲激抽样(理想抽样)

若抽样脉冲 $s(t)$ 是冲激函数序列 $\delta_{T_s}(t)$，则称冲激抽样或理想抽样。

因为 $\delta_{T_s}(t) = \displaystyle\sum_{n=-\infty}^{\infty} \delta(t - kT_s)$，则抽样信号为

$$x_s(t) = x(t)s(t) = \sum_{n=-\infty}^{\infty} x(kT_s)\delta(t - kT_s) \tag{5.3.3}$$

抽样信号 $x_s(t)$ 是由一系列冲激函数构成的，间隔为 T_s，强度等于连续信号的抽样值 $x(kT_s)$，如图 5.3.2 所示。

抽样脉冲 $s(t)$ 的频谱为

$$S(j\omega) = \frac{2\pi}{T_s} \sum_{k=-\infty}^{\infty} \delta(\omega - k\omega_s)$$

抽样信号的频谱函数为

$$X_s(j\omega) = \frac{1}{2\pi} X(j\omega) * S(j\omega) = \frac{1}{T_s} \sum_{k=-\infty}^{\infty} X[j(\omega - k\omega_s)] \tag{5.3.4}$$

式(5.3.4)表明是 $X_s(j\omega)$ 以 ω_s 为周期等幅度地重复,幅度为原频谱的 $1/T_s$,如图 5.3.2所示。

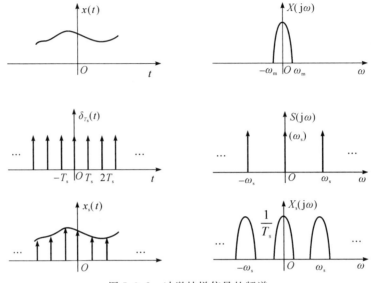

图 5.3.2　冲激抽样信号的频谱

在实际中通常采用矩形脉冲抽样,但是为了便于问题的分析,当脉宽 τ 相对较窄时,往往近似为冲激抽样。

2. 矩形脉冲抽样

当抽样脉冲是幅度为 E,脉宽为 $\tau(\tau < T_s)$ 的矩形脉冲序列 $p_{T_s}(t)$ 时,由于 $x_s(t) = x(t)p_{T_s}(t)$,如图 5.3.3 所示,所以抽样信号的脉冲顶部不是平的,而是随 $x(t)$ 的变化而变化的,又称为自然抽样。

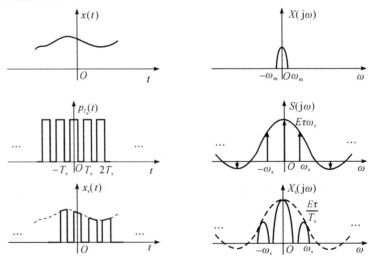

图 5.3.3　矩形脉冲抽样信号的频谱

抽样脉冲的傅里叶系数为

$$c_k = \frac{1}{T_s}\int_{-\frac{T_s}{2}}^{\frac{T_s}{2}} p_{T_s}(t)\mathrm{e}^{-jk\omega_s t}\mathrm{d}t = \frac{1}{T_s}\int_{-\frac{\tau}{2}}^{\frac{\tau}{2}} \mathrm{e}^{-jk\omega_s t}\mathrm{d}t = \frac{E\tau}{T_s}\mathrm{Sa}\left(\frac{k\omega_s\tau}{2}\right) \tag{5.3.5}$$

将其代入式(5.3.2)，便可得矩形抽样信号的频谱函数为

$$X_s(\mathrm{j}\omega) = \frac{E\tau}{T_s} \sum_{k=-\infty}^{\infty} \mathrm{Sa}\left(\frac{k\omega_s\tau}{2}\right) X[\mathrm{j}(\omega - k\omega_s)] \tag{5.3.6}$$

式(5.3.6)表明，$X_s(\mathrm{j}\omega)$ 以 ω_s 为周期等幅度地重复，幅度为原频谱的 $\frac{E\tau}{T_s}\mathrm{Sa}\left(\frac{k\omega_s\tau}{2}\right)$，如图 5.3.3 所示。

5.3.2　时域抽样定理

现在我们来讨论如何从抽样信号中恢复原连续信号，以及在什么条件下才可以无失真地完成这种恢复作用，同时引出抽样定理。

从图 5.3.4 可以看出，为了从频谱 $X_s(\mathrm{j}\omega)$ 中无失真地选出 $X(\mathrm{j}\omega)$，可以选用矩形函数 $H(\mathrm{j}\omega)$ 与 $X_s(\mathrm{j}\omega)$ 相乘，即

$$X(\mathrm{j}\omega) = H(\mathrm{j}\omega)X_s(\mathrm{j}\omega) \tag{5.3.7}$$

其中

$$H(\mathrm{j}\omega) = \begin{cases} T_s, & |\omega| < \omega_c \\ 0, & |\omega| > \omega_c \end{cases}$$

即将抽样信号 $x_s(t)$ 施加于"理想低通滤波器"，这样，在滤波器的输出端就可以得到频谱为 $X(\mathrm{j}\omega)$ 的连续信号 $x(t)$。

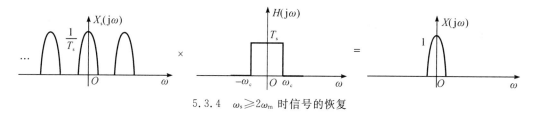

5.3.4　$\omega_s \geqslant 2\omega_m$ 时信号的恢复

下面从时域角度来看信号的恢复。

由时域卷积定理，式(5.3.7)相应于时域为

$$x(t) = x_s(t) * h(t)$$

由于冲激采样信号为

$$x_s(t) = x(t)s(t) = \sum_{k=-\infty}^{\infty} x(kT_s)\delta(t - kT_s), \ h(t) = \frac{T_s\omega_c}{\pi}\mathrm{Sa}(\omega_c t)$$

故

$$x(t) = x_s(t) * h(t) = \sum_{k=-\infty}^{\infty} x(kT_s)\delta(t - kT_s) * \frac{T_s\omega_c}{\pi}\mathrm{Sa}(\omega_c t)$$

$$= \sum_{k=-\infty}^{\infty} \frac{T_s\omega_c}{\pi} x(kT_s)\mathrm{Sa}[\omega_c(t - kT_s)] \tag{5.3.8}$$

若 $\omega_s = 2\omega_m$，$\omega_c = \omega_m$，则

$$x(t) = \sum_{k=-\infty}^{\infty} \frac{T_s\omega_m}{\pi} x(kT_s)\mathrm{Sa}[\omega_m(t - kT_s)]$$

$$= \sum_{k=-\infty}^{\infty} \frac{T_s\omega_m}{\pi} x(kT_s)\mathrm{Sa}[(\omega_m t - k\pi)] \tag{5.3.9}$$

式(5.3.9)表明 $x(t)$ 可以展成正交抽样函数的无穷级数,该函数的系数等于采样值 $\dfrac{T_s \omega_m}{\pi} x(kT_s)$,也就是说若在抽样信号 $x_s(t)$ 的每个抽样值上画一个峰值为 $\dfrac{T_s \omega_m}{\pi} x(kT_s)$ 的 Sa 波形,则合成波就是 $x(t)$。

时域抽样定理: 一个频谱限制在 $-\omega_m \sim +\omega_m$ 的信号 $x(t)$,若间隔 T_s 对其抽样,抽样后信号 $x_s(t)$ 的频谱 $X_s(j\omega)$ 是 $X(j\omega)$ 以 ω_s 周期重复,当满足抽样角频率 $\omega_s \geqslant 2\omega_m$ 时,$X_s(j\omega)$ 不会产生频谱的混叠,这样抽样信号 $x_s(t)$ 保留了原连续信号 $x(t)$ 的全部信息,完全可以用 $x_s(t)$ 唯一地表示 $x(t)$,或者说可以由 $x_s(t)$ 恢复出 $x(t)$。

即一个频谱受限的信号 $x(t)$,如果频谱只占据 $-\omega_m \sim +\omega_m$ 的范围,则信号 $x(t)$ 可以用等间隔的抽样值来唯一地表示。而抽样间隔必须不大于 $\dfrac{1}{2f_m}$,或者说抽样频率不小于 $2f_m$。

通常把最低允许的抽样频率 $\omega_s = 2\omega_m$ 称为奈奎斯特(Nyquist)频率,把最大允许的抽样间隔 $T_s = \dfrac{1}{2f_m}$ 称为奈奎斯特间隔。

5.3.3　信号的频域抽样

如果信号 $x(t)$ 为时间有限信号(简称时限信号),即它在时间区间 $(-t_m, t_m)$ 以外为零。$x(t)$ 的频谱函数 $X(j\omega)$ 为连续谱。

在频域中对 $X(j\omega)$ 进行等间隔 ω_s 的冲激抽样,即 $\delta_{\omega_s}(\omega) = \sum\limits_{n=-\infty}^{\infty} \delta(\omega - k\omega_s)$ 对 $X(j\omega)$ 抽样,得抽样后的频谱函数为

$$X_s(j\omega) = X(j\omega) \sum_{n=-\infty}^{\infty} \delta(\omega - k\omega_s) = \sum_{k=-\infty}^{\infty} X(jk\omega) \delta(\omega - k\omega_s) \qquad (5.3.10)$$

其频域取样过程如图 5.3.5 所示。

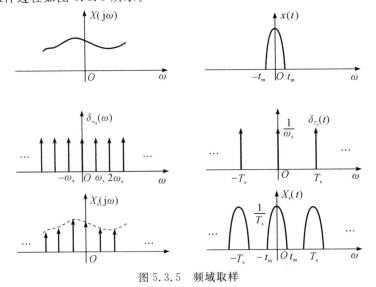

图 5.3.5　频域取样

由于 $\dfrac{1}{\omega_s} \sum\limits_{k=-\infty}^{\infty} \delta(T - kT_s) \leftrightarrow \sum\limits_{k=-\infty}^{\infty} \delta(\omega - k\omega_s)$,根据时域卷积定理,被抽样函数所对应的时

间函数为

$$x_s(t) = x(t) * \frac{1}{\omega_s} \sum_{k=-\infty}^{\infty} \delta(T - kT_s) = \frac{1}{\omega_s} \sum_{k=-\infty}^{\infty} x(T - kT_s) \tag{5.3.11}$$

式(5.3.11)表明，若 $x(t)$ 的频谱函数 $X(j\omega)$ 被间隔为 ω_s 的冲激序列在频域中抽样，则在时域内等效于 $x(t)$ 以 $T_s\left(T_s = \dfrac{2\pi}{\omega_s}\right)$ 为周期而重复，即周期信号的频谱是离散的。

频域抽样定理：若信号 $x(t)$ 是时间有限信号，它集中在 $-t_m \sim +t_m$ 的时间范围内，若在频域中以不大于 $\dfrac{1}{2t_m}$ 的频率间隔对 $x(t)$ 的频谱 $X(j\omega)$ 进行抽样，则抽样后的频谱 $X_s(j\omega)$ 可唯一地表示原信号。

通过以上时域与频域的抽样过程的讨论，我们得到了傅里叶变换的又一条重要的性质，即信号的时域与频域呈抽样(离散)与重复(周期)关系。

抽样定理在通信系统、信息传统理论方面占有十分重要的地位，许多近代通信方式(如数字通信系统)都以此定理作为理论基础。

5.4　离散时间 LTI 系统的频域分析

设稳定的离散 LTI 系统的单位脉冲响应为 $h(n)$，当系统的输入是角频率为 Ω 的虚指数信号 $x(n) = e^{j\Omega n}(-\infty < k < \infty)$ 时，系统的零状态响应 $y(n)$ 等于输入信号 $x(n) = e^{j\Omega n}$ 和系统单位脉冲响应 $h(n)$ 的卷积和，即

$$\begin{aligned} y(n) &= x(n) * h(n) = h(n) * x(n) = \sum_{m=-\infty}^{\infty} h(m) e^{j\Omega(n-m)} \\ &= H(e^{j\Omega}) e^{j\Omega n} \end{aligned} \tag{5.4.1}$$

其中 $H(e^{j\Omega}) = \sum\limits_{m=-\infty}^{\infty} h(n) e^{j\Omega n}$，是单位脉冲响应 $h(n)$ 的离散时间傅里叶变换(DTFT)。$H(e^{j\Omega})$ 定义为 LTI 离散系统的频率响应，是系统的频域描述。$H(e^{j\Omega})$ 一般是 Ω 的复函数，可表示为

$$H(e^{j\Omega}) = |H(e^{j\Omega})| e^{j\varphi(\Omega)} \tag{5.4.2}$$

$|H(e^{j\Omega})|$ 称为系统的幅度响应，$\varphi(\Omega)$ 称为系统的相位响应。当 $h(n)$ 为实信号时，$|H(e^{j\Omega})|$ 是 Ω 的偶函数，$\varphi(\Omega)$ 是 Ω 的奇函数。

式(5.4.1)表明，虚指数信号通过离散 LTI 系统后频率不变，信号的幅度由系统的频率响应 $H(e^{j\Omega})$ 的幅度确定。

对于任意序列 $x(n)$，由离散信号傅里叶反变换公式

$$x(n) = \frac{1}{2\pi} \int_{-\pi}^{\pi} X(e^{j\Omega}) e^{j\Omega n} d\Omega \tag{5.4.3}$$

利用系统的线性性质可求得输出序列为

$$y(n) = \frac{1}{2\pi} \int_{-\pi}^{\pi} H(e^{j\Omega}) X(e^{j\Omega}) e^{j\Omega n} d\Omega \tag{5.4.4}$$

输出序列的 DTFT 为

$$Y(e^{j\Omega}) = H(e^{j\Omega}) X(e^{j\Omega}) \tag{5.4.5}$$

式(5.4.5)表明，任意信号 $x(n)$ 作用于离散 LTI 系统的零状态响应 $y(n)$ 的频谱等于输

入信号的频谱和系统频率响应的乘积。通常离散系统的频率响应 $H(e^{j\Omega})$ 定义为系统响应（零状态响应）的离散时间傅里叶变换 $Y(e^{j\Omega})$ 与输入信号的离散时间傅里叶变换 $X(e^{j\Omega})$ 之比。

例 5.6 已知描述某离散系统的差分方程为

$$6y(n) + 5y(n-1) + y(n-2) = 3x(n) + 4x(n-1)$$

试求该系统的频率响应 $H(e^{j\Omega})$ 和单位脉冲响应 $h(n)$。

解 对差分方程作离散时间傅里叶变换，得

$$6Y(e^{j\Omega}) + 5e^{-j\Omega}Y(e^{j\Omega}) + e^{-j2\Omega}Y(e^{j\Omega}) = 3X(e^{j\Omega}) + 4e^{-j\Omega}X(e^{j\Omega})$$

即

$$(6 + 5e^{-j\Omega} + e^{-j2\Omega})Y(e^{j\Omega}) = (3 + 4e^{-j\Omega})X(e^{j\Omega})$$

所以

$$\begin{aligned} H(e^{j\Omega}) &= \frac{3 + 4e^{-j\Omega}}{6 + 5e^{-j\Omega} + e^{-j2\Omega}} \\ &= \frac{2/5}{1 + 1/2e^{-j\Omega}} + \frac{3}{1 + 1/3e^{-j\Omega}} \end{aligned}$$

对上式作反变换，得

$$h(n) = -\frac{5}{2}\left(\frac{1}{2}\right)^n u(n) + 3\left(-\frac{1}{3}\right)^n u(n)$$

5.5　LTI 系统频域分析的 MATLAB 实现

5.5.1　利用 MATLAB 分析连续时间系统的频域特性

MATLAB 提供了专用函数 freqs 来实现连续系统频率响应的分析。该函数可以求出系统频率响应的数值解，并可绘出系统的幅频及相频响应曲线。freqs 函数有四种调用格式。

(1) H＝freqs(b, a, w)。这种格式中输入参量 b 为系统频率响应分子多项式系数，对应于向量 $[b_m, b_{m-1}, b_{m-2}, \cdots, b_0]$；a 为系统频率响应分母多项式系数，对应于向量 $[a_m, a_{m-1}, a_{m-2}, \cdots, a_0]$；w 为形如 w1：P：w2 的冒号运算定义的系统频率响应的频率范围，w1 为频率起始值，w2 为频率终止值，P 为频率采样间隔。输出参量 H 为返回在 w 所定义的频率点上系统频率响应的样值。

(2) [H, w]＝freqs(b, a)。该调用格式将计算默认频率范围内 200 个频率点的系统频率响应的样值，并赋值给返回参量 H。其中输入参量 a、b 与格式(1)相同，输出参量 H 保存 200 个频率点的系统频率响应的样值，w 保存 200 个频率点的位置。

(3) [H, w]＝freqs(b, a, n)。该调用格式将计算默认频率范围内 n 个频率点的系统频率响应的样值，并赋值给返回参量 H。其中输入参量 a、b 与格式(1)相同，n 为输出频率点的个数，输出参量 H 保存 n 个频率点的频率响应的样值，w 保存 n 个频率点的位置。

(4) freqs(b, a)。该调用格式并不返回系统频率响应的样值，而是以波特图的方式绘出系统的幅度响应和相位响应曲线，输入参量 a、b 与格式(1)相同。

例 5.7 图 5.5.1 是常见的用 RLC 元件构造的二阶高通滤波器，用 MATLAB 求其频率响应并绘制幅度响应和相位响应曲线。

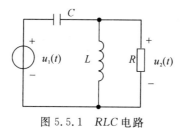

图 5.5.1　RLC 电路

解　电路的频率响应函数为

$$H(\mathrm{j}\omega) = \frac{U_2(\omega)}{U_1(\omega)} = \frac{\dfrac{1}{\dfrac{1}{R}+\dfrac{1}{\mathrm{j}\omega L}}}{\dfrac{1}{\mathrm{j}\omega L}+\dfrac{1}{\dfrac{1}{R}+\dfrac{1}{\mathrm{j}\omega L}}} = \frac{RLC\,(\mathrm{j}\omega)^2}{RLC\,(\mathrm{j}\omega)^2 + \mathrm{j}\omega L + R}$$

设 $R = \sqrt{\dfrac{L}{2C}}$，$L=0.4$ H，$C=0.05$ F，则 $R=2$ Ω，且截止频率为

$$\omega_c = \frac{1}{\sqrt{LC}} = \frac{1}{\sqrt{0.02}} \approx 7.0711$$

$$|H(\mathrm{j}\omega)|_{\omega=\omega_c} = \frac{1}{\sqrt{2}}|H(\omega)|_{\omega=0} = \frac{1}{\sqrt{2}} \approx 0.707$$

将 L、C、R 的值代入频率响应的表达式，得

$$H(\mathrm{j}\omega) = \frac{0.04\,(\mathrm{j}\omega)^2}{0.04\,(\mathrm{j}\omega)^2 + 0.4\mathrm{j}\omega + 2}$$

以上分析的 MATLAB 程序如下：

```
%二阶高通滤波器的频率响应
b=[0.04 0 0];                    %生成向量 b
a=[0.04 0.4 2];                  %生成向量 a
[h, w]=freqs(b, a, 100);         %求频率响应
h1=abs(h);                       %求幅频响应
h2=angle(h);                     %求相频响应
subplot(2, 1, 1);
plot(w, h1);
hold on
plot([7.0711 7.7011], [0 0.707], ':')
plot([0 7.0711], [0.707 0.707], ':')
axis([0 40 0 1.1]);
grid
xlabel('角频率(\omega)'); ylabel('幅度'); title('H(omega)的幅频特性');
subplot(2, 1, 2);
plot(w, h2 * 180/pi);
axis([0 40 0 200]);
grid
xlabel('角频率(\omega)'); ylabel('相位(度)');
title('H(omega)的相频特性');
```

运行结果如图 5.5.2 所示。

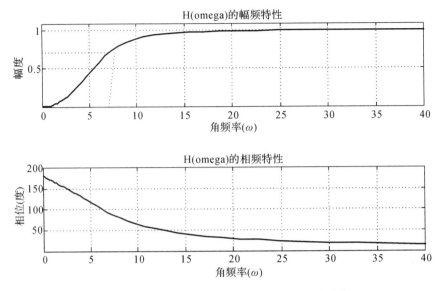

图 5.5.2　二阶高通滤波器的幅度响应和相位响应

5.5.2　信号时域抽样的 MATLAB 实现

已知 $x_a(t) = Ae^{-\alpha t}\sin(\Omega_0 t)u(t)$，式中 $A=444.128$，$\alpha=50\sqrt{2}\pi$，$\Omega_0=50\sqrt{2}\pi$ rad/s，它的幅频特性曲线如图 5.5.3 所示，利用 MATLAB 实现抽样频率为 1000Hz、300Hz、200Hz 时的时域抽样。

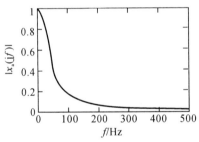

图 5.5.3　$x_a(t)$ 的幅频特性曲线

MATLAB 程序如下：

```
function tstem(xn, yn)
n＝0:length(xn)−1;
stem(n, xn, '.');
xlabel('n');ylabel('yn');
axis([0, n(end), min(xn), 1.2 * max(xn)]);
%抽样频率 Fs＝1000 时的时域抽样
Tp＝64/1000;                          %观察时间 Tp＝64 微秒
Fs＝1000;T＝1/Fs;
M＝Tp * Fs;n＝0:M−1;                 %产生 M 长抽样序列 x(n)
A＝444.128;alph＝pi * 50 * 2^0.5;omega＝pi * 50 * 2^0.5;
xnt＝A * exp(−alph * n * T). * sin(omega * n * T);
```

```
Xk=T*fft(xnt, M);                              %M 点 FFT[xnt]
yn='xa(nT)';subplot(3, 2, 1);
tstem(xnt, yn);                                %调用自编绘图函数 tstem 绘制序列图
box on;title('(a) Fs=1000Hz');
k=0:M−1;fk=k/Tp;
subplot(3, 2, 2);plot(fk, abs(Xk));title('(a) T*FT[xa(nT)], Fs=1000Hz');
xlabel('f(Hz)');ylabel('幅度');axis([0, Fs, 0, 1.2*max(abs(Xk))])
```

令 Fs 依次为 300、200，可以得到抽样频率为 300Hz 和 200Hz 时的时域抽样。程序运行结果如图 5.5.4 所示。

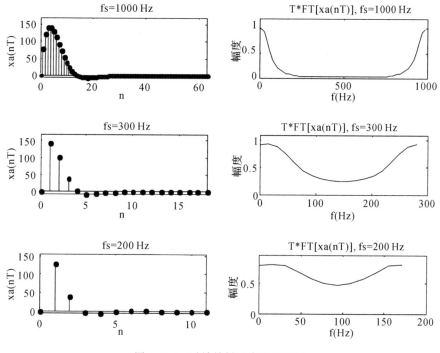

图 5.5.4　时域抽样程序运行结果

本 章 小 结

本章介绍了连续系统频率响应的概念，周期信号和非周期信号通过 LTI 系统时零状态响应的频域分析方法，无失真传输系统和理想滤波器的时域特性和频域特性，信号的抽样定理，离散系统的频域分析以及用 MATLAB 进行系统频域分析的基本方法。

本章主要内容有：

（1）线性时不变系统在频域用系统的频率特性 $H(j\omega)$ 来描述，定义为系统零状态响应的频谱函数 $Y(j\omega)$ 与激励的频谱函数 $X(j\omega)$ 之比。

（2）系统的频率域分析法从频谱改变的观点来解释激励与响应波形的差异，其物理概念清楚，根据系统函数 $H(j\omega)$ 特性对输入信号的频谱 $X(j\omega)$ 进行处理，使得输出响应的频谱 $Y(j\omega)$ 满足实际设计要求。

尽管频域分析法避开了微分方程的求解和卷积积分的计算，但求傅里叶反变换一般比

较困难，因此频域分析的目的通常不是由此求系统时域响应，而重点是在频域分析信号的频谱和系统的带宽，以及研究信号通过系统传输时对信号频谱的影响等。

（3）无失真传输是对通信系统的基本要求，无失真传输系统的频率特性为

$$H(\mathrm{j}\omega) = \frac{Y(\mathrm{j}\omega)}{X(\mathrm{j}\omega)} = K\mathrm{e}^{-\mathrm{j}\omega t_\mathrm{d}}$$

即幅频响应$|H(\mathrm{j}\omega)| = K$；相频响应$\varphi(\omega) = -\omega t_\mathrm{d}$。应该说明的是实际的通信系统或信号处理系统都工作于一定的频率范围内，只要在工作频带内满足以上条件即可。

（4）通过分析理想低通滤波器的脉冲响应或阶跃响应，可以看出理想低通滤波器是非因果系统，因而物理上无法实现。但理想低通滤波器的概念在数字滤波器设计中很重要。

（5）时域取样定理的内容是：对于具有最高频率ω_m的频带有限信号，当采样频率满足$\omega_\mathrm{s} \geqslant 2\omega_\mathrm{m}$时，则采样信号的频谱函数是原信号频谱的周期性重复，每隔ω_s重复出现一次。因此采样信号含有原信号的全部信息，可从采样信号恢复原信号。

习　题　5

5.1　某 LTI 连续系统的频率响应函数为

$$H(\mathrm{j}\omega) = \begin{cases} \mathrm{e}^{-\mathrm{j}3\omega}, & |\omega| < 6 \\ 0, & |\omega| > 6 \end{cases}$$

若系统的输入$x(t) = \dfrac{\sin(3t)}{t}\cos(5t)$，求该系统的输出。

5.2　已知系统的输入为$x(t) = f(t)\cos t = \left(\displaystyle\sum_{k=-\infty}^{\infty} \mathrm{e}^{\mathrm{j}k\omega_0 t}\right)\cos t$（其中$\omega_0 = 1$，$n = 0, \pm 1$，$\pm 2, \cdots$），系统的频率响应为$H(\mathrm{j}\omega) = \begin{cases} \mathrm{e}^{-\mathrm{j}\frac{\pi}{3}\omega}, & |\omega| < 1.5 \\ 0, & |\omega| > 1.5 \end{cases}$，求系统的响应。

5.3　题 5.3 图所示系统中$H_1(\mathrm{j}\omega) = \mathrm{e}^{-\mathrm{j}2\omega}$，$h_2(t) = 1 + \cos\left(\dfrac{\pi t}{2}\right)$，求输入$x(t) = u(t)$时系统的输出。

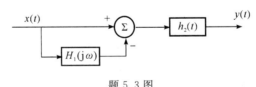

题 5.3 图

5.4　某 LTI 系统的频率响应$H(\mathrm{j}\omega) = \dfrac{2 - \mathrm{j}\omega}{2 + \mathrm{j}\omega}$，若系统输入$x(t) = \cos(2t)$，求该系统的输出$y(t)$。

5.5　一个 LTI 系统的频率响应为

$$H(\mathrm{j}\omega) = \begin{cases} \mathrm{e}^{\mathrm{j}\frac{\pi}{2}}, & -6\ \mathrm{rad/s} < \omega < 0 \\ \mathrm{e}^{-\mathrm{j}\frac{\pi}{2}}, & 0 < \omega < 6\ \mathrm{rad/s} \\ 0, & 其他 \end{cases}$$

若其输入$x(t) = \dfrac{\sin(3t)}{t}\cos(5t)$，求该系统的输出$y(t)$。

5.6　某 LTI 连续系统的频率响应为

$$H(\mathrm{j}\omega) = \begin{cases} e^{-\mathrm{j}3\omega}, & |\omega| < 6 \\ 0, & |\omega| > 6 \end{cases}$$

若系统的输入 $x(t) = \dfrac{\sin(4t)}{t}\cos(6t)$，求该系统的输出 $y(t)$。

5.7　理想低通滤波器的频率响应如下：

$$H(\mathrm{j}\omega) = \begin{cases} e^{-\mathrm{j}\omega t_{\mathrm{d}}}, & |\omega| < \omega_{\mathrm{c}} \\ 0, & |\omega| > \omega_{\mathrm{c}} \end{cases}$$

（1）求该系统的冲激响应。

（2）该系统是否为物理可实现的？

5.8　题 5.8 图所示电路为由电阻 R_1、R_2 组成的分压器，分布电容并接于 R_1 和 R_2 两端。(1)求频率响应 $H(\mathrm{j}\omega)$；(2)为了能无失真地传输，R 和 C 应满足何种关系？

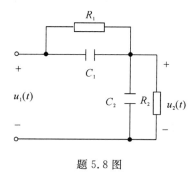

题 5.8 图

5.9　题 5.9 图(a)所示为抑制载波的振幅调制的接收系统。输入信号 $f(t) = \dfrac{\sin t}{\pi t}\cos(1000t)$，$s(t) = \cos(1000t)$，低通滤波器的频率响应如题 5.9 图(b)所示。试求其输出信号。

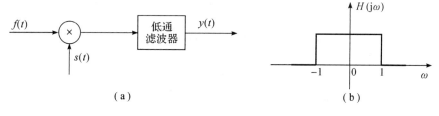

题 5.9 图

5.10　题 5.10 图(a)所示为通信系统的原理框图，$x(t)$ 为被传送的基带信号，其频谱 $X(\mathrm{j}\omega)$ 如图(b)所示。$s_1(t) = s_2(t) = \cos\omega_0 t$，$\omega_0 \gg \omega_{\mathrm{m}}$，$s_1(t)$ 为发送端的载波信号，$s_2(t)$ 为接收端的本地振荡信号。

（1）求解并画出 $y_1(t)$ 的频谱 $Y_1(\mathrm{j}\omega)$；

（2）求解并画出 $y_2(t)$ 的频谱 $Y_2(\mathrm{j}\omega)$；

（3）欲使输出信号 $y(t) = x(t)$，求理想低通滤波器的频率响应，并画出波形图。

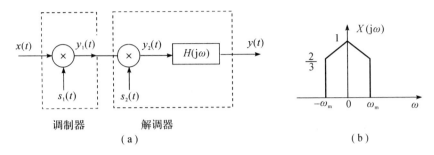

题 5.10 图

5.11　为了通信保密，可将语音信号在传输前进行倒频，接收端收到倒频信号后再设法恢复原频谱。题 5.11 图(b)是一个倒频系统，输入带限信号 $x(t)$ 的频谱 $X(j\omega)$ 如图(a)所示，其最高角频率为 ω_m。图(b)中 HP 是理想高通滤波器，其截止角频率为 ω_b，即

$$H_1(j\omega) = \begin{cases} K_1, & |\omega| > \omega_b \\ 0, & |\omega| < \omega_b \end{cases}$$

图(b)中 LP 是理想低通滤波器，其截止角频率为 ω_m，即

$$H_2(j\omega) = \begin{cases} K_2, & |\omega| < \omega_m \\ 0, & |\omega| > \omega_m \end{cases}$$

已知 $\omega_b > \omega_m$。

（1）求解并画出 $y_1(t)$ 的频谱 $Y_1(j\omega)$；

（2）求解并画出 $y_2(t)$ 的频谱 $Y_2(j\omega)$。

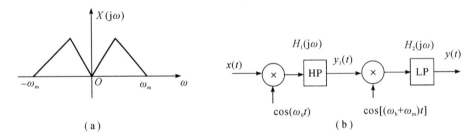

题 5.11 图

5.12　系统的幅频特性 $H(j\omega)$ 和相频特性 $\varphi(\omega)$ 如题 5.12 图所示，则下列信号通过该系统时，是否产生失真？

（1）$x(t) = \cos t + \cos(8t)$；

（2）$x(t) = \sin(2t) + \sin(4t)$；

（3）$x(t) = \sin(2t)\sin(4t)$；

（4）$x(t) = \cos^2(4t)$。

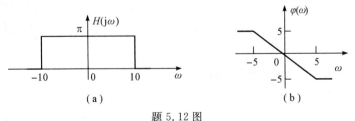

题 5.12 图

第三篇

信号与系统的复频域分析

第6章　连续时间信号与系统的复频域分析

前边介绍了连续时间信号与系统的时域与频域分析两种分析方法。时域分析通过卷积积分求解零状态响应，但问题复杂时，时域卷积积分不方便；频域分析方法虽然应用较广，但仍有以下不便之处：

(1) 一些常用的重要信号，如 $u(t)$、$r(t)$、$\cos\omega t$ 等的傅里叶变换(FT)不能用定义式求解。虽然找到了它们的傅里叶变换，但由于含有冲激函数，求反变换变得困难，限制了傅里叶变换在系统分析中的应用。

(2) 指数增长信号 $e^{\alpha t}u(t)$ $(\alpha>0)$ 这样的重要信号，其傅里叶变换不存在。

(3) 在应用傅里叶变换分析 LTI 系统的过程中，仅限于分析零状态下的 LTI 系统。

针对以上问题，需要寻找信号的其他变换，以拓宽信号与系统的变换域分析方法，适应不同的需要。法国数学家和天文学家拉普拉斯(Laplace)把傅里叶变换中的频域 $j\omega$ 扩展为复频域 $s=\sigma+j\omega$，提出了拉普拉斯变换(Laplace Transform，LT)，使得一些不存在傅里叶变换的信号却存在拉普拉斯变换，并且初始状态在变换式里自动包含，不但能求零状态响应，还能求零输入响应。这种变换在一定程度上弥补了傅里叶变换的不足，更具有生命力。例如，在求解动态电路时，拉普拉斯变换的优越性是显而易见的。

6.1　连续时间信号的复频域分析

6.1.1　从傅里叶变换到拉普拉斯变换

由前边的讨论可知，信号存在傅里叶变换的充分条件是满足绝对可积，即如果一个信号满足绝对可积条件，其傅里叶变换一定存在，且能用定义式求解；反之，如果一个信号不满足绝对可积的条件，要么其傅里叶变换不存在，要么很难用定义式求解。

对于一个不满足绝对可积条件的信号 $x(t)$，如果用一个实指数函数 $e^{-\sigma t}$ 与之相乘，只要 σ 数值选择得当，就可使 $x(t)e^{-\sigma t}$ 满足绝对可积条件，其傅里叶变换为

$$\mathscr{F}\left[x(t)e^{-\sigma t}\right]=\int_{-\infty}^{\infty}x(t)e^{-\sigma t}e^{-j\omega t}\,\mathrm{d}t=\int_{-\infty}^{\infty}x(t)e^{-(\sigma+j\omega)t}\,\mathrm{d}t=X_b(\sigma+j\omega) \quad (6.1.1)$$

相应的傅里叶逆变换为

$$x(t)e^{-\sigma t}=\frac{1}{2\pi}\int_{-\infty}^{\infty}X_b(\sigma+j\omega)e^{j\omega t}\,\mathrm{d}\omega$$

两端同时乘以 $e^{\sigma t}$，得

$$x(t)=\frac{1}{2\pi}\int_{-\infty}^{\infty}X_b(\sigma+j\omega)e^{(\sigma+j\omega)t}\,\mathrm{d}\omega \quad (6.1.2)$$

令式(6.1.1)和式(6.1.2)中的 $s=\sigma+j\omega$，积分过程中 σ 为常量，$\mathrm{d}s=\mathrm{j}\mathrm{d}\omega$，$\omega$ 在 $(-\infty,\infty)$

上变化时，s 在 $(\sigma-\mathrm{j}\infty, \sigma+\mathrm{j}\infty)$ 上变化，代入式 (6.1.1) 和式 (6.1.2) 则有

$$X_b(s) = \int_{-\infty}^{\infty} x(t)\mathrm{e}^{-st}\,\mathrm{d}t \tag{6.1.3}$$

$$x(t) = \frac{1}{2\pi\mathrm{j}}\int_{\sigma-\mathrm{j}\infty}^{\sigma+\mathrm{j}\infty} X_b(s)\mathrm{e}^{st}\,\mathrm{d}s \tag{6.1.4}$$

式 (6.1.3) 和式 (6.1.4) 称为双边拉普拉斯变换对，可简记作

$$x(t) \leftrightarrow X_b(s)$$

或

$$\mathcal{L}[x(t)] = X_b(s), \ \mathcal{L}^{-1}[X(s)] = X_b(s)$$

其中 $\mathcal{L}$ 和 $\mathcal{L}^{-1}$ 分别表示拉普拉斯正变换和逆变换的运算，$X_b(s)$ 称为 $x(t)$ 的象函数，$x(t)$ 称为 $X_b(s)$ 的原函数。

6.1.2　拉普拉斯变换的收敛域

当 $x(t)$ 乘以收敛因子 $\mathrm{e}^{-\sigma t}$ 后，就有可能满足绝对可积条件，而是否满足取决于 $x(t)$ 的性质与 σ 的相对关系。使积分存在的所有复数 s 的范围，确切地说是 σ 的范围（因为 $s = \sigma+\mathrm{j}\omega$，而积分是否存在只与 σ 有关，而与 ω 无关），称为拉氏变换的收敛域（Region Of Convergence，ROC）。

例 6.1　设因果信号 $x_1(t) = \mathrm{e}^{\alpha t}u(t)$，$\alpha$ 为实数，求其拉普拉斯变换。

解　根据双边拉普拉斯变换的定义式有

$$X_{b1}(s) = \int_{-\infty}^{\infty} \mathrm{e}^{\alpha t}u(t)\mathrm{e}^{-st}\,\mathrm{d}t = \int_{0_-}^{\infty} \mathrm{e}^{-(s-\alpha)t}\,\mathrm{d}t = \frac{\mathrm{e}^{-(s-\alpha)t}}{-(s-\alpha)}\Big|_0^{\infty} = \frac{1}{s-\alpha}\Big[1 - \lim_{t\to\infty}\mathrm{e}^{-(\sigma-\alpha)t} \cdot \mathrm{e}^{-\mathrm{j}\omega t}\Big]$$

$$= \begin{cases} \dfrac{1}{s-\alpha}, & \mathrm{Re}[s] = \sigma > \alpha \\ \text{不定}, & \sigma = \alpha \\ \text{无界}, & \sigma < \alpha \end{cases}$$

可见，对于因果信号，当 $\mathrm{Re}[s] = \sigma > \alpha$ 时，其双边拉普拉斯变换存在，即因果信号象函数的收敛域为 s 平面中 $\mathrm{Re}[s] = \sigma > \alpha$ 的区域，α 称为收敛坐标。

例 6.2　设反因果信号 $x_2(t) = \mathrm{e}^{\beta t}u(-t)$，$\beta$ 为实数，求其拉普拉斯变换。

解　根据双边拉普拉斯变换的定义式有

$$X_{b2}(s) = \int_{-\infty}^{\infty} \mathrm{e}^{\beta t}u(-t)\mathrm{e}^{-st}\,\mathrm{d}t = \int_{-\infty}^{0} \mathrm{e}^{-(s-\beta)t}\,\mathrm{d}t = \frac{\mathrm{e}^{-(s-\beta)t}}{-(s-\beta)}\Big|_{-\infty}^{0}$$

$$= -\frac{1}{s-\beta}\Big[1 - \lim_{t\to-\infty}\mathrm{e}^{-(\sigma-\beta)t} \cdot \mathrm{e}^{-\mathrm{j}\omega t}\Big]$$

$$= \begin{cases} \text{无界}, & \mathrm{Re}[s] = \sigma > \beta \\ \text{不定}, & \sigma = \beta \\ -\dfrac{1}{s-\beta}, & \sigma < \beta \end{cases}$$

可见，对于反因果信号，当 $\mathrm{Re}[s] = \sigma < \beta$ 时，其拉普拉斯变换存在，即反因果信号象函数的收敛域为 s 平面中 $\mathrm{Re}[s] = \sigma < \beta$ 的区域，β 称为收敛坐标。

如果有双边信号

$$x(t) = x_1(t) + x_2(t) = \mathrm{e}^{\alpha t}u(t) + \mathrm{e}^{\beta t}u(-t)$$

其双边拉氏变换为

$$X_b(s) = X_{b1}(s) + X_{b2}(s)$$

由以上讨论可知,双边信号的拉普拉斯变换的收敛域为因果信号与反因果信号收敛域的公共部分。若 $\beta > \alpha$,收敛域为 $\alpha < \mathrm{Re}[s] < \beta$ 的带状区域;若 $\beta \leqslant \alpha$,没有公共收敛域,双边信号的拉普拉斯变换不存在。

三种信号象函数的收敛域如图 6.1.1 所示。

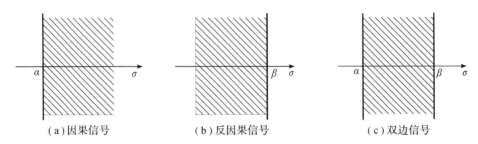

| (a)因果信号 | (b)反因果信号 | (c)双边信号 |

图 6.1.1 双边拉氏变换的收敛域

由例 6.1 和例 6.2 可以看出,$x_1(t) = \mathrm{e}^{\alpha t} u(t) \leftrightarrow \dfrac{1}{s-\alpha}$,而 $-x_2(t) = -\mathrm{e}^{\beta t} u(-t) \leftrightarrow \dfrac{1}{s-\beta}$,若 $\alpha = \beta$,则两者的象函数相同,而因为收敛域不同,因此其对应的时域信号是不同的。所以对于双边拉普拉斯变换来说,象函数表达式与收敛域是一个不可分割的整体,求拉普拉斯变换就包括求收敛域。

此外,收敛域中没有极点,收敛域总是以极点为边界的。一般情况下,因果信号拉普拉斯变换的收敛域为 s 平面最右边极点的右半开平面,反因果信号拉普拉斯变换的收敛域为最左面极点的左半开平面。

6.1.3 单边拉普拉斯变换

实际中,信号总是在某一时刻($t=0$)接入,即 $t<0$ 时,$x(t)=0$,即为因果信号。考虑到 $x(t)$ 中可能包含 $\delta(t)$ 及其各阶导数,则上式积分从 0_- 开始,有

$$X(s) = \int_{0_-}^{\infty} x(t) \mathrm{e}^{-st} \mathrm{d}t \tag{6.1.5}$$

$$x(t) = \frac{1}{2\pi\mathrm{j}} \int_{\sigma-\mathrm{j}\infty}^{\sigma+\mathrm{j}\infty} X(s) \mathrm{e}^{st} \mathrm{d}s \, (t \geqslant 0) \tag{6.1.6}$$

式(6.1.5)和式(6.1.6)称为单边拉普拉斯变换对。

由信号的双边和单边拉氏变换定义分析可知:

(1)对于因果信号来说,双边与单边的拉普拉斯变换结果相同,其收敛域为 $\mathrm{Re}[s] = \sigma > \sigma_0$ 的区域,σ_0 称为收敛坐标。

(2)对于反因果信号来说,单边拉普拉斯变换结果为 0,没有研究意义。而双边拉普拉斯变换的收敛域为 $\mathrm{Re}[s] = \sigma < \sigma_0$ 的区域。

(3)对于双边信号来说,若其单、双边拉普拉斯变换存在,两者是不等的,收敛域也是不同的。

在以后的讨论中,若没有特别说明,所提到的信号都是因果信号,涉及的都是单边拉普拉斯变换,其收敛域是平行于 s 平面 $\mathrm{j}\omega$ 轴的一条直线右侧的区域,可以表示为 $\mathrm{Re}[s] =$

$\sigma > \sigma_0$。由于单边拉氏变换的收敛域比较简单，一定是大于最右边极点实部的右半平面，即使不标出也不会混淆，因此在以后的讨论中，常省略其收敛域。

由例 6.1 可推得更一般的情况，若有 $x(t) = e^{s_0 t}u(t)$，s_0 为复数，同理得到

$$e^{s_0 t}u(t) \leftrightarrow \frac{1}{s-s_0}, \quad \mathrm{Re}[s] > \mathrm{Re}[s_0] \tag{6.1.7}$$

显然，s_0 为实数、纯虚数均为复数的特例。

6.1.4　常用信号的拉普拉斯变换

1. 单位冲激函数 $\delta(t)$

根据单位冲激函数的取样特性，$\mathscr{L}[\delta(t)] = \int_{0_-}^{\infty} \delta(t)e^{-st}\mathrm{d}t = 1$，即 $\delta(t) \leftrightarrow 1$。因为 $\delta(\infty) = 0$，无论 σ 为何值，$\lim_{t \to \infty} \delta(t)e^{-\sigma t} = 0$ 恒成立，所以收敛域为 $\mathrm{Re}[s] > -\infty$，即

$$\delta(t) \leftrightarrow 1, \quad \mathrm{Re}[s] > -\infty \tag{6.1.8}$$

由此不难推出，仅在有限区间 $0 \leqslant a < t < b < \infty$ 内不等于零，而在此区间外为零的可积信号（即可积的有限时间信号），收敛域为 $\mathrm{Re}[s] > -\infty$，即在全 s 平面收敛。

2. 单位阶跃函数 $u(t)$

单位阶跃信号的拉普拉斯变换为

$$\mathscr{L}[u(t)] = \int_{0_-}^{\infty} u(t)e^{-st}\mathrm{d}t = \int_{0_-}^{\infty} e^{-st}\mathrm{d}t = \frac{e^{-st}}{-s}\Big|_{0_-}^{\infty} = \frac{1}{s}$$

即

$$u(t) \leftrightarrow \frac{1}{s}, \quad \mathrm{Re}[s] > 0 \tag{6.1.9}$$

注意：由于 $x(t)$ 的单边拉氏变换是在 $(0_-, +\infty)$ 上，若对定义在 $(-\infty, +\infty)$ 上的 $x(t)$ 进行单边拉氏变换，相当于对 $x(t)u(t)$ 进行变换，因此，$1 \leftrightarrow \frac{1}{s}$。

3. 正幂函数 t^n（n 为正整数）

正幂函数的拉普拉斯变换为

$$\mathscr{L}[t^n] = \int_{0_-}^{\infty} t^n e^{-st}\mathrm{d}t = -\frac{t^n}{s}e^{-st}\Big|_{0_-}^{\infty} + \frac{n}{s}\int_{0_-}^{\infty} t^{n-1}e^{-st}\mathrm{d}t = \frac{n}{s}\int_{0_-}^{\infty} t^{n-1}e^{-st}\mathrm{d}t$$

$$\mathscr{L}[t^n] = \frac{n}{s}L[t^{n-1}] = \frac{n}{s}\frac{n-1}{s}\mathscr{L}[t^{n-2}]$$

$$= \frac{n}{s}\frac{n-1}{s}\cdots\frac{2}{s}\mathscr{L}[t] = \frac{n}{s}\frac{n-1}{s}\cdots\frac{2}{s}\frac{1}{s}\mathscr{L}[1] = \frac{n!}{s^{n+1}}$$

即

$$t^n \leftrightarrow \frac{n!}{s^{n+1}}, \quad \mathrm{Re}[s] > 0 \tag{6.1.10}$$

6.1.5　拉普拉斯变换的基本性质

同傅里叶变换的性质类似，拉普拉斯变换的性质反映了信号的时域特性与 s 域特性的关系。可以看到，熟练运用常用信号的拉普拉斯变换结果和基本性质，是我们求解拉普拉斯变换最常用、最有效的方法。

1. 线性

线性包括齐次性与可加性。

若 $x_1(t) \leftrightarrow X_1(s)$，$x_2(t) \leftrightarrow X_2(s)$，则

$$\alpha_1 x_1(t) + \alpha_2 x_2(t) \leftrightarrow \alpha_1 X_1(s) + \alpha_2 X_2(s) \tag{6.1.11}$$

其中 α_1、α_2 为常数。

例 6.3 求 $\cos(\beta t) u(t)$ 和 $\sin(\beta t) u(t)$ 的象函数。

解
$$\cos(\beta t) u(t) = \frac{e^{j\beta t} + e^{-j\beta t}}{2} u(t)$$

因为

$$e^{j\beta t} u(t) \leftrightarrow \frac{1}{s - j\beta}, \quad e^{-j\beta t} u(t) \leftrightarrow \frac{1}{s + j\beta}$$

所以

$$\cos(\beta t) u(t) \leftrightarrow \frac{s}{s^2 + \beta^2} \tag{6.1.12}$$

同理

$$\sin(\beta t) u(t) \leftrightarrow \frac{\beta}{s^2 + \beta^2} \tag{6.1.13}$$

2. 尺度变换

若 $x(t) \leftrightarrow X(s)$，则有

$$x(at) \leftrightarrow \frac{1}{a} X\left(\frac{s}{a}\right) \tag{6.1.14}$$

其中 a 为正实数。

证明
$$\mathscr{L}[x(at)] = \int_{0_-}^{\infty} x(at) e^{-st} \, dt$$

令 $at = \tau$，则

$$\mathscr{L}[x(\tau)] = \int_{0_-}^{\infty} x(\tau) e^{-\frac{s\tau}{a}} \frac{1}{a} d\tau = \frac{1}{a} X\left(\frac{s}{a}\right)$$

例 6.4 求阶跃函数 $u(at)$ 的拉氏变换，其中 a 为正实数。

解 由 $X(s) = \mathscr{L}[u(t)] = \dfrac{1}{s}$ 及尺度变换性质，有

$$\mathscr{L}[u(at)] = \frac{1}{a} X\left(\frac{s}{a}\right) = \frac{1}{a} \frac{1}{s/a} = \frac{1}{s} \tag{6.1.15}$$

这个结果并不奇怪，因为对于任意的正实数 a，$u(t) = u(at)$。

3. 时间右移

若 $x(t) u(t) \leftrightarrow X(s)$，则对于任意的正实数 t_0，有

$$x(t - t_0) u(t - t_0) \leftrightarrow e^{-st_0} X(s) \tag{6.1.16}$$

这个性质表明，时间函数在时域中延迟 t_0，其象函数将乘以 e^{-st_0}，e^{-st_0} 称为时移因子。

证明 $\mathscr{L}[x(t - t_0) u(t - t_0)] = \int_{0_-}^{\infty} x(t - t_0) u(t - t_0) e^{-st} \, dt = \int_{t_0}^{\infty} x(t - t_0) e^{-st} \, dt$

令 $\tau = t - t_0$，则 $t = \tau + t_0$，于是上式可写作

$$\mathscr{L}[x(t - t_0) u(t - t_0)] = \int_0^{\infty} x(\tau) e^{-s\tau} e^{-st_0} \, d\tau = e^{-st_0} \int_0^{\infty} x(\tau) e^{-s\tau} \, d\tau = e^{-st_0} X(s)$$

使用该性质时，要注意以下两点：

（1）时间右移即 $t_0 > 0$，时间左移在拉氏变换中没有对应的性质。

（2）区分 $x(t)u(t)$、$x(t-t_0)u(t)$、$x(t)u(t-t_0)$ 和 $x(t-t_0)u(t-t_0)$ 的拉氏变换。

例 6.5 已知 $x(t)=t$，求 $x(t)u(t)$、$x(t-t_0)u(t)$、$x(t)u(t-t_0)$ 和 $x(t-t_0)u(t-t_0)$ 的拉氏变换，其中 $t_0 > 0$。

解 已知 $x(t)=t$，所求四个信号的时域波形如图 6.1.2 所示，则

$$x(t)u(t) = tu(t) \leftrightarrow \frac{1}{s^2}$$

$$x(t-t_0)u(t) = (t-t_0)u(t) \leftrightarrow \frac{1}{s^2} - \frac{t_0}{s}$$

$$x(t)u(t-t_0) = tu(t-t_0) = (t-t_0)u(t-t_0) + t_0 u(t-t_0) \leftrightarrow \frac{1}{s^2}e^{-st_0} + \frac{t_0}{s}e^{-st_0}$$

$$x(t-t_0)u(t-t_0) \leftrightarrow \frac{1}{s^2}e^{-st_0}$$

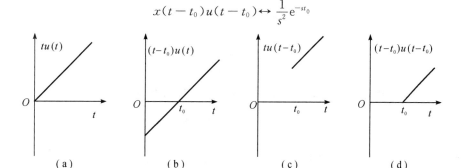

图 6.1.2 例 6.5 中四个信号的时域波形

$x(t-t_0)u(t-t_0)$ 是因果信号 $x(t)u(t)$ 右移 t_0 后的信号，可以直接利用右移性质，而 $x(t-t_0)u(t)$ 和 $x(t)u(t-t_0)$ 均不能直接利用性质。

例 6.6 已知有始周期信号 $x(t) \leftrightarrow X(s)$，设其周期为 T，$x_1(t)$ 为第一个周期内 $(0 \leqslant t < T)$ 的信号，且 $x_1(t) \leftrightarrow X_1(s)$。证明 $X(s) = \dfrac{X_1(s)}{1-e^{-sT}}$。

证明 由 $x_1(t)u(t) \leftrightarrow X_1(s)$ 可得

$$x(t) = \sum_{n=0}^{\infty} x_1(t-nT)u(t-nT) \leftrightarrow \sum_{n=0}^{\infty} X_1(s)e^{-nTs} = X_1(s)\sum_{n=0}^{\infty} e^{-nTs} = \frac{X_1(s)}{1-e^{-sT}}$$

$$(6.1.17)$$

对于一个周期为 T 的有始函数 $x(t)$，其象函数 $X(s)$ 等于第一个周期内的函数 $x_1(t)$ 的象函数 $X_1(s)$ 与 $1-e^{-sT}$ 的比值。

结合尺度变换与平移特性，有

$$x(at-b)u(at-b) \leftrightarrow \frac{1}{a}e^{-\frac{b}{a}s}X\left(\frac{s}{a}\right) \tag{6.1.18}$$

4. 复频移（s 域平移）

若 $x(t) \leftrightarrow X(s)$，则对于任意的复常数 s_0，有

$$x(t)e^{s_0 t} \leftrightarrow X(s-s_0) \tag{6.1.19}$$

复频移性质表明，时间函数乘以 $e^{s_0 t}$，对应象函数在 s 域内平移 s_0。

例 6.7 求 $e^{-\alpha t}\cos(\beta t)u(t)$ 和 $e^{-\alpha t}\sin(\beta t)u(t)$ 的象函数。

解 由 $\cos(\beta t)u(t) \leftrightarrow \dfrac{s}{s^2+\beta^2}$，根据复频移特性，有

$$e^{-\alpha t}\cos(\beta t)u(t) \leftrightarrow \frac{s+\alpha}{(s+\alpha)^2+\beta^2} \qquad (6.1.20)$$

由 $\sin(\beta t)u(t) \leftrightarrow \dfrac{\beta}{s^2+\beta^2}$ ，根据复频移特性，有

$$e^{-\alpha t}\sin(\beta t)u(t) \leftrightarrow \frac{\beta}{(s+\alpha)^2+\beta^2} \qquad (6.1.21)$$

5. 时域微分

若 $x(t) \leftrightarrow X(s)$，则

$$\begin{cases} \dfrac{\mathrm{d}x(t)}{\mathrm{d}t} \leftrightarrow sX(s) - x(0_-) \\[2mm] \dfrac{\mathrm{d}^2 x(t)}{\mathrm{d}t^2} \leftrightarrow s^2 X(s) - sx(0_-) - x'(0_-) \\[2mm] \quad\quad\quad\vdots \\[2mm] \dfrac{\mathrm{d}^n x(t)}{\mathrm{d}t^n} \leftrightarrow s^n X(s) - \sum_{m=0}^{n-1} s^{n-1-m} x^{(m)}(0_-) \end{cases} \qquad (6.1.22)$$

若 $x(t)$ 为因果信号，则 $x(t)$ 及其各阶导数在 0_- 时刻均为 0，则有

$$\frac{\mathrm{d}^n x(t)}{\mathrm{d}t^n} \leftrightarrow s^n X(s) \qquad (6.1.23)$$

例 6.8 已知 $x(t) = \cos t$ 的象函数为 $\dfrac{s}{s^2+1}$，求 $\sin t$ 的象函数。

解 $\quad \sin t = -\dfrac{\mathrm{d}\cos t}{\mathrm{d}t} \leftrightarrow -\left[s \cdot \dfrac{s}{s^2+1} - \cos(0_-) \right] = -\left[\dfrac{s^2}{s^2+1} - 1 \right] = \dfrac{1}{s^2+1}$

例 6.9 求 $\delta^{(n)}(t)$ 的象函数。

解 由于 $\delta(t) \leftrightarrow 1$，而且为因果信号，因此根据时域微分性质有

$$\delta^{(n)}(t) = \frac{\mathrm{d}^n \delta(t)}{\mathrm{d}t^n} \leftrightarrow s^n \qquad (6.1.24)$$

6. 时域积分

若 $x(t) \leftrightarrow X(s)$，则

$$\left(\int_{0_-}^{t} \right)^n x(\tau)\mathrm{d}\tau \leftrightarrow \frac{X(s)}{s^n} \qquad (6.1.25)$$

$$\begin{cases} x^{(-1)}(t) = \int_{-\infty}^{t} x(\tau)\mathrm{d}\tau \leftrightarrow \dfrac{X(s)}{s} + \dfrac{x^{(-1)}(0_-)}{s} \\[2mm] \quad\quad\quad\vdots \\[2mm] x^{(-n)}(t) = \left(\int_{-\infty}^{t} \right)^n x(\tau)\mathrm{d}\tau \leftrightarrow \dfrac{X(s)}{s^n} + \sum_{m=1}^{n} \dfrac{1}{s^{n+1-m}} x^{(-m)}(0_-) \end{cases} \qquad (6.1.26)$$

若 $x(t)$ 为因果信号，则其积分的象函数满足式(6.1.25)。

例 6.10 已知 $\mathscr{L}[u(t)] = \dfrac{1}{s}$，利用阶跃函数的积分求 $t^n u(t)$ 的象函数。

解 由于

$$\int_0^t u(\tau)\mathrm{d}\tau = tu(t)$$

$$\left(\int_0^t\right)^2 u(\tau)\mathrm{d}\tau = \int_0^t \tau u(\tau)\mathrm{d}\tau = \frac{1}{2}t^2 u(t)$$

$$\left(\int_0^t\right)^3 u(\tau)\mathrm{d}\tau = \int_0^t \frac{1}{2}\tau^2 u(\tau)\mathrm{d}\tau = \frac{1}{3\times 2}t^3 u(t)$$

可以推得

$$\left(\int_0^t\right)^n u(\tau)\mathrm{d}\tau = \frac{1}{n!}t^n u(t)$$

利用 $\mathscr{L}[u(t)] = \dfrac{1}{s}$ 和积分特性式(6.1.25)，得

$$\mathscr{L}\left[\frac{1}{n!}t^n u(t)\right] = \mathscr{L}\left[\left(\int_0^t\right)^n u(\tau)\mathrm{d}\tau\right] = \frac{1}{s^{n+1}}$$

即

$$t^n u(t) \leftrightarrow \frac{n!}{s^{n+1}}$$

7. s 域微分

若 $x(t) \leftrightarrow X(s)$，则

$$(-t)^n x(t) \leftrightarrow \frac{\mathrm{d}^n X(s)}{\mathrm{d}s^n} \tag{6.1.27}$$

例 6.11　求 $\mathscr{L}[t^2 \mathrm{e}^{-at}u(t)]$。

解　由于

$$\mathrm{e}^{-at}u(t) \leftrightarrow \frac{1}{s+\alpha}$$

应用 s 域微分性质得

$$t^2 \mathrm{e}^{-at}u(t) = (-t)^2 \mathrm{e}^{-at}u(t) \leftrightarrow \frac{\mathrm{d}^2}{\mathrm{d}s^2}\frac{1}{s+\alpha} = \frac{2}{(s+\alpha)^3}$$

8. s 域积分

若 $x(t) \leftrightarrow X(s)$，则

$$\frac{x(t)}{t} \leftrightarrow \int_s^\infty X(\eta)\mathrm{d}\eta \tag{6.1.28}$$

例 6.12　求抽样信号 $\mathrm{Sa}(t)$ 的拉氏变换。

解　已知 $\sin t \leftrightarrow \dfrac{1}{s^2+1}$，则

$$\mathrm{Sa}(t) = \frac{\sin t}{t} \leftrightarrow \int_s^\infty \frac{1}{\eta^2+1}\mathrm{d}\eta = \arctan\eta \Big|_s^\infty = \frac{\pi}{2} - \arctan s \tag{6.1.29}$$

9. 卷积定理

若 $x_1(t) \leftrightarrow X_1(s)$，$x_2(t) \leftrightarrow X_2(s)$，则

时域卷积：

$$x_1(t) * x_2(t) \leftrightarrow X_1(s)X_2(s) \tag{6.1.30}$$

复频域卷积：

$$x_1(t)x_2(t) \leftrightarrow \frac{1}{2\pi\mathrm{j}}X_1(s) * X_2(s) \tag{6.1.31}$$

用 s 域方法分析系统的基本原理就是时域卷积定理；复频域卷积对积分路线的限制较

严，计算复杂，因而应用较少。

例 6.13 已知某 LTI 系统的冲激响应 $h(t) = \mathrm{e}^{-t}u(t)$，求输入 $x(t) = u(t)$ 时的零状态响应 $y_{zs}(t)$。

解 LTI 系统的零状态响应为

$$y_{zs}(t) = x(t) * h(t)$$

由时域卷积定理有

$$Y_{zs}(s) = X(s)H(s)$$

式中，$H(s) = \mathscr{L}[h(t)]$，称为系统函数。由于

$$x(t) \leftrightarrow X(s) = \frac{1}{s}$$

$$h(t) \leftrightarrow H(s) = \frac{1}{s+1}$$

故

$$Y_{zs}(s) = X(s)H(s) = \frac{1}{s} \cdot \frac{1}{s+1} = \frac{1}{s} - \frac{1}{s+1}$$

对上式取拉氏逆变换，得

$$y_{zs}(t) = u(t) - \mathrm{e}^{-t}u(t) = (1 - \mathrm{e}^{-t})u(t)$$

关于系统函数的问题将在 6.3 节中详细讨论。

10. 初值定理

若 $x(t) \leftrightarrow X(s)$，且 $X(s)$ 为真分式，则

$$x(0_+) = \lim_{t \to 0_+} x(t) = \lim_{s \to \infty} sX(s) \tag{6.1.32}$$

上式表明，可通过 $X(s)$ 求解 $x(t)$ 的初始值，无需反变换，从而为计算 $x(t)$ 的初始值提供了另一条途径。

注意使用条件为：在 s 域 $X(s)$ 为真分式，即 $\lim\limits_{s \to \infty} sX(s)$ 存在。若 $X(s)$ 不是真分式，必须用长除法将其分解成一个多项式与真分式之和，即 $X(s) =$ 多项式 $+ X_0(s)$，其中 $X_0(s)$ 为真分式。$x(t)$ 的初始值只与 $X_0(s)$ 有关，即

$$x(0_+) = \lim_{s \to \infty} sX_0(s) \tag{6.1.33}$$

在时域中相当于 $x(t)$ 在 $t = 0$ 时刻不包括冲激函数及其各阶导数。

例 6.14 已知 $X(s) = \dfrac{3s+1}{s+3}$，求解 $x(0_+)$。

解 $X(s)$ 为假分式，长除得到

$$X(s) = \frac{3s+1}{s+3} = 3 - \frac{8}{s+3}$$

其中真分式为

$$X_0(s) = -\frac{8}{s+3}$$

$$x(0_+) = \lim_{s \to \infty} sX_0(s) = -\lim_{s \to \infty} s \cdot \frac{8}{s+3} = -8$$

若直接应用，会得出 $x(0_+) = \infty$ 的错误结论。

11. 终值定理

若 $x(t) \leftrightarrow X(s)$，且 $\lim\limits_{t \to \infty} x(t)$ 存在，则

$$x(\infty) = \lim_{t \to \infty} x(t) = \lim_{s \to 0} s X(s) \tag{6.1.34}$$

使用时注意：有些函数的终值不存在，但是 $\lim_{s \to 0} s X(s)$ 存在，此时若用终值定理就会得出错误结论。所以，使用条件为在时域中 $\lim_{t \to \infty} x(t)$ 存在，s 域中 $s X(s)$ 收敛域包含原点，等价于 $X(s)$ 的极点在位于左半开平面或是坐标原点处的单极点。

例 6.15　已知 $X(s)$，求其原函数 $x(t)$ 的终值。

(1) $X(s) = \dfrac{2s+1}{s^3 + 3s^2 + 2s}$；

(2) $X(s) = \dfrac{s}{s^2 + 1}$。

解　(1) 原函数 $x(t)$ 的终值为

$$x(\infty) = \lim_{t \to \infty} x(t) = \lim_{s \to 0} s \frac{2s+1}{s^3 + 3s^2 + 2s} = \frac{1}{2}$$

(2) $X(s)$ 的极点 $s_{1,2} = \pm j$，为 $j\omega$ 轴上有一对共轭极点，故 $x(t)$ 不存在终值。直接逆变换 $x(t) = \cos t u(t)$，终值不存在。

最后，将单边拉氏变换的性质归纳总结如表 6.1.1 所示，以便查阅。

表 6.1.1　单边拉氏变换的性质

性　　质	时域 $x(t) = \dfrac{1}{2\pi j}\displaystyle\int_{\sigma-\infty}^{\sigma+\infty} X(s) e^{st}\, ds\,(t \geqslant 0)$	s 域 $X(s) = \displaystyle\int_{0_-}^{\infty} x(t) e^{-st}\, dt$
线性	$\alpha_1 x_1(t) + \alpha_2 x_2(t)$	$\alpha_1 X_1(s) + \alpha_2 X_2(s)$
尺度变换	$x(at),\ a > 0$	$\dfrac{1}{a} X\left(\dfrac{s}{a}\right)$
时间右移	$x(t-t_0) u(t-t_0),\ t_0 > 0$	$e^{-st_0} X(s)$
复频移	$x(t) e^{s_0 t}$	$X(s - s_0)$
时域微分	$x^{(1)}(t)$	$s X(s) - x(0_-)$
	$x^{(n)}(t)$	$s^n X(s) - \displaystyle\sum_{m=0}^{n-1} s^{n-1-m} x^{(m)}(0_-)$
时域积分	$\left(\displaystyle\int_{0_-}^{t}\right)^n x(\tau)\, d\tau$	$\dfrac{X(s)}{s^n}$
	$x^{(-1)}(t)$	$\dfrac{X(s)}{s} + \dfrac{x^{(-1)}(0_-)}{s}$
	$x^{(-n)}(t)$	$\dfrac{X(s)}{s^n} + \displaystyle\sum_{m=1}^{n} \dfrac{1}{s^{n+1-m}} x^{(-m)}(0_-)$

性　　质	时域 $x(t) = \dfrac{1}{2\pi\mathrm{j}}\displaystyle\int_{\sigma-\infty}^{\sigma+\infty} X(s)\mathrm{e}^{st}\mathrm{d}s(t \geqslant 0)$	s 域 $X(s) = \displaystyle\int_{0_-}^{\infty} x(t)\mathrm{e}^{-st}\mathrm{d}t$
s 域微分	$(-t)^n x(t)$	$\dfrac{\mathrm{d}^n X(s)}{\mathrm{d}s^n}$
s 域积分	$\dfrac{x(t)}{t}$	$\displaystyle\int_s^{\infty} X(\eta)\mathrm{d}\eta$
卷积定理	$x_1(t) * x_2(t)$	$X_1(s)X_2(s)$
	$x_1(t)x_2(t)$	$\dfrac{1}{2\pi\mathrm{j}}X_1(s) * X_2(s)$
初值定理	$x(0_+) = \lim\limits_{s \to \infty} sX(s)$，$X(s)$ 为真分式	
终值定理	$x(\infty) = \lim\limits_{s \to 0} sX(s)$，$sX(s)$ 收敛域包含原点	

6.1.6　逆变换

在用 s 域方法分析信号与系统时，常常涉及逆变换的求解。最直接的思路是根据拉普拉斯逆变换的定义式求解，如下式所示：

$$x(t) = \frac{1}{2\pi\mathrm{j}}\int_{\sigma-\mathrm{j}\infty}^{\sigma+\mathrm{j}\infty} X(s)\mathrm{e}^{st}\mathrm{d}s \tag{6.1.35}$$

但是，由于在计算过程中经常遇到较为繁琐的复变函数的积分，故不经常采用。常用的求解逆变换的方法是部分分式展开法和结论与性质法。

1. 部分分式展开法

LTI 系统的响应一般为 s 的有理分式，设信号的拉氏变换为实系数有理分式：

$$X(s) = \frac{B(s)}{A(s)} = \frac{b_m s^m + b_{m-1}s^{m-1} + \cdots + b_0}{a_n s^n + a_{n-1}s^{n-1} + \cdots + a_0} \tag{6.1.36}$$

$B(s)$ 和 $A(s)$ 均为复变量 s 的有理多项式，m 和 n 都是正整数，$m < n$，a_i 和 b_j 为实数，不失一般性，设 $a_n = 1$。若 $m \geqslant n$，可用多项式除法化为有理多项式 $P(s)$ 与真分式之和，由于 $\mathscr{L}^{-1}[1] = \delta(t)$，$\mathscr{L}^{-1}[s] = \delta'(t)$，$\cdots$，$\mathscr{L}^{-1}[s^n] = \delta^{(n)}(t)$，故 $P(s)$ 的原函数由冲激函数及其各阶导数组成，这里主要讨论真分式的情况。

分母多项式 $A(s)$ 为系统的特征多项式，方程 $A(s) = 0$ 称为特征方程，它的根称为特征根。为将 $X(s)$ 展开为部分分式，要先求出 n 个特征根，也称为 $X(s)$ 的极点。根据 $X(s)$ 极点的不同情况加以讨论。

1) 单极点

设 $X(s)$ 有 n 个不同的极点 p_1，p_2，$\cdots$，p_n，即 $A(s) = (s-p_1)(s-p_2)\cdots(s-p_n)$，根据代数理论，有

$$X(s) = \frac{B(s)}{A(s)} = \frac{K_1}{s-p_1} + \frac{K_2}{s-p_2} + \cdots + \frac{K_i}{s-p_i} + \cdots + \frac{K_n}{s-p_n} = \sum_{i=1}^{n} \frac{K_i}{s-p_i}$$

$$\tag{6.1.37}$$

容易看出，原函数是指数函数之和。所以中心问题是 K_i 的求解，可用如下方法。

方法一　式(6.1.37)左右两边同时乘以 $s-p_i$，得

$$(s-p_i)X(s) = \frac{(s-p_i)B(s)}{A(s)}$$

$$= \frac{(s-p_i)K_1}{s-p_1} + \frac{(s-p_i)K_2}{s-p_2} + \cdots + K_i + \cdots + \frac{(s-p_i)K_n}{s-p_n}$$

再令 $s=p_i$，等式右边除 K_i 项外，其余项均为零，于是有

$$K_i = (s-p_i)X(s)\big|_{s=p_i} \tag{6.1.38}$$

方法二　由于 p_i 为 $A(s)=0$ 的根，有 $A(p_i)=0$，则式(6.1.38)可以写作

$$K_i = (s-p_i)\frac{B(s)}{A(s)}\bigg|_{s=p_i} = \frac{B(s)}{\dfrac{A(s)-A(p_i)}{s-p_i}}\bigg|_{s=p_i} = \frac{B(p_i)}{A'(p_i)} \tag{6.1.39}$$

由 $\mathscr{L}^{-1}\left[\dfrac{1}{s-p_i}\right]=\mathrm{e}^{p_i t}$，利用线性性质，可得

$$x(t) = \mathscr{L}^{-1}[X(s)] = \sum_{i=1}^{n} K_i \mathrm{e}^{p_i t} u(t) \tag{6.1.40}$$

例 6.16　求 $X(s)=\dfrac{s+4}{s^3-s^2-2s}$ 的原函数。

解　由 $s^3-s^2-2s=0$ 解得极点 $p_1=0$，$p_2=-1$，$p_3=2$，则

$$X(s) = \frac{s+4}{s^3-s^2-2s} = \frac{s+4}{s(s+1)(s-2)} = \frac{K_1}{s} + \frac{K_2}{s+1} + \frac{K_3}{s-2}$$

利用式(6.1.38)确定系数：

$$K_1 = sX(s)\big|_{s=0} = \frac{s+4}{(s+1)(s-2)}\bigg|_{s=0} = -2$$

$$K_2 = (s+1)X(s)\big|_{s=-1} = \frac{s+4}{s(s-2)}\bigg|_{s=-1} = 1$$

$$K_3 = (s-2)X(s)\big|_{s=2} = \frac{s+4}{s(s+1)}\bigg|_{s=2} = 1$$

则 $X(s)=\dfrac{-2}{s}+\dfrac{1}{s+1}+\dfrac{1}{s-2}$，所以 $x(t)=(-2+\mathrm{e}^{-t}+\mathrm{e}^{2t})u(t)$。

2）共轭极点

若 $A(s)=0$ 有复根，必共轭成对出现，否则 $A(s)$ 的系数不可能全是实数。设其根为 $p_1=-\alpha+\mathrm{j}\beta$，$p_2=-\alpha-\mathrm{j}\beta$，则有

$$A(s) = (s-p_1)(s-p_2) = (s+\alpha-\mathrm{j}\beta)(s+\alpha+\mathrm{j}\beta)$$

$$X(s) = \frac{K_1}{s-p_1} + \frac{K_2}{s-p_2} = \frac{K_1}{s+\alpha-\mathrm{j}\beta} + \frac{K_2}{s+\alpha+\mathrm{j}\beta} \tag{6.1.41}$$

方法一　可按单极点的方法确定系数 K_1、K_2，再根据复指数函数的象函数结论求原函数，即

$$x(t) = (K_1 \mathrm{e}^{p_1 t} + K_2 \mathrm{e}^{p_2 t})u(t) \tag{6.1.42}$$

方法二　根据极点及系数可以直接写出原函数。可以证明系数 K_1 和 K_2 为共轭复数，即 $K_2=K_1^*$，若设 $K_1=|K_1|\mathrm{e}^{\mathrm{j}\theta}=A+\mathrm{j}B$，则 $K_2=|K_1|\mathrm{e}^{-\mathrm{j}\theta}=A-\mathrm{j}B$，此时只需求一个系数

K_1 即可。从式(6.1.42)出发,将极点 p 和系数 K 都代入,过程如下:

$$
\begin{aligned}
x(t) &= (K_1 \mathrm{e}^{p_1 t} + K_2 \mathrm{e}^{p_2 t}) u(t) \\
&= [\,|K_1|\mathrm{e}^{\mathrm{j}\theta}\mathrm{e}^{(-\alpha+\mathrm{j}\beta)t} + |K_1|\mathrm{e}^{-\mathrm{j}\theta}\mathrm{e}^{(-\alpha-\mathrm{j}\beta)t}\,] u(t) \\
&= |K_1|\mathrm{e}^{-\alpha t}[\mathrm{e}^{\mathrm{j}(\beta t+\theta)} + \mathrm{e}^{-\mathrm{j}(\beta t+\theta)}\,] u(t) \\
&= 2|K_1|\mathrm{e}^{-\alpha t}\cos(\beta t+\theta) u(t)
\end{aligned}
$$

用 K_1 的模和辐角表示 $x(t)$,有

$$x(t) = 2|K_1|\mathrm{e}^{-\alpha t}\cos(\beta t+\theta) u(t) \tag{6.1.43}$$

由 K_1 的模和辐角与 K_1 实部、虚部的关系,易得用 K_1 的实部和虚部表示 $x(t)$,有

$$x(t) = 2\mathrm{e}^{-\alpha t}[A\cos(\beta t) - B\sin(\beta t)] u(t) \tag{6.1.44}$$

例 6.17　已知 $X(s) = \dfrac{s+1}{s^2+6s+10}$,求其逆变换。

解　方法一　由 $s^2+6s+10 = (s+3)^2+1 = 0$ 解得 $p_1 = -3-\mathrm{j}$,$p_2 = -3+\mathrm{j}$,则

$$X(s) = \frac{s+1}{s^2+6s+10} = \frac{K_1}{s+3+\mathrm{j}} + \frac{K_2}{s+3-\mathrm{j}}$$

利用式(6.1.38)确定系数:

$$K_1 = (s-p_1)X(s)\big|_{s=p_1} = \frac{1}{2} - \mathrm{j}$$

$$K_2 = (s-p_2)X(s)\big|_{s=p_2} = \frac{1}{2} + \mathrm{j}$$

则有

$$X(s) = \left(\frac{1}{2}-\mathrm{j}\right)\frac{1}{s+3+\mathrm{j}} + \left(\frac{1}{2}+\mathrm{j}\right)\frac{1}{s+3-\mathrm{j}}$$

根据复指数函数的象函数结论,得原函数为

$$x(t) = \left(\frac{1}{2}-\mathrm{j}\right)\mathrm{e}^{-(3+\mathrm{j})t}u(t) + \left(\frac{1}{2}+\mathrm{j}\right)\mathrm{e}^{(-3+\mathrm{j})t}u(t)$$

根据欧拉公式,化简为三角函数的形式为

$$x(t) = (\mathrm{e}^{-3t}\cos t - 2\mathrm{e}^{-3t}\sin t) u(t)$$

方法二　根据结论可知:$\alpha = 3$,$\beta = -1$,$|K_1| = \dfrac{\sqrt{5}}{2}$,$\theta = \arctan(-2) \approx -63.4349°$,$A = \dfrac{1}{2}$,$B = -1$。由式(6.1.43)得

$$x(t) = 2\times\frac{\sqrt{5}}{2}\mathrm{e}^{-3t}\cos(-t-63.4349°)u(t) = \sqrt{5}\,\mathrm{e}^{-3t}\cos(t+63.4349°)u(t)$$

或由式(6.1.44)得

$$x(t) = 2\mathrm{e}^{-3t}\left(\frac{1}{2}\cos t - \sin t\right)u(t) = (\mathrm{e}^{-3t}\cos t - 2\mathrm{e}^{-3t}\sin t)u(t)$$

3) 重极点

设 p_1 是 r 阶重极点,$p_1 = p_2 = \cdots = p_r$,其余极点 p_{r+1},p_{r+2},$\cdots$,p_n 均不等于 p_1,则有

$$
\begin{aligned}
X(s) &= \frac{B(s)}{(s-p_1)^r(s-p_{r+1})\cdots(s-p_n)} \\
&= \frac{K_1}{(s-p_1)^r} + \frac{K_2}{(s-p_1)^{r-1}} + \cdots + \frac{K_r}{s-p_1} + \frac{K_{r+1}}{s-p_{r+1}} + \cdots + \frac{K_n}{s-p_n}
\end{aligned} \tag{6.1.45}
$$

单极点的系数 $K_i(i=r+1,\cdots,n)$ 可由前述方法确定。现在讨论 $K_i(i=1,\cdots,r)$ 的求法,可以证明

$$K_i = \frac{1}{(i-1)!}\frac{d^{i-1}}{ds^{i-1}}[(s-p_1)^r X(s)]\mid_{s=p_1},\quad i=1,2,\cdots,r \qquad (6.1.46)$$

由 $t^n u(t) \leftrightarrow \dfrac{n!}{s^{n+1}}$ 及复频移性质得

$$\frac{t^{n-1}}{(n-1)!}e^{p_1 t} \leftrightarrow \frac{1}{(s-p_1)^n}$$

所以

$$x(t) = \mathscr{L}^{-1}\Big[\sum_{i=1}^{r}\frac{K_i}{(s-p_1)^{r+1-i}} + \sum_{i=r+1}^{n}\frac{K_i}{s-p_i}\Big]$$

$$= \Big[\sum_{i=1}^{r}\frac{K_i}{(r-i)!}t^{r-i}e^{p_1 t} + \sum_{i=r+1}^{n}K_i e^{p_i t}\Big]u(t) \qquad (6.1.47)$$

例 6.18 已知 $X(s) = \dfrac{s+4}{(s+1)^2(s+2)}$,求其逆变换。

解 由已知条件可得 $p_1 = p_2 = -1,\ p_3 = -2$,则

$$X(s) = \frac{s+4}{(s+1)^2(s+2)} = \frac{K_1}{(s+1)^2} + \frac{K_2}{s+1} + \frac{K_3}{s+2}$$

$$K_1 = [(s+1)^2 X(s)]\mid_{s=-1} = 3$$

$$K_2 = \frac{d}{ds}[(s+1)^2 X(s)]\mid_{s=-1} = -2$$

$$K_3 = [(s+2)X(s)]\mid_{s=-2} = 2$$

所以

$$x(t) = (3te^{-t} - 2e^{-t} + 2e^{-2t})u(t)$$

需要说明的是,以上三种情况均可利用待定系数法来确定系数,尤其是有重根时,使用待定系数法根据恒等式的原理求解,思路比较简单,无需记忆公式。比如例 6.18 确定系数时,$K_1(s+2) + K_2(s+2)(s+1) + K_3(s+1)^2 = s+4$,列方程组:

$$\begin{cases} K_2 + K_3 = 0 \\ K_1 + 3K_2 + 2K_3 = 1 \\ 2K_1 + 2K_2 + K_3 = 4 \end{cases}$$

解得

$$\begin{cases} K_1 = 3 \\ K_2 = -2 \\ K_3 = 2 \end{cases}$$

2. 结论与性质法

对于一些特殊的象函数,利用常用信号的变换结论和拉氏变换性质也是求解逆变换的常用方法。

例 6.19 求 $X(s) = \dfrac{s+1}{s^2+6s+10}$ 的原函数。

解 $\quad X(s) = \dfrac{s+1}{s^2+6s+10} = \dfrac{s+3-2}{(s+3)^2+1} = \dfrac{s+3}{(s+3)^2+1} - \dfrac{2}{(s+3)^2+1}$

由三角函数的象函数结论及复频移性质,可得

$$x(t) = (\mathrm{e}^{-3t}\cos t - 2\mathrm{e}^{-3t}\sin t)u(t)$$

与例 6.17 的两种方法比，显然这种方法比较简单，计算量最少。

例 6.20   求 $X(s) = \dfrac{\mathrm{e}^{-2s}}{s^2+3s+2}$ 的原函数。

解   设 $X(s) = \dfrac{\mathrm{e}^{-2s}}{s^2+3s+2} = X_1(s)\mathrm{e}^{-2s}$，则

$$X_1(s) = \frac{1}{s+1} + \frac{-1}{s+2}$$

取逆变换，则有

$$x_1(t) = \mathscr{L}^{-1}\big[X_1(s)\big] = (\mathrm{e}^{-t} - \mathrm{e}^{-2t})u(t)$$

根据时移性质，有

$$x(t) = x_1(t-2) = \big[\mathrm{e}^{-(t-2)} - \mathrm{e}^{-2(t-2)}\big]u(t-2)$$

例 6.21   求 $X(s) = \dfrac{1}{1+\mathrm{e}^{-2s}}$ 的原函数。

解   进行恒等变换有

$$X(s) = \frac{1}{1+\mathrm{e}^{-2s}} = \frac{1-\mathrm{e}^{-2s}}{1-\mathrm{e}^{-4s}}$$

根据有始周期信号象函数与其第一个周期内信号象函数的关系，有

$$x(t) \leftrightarrow \frac{X_1(s)}{1-\mathrm{e}^{-sT}}$$

其中，$T=4$，$X_1(s)=1-\mathrm{e}^{-2s} \leftrightarrow x_1(t)=\delta(t)-\delta(t-2)$，所以有

$$x(t) = \sum_{n=0}^{\infty} x_1(t-nT) = \sum_{n=0}^{\infty} x_1(t-4n) = \sum_{n=0}^{\infty}\big[\delta(t-4n) - \delta(t-2-4n)\big]$$

6.1.7   拉普拉斯变换与傅里叶变换的关系

现在来讨论因果信号 $x(t)$。$t<0$ 时，$x(t)=0$，其拉氏变换与傅氏变换的定义式如下：

$$X(s) = \int_0^{\infty} x(t)\mathrm{e}^{-st}\,\mathrm{d}t, \quad \mathrm{Re}[s] > \sigma_0 \tag{6.1.48}$$

$$X(\mathrm{j}\omega) = \int_{-\infty}^{\infty} x(t)\mathrm{e}^{-\mathrm{j}\omega t}\,\mathrm{d}t = \int_0^{\infty} x(t)\mathrm{e}^{-\mathrm{j}\omega t}\,\mathrm{d}t \tag{6.1.49}$$

以上两个公式说明，拉氏变换是傅里叶变换推广而来的，傅里叶变换可以被看成是虚轴($s=\mathrm{j}\omega$)上的拉氏变换。进一步思考：当信号的拉氏变换结果已知时，将自变量 s 换成 $\mathrm{j}\omega$ 是否总能得到相应信号的傅氏变换呢？

回答当然是否定的。因为某些信号仅存在拉普拉斯变换，不存在傅里叶变换，这时简单地把 s 换成 $\mathrm{j}\omega$，得到的傅里叶变换结果显然是错误的。至于存在拉氏变换的信号是否存在傅里叶变换，与拉普拉斯变换的收敛域 σ_0 的取值有关，必须要求在 $s=\mathrm{j}\omega$ 处即虚轴上收敛，才能这样做。下面从收敛域出发，讨论拉普拉斯变换与傅里叶变换的关系。

1. $\sigma_0 > 0$

收敛域不包括虚轴 $s=\mathrm{j}\omega$，即 $X(s)$ 在 $s=\mathrm{j}\omega$ 处是发散的。代入式(6.1.48)，得

$$X(s)\big|_{s=\mathrm{j}\omega} = \int_{0_-}^{\infty} x(t)\mathrm{e}^{-\mathrm{j}\omega t}\,\mathrm{d}t = X(\mathrm{j}\omega) \rightarrow \infty$$

即傅里叶变换不存在。

　　所以，在收敛域 $\mathrm{Re}[s]>\sigma_0(\sigma_0>0)$ 时，信号具有拉普拉斯变换，但傅里叶变换不存在。如 $\mathrm{e}^{\alpha t}u(t)$，$\alpha>0$，其收敛域为 $\mathrm{Re}[s]>\alpha$。此时，$\sigma_0=\alpha>0$，收敛域不包括虚轴。当然，此时不能由拉普拉斯变换将 s 直接换成 $\mathrm{j}\omega$ 得到傅里叶变换，如图 6.1.3 所示。

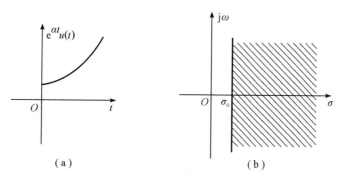

（a）　　　　　　　　　　（b）

图 6.1.3　$\mathrm{e}^{\alpha t}u(t)$ 及其收敛域

2. $\sigma_0<0$

　　收敛域包括虚轴 $s=\mathrm{j}\omega$，即 $X(s)$ 在 $s=\mathrm{j}\omega$ 处是收敛的。代入式(6.1.48)，得

$$X(s)\big|_{s=\mathrm{j}\omega}=\int_{0_-}^{\infty}x(t)\mathrm{e}^{-\mathrm{j}\omega t}\,\mathrm{d}t=X(\mathrm{j}\omega)$$

$X(\mathrm{j}\omega)$ 为确定值，即傅里叶变换是存在的。

　　所以，在收敛域 $\mathrm{Re}[s]>\sigma_0(\sigma_0<0)$ 时，信号的拉普拉斯变换和傅里叶变换都存在，可从拉普拉斯变换利用 $s=\mathrm{j}\omega$ 直接求解傅里叶变换，即

$$X(\mathrm{j}\omega)=X(s)\big|_{s=\mathrm{j}\omega} \tag{6.1.50}$$

　　例如 $x(t)=\mathrm{e}^{-\alpha t}u(t)$，$\alpha>0$，其拉氏变换为 $\dfrac{1}{s+\alpha}$，$\mathrm{Re}[s]>-\alpha$，$\sigma_0=\alpha<0$，其收敛域包含虚轴，如图 6.1.4 所示，其傅里叶变换为

$$X(\mathrm{j}\omega)=X(s)\big|_{s=\mathrm{j}\omega}=\frac{1}{\mathrm{j}\omega+\alpha}$$

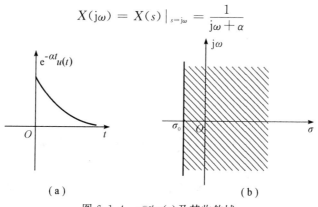

（a）　　　　　　　　　　（b）

图 6.1.4　$\mathrm{e}^{-\alpha t}u(t)$ 及其收敛域

3. $\sigma_0=0$

　　收敛域不包括虚轴，例如对于 $u(t)$ 和 $\cos(\omega_0 t)u(t)$ 这样的等幅信号，拉普拉斯变换和傅里叶变换都存在，傅里叶变换中包括冲激函数，所以不能利用式(6.1.48)直接求解。因为 $X(s)$ 在虚轴上不收敛，必然在虚轴上有极点，设

$$X(s)=X_a(s)+\sum_{i=1}^{N}\frac{K_i}{s-\mathrm{j}\omega_i} \tag{6.1.51}$$

式中，$X_a(s)$极点在左半开平面，另外有 N 个极点在虚轴上，分别为 $j\omega_1$，$j\omega_2$，$j\omega_3$，…，$j\omega_N$。拉氏逆变换为

$$x(t) = \mathscr{L}^{-1}[X(s)] = x_a(t) + \sum_{i=1}^{N} K_i e^{j\omega_i t} u(t) \tag{6.1.52}$$

因为 $X_a(s)$ 极点在左半开平面，它在虚轴上必然收敛，则有

$$\mathscr{F}[x_a(t)] = X_a(s)\big|_{s=j\omega}$$

对 $\sum_{i=1}^{N} K_i e^{j\omega_i t} u(t)$ 取傅里叶变换有

$$\mathscr{F}\Big[\sum_{i=1}^{N} K_i e^{j\omega_i t} u(t)\Big] = \sum_{i=1}^{N} K_i\Big[\pi\delta(\omega - \omega_i) + \frac{1}{j\omega - j\omega_i}\Big] \tag{6.1.53}$$

于是得到式(6.1.51)的傅里叶变换为

$$\begin{aligned}
X(j\omega) &= X_a(s)\big|_{s=j\omega} + \sum_{i=1}^{N} K_i\Big[\pi\delta(\omega - \omega_i) + \frac{1}{j\omega - j\omega_i}\Big] \\
&= X_a(s)\big|_{s=j\omega} + \sum_{i=1}^{N} \frac{K_i}{j\omega - j\omega_i} + \sum_{i=1}^{N} K_i\pi\delta(\omega - \omega_i)
\end{aligned}$$

与式(6.1.51)相比较，上式的前两项之和正是 $X(s)\big|_{s=j\omega}$。于是，在收敛坐标 $\sigma_0=0$ 的情况下，函数 $x(t)$ 的傅里叶变换为

$$X(j\omega) = X(s)\big|_{s=j\omega} + \sum_{i=1}^{N} K_i\pi\delta(\omega - \omega_i) \tag{6.1.54}$$

例 6.22　已知 $\cos(\omega_0 t)u(t)$ 的象函数为 $X(s)=\dfrac{s}{s^2+\omega_0^2}$，求其傅里叶变换。

解　$X(s)=\dfrac{s}{s^2+\omega_0^2}=\dfrac{\frac{1}{2}}{s+j\omega_0}+\dfrac{\frac{1}{2}}{s-j\omega_0}$，$\text{Re}[s]>0$，为 $\sigma_0=0$ 的情况。

根据式(6.1.54)，有

$$X(j\omega) = X(s)\big|_{s=j\omega} + \sum_{i=1}^{2} K_i\pi\delta(\omega - \omega_i) = \frac{j\omega}{\omega_0^2 - \omega^2} + \frac{\pi}{2}\big[\delta(\omega + \omega_0) + \delta(\omega - \omega_0)\big]$$

对于因果信号，求单边拉氏变换时，一般是 $t>0$ 的信号，所以收敛域在收敛轴右边。在由拉普拉斯变换求解傅里叶变换时，对 $X(s)$ 分解因式，找出极点。收敛域中不应有极点，最右边的极点为收敛坐标，再根据收敛坐标的不同情况求解。

6.2　LTI 连续系统的复频域分析

拉普拉斯变换是分析连续线性系统的有力数学工具，它将时域微积分转化为 s 域的代数方程，便于运算和求解；同时，将初始状态自动包含，可求出零状态、零输入和全响应。另外，借助系统 s 域框图和电路的 s 域模型，可使系统和电路的分析和运算简化。

6.2.1　拉普拉斯变换解微分方程

描述 n 阶 LTI 系统的常系数线性微分方程的一般形式为

$$\begin{aligned}
&a_n y^{(n)}(t) + a_{n-1} y^{(n-1)}(t) + \cdots + a_1 y'(t) + a_0 y(t) \\
&= b_m x^{(m)}(t) + b_{m-1} x^{(m-1)}(t) + \cdots + b_1 x'(t) + b_0 x(t)
\end{aligned}$$

简记作

$$\sum_{i=0}^{n} a_i y^{(i)}(t) = \sum_{j=0}^{m} b_j x^{(j)}(t) \tag{6.2.1}$$

设 $x(t)$ 是 0 时刻接入的，$x(0_-) = x'(0_-) = \cdots = x^{(m)}(0_-) = 0$，则 $\mathscr{L}[x^{(j)}(t)] = s^j X(s)$。已知初始状态为 $y(0_-)$，$y'(0_-)$，$\cdots$，$y^{(n-1)}(0_-)$。前边介绍了时域解微分方程的方法，这里从 s 域出发，利用拉普拉斯变换解微分方程。

方程两边同时进行单边拉普拉斯变换，利用时域微分性质，有

$$\sum_{i=0}^{n} a_i \Big[s^i Y(s) - \sum_{p=0}^{i-1} s^{i-1-p} y^{(p)}(0_-) \Big] = \sum_{j=0}^{m} b_j s^j X(s)$$

$$\Big[\sum_{i=0}^{n} a_i s^i \Big] Y(s) - \sum_{i=0}^{n} a_i \Big[\sum_{p=0}^{i-1} s^{i-1-p} y^{(p)}(0_-) \Big] = \Big[\sum_{j=0}^{m} b_j s^j \Big] X(s) \tag{6.2.2}$$

解得

$$Y(s) = \frac{M(s)}{A(s)} + \frac{B(s)}{A(s)} X(s) \tag{6.2.3}$$

式中

$$H(s) = \frac{B(s)}{A(s)}$$

称为 LTI 连续系统的系统函数。

式(6.2.3) 中，$A(s) = \sum_{i=0}^{n} a_i s^i$ 是方程的特征多项式，$B(s) = \sum_{j=0}^{m} b_j s^j$，多项式 $A(s)$ 和 $B(s)$ 的系数只与微分方程的系数 a_i 和 b_j 有关；$M(s) = \sum_{i=0}^{n} a_i \Big[\sum_{p=0}^{i-1} s^{i-1-p} y^{(p)}(0_-) \Big]$，与系数 a_i 和响应的各初始状态 $y^{(p)}(0_-)$ 有关，而与激励无关。可以看出，响应由以下两部分组成：

$$Y(s) = \frac{M(s)}{A(s)} + \frac{B(s)}{A(s)} X(s) = Y_{zi}(s) + Y_{zs}(s) \tag{6.2.4}$$

式中，$Y_{zi}(s) = \dfrac{M(s)}{A(s)}$，$Y_{zs}(s) = H(s) X(s) = \dfrac{B(s)}{A(s)} X(s)$，取逆变换得

$$y(t) = Y_{zi}(t) + Y_{zs}(t) \tag{6.2.5}$$

例 6.23　已知描述某 LTI 系统的微分方程为

$$y''(t) + 3y'(t) + 2y(t) = 2x'(t) + 6x(t)$$

输入 $x(t) = u(t)$，初始状态为 $y(0_-) = 2$，$y'(0_-) = 1$，试用拉普拉斯变换求解零状态、零输入和全响应。

解　对方程两边取拉普拉斯变换，得

$$[s^2 Y(s) - sy(0_-) - y'(0_-)] + 3[sY(s) - y(0_-)] + 2Y(s) = 2sX(s) + 6X(s)$$

即

$$Y(s)(s^2 + 3s + 2) - [sy(0_-) + y'(0_-) + 3y(0_-)] = (2s + 6)X(s)$$

解得

$$Y(s) = \frac{sy(0_-) + y'(0_-) + 3y(0_-)}{s^2 + 3s + 2} + \frac{2s + 6}{s^2 + 3s + 2} \cdot X(s)$$

将 $X(s) = \mathscr{L}[u(t)] = \dfrac{1}{s}$ 和已知条件代入，得

$$Y_{zi}(s) = \frac{2s+1+6}{s^2+3s+2} = \frac{2s+7}{s^2+3s+2} = \frac{5}{s+1} - \frac{3}{s+2}$$

$$Y_{zs}(s) = \frac{2s+6}{s^2+3s+2} \cdot \frac{1}{s} = \frac{3}{s} - \frac{4}{s+1} + \frac{1}{s+2}$$

取逆变换得

$$y_{zi}(t) = (5e^{-t} - 3e^{-2t})u(t)$$

$$y_{zs}(t) = (3 - 4e^{-t} + e^{-2t})u(t)$$

全响应为

$$y(t) = y_{zi}(t) + y_{zs}(t) = (3 + e^{-t} - 2e^{-2t})u(t)$$

用拉普拉斯变换求解微分方程的步骤总结如下：

（1）将微分方程两边同时进行单边拉普拉斯变换，利用时域微分的性质并代入初始状态；

（2）求解出响应（零状态响应、零输入响应）的象函数；

（3）由象函数利用逆变换求出响应的时域解。

6.2.2 系统的 s 域框图

进行系统模拟时可以用一些基本的运算单元组成系统，框图可以是时域的，也可以是复频域的，同样包括加法器、乘法器和积分器，如图 6.2.1～6.2.3 所示；为方便，积分器我们只讨论零状态的情况。

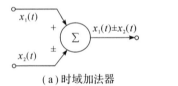

图 6.2.1 加法器

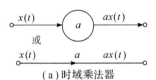 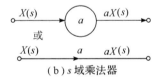

图 6.2.2 乘法器

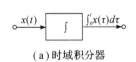

图 6.2.3 积分器

例 6.24 某 LTI 系统的时域框图如图 6.2.4 所示，已知输入为 $u(t)$，求零状态响应 $y_{zs}(t)$。

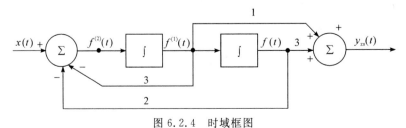

图 6.2.4 时域框图

解　画出系统的 s 域框图如图 6.2.5 所示，设右端积分器的输出为 $F(s)$，则其输入为 $sF(s)$，同理，左端积分器的输入为 $s^2F(s)$。由左端加法器的输出列出方程：

$$s^2F(s) = -3sF(s) - 2F(s) + X(s)$$

整理得

$$(s^2 + 3s + 2)F(s) = X(s)$$

由右端加法器的输出列出方程：

$$Y_{zs}(s) = sF(s) + 3F(s) = (s+3)F(s)$$

以上两式消去中间变量 $F(s)$，得到

$$Y_{zs}(s) = \frac{s+3}{s^2+3s+2} \cdot X(s) = \frac{3/2}{s} - \frac{2}{s+1} + \frac{1/2}{s+2}$$

取逆变换得

$$y_{zs}(t) = \left(\frac{3}{2} - 2e^{-t} + \frac{1}{2}e^{-2t}\right)u(t)$$

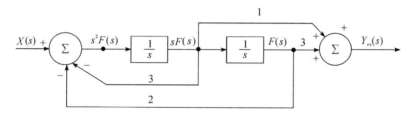

图 6.2.5　s 域框图

6.2.3　电路的 s 域模型

在用复频域方法分析电路时，可以不必先列出微分方程，再取拉氏变换求解，而是把电路的每个元件用它的 s 域模型代替，信号源用其拉氏变换代替，得到整个电路的复频域模型。再根据描述各支路电流、电压的基尔霍夫定律（KCL 和 KVL）直接写出代数方程，求解复频域响应，并进行逆变换，得到时域响应。

三种元件（R、L、C）的时域和 s 域关系都列在表 6.2.1 中。

表 6.2.1　电路元件的 s 域模型

	电阻	电感	电容
基本关系	$u(t) = Ri(t)$ $i(t) = \dfrac{1}{R}u(t)$	$u(t) = L\dfrac{\mathrm{d}i(t)}{\mathrm{d}t}$ $i(t) = \dfrac{1}{L}\displaystyle\int_{0_-}^{t} u(x)\mathrm{d}x + i_L(0_-)$	$u(t) = \dfrac{1}{C}\displaystyle\int_{0_-}^{t} i(x)\mathrm{d}x + u_C(0_-)$ $i(t) = C\dfrac{\mathrm{d}u(t)}{\mathrm{d}t}$

		电阻	电感	电容
s 域 模型	串联 形式	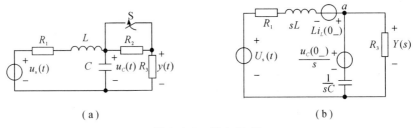		
		$U(s) = RI(s)$	$U(s) = sLI(s) - Li_L(0_-)$	$U(s) = \dfrac{1}{sC}I(s) + \dfrac{u_C(0_-)}{s}$
	并联 形式			
		$I(s) = \dfrac{1}{R}U(s)$	$I(s) = \dfrac{1}{sL}U(s) + \dfrac{i_L(0_-)}{s}$	$I(s) = sCU(s) - Cu_C(0_-)$

例 6.25 如图 6.2.6(a)所示电路，已知 $u_s(t)=12$ V，$L=1$ H，$C=1$ F，$R_1=3$ Ω，$R_2=2$ Ω，$R_3=1$ Ω，原电路已处于稳定状态，当 $t=0$ 时，开关 S 闭合。求 S 闭合后 R_3 两端电压的零输入响应 $y_{zi}(t)$ 和零状态响应 $y_{zs}(t)$。

（a）　　　　　　　　　（b）

图 6.2.6　例 6.25 图

解　首先求出电容电压和电感电流的初始值，在 $t=0_-$ 时，开关尚未闭合，由图 6.26(a)可求得

$$u_C(0_-) = \frac{R_2 + R_3}{R_1 + R_2 + R_3}u_s = 6 \text{ V}$$

$$i_L(0_-) = \frac{1}{R_1 + R_2 + R_3}u_s = 2 \text{ A}$$

其次，画出电路的 s 域模型，如图 6.2.6(b)所示，选定参考点后，a 点的电位就是 $Y(s)$，列出 a 点的节点方程，有

$$\frac{Y(s)}{R_3} + \frac{Y(s) - \dfrac{u_C(0_-)}{s}}{\dfrac{1}{sC}} + \frac{Y(s) - Li_L(0_-) - U_s(s)}{R_1 + sL} = 0$$

代入 L、C、R_1、R_3 数据，得

$$Y(s) = \frac{i_L(0_-) + (s+3)u_C(0_-)}{s^2 + 4s + 4} + \frac{U_s(s)}{s^2 + 4s + 4}$$

上式第一项仅与初始值有关,为零输入响应的象函数;第二项仅与输入有关,为零状态响应的象函数,即

$$Y_{zi}(s) = \frac{i_L(0_-) + (s+3)u_C(0_-)}{s^2 + 4s + 4} \tag{6.2.6}$$

$$Y_{zs}(s) = \frac{U_s(s)}{s^2 + 4s + 4} \tag{6.2.7}$$

将 $i_L(0_-)$、$u_C(0_-)$ 代入式(6.2.6),得

$$Y_{zi}(s) = \frac{2 + (s+3) \times 6}{s^2 + 4s + 4} = \frac{6s + 20}{(s+2)^2} = \frac{8}{(s+2)^2} + \frac{6}{s+2}$$

取逆变换,R_3 两端电压的零输入响应为

$$y_{zi}(t) = (8t + 6)e^{-2t}u(t)$$

将 $\mathscr{L}[u_s(t)] = \dfrac{12}{s} = U_s(s)$ 代入式(6.2.7),得

$$Y_{zs}(s) = \frac{U_s(s)}{s^2 + 4s + 4} = \frac{12}{s(s+2)^2} = \frac{3}{s} - \frac{6}{(s+2)^2} - \frac{3}{s+2}$$

取逆变换,R_3 两端电压的零状态响应为

$$y_{zs}(t) = [3 - (6t + 3)e^{-2t}]u(t)$$

例 6.26 电路如图 6.2.7(a)所示,已知 $u_C(0_-)=0$,激励信号 $x(t)$ 如图 6.2.7(b)所示,求 $u_C(t)$。

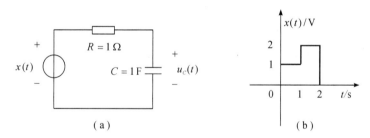

图 6.2.7 例 6.26 图

解 画出 s 域模型如图 6.2.8(a)所示,利用分压公式,有

$$U_C(s) = \frac{1/s}{1 + 1/s}X(s) = \frac{X(s)}{s+1} \tag{6.2.8}$$

由图 6.2.7(b)激励信号 $x(t)$ 的波形,得到其微分如图 6.2.8(b)所示,表达式为

$$x'(t) = \delta(t) + \delta(t-1) - 2\delta(t-2) \tag{6.2.9}$$

对式(6.2.9)取拉普拉斯变换,根据时域微分性质,且 $u_C(0_-)=0$,有

$$sX(s) = 1 + e^{-s} - 2e^{-2s}$$

则

$$X(s) = \frac{1 + e^{-s} - 2e^{-2s}}{s}$$

将 $X(s)$ 代入式(6.2.8)中,得

$$U_C(s) = \frac{1 + e^{-s} - 2e^{-2s}}{s(s+1)} = \left(\frac{1}{s} - \frac{1}{s+1}\right)(1 + e^{-s} - 2e^{-2s})$$

其逆变换为

$$u_C(t) = (1 - e^{-t})u(t) + (1 - e^{-(t-1)})u(t-1) - 2(1 - e^{-(t-2)})u(t-2)$$

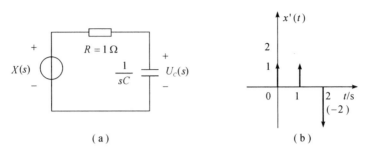

（a）　　　　　　　　　　　　　　　　（b）

图 6.2.8　电路的 s 域模型及输入信号的微分

6.3　LTI 连续系统的系统函数与系统特性

　　冲激响应和频率响应分别在时域和频域中表征系统特征，二者有一定的关系。而在复频域中，通常用系统函数来表征系统特征。通过分析可以看到，它与系统的冲激响应和频率响应地位类似，并且和二者具有一定的关系，在系统理论中占有重要地位。

6.3.1　系统函数

　　描述 n 阶 LTI 系统的微分方程为

$$a_n y^{(n)}(t) + a_{n-1} y^{(n-1)}(t) + \cdots + a_1 y'(t) + a_0 y(t)$$
$$= b_m x^{(m)}(t) + b_{m-1} x^{(m-1)}(t) + \cdots + b_1 x'(t) + b_0 x(t)$$

在零状态下，两边同时进行单边拉氏变换，由时域微分性质有

$$(a_n s^n + a_{n-1} s^{n-1} + \cdots + a_1 s + a_0)Y_{zs}(s) = (b_m s^m + b_{m-1} s^{m-1} + \cdots + b_1 s + b_0)X(s)$$

$$(6.3.1)$$

则将

$$H(s) = \frac{Y_{zs}(s)}{X(s)} = \frac{零状态响应的拉普拉斯变换}{激励信号的拉普拉斯变换} \tag{6.3.2}$$

作为连续时间 LTI 系统的系统函数。

　　由式(6.3.1)进一步得到

$$H(s) = \frac{Y_{zs}(s)}{X(s)} = \frac{b_m s^m + b_{m-1} s^{m-1} + \cdots + b_1 s + b_0}{a_n s^n + a_{n-1} s^{n-1} + \cdots + a_1 s + a_0} = \frac{B(s)}{A(s)} \tag{6.3.3}$$

　　可以看出 $H(s)$ 只与描述系统的微分方程系数 a_i、b_j 有关，即只与系统结构、元件参数有关，而与外界的因素（激励、初始状态）无关。

　　下面分析 $H(s)$ 与系统的时域冲激响应 $h(t)$ 的关系。

　　由时域特性有

$$y_{zs}(t) = x(t) * h(t) \tag{6.3.4}$$

　　由时域卷积性质有

$$Y_{zs}(s) = X(s) \cdot \mathscr{L}[h(t)] \tag{6.3.5}$$

所以

$$H(s) = \frac{Y_{zs}(s)}{X(s)} = \mathscr{L}[h(t)] \qquad (6.3.6)$$

可见，$H(s)$ 是该系统单位冲激响应 $h(t)$ 的拉氏变换。两者分别从时域和复频域两个角度描述了系统性质。

当激励为复指数信号 e^{st} 时，系统的零状态响应为

$$y_{zs}(t) = x(t) * h(t) = h(t) * e^{st} = \int_{-\infty}^{\infty} h(\tau)e^{s(t-\tau)}d\tau = e^{st}\int_{-\infty}^{\infty} h(\tau)e^{-s\tau}d\tau = H(s)e^{st}$$

$$(6.3.7)$$

上式说明，系统函数可看作系统对复指数信号的加权系数。

总结一下与系统函数 $H(s)$ 有关的参数：

（1）系统函数与微分方程：微分方程的系数 a_i、b_j 与系统函数分母、分子多项式系数具有一一对应的关系，已知其一，可写出另外一个。

（2）系统函数与单位冲激响应：因为 $h(t) \leftrightarrow H(s)$，所以若已知 $h(t)$ 或 $H(s)$ 其中之一，可以求另外一个。

（3）系统函数与频率响应：由拉普拉斯变换与傅里叶变换的关系可知，当系统函数收敛域包括虚轴时，$H(s)$ 与 $H(j\omega)$ 已知其一，可利用 s 与 $j\omega$ 互换得到另外一个。

（4）系统函数与零状态响应：若已知零状态响应 $y_{zs}(t)$ 和激励 $x(t)$，对其进行拉氏变换并相除，得到 $H(s) = \dfrac{Y_{zs}(s)}{X(s)}$。

（5）系统函数与零输入响应：若已知初始状态，根据系统函数可以求解零输入响应 $y_{zi}(t)$。

例 6.27　已知某 LTI 系统函数 $H(s) = \dfrac{s+3}{s^2+3s+2}$，求解：

（1）系统的微分方程。

（2）系统的单位冲激响应 $h(t)$。

（3）系统的频率响应 $H(j\omega)$。

（4）激励为 $x(t) = u(t)$ 时的零状态响应。

（5）初始状态 $y(0_-) = 1$，$y'(0_-) = 2$ 时系统的零输入响应。

解　（1）由系统函数与微分方程系数之间的关系，直接写出微分方程：

$$y''(t) + 3y'(t) + 2y(t) = x'(t) + 3x(t)$$

（2）由 $h(t) \leftrightarrow H(s)$ 得

$$H(s) = \frac{s+3}{s^2+3s+2} = \frac{2}{s+1} - \frac{1}{s+2}$$

取逆变换得

$$h(t) = (2e^{-t} - e^{-2t})u(t)$$

（3）由系统函数 $H(s)$ 分母多项式 $s^2+3s+2=0$ 中求得极点 $p_1=-1$，$p_2=-2$，因此拉氏变换的收敛域 $\text{Re}[s] > -1$，收敛域包括虚轴。由拉氏变换与傅里叶变换的关系得

$$H(j\omega) = H(s)\big|_{s=j\omega} = \frac{j\omega+3}{-\omega^2+3j\omega+2}$$

（4）由系统函数的定义得

$$H(s) = \frac{Y_{zs}(s)}{X(s)}$$

即

$$Y_{zs}(s) = X(s)H(s)$$

而 $X(s)=\mathscr{L}[x(t)]=\dfrac{1}{s}$，所以

$$Y_{zs}(s) = \frac{1}{s} \cdot \frac{s+3}{s^2+3s+2} = \frac{3/2}{s} - \frac{2}{s+1} + \frac{1/2}{s+2}$$

取逆变换得

$$y_{zs}(t) = \left(\frac{3}{2} - 2\mathrm{e}^{-t} + \frac{1}{2}\mathrm{e}^{-2t} \right)u(t)$$

（5）系统函数的分母多项式为

$$A(s) = s^2 + 3s + 2$$

零输入响应满足

$$y''_{zi}(t) + 3y'_{zi}(t) + 2y_{zi}(t) = 0$$

两边取拉氏变换得

$$s^2 Y_{zi}(s) - sy_{zi}(0_-) - y'_{zi}(0_-) + 3sY_{zi}(s) - 3y_{zi}(0_-) + 2Y_{zi}(s) = 0$$

又因为 $y_{zi}(0_-)=y(0_-)$，$y'_{zi}(0_-)=y'(0_-)$，代入数据得

$$Y_{zi}(s) = \frac{s+5}{s^2+3s+2} = \frac{4}{s+1} - \frac{3}{s+2}$$

取逆变换得

$$y_{zi}(t) = (4\mathrm{e}^{-t} - 3\mathrm{e}^{-2t})u(t)$$

另外，还可以结合系统或电路的 s 域模型求解系统函数。

6.3.2 系统函数的零极点

系统函数的定义为

$$H(s) = \frac{Y_{zs}(s)}{X(s)} = \frac{b_m s^m + b_{m-1}s^{m-1} + \cdots + b_1 s + b_0}{a_n s^n + a_{n-1}s^{n-1} + \cdots + a_1 s + a_0} = \frac{B(s)}{A(s)} \qquad (6.3.8)$$

其中，分子多项式 $B(s)=0$ 的根使 $H(s)$ 为 0，是 $H(s)$ 的零点。分母多项式 $A(s)=0$ 的根使 $H(s)$ 为无穷大，是 $H(s)$ 的极点。

将系统函数展开为

$$H(s) = \frac{B(s)}{A(s)} = \frac{b_m s^m + b_{m-1}s^{m-1} + \cdots + b_1 s + b_0}{a_n s^n + a_{n-1}s^{n-1} + \cdots + a_1 s + a_0}$$

$$= K \frac{(s-z_1)(s-z_2)\cdots(s-z_m)}{(s-p_1)(s-p_2)\cdots(s-p_n)} = K \frac{\displaystyle\prod_{j=1}^{m}(s-z_j)}{\displaystyle\prod_{i=1}^{n}(s-p_i)} \qquad (6.3.9)$$

上式为系统函数的零极增益形式。系统的全部零极点确定之后，系统函数基本上就确定了（可能相差一个常数）。

通常将系统函数的零极点绘在 s 平面上，零点用○表示，极点用×表示，称为零极分布图，如果零极点为重阶的，则在相应的零极点旁的括号内注以阶数。

例如，系统函数为 $H(s)=\dfrac{s+1}{(s-2)^2(s^2+2s+2)}$，则零极点分布图如图 6.3.1 所示。

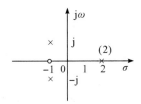

图 6.3.1　零极点分布图

　　系统函数的零极点的阶数及位置不同，会导致单位冲激响应不同、频率响应不同。此外，系统的稳定性、因果性也与系统函数的极点有关。

6.3.3　系统函数与单位冲激响应

　　由于 $h(t)$ 的象函数为 $H(s)$，因此在由 $H(s)$ 求解 $h(t)$ 时，可利用部分分式将 $H(s)$ 展开，其极点位置将影响 $h(t)$ 的性质。下面分别按极点的位置不同加以分析。

　　1. $H(s)$ 极点在左半开平面

　　在左半开平面的极点有负实极点和共轭负极点（其实部为负）。

　　若有负单极点 $p=-\alpha(\alpha>0)$，则 $A(s)$ 中有因子 $s+\alpha$，其对应的单位冲激响应函数为 $e^{-\alpha t}u(t)$；若有共轭负极点 $p=-\alpha\pm j\beta(\alpha>0)$，则 $A(s)$ 中有因子 $(s+\alpha)^2+\beta^2$，其对应的单位冲激响应函数为 $e^{-\alpha t}\cos(\beta t+\theta)u(t)$；若有 r 重实极点，则 $A(s)$ 中有因子 $(s+\alpha)^r$，其对应的单位冲激响应为 $t^i e^{-\alpha t}u(t)$；若有 r 重共轭极点，则 $A(s)$ 中有因子 $[(s+\alpha)^2+\beta^2]^r$，其对应的单位冲激响应函数为 $t^i e^{-\alpha t}\cos(\beta t+\theta_i)u(t)$。上述情况下，当 $t\to\infty$ 时，单位冲激响应函数的幅度趋向于 0。

　　2. $H(s)$ 极点在虚轴上

　　在虚轴上的极点，分析得到的单位冲激响应的表达式与在左半开平面的表达式完全相同，只是对应于 $\alpha=0$。

　　若有单极点 $p=0$，$A(s)$ 中有因子 s，其对应的单位冲激响应函数为 $u(t)$；若有共轭极点 $p=\pm j\beta$，则 $A(s)$ 中有因子 $s^2+\beta^2$，其对应的单位冲激响应函数为 $\cos(\beta t+\theta)u(t)$。上述情况，单位冲激响应函数的幅度不随时间变化。

　　若有 r 重实极点，则 $A(s)$ 中有因子 s^r，其对应的单位冲激响应函数为 $t^i u(t)$；若有 r 重共轭极点，则 $A(s)$ 中有因子 $(s^2+\beta^2)^r$，其对应的单位冲激响应函数为 $t^i\cos(\beta t+\theta_i)u(t)$。上述情况下，当 $t\to\infty$ 时，单位冲激响应函数的幅度趋向于无穷大。

　　3. $H(s)$ 极点在右半开平面

　　极点在右半开平面时，单位冲激响应的表达式与左半开平面的情况相同，只是对应于 $\alpha<0$。这时，当 $t\to\infty$ 时，单位冲激响应函数的幅度趋向于无穷大。

　　可见，系统函数的极点决定了单位冲激响应的形式，而零点和极点共同决定了幅值。由后面系统因果性与稳定性的讨论可知，对于因果系统而言，其系统函数极点在左半开平面时，当 $t\to\infty$ 时，对应的单位冲激响应函数幅度趋向于 0，这样的系统是稳定的；而在虚轴上的一阶极点，当 $t\to\infty$ 时，对应的单位冲激响应函数幅度不变，这样的系统称为临界稳定的；其余情况，当 $t\to\infty$ 时，幅度趋向于无穷大，这样的系统是不稳定的。

　　一阶极点与其对应的响应函数如图 6.3.2 所示。

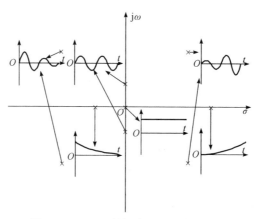

图 6.3.2 $H(s)$ 的极点和所对应的函数

6.3.4 系统函数与频率响应

由傅里叶变换与拉氏变换的关系可知，当 $H(s)$ 的收敛域包括虚轴时，可以由系统函数直接求频率响应，即

$$H(j\omega) = H(s)\big|_{s=j\omega} = |H(j\omega)| e^{j\varphi(\omega)} \tag{6.3.10}$$

其中，$|H(j\omega)|$ 和 $\varphi(\omega)$ 分别表示系统函数的幅频和相频特性。

对于零极增益形式表示的系统：

$$H(s) = K \frac{\prod\limits_{j=1}^{m}(s-z_j)}{\prod\limits_{i=1}^{n}(s-p_i)} \tag{6.3.11}$$

令 $s = j\omega$，则

$$H(j\omega) = K \frac{\prod\limits_{j=1}^{m}(j\omega-z_j)}{\prod\limits_{i=1}^{n}(j\omega-p_i)} = |H(j\omega)| e^{j\varphi(\omega)} \tag{6.3.12}$$

所以频率响应(包括幅频和相频特性)也取决于系统函数的零极点。

下面介绍一种由系统函数的零极点确定频率响应的方法：几何向量法。在 s 平面上，任何复数都可以看作是由原点指向该点的向量，复数的模是向量的长度，辐角是自实轴逆时针方向至该向量的夹角。式(6.3.12)中，$j\omega$、z_j、p_i 可以看作向量，$j\omega-z_j$、$j\omega-p_i$ 是两向量的差，也看作向量，当 ω 变化时，差向量也随之改变，如图 6.3.3(a)所示。

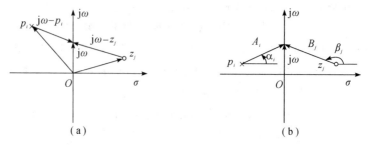

图 6.3.3 零极点矢量图

对于任意极点 p_i 和零点 z_j，有

$$\begin{cases} \mathrm{j}\omega - p_i = A_i \mathrm{e}^{\mathrm{j}\alpha_i} \\ \mathrm{j}\omega - z_j = B_j \mathrm{e}^{\mathrm{j}\beta_j} \end{cases} \tag{6.3.13}$$

其中 A_i 和 B_j 分别是差向量 $\mathrm{j}\omega - p_i$ 和 $\mathrm{j}\omega - z_j$ 的模，α_i 和 β_j 是它们的辐角，如图 6.3.3(b) 所示。则式(6.3.12)可写作

$$H(\mathrm{j}\omega) = K \frac{B_1 B_2 \cdots B_m \mathrm{e}^{\mathrm{j}(\beta_1 + \beta_2 + \cdots + \beta_m)}}{A_1 A_2 \cdots A_n \mathrm{e}^{\mathrm{j}(\alpha_1 + \alpha_2 + \cdots + \alpha_n)}} = |H(\mathrm{j}\omega)| \, \mathrm{e}^{\mathrm{j}\varphi(\omega)} \tag{6.3.14}$$

幅频响应为

$$|H(\mathrm{j}\omega)| = K \frac{B_1 B_2 \cdots B_m}{A_1 A_2 \cdots A_n} \tag{6.3.15}$$

相频响应为

$$\varphi(\omega) = (\beta_1 + \beta_2 + \cdots + \beta_m) - (\alpha_1 + \alpha_2 + \cdots + \alpha_n) \tag{6.3.16}$$

当 ω 从 0(或 $-\infty$)变化时，各向量的模和辐角都随之变化，根据上两式就能得到幅频和相频特性曲线，从而得到频率响应。

例 6.28　已知系统函数 $H(s) = \dfrac{s}{s+1}$，$\mathrm{Re}[s] > -1$，试绘制出该系统的幅频和相频曲线。

解　由系统函数可知，该系统的零点为 $s=0$，极点为 $p=-1$，由于 $H(s)$ 的收敛域包括虚轴，所以有

$$H(\mathrm{j}\omega) = H(s)|_{s=\mathrm{j}\omega} = \frac{\mathrm{j}\omega}{\mathrm{j}\omega+1}$$

ω 从 0 到 ∞ 变化，取 $\omega=0,1,\infty$ 几个频率点进行分析。

$\omega=0$ 时，

$$|H(0)| = \frac{B(0)}{A(0)} = \frac{0}{1} = 0, \ \varphi(0) = \frac{\pi}{2} - 0 = \frac{\pi}{2}$$

$\omega=1$ 时，

$$|H(\mathrm{j}1)| = \frac{B(1)}{A(1)} = \frac{1}{\sqrt{2}}, \ \varphi(1) = \frac{\pi}{2} - \frac{\pi}{4} = \frac{\pi}{4}$$

$\omega=\infty$ 时，

$$|H(\mathrm{j}\infty)| = \frac{B(\infty)}{A(\infty)} = 1, \ \varphi(\infty) = \frac{\pi}{2} - \frac{\pi}{2} = 0$$

即可以得到幅频和相频大致曲线如图 6.3.4 所示，可以看出为一个高通滤波器。

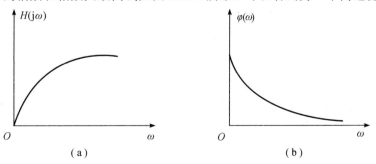

（a）　　　　　　　　　　　（b）

图 6.3.4　频率响应曲线

6.3.5 因果性

一般情况下,若系统 t 时刻的输出只取决于 t 时刻以及 t 时刻以前的输入信号,而与 t 时刻以后的输入无关,则称该系统为因果系统。而零状态响应是由激励引起的,这样零状态响应不出现在激励之前的系统为因果系统。

更确切地说,对连续 LTI 系统,若 $t=0$ 时刻接入激励 $x(t)$,即当 $t<0$,$x(t)=0$ 时,有 $t<0$,$y_{zs}(t)=0$,则该系统称为因果系统,否则为非因果系统。

连续 LTI 系统是因果系统的充要条件,在时域中表现为 $h(t)=0$,$t<0$。这在直观上很好解释,因为激励 $\delta(t)$ 在 $t<0$ 时为 0,激励为 0,当然响应也为 0。

在 s 域中表现为 $H(s)$ 的收敛域为 $\text{Re}[s]>\sigma_0$,即收敛域为 σ_0 以右的半平面,也就是极点在 $\text{Re}[s]=\sigma_0$ 的左边。因为 $h(t)$ 是因果信号,其拉氏变换的收敛域必然是大于 σ_0 的右半平面。

6.3.6 稳定性

稳定性的概念在系统分析与设计中是非常重要的,系统能否稳定工作是系统分析与设计的基本问题,也是系统性能符合设计要求应满足的最低条件。

输入有界,若其零状态响应也有界,则为有界输入有界输出(BIBO)稳定系统。即若 $|x(t)|\leqslant M_x<\infty$ 时,有 $|y_{zs}(t)|\leqslant M_y<\infty$,则称系统为稳定系统。这个条件适用于一般系统,可以是线性也可以是非线性,可以是时变也可以是非时变。

连续 LTI 系统是稳定系统的充要条件,在时域中表现为单位冲激响应绝对可积,即

$$\int_{-\infty}^{\infty} |h(t)| \, \mathrm{d}t \leqslant M$$

其中 M 为正常数。$h(t)$ 绝对可积,存在其傅里叶变换 $H(\mathrm{j}\omega)$,$H(s)$ 的收敛域包括虚轴。

通常,我们研究因果系统,则有

$$\int_{0}^{\infty} |h(t)| \, \mathrm{d}t \leqslant M$$

对于既是因果又是稳定的系统,在 s 域中表现为,$H(s)$ 的收敛域为包括虚轴的右半开平面,即极点必然在左半开平面。

例 6.29 已知连续 LTI 因果系统的系统函数如下,试判断其是否稳定。

$$H(s) = \frac{s-1}{(s+1)(s-2)}$$

解 时域判断方法:对 $H(s)$ 取逆变换,得

$$h(t) = \left(\frac{2}{3}\mathrm{e}^{-t} + \frac{1}{3}\mathrm{e}^{2t} \right) u(t)$$

$t \to \infty$ 时,$h(t)$ 的幅度趋向于无穷大,$h(t)$ 不是绝对可积的,因而不稳定。

s 域判断方法:$H(s)$ 极点为 $p_1=-1$,$p_2=2$,有极点在右半开平面,因而不稳定。

为了判断稳定性,三阶以上 $H(s)$ 的极点并不容易求。罗斯-霍尔维兹准则提供了不需要求出每个极点,就能判断系统是否稳定的方法,具体步骤参考相关文献。这里给出以下结论:

(1) 对于一阶或二阶系统,系统稳定的充要条件是 $H(s)$ 的分母多项式 $A(s)$ 的系数

同号。

(2) 对于三阶系统，系统稳定的充要条件是 $H(s)$ 的分母多项式 $A(s)=a_3 s^3 + a_2 s^2 + a_1 s + a_0$ 各系数同号，且 $a_1 a_2 > a_0 a_3$。

6.4 基于 MATLAB 的连续时间信号与系统的复频域分析

6.4.1 连续时间信号拉普拉斯变换的 MATLAB 实现

MATLAB 提供了拉氏变换的专门函数 laplace，其调用格式为

    X＝laplace(x)

其中，x 表示时域函数，X 表示其拉氏变换，它们均为符号变量，可应用函数 sym 定义，将字符串转化成符号变量。

例 6.30 已知 $x(t)=t^2$，用 MATLAB 求解其拉氏变换。

解 程序如下：

```
x＝sym('t^2')            %定义符号变量 x
X＝laplace(x)           %求解 x 的拉氏变换 X
x＝
t^2
X＝
2/s^3
```

可以看到，求解的结果与理论上是一致的。

例 6.31 已知 $x(t)=\mathrm{e}^{-at}\cos(bt)$，用 MATLAB 求解其拉氏变换。

解 程序如下：

```
x＝sym('exp(−a * t) * cos(b * t)')
X＝laplace(x)
x＝
exp(−a * t) * cos(b * t)
X＝
(s＋a)/((s＋a)^2＋b^2)
```

由后文中拉普拉斯变换的性质分析可以得到，这个结果也是正确的。

6.4.2 拉普拉斯逆变换的 MATLAB 实现

1. ilaplace 函数

与 laplace 函数对应，MATLAB 提供了拉氏逆变换的专门函数 ilaplace，其调用格式为

    x＝ilaplace(X)

其中，x 表示时域函数，X 表示其拉氏变换，它们均为符号变量，可应用函数 sym 定义，将字符串转化成符号变量。

例 6.32 已知 $X(s)=\dfrac{s^2+1}{s^3+4s^2+5s+2}$，用 MATLAB 求解其原函数。

解 程序如下：

```
X＝sym('(s * s+1)/(s * s * s+4 * s * s+5 * s+2)')        %定义符号变量 X
```

```
x=ilaplace(X)                           %求解 X 的原函数 x
X=
(s*s+1)/(s*s*s+4*s*s+5*s+2)
x=
(2*t-4)*exp(-t)+5*exp(-2*t)
```

2. residue 函数

利用 MATLAB 的 residue 函数可以得到 $H(s)$ 的部分分式展开形式，其调用格式为

$$[r，p，k]=residue(num. den)$$

其中，num、den 分别表示分子、分母多项式的系数向量，r 为部分分式的系数，p 为极点，k 为多项式系数，若 $H(s)$ 为真分式，则 k 为空。

例 6.33　用 residue 函数求解 $X(s)=\dfrac{s^2+1}{s^3+4s^2+5s+2}$ 的原函数。

解　程序如下：

```
num=[1 0 1];                    %分子多项式的系数向量
den=[1 4 5 2];                  %分母多项式的系数向量
[r，p，k]=residue(num，den)
```

运行结果为

```
r=
    5.0000
   -4.0000
    2.0000


p=
   -2.0000
   -1.0000
   -1.0000


k=
    []
```

由以上结果可得

$$X(s)=\frac{5}{s+2}-\frac{4}{s+1}+\frac{2}{(s+1)^2}$$

故原函数为

$$x(t)=(5e^{-2t}-4e^{-t}+2te^{-t})u(t)$$

6.4.3　基于 MATLAB 的系统函数求解

在 MATLAB 中可用函数 series、parallel、feedback 来实现 LTI 系统的级联、并联和反馈。这些命令既适用于连续时间系统，也适用于离散时间系统。调用格式为

$$[num，den]=series(num1，den1，num2，den2)$$

$$[num，den]=parallel(num1，den1，num2，den2)$$

$$[num，den]=feedback(num1，den1，num2，den2)$$

num、den 表示连接后系统的系统函数分子、分母多项式的系数向量。num1、den1 以

及 num2、den2 分别为连接的两个子系统的系统函数分子、分母多项式的系数向量。

例 6.34　已知两个单输入、单输出子系统 $H_1(s)=\dfrac{1}{s+1}$、$H_2(s)=\dfrac{2}{s+2}$，求级联、并联、负反馈互联后系统的系统函数。

解　程序段如下：

```
≫ num1=1;den1=[1, 1];
num2=2;den2=[1, 2];
[nums, dens]=series(num1, den1, num2, den2)
[nump, denp]=parallel(num1, den1, num2, den2)
[numf, denf]=feedback(num1, den1, num2, den2)

nums=
    0    0    2

dens=
    1    3    2

nump=
    0    3    4

denp=
    1    3    2

numf=
    0    1    2

denf=
    1    3    4
```

所以各系统的系统函数分别为 $\dfrac{2}{s^2+3s+2}$、$\dfrac{3s+4}{s^2+3s+2}$、$\dfrac{s+2}{s^2+3s+4}$。

6.4.4　基于 MATLAB 的系统函数分析

1. 零极点的求解

MATLAB 提供 roots 函数分别求解分子、分母多项式的根，从而得到零极点。调用格式：

roots(C)

功能：求解以向量 C 为系数向量的多项式的根。

用 pzmap 函数可直接得到零极点分布图。调用格式：

pzmap(sys)

功能：绘制系统函数为 sys 的系统的零极点分布图。

例 6.35　试用 MATLAB 求解系统函数 $H(s)=\dfrac{1}{s^3+2s^2+2s+1}$ 的零极点，并绘制零极

点分布图。

　　解　程序段如下：

```
num=[1];
den=[1 2 2 1];
sys=tf(num,den);        %定义一个以 num 为分子，以 den 为分母的连续系统传输函数 sys
z=roots(num)
p=roots(den)
pzmap(sys);


z=
Empty matrix：0-by-1    %零点为空


p=
-1.0000
-0.5000+0.8660i
-0.5000-0.8660i
```

零极点分布如图 6.4.1 所示。

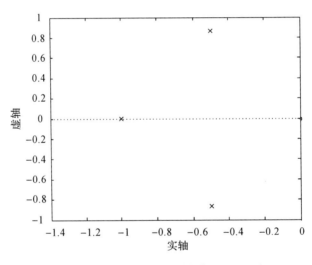

图 6.4.1　零极点分布图

2. 单位冲激响应与频率响应

MATLAB 提供 impulse 函数求解连续系统的单位冲激响应。调用格式：

　　h=impulse(num,den)

功能：求解分子多项式系数为 num、分母多项式系数为 den 的系统的单位冲激响应。

freqs 函数可求解连续系统的频率响应。调用格式：

　　[H，w]=freqs(num,den)

功能：求解分子多项式系数为 num、分母多项式系数为 den 的系统的单位冲激响应 H，自变量为 w。

　　例 6.36　试用 MATLAB 求解系统函数为 $H(s)=\dfrac{1}{s^3+2s^2+2s+1}$ 的系统的单位冲激响

应与频率响应。

解　程序段如下：

```
num＝[1];
den＝[1 2 2 1];
figure(1),
t＝0:0.01:8;
h＝impulse(num, den, t);
plot(t, h); title('impulse response');
[H, w]＝freqs(num, den)
figure(2),
plot(w, abs(H)); title('amplitude-frequency');
figure(3),
plot(w, angle(H)); title('angle-frequency');
```

单位冲激响应、幅频特性、相频特性如图 6.4.2～图 6.4.4 所示。

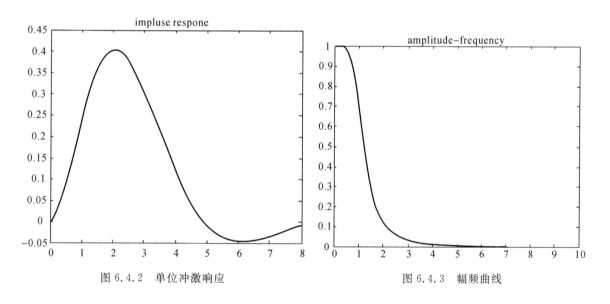

图 6.4.2　单位冲激响应　　　　　　　　　　图 6.4.3　幅频曲线

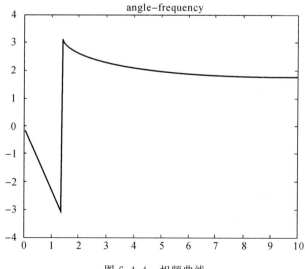

图 6.4.4　相频曲线

本 章 小 结

复频域分析是一种重要的变换域系统分析方法，可以看作是频域分析方法的推广。在学习本章时，要把它和频域分析进行对比，找出两者的异同，才能更好地掌握拉氏变换，巩固傅里叶变换。

傅里叶变换是一种重要的系统分析方法。但是对于一些信号，其傅里叶变换不存在，或者存在冲激函数，使得分析遇到困难，需要引入一种新的变换——拉氏变换来分析。

1. 拉氏变换的定义

正变换 $X_b(s) = \int_{-\infty}^{\infty} x(t) e^{-st} dt$

逆变换 $x(t) = \dfrac{1}{2\pi j} \int_{\sigma-j\infty}^{\sigma+j\infty} X(s) e^{st} ds$

显然，将傅里叶变换中的虚数 $j\omega$ 变成复数 s 就得到了拉氏变换的定义。实际中经常用到的是因果信号，因此得到单边拉氏变换定义：

正变换 $X(s) = \mathscr{L}[x(t)] = \int_{0_-}^{\infty} x(t) e^{-st} dt$

逆变换 $x(t) = \mathscr{L}^{-1}[X(s)] = \dfrac{1}{2\pi j} \int_{\sigma-j\infty}^{\sigma+j\infty} X(s) e^{st} ds \quad (t \geqslant 0)$

2. 拉氏变换的收敛域

傅里叶变换是在虚轴（$s=j\omega$）上的拉氏变换；拉氏变换涉及的区域不只在虚轴上，而是推广到复平面（$s=\sigma+j\omega$）的一个区域，也就是在这个区域里，拉氏变换才存在，这个区域就称为收敛域。对于单边拉氏变换，收敛域通常为 $\mathrm{Re}[s]=\sigma>\sigma_0$ 的区域。

3. 拉氏变换的性质

拉氏变换有如下基本性质：线性、尺度变换、时间右移、复频移、时域微分、时域积分、s 域微分、s 域积分、卷积定理、初值定理、终值定理。其中前 9 个与傅里叶变换类似，最后 2 个即初值定理和终值定理是拉氏变换特有的。

4. 常用拉氏变换对

(1) $e^{s_0 t} u(t) \leftrightarrow \dfrac{1}{s-s_0}$

(2) $\delta(t) \leftrightarrow 1$

(3) $\delta^{(n)}(t) \leftrightarrow s^n$

(4) $u(t) \leftrightarrow \dfrac{1}{s}$

(5) $t^n \leftrightarrow \dfrac{n!}{s^{n+1}}$

(6) $\cos(\beta t) u(t) \leftrightarrow \dfrac{s}{s^2+\beta^2}$

(7) $\sin(\beta t) u(t) \leftrightarrow \dfrac{\beta}{s^2+\beta^2}$

(8) $e^{-\alpha t} \cos(\beta t) u(t) \leftrightarrow \dfrac{s+\alpha}{(s+\alpha)^2+\beta^2}$

（9）$e^{-\alpha t}\sin(\beta t)u(t)\leftrightarrow\dfrac{\beta}{(s+\alpha)^2+\beta^2}$

（10）$x(t)\leftrightarrow X(s)=\dfrac{X_1(s)}{1-e^{-sT}}$

5. 拉氏逆变换

求拉氏逆变换的方法有部分分式展开法和结论与性质法。

6. 拉氏变换的应用

（1）能将微分运算转化为乘积，便于求解微分方程，解得零状态响应、零输入响应和全响应。

（2）系统的 s 域框图是表征系统的重要形式。

（3）求解电路系统问题是拉氏变换一个重要的应用。

7. 系统函数

（1）定义：$H(s)=\dfrac{Y_{zs}(s)}{X(s)}=\dfrac{B(s)}{A(s)}$

（2）与 $h(t)$ 的关系：$\mathscr{L}[h(t)]=H(s)$

（3）与 $H(j\omega)$ 的关系：$H(j\omega)=H(s)\big|_{s=j\omega}$

（4）系统函数与微分方程、系统模型的对应关系。

（5）系统函数与零状态响应、零输入响应。

8. 因果性

（1）时域充要条件：$h(t)=0$，$t<0$。

（2）s 域充要条件：$H(s)$ 的收敛域 $\text{Re}[s]>\sigma_0$。

9. 稳定性

（1）时域充要条件：$\displaystyle\int_{-\infty}^{\infty}|h(t)|\,dt\leqslant M$。

（2）s 域充要条件：$H(s)$ 的收敛域包括虚轴。

若既因果又稳定，则 $H(s)$ 的极点在左半开平面。

习　题　6

6.1　求下列信号的单边拉氏变换。

（1）$1-3e^{-t}+e^{-2t}$；　　　　（2）$5\sin t+3\cos t$；

（3）$\delta(t)-e^{-t}$；　　　　（4）$e^{t}+e^{-t}$。

6.2　利用常用函数的象函数及拉氏变换的性质，求下列函数的象函数。

（1）$e^{-t}u(t)-e^{-(t-1)}u(t-1)$；

（2）$e^{-2t}[u(t)-u(t-1)]$；

（3）$\delta(8t-2)$；　　　　（4）$\sin\left(2t-\dfrac{\pi}{4}\right)u(t)$；

（5）$\displaystyle\int_0^t\sin(\pi x)\,dx$；　　　　（6）$\dfrac{d^2}{dt^2}[\sin(\pi t)u(t)]$；

（7）$\dfrac{d^2\sin(\pi t)}{dt^2}u(t)$（8）$t^2e^{-2t}u(t)$。

6.3 求下列象函数 $X(s)$ 的原函数 $x(t)$ 的初值 $x(0_+)$ 和终值 $x(\infty)$。

(1) $X(s)=\dfrac{2s+3}{(s+1)^2}$；   (2) $X(s)=\dfrac{s+2}{s+1}$；

(3) $X(s)=\dfrac{3s+1}{s(s+1)}$。

6.4 求题6.4图所示在 $t=0$ 时刻接入的有始周期信号 $x(t)$ 的象函数 $X(s)$。

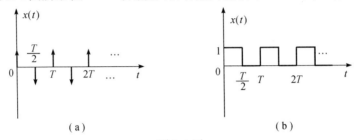

(a)   (b)

题 6.4 图

6.5 下列象函数 $X(s)$ 的原函数 $x(t)$ 是 $t=0$ 时刻接入的有始周期信号，求周期 T 并写出其第一个周期($0<t<T$)的时间函数表达式。

(1) $\dfrac{1}{1+e^{-2s}}$；

(2) $\dfrac{\pi(1+e^{-s})}{(s^2+\pi^2)(1-e^{-2s})}$。

6.6 设 $x(t)$ 为因果信号，已知 $x(t)*x'(t)=(1-t)e^{-t}u(t)$，求 $x(t)$。

6.7 求下列象函数 $X(s)$ 的原函数 $x(t)$。

(1) $\dfrac{1}{(s+2)(s+4)}$；   (2) $\dfrac{s}{(s+2)(s+4)}$；

(3) $\dfrac{s^2+4s+5}{s^2+3s+2}$；   (4) $\dfrac{1}{s(s-1)^2}$；

(5) $\dfrac{s+5}{s(s^2+2s+5)}$；   (6) $\dfrac{5}{s^3+s^2+4s+4}$；

(7) $\dfrac{1-e^{-Ts}}{s+1}$；   (8) $\left(\dfrac{1-e^{-s}}{s}\right)^2$。

6.8 用拉氏变换法解微分方程 $y''(t)+5y'(t)+6y(t)=3x(t)$ 的零输入响应和零状态响应。

(1) 已知 $x(t)=u(t)$，$y(0_-)=1$，$y'(0_-)=2$。

(2) 已知 $x(t)=e^{-t}u(t)$，$y(0_-)=0$，$y'(0_-)=1$

6.9 描述某LTI系统的微分方程为

$$y'(t)+2y(t)=x'(t)+x(t)$$

求在下列激励下的零状态响应。

(1) $x(t)=u(t)$；

(2) $x(t)=e^{-t}u(t)$；

(3) $x(t)=e^{-2t}u(t)$；

(4) $x(t)=tu(t)$。

6.10 写出题6.10图所描述的系统的系统函数。

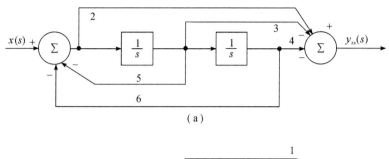

（a）

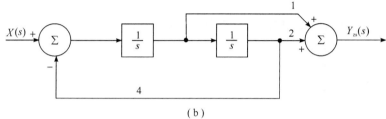

（b）

题 6.10 图

6.11　如题 6.11 图所示电路，求输入电压源为下列信号时的零状态响应。

（1）$x(t) = u(t)$；

（2）$x(t) = (1 - e^{-t})u(t)$；

（3）$x(t) = \sin(2t)u(t)$。

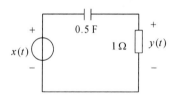

题 6.11 图

6.12　以下因果信号的象函数中哪一个不存在傅氏变换？

（1）$\dfrac{1}{s}$；　　　　　　　　　　　　　　（2）1；

（3）$\dfrac{1}{s+2}$；　　　　　　　　　　　　　（4）$\dfrac{1}{s-2}$。

6.13　由下列信号的拉氏变换求其傅氏变换。

（1）$\dfrac{s+2}{(s+1)(s+3)}$；（2）$\dfrac{3}{s^2+9}$。

6.14　求下列系统的系统函数和冲激响应。

（1）$y''(t) + 3y'(t) + 2y(t) = 2x'(t) + x(t)$；

（2）$y(t) = 0.2x(t)$。

6.15　连续系统的系统函数零极点分布图如题 6.15 图所示，且已知当 $s \to 0$ 时，$H(\infty) = 1$。

（1）求出系统函数的表达式。

（2）写出幅频响应 $|H(j\omega)|$ 的表达式。

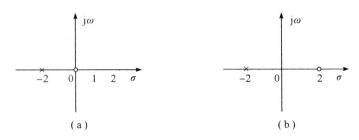

题 6.15 图

6.16 已知系统函数或冲激响应,判断系统是否稳定。

(1) $H(s) = \dfrac{(s+1)^2}{s^2+1}$;

(2) $H(s) = \dfrac{s-2}{s(s+1)}$;

(3) $h(t) = e^{-2t}u(t)$;

(4) $h(t) = 0.5\delta(t)$。

6.17 如题 6.17 图所示反馈系统,子系统的系统函数是 $G(s) = \dfrac{1}{(s+1)(s+2)}$,当 K 满足什么条件时,系统是稳定的?

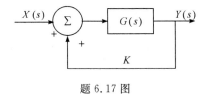

题 6.17 图

第 7 章　离散时间信号与系统的复频域分析

在连续时间信号与系统的分析中，拉普拉斯变换起着重要的作用，它是连续时间信号与系统的复频域变换法，将时域中的卷积积分和微分运算转换为复频域中的代数运算，从而简化了信号与系统的分析。在离散时间信号与系统中，z 变换起着同样重要的作用，它将描述离散时间系统的差分方程转变为代数方程，从而使分析过程大为简化。

7.1　离散时间信号的复频域分析

7.1.1　从拉普拉斯变换到 z 变换

对连续信号进行时域抽样后就可以得到离散时间信号。设有连续时间信号 $x(t)$，每间隔时间 T 抽样一次，抽样信号可写为

$$x_s(t) = x(t)\delta_T(t) = \sum_{n=-\infty}^{\infty} x(nT)\delta(t-nT) \tag{7.1.1}$$

对式(7.1.1)两边取双边拉普拉斯变换，考虑到 $\mathscr{L}\left[\delta(t-nT)\right] = \mathrm{e}^{-kTs}$，可得抽样信号 $x_s(t)$ 的双边拉普拉斯变换为

$$X_{sb}(s) = \sum_{n=-\infty}^{\infty} x(nT)\mathrm{e}^{-kTs} \tag{7.1.2}$$

令 $z = \mathrm{e}^{sT}$，则式(7.1.2)将成为复变量 z 的函数，用 $X(z)$ 表示，得

$$X(z) = \sum_{n=-\infty}^{\infty} x(nT)z^{-n} = \sum_{n=-\infty}^{\infty} x(n)z^{-n} \tag{7.1.3}$$

由式(7.1.2)和式(7.1.3)可知，令 $z = \mathrm{e}^{sT}$，则序列 $x(n)$ 的 z 变换就等于抽样信号 $x_s(t)$ 的双边拉普拉斯变换，即

$$X_{sb}(s) = X(z)\big|_{z=\mathrm{e}^{sT}} \tag{7.1.4}$$

复变量 z 和 s 的关系是

$$z = \mathrm{e}^{sT} \tag{7.1.5}$$

式(7.1.5)反映了连续时间系统和离散时间系统以及 s 域与 z 域间的重要关系。

7.1.2　z 变换的定义

若序列为 $x(n)$，则幂级数

$$X(z) = \sum_{n=-\infty}^{\infty} x(n)z^{-n} \tag{7.1.6}$$

称为序列 $x(n)$ 的 z 变换，其中 z 为一个复变量，它所在的复平面称为 z 平面。在定义式中，

对 n 求和是在$-\infty\sim+\infty$之间进行的,称为双边 z 变换。还有一种称为单边 z 变换,定义如下式:

$$X(z) = \sum_{n=0}^{\infty} x(n)z^{-n} \qquad (7.1.7)$$

这种单边 z 变换的求和是从零到无穷大。本书中如无特别说明,均用双边 z 变换对信号进行分析和变换。显然,只有当式(7.1.6)的幂级数收敛时,z 变换才有意义。

为了书写简便,将 $x(n)$ 的 z 变换简记为 $\mathscr{Z}[x(n)]$,象函数 $X(z)$ 的逆 z 变换简记为 $Z^{-1}[X(z)]$,$x(n)$ 与 $X(z)$ 之间的关系简记为 $x(n)\leftrightarrow X(z)$。

对于任意给定的序列 $x(n)$,使其 z 变换收敛的所有 z 值的集合称为 $X(z)$ 的收敛域。按照级数理论,式(7.1.6)的级数收敛的必要且充分条件是满足绝对可和的条件,即要求

$$\sum_{n=-\infty}^{\infty} |x(n)z^{-n}| = M < \infty$$

要满足此不等式,$|z|$ 值必须在一定范围内才行,这个范围就是收敛域,不同形式的序列其收敛域形式不同。

例 7.1 已知 $x(n)=u(n)$,求其 z 变换。

解
$$X(z) = \sum_{n=-\infty}^{\infty} u(n)z^{-n} = \sum_{n=0}^{\infty} z^{-n}$$

$X(z)$ 存在的条件是 $|z^{-1}|<1$,因此收敛域为 $|z|>1$,此时

$$X(z) = \frac{1}{1-z^{-1}}$$

即 $x(n)$ 的 z 变换为

$$X(z) = \frac{1}{1-z^{-1}} \quad (|z|>1)$$

7.1.3　序列特性对收敛域的影响

序列的特性决定其 z 变换收敛域,了解序列特性与收敛域的一般关系,对使用 z 变换是很有帮助的。

1. 有限长序列

这类序列是指在有限区间 $n_1 \leqslant n \leqslant n_2$ 之内序列才有非零的有限值,在此区间外,序列值皆为零,其 z 变换为

$$X(z) = \sum_{n=n_1}^{n_2} x(n)z^{-n}$$

因此 $X(z)$ 是有限项级数之和,故只要级数的每一项有界,级数就收敛,即要求

$$|x(n)z^{-n}| < \infty, \quad n_1 \leqslant n \leqslant n_2$$

由于 $x(n)$ 有界,故要求

$$|z^{-n}| < \infty, \quad n_1 \leqslant n \leqslant n_2$$

显然,在 $0<|z|<\infty$ 上都满足此条件,也就是说收敛域至少是除了 0 和 ∞ 以外的开域 $(0,\infty)$ 有限 z 平面,如图 7.1.1 所示。如果 $n_2<0$,则收敛域不包括 ∞ 点;如果 $n_1>0$,则收敛域不包括 $z=0$ 点。具体有限长序列的收敛域表示如下:

$$n_1 < 0,\ n_2 \leqslant 0 \text{ 时，} 0 \leqslant |z| < \infty$$

$$n_1 < 0,\ n_2 > 0 \text{ 时，} 0 < |z| < \infty$$

$$n_1 \geqslant 0,\ n_2 > 0 \text{ 时，} 0 < |z| \leqslant \infty$$

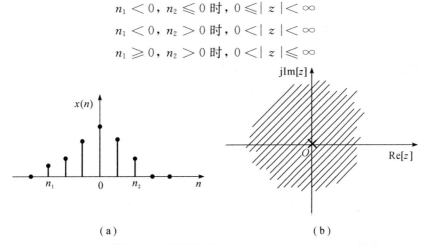

（a）　　　　　　　　　　（b）

图 7.1.1　有限长序列及其收敛域（$n_1 < 0$，$n_2 > 0$；$z = 0$，$z = \infty$ 除外）

2. 右序列

所谓右序列，是指 $n \geqslant n_1$ 时，序列值不全为零，而 $n < n_1$ 时，序列值全为零的序列。其 z 变换为

$$X(z) = \sum_{n=n_1}^{\infty} x(n) z^{-n} = \sum_{n=n_1}^{-1} x(n) z^{-n} + \sum_{n=0}^{\infty} x(n) z^{-n}$$

第一项为有限长序列，设 $n_1 \leqslant -1$，其收敛域为 $0 \leqslant |z| < \infty$。第二项是 z 的负幂级数，按照级数收敛的阿贝尔定理可推知，必存在一个收敛半径 R_{x^-}，级数在以原点为中心，以 R_{x^-} 为半径的圆外任何点都绝对收敛。因此，综合以上两项，右序列 z 变换的收敛域为

$$R_{x^-} < |z| < \infty$$

右序列及其收敛域如图 7.1.2 所示。另外，因果序列是最重要的一种右序列，即 $n_1 = 0$ 的右序列，其 z 变换为

$$X(z) = \sum_{n=0}^{\infty} x(n) z^{-n}$$

因此，其收敛域为 $|z| > R_{x^-}$。

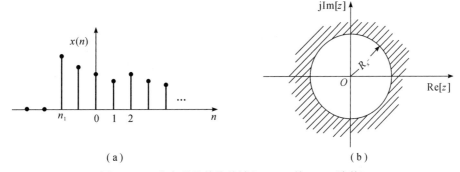

（a）　　　　　　　　　　（b）

图 7.1.2　右序列及其收敛域（$n_1 < 0$，故 $z = \infty$ 除外）

3. 左序列

左序列是指在 $n \leqslant n_2$ 时，序列值不全为零，而在 $n > n_2$ 时，序列值全为零的序列。其 z 变换为

$$X(z) = \sum_{n=-\infty}^{n_2} x(n) \cdot z^{-n} = \sum_{n=-\infty}^{0} x(n) \cdot z^{-n} + \sum_{n=1}^{n_2} x(n) \cdot z^{-n}$$

这里假设 $n_2 \geqslant 1$，等式第二项是有限长序列的 z 变换，收敛域为 $0 < |z| \leqslant \infty$；第一项是 z 的正幂级数，按照阿贝尔定理，必存在收敛半径 R_{x^+}，级数在以原点为圆心，以 R_{x^+} 为半径的圆内任何点都绝对收敛。综合以上两项，左序列 z 变换的收敛域为

$$0 < |z| < R_{x^+}$$

左序列及其收敛域如图 7.1.3 所示。如果 $n_2 \leqslant 0$，则收敛域应包括 $z=0$，即 $|z| < R_{x^+}$。

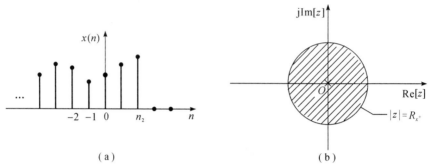

图 7.1.3　左序列及其收敛域（$n_2 > 0$，故 $z=0$ 除外）

4. 双边序列

这类序列是指 n 为任意值时 $x(n)$ 皆有值的序列，可以把它看成一个右序列和一个左序列之和，即

$$X(z) = \sum_{n=-\infty}^{\infty} x(n) \cdot z^{-n} = \sum_{n=-\infty}^{-1} x(n) \cdot z^{-n} + \sum_{n=0}^{\infty} x(n) \cdot z^{-n}$$

因而其收敛域应是左序列和右序列收敛域的重叠部分，等式第一项为左序列，其收敛域为 $|z| < R_{x^+}$，第二项为右序列，其收敛域为 $|z| > R_{x^-}$。如果满足 $R_{x^+} > R_{x^-}$，则其收敛域为 $R_{x^-} < |z| < R_{x^+}$，是一个环状区域，如图 7.1.4 所示；如果 $R_{x^+} \leqslant R_{x^-}$，两个收敛域没有交集，$X(z)$ 不存在。

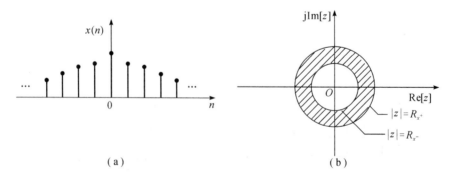

图 7.1.4　双边序列及其收敛域

例 7.2　求 $x(n) = R_N(n)$ 的 z 变换及其收敛域。

解
$$X(z) = \sum_{n=-\infty}^{\infty} R_N(n) \cdot z^{-n} = \sum_{n=0}^{N-1} z^{-n} = \frac{1 - z^{-N}}{1 - z^{-1}}$$

这是一个因果的有限长序列，因此收敛域为 $0 < |z| \leqslant \infty$。由结果的分母可以看出，似乎 $z=1$ 是 $X(z)$ 的极点，但由分子多项式可以看出在 $z=1$ 处也有一个零点，极、零点抵消，

$X(z)$在 $z=1$ 处仍有意义，故收敛域包含单位圆，如图 7.1.5 所示。

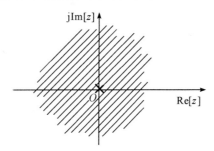

图 7.1.5　$x(n)=R_N(n)$的收敛域($z=0$ 除外)

例 7.3　求 $x(n)=a^n u(n)$的 z 变换及其收敛域。

解　　　$$X(z) = \sum_{n=-\infty}^{\infty} a^n u(n) \cdot z^{-n} = \sum_{n=0}^{\infty} a^n z^{-n} = \frac{1}{1-az^{-1}} \quad (\,|\,z\,|>|\,a\,|\,)$$

其收敛域必须满足 $|az^{-1}|<1$，因此收敛域为 $|z|>|a|$，如图 7.1.6 所示。在 $z=a$ 处为极点，收敛域为极点所在圆 $|z|=|a|$ 的外部，在收敛域内 $X(z)$ 为解析函数，不能有极点。因此，一般来说，右序列的 z 变换的收敛域一定在模值最大的有限极点所在圆之外。

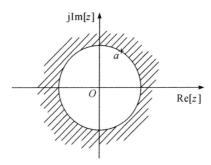

图 7.1.6　$x(n)=a^n u(n)$的收敛域

例 7.4　求 $x(n)=-a^n u(-n-1)$的 z 变换及其收敛域。

解　　　$$X(z) = \sum_{n=-\infty}^{\infty} -a^n u(-n-1) \cdot z^{-n} = \sum_{n=-\infty}^{-1} -a^n z^{-n} = \sum_{n=1}^{\infty} -a^{-n} z^n$$
$$= \frac{-a^{-1}z}{1-a^{-1}z} = \frac{1}{1-az^{-1}} \quad (\,|z|<|a|\,)$$

此无穷等比级数的收敛域为 $|a^{-1}z|<1$，即 $|z|<|a|$，如图 7.1.7 所示。收敛域内 $X(z)$ 必须解析，因此一般来说，左序列的 z 变换的收敛域一定在模值最小的有限极点所在圆之内。

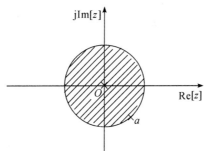

图 7.1.7　$x(n)=-a^n u(-n-1)$的收敛域

例 7.5　$x(n)=\begin{cases}a^n,& n\geqslant 0,\\ -b^n,& n\leqslant -1\end{cases}$，$a$、$b$ 为实数，求 $x(n)$ 的 z 变换及其收敛域。

解
$$X(z)=\sum_{n=-\infty}^{\infty}x(n)\cdot z^{-n}=\sum_{n=0}^{\infty}a^n\cdot z^{-n}-\sum_{n=-\infty}^{-1}b^n\cdot z^{-n}$$
$$=\sum_{n=0}^{\infty}a^n\cdot z^{-n}-\sum_{n=1}^{\infty}b^{-n}\cdot z^n$$

第一部分的收敛域为 $|az^{-1}|<1$，即 $|z|>|a|$；第二部分的收敛域为 $|b^{-1}z|<1$，即 $|z|<|b|$。如果 $|a|<|b|$，两部分的公共收敛域为 $|a|<|z|<|b|$，如图 7.1.8 所示，其 z 变换为

$$X(z)=\frac{1}{1-az^{-1}}-\frac{b^{-1}z}{1-b^{-1}z}=\frac{z}{z-a}+\frac{z}{z-b}\quad(|a|<|z|<|b|)$$

如果 $|a|\geqslant|b|$，则无公共收敛域，因此 $X(z)$ 不存在。

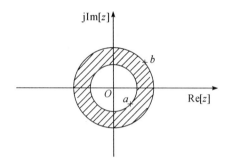

图 7.1.8　$x(n)=\begin{cases}a^n,& n\geqslant 0\\ -b^n,& n\leqslant -1\end{cases}$ 的收敛域

由以上分析知，例 7.3 和例 7.4 的序列是不同的，即一个是左序列，一个是右序列，但其 z 变换 $X(z)$ 的函数表达式相同，仅收敛域不同。换句话说，同一个 z 变换函数表达式，收敛域不同，对应的序列是不相同的。所以，序列的 z 变换的表达式及其收敛域是一个不可分割的整体，求 z 变换就包括求其收敛域。此外，收敛域中无极点，收敛域总是以极点所在圆为界的。图 7.1.9 表示同一个 z 变换函数 $X(z)$ 的收敛域，具有三个极点（以符号"×"表示），由于收敛域不同，它可能代表四个不同的序列。

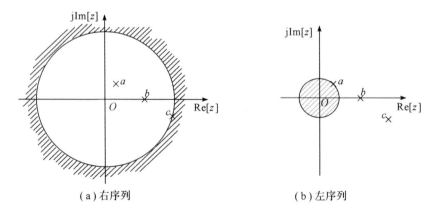

（a）右序列　　　　　　　　　　　　（b）左序列

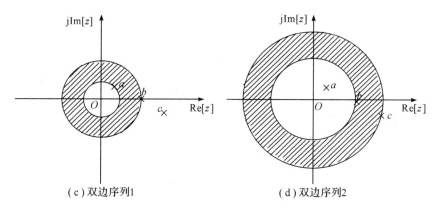

（c）双边序列1　　　　　　　　　（d）双边序列2

图 7.1.9　同一个 $X(z)$（零极点分布相同，但收敛域不同）所对应的不同序列

7.1.4　z 变换的性质

1. 线性

若

$$x(n) \leftrightarrow X(z) \quad R_{x^-} < |z| < R_{x^+}$$
$$y(n) \leftrightarrow Y(z) \quad R_{y^-} < |z| < R_{y^+}$$

则

$$ax(n) + by(n) \leftrightarrow aX(z) + bY(z) \quad R_{m^-} < |z| < R_{m^+} \tag{7.1.8}$$

这里，其收敛域 $R_{m^-} < |z| < R_{m^+}$ 是 $X(z)$ 和 $Y(z)$ 的公共收敛域，如果没有公共收敛域，则其 z 变换不存在。

例 7.6　求余弦序列 $x(n) = \cos(\omega_0 n)u(n)$ 的 z 变换。

解
$$\cos(\omega_0 n)u(n) = \frac{1}{2}(\mathrm{e}^{j\omega_0 n} + \mathrm{e}^{-j\omega_0 n})u(n)$$

根据 z 变换的线性性质得

$$
\begin{aligned}
\mathscr{L}\big[\cos(\omega_0 n)u(n)\big] &= \mathscr{L}\left[\frac{1}{2}(\mathrm{e}^{j\omega_0 n} + \mathrm{e}^{-j\omega_0 n})u(n)\right] \\
&= \frac{1}{2}\mathscr{L}\big[\mathrm{e}^{j\omega_0 n}u(n)\big] + \frac{1}{2}\mathscr{L}\big[\mathrm{e}^{-j\omega_0 n}u(n)\big] \\
&= \frac{1}{2} \cdot \frac{z}{z - \mathrm{e}^{j\omega_0}} + \frac{1}{2} \cdot \frac{z}{z - \mathrm{e}^{-j\omega_0}} \\
&= \frac{z^2 - z\cos\omega_0}{z^2 - 2z\cos\omega_0 + 1} \quad (|z| > 1)
\end{aligned}
$$

同理可推得

$$\mathscr{L}\big[\sin(\omega_0 n)u(n)\big] = \frac{z\sin\omega_0}{z^2 - 2z\cos\omega_0 + 1} \quad (|z| > 1)$$

2. 移位特性

移位特性表示序列移位后的 z 变换与原序列 z 变换的关系。在实际中可能遇到序列的左移或右移两种不同情况，所取的变换形式又可能有单边 z 变换与双边 z 变换，各具不同的特点。下面分几种情况进行讨论。

1) 双边 z 变换的移位

若序列 $x(n)$ 的双边 z 变换为

$$x(n) \leftrightarrow X(z), \quad R_{x^-} < |z| < R_{x^+}$$

则序列右移后，它的双边 z 变换等于

$$x(n-m) \leftrightarrow z^{-m} X(z), \quad R_{x^-} < |z| < R_{x^+}$$

证明　根据双边 z 变换的定义，可得

$$\mathscr{Z}[x(n-m)] = \sum_{n=-\infty}^{\infty} x(n-m) z^{-n} = z^{-m} \sum_{k=-\infty}^{\infty} x(k) z^{-k} = z^{-m} X(z) \quad (7.1.9)$$
$$(R_{x^-} < |z| < R_{x^+})$$

同样，可得左移序列的双边 z 变换为

$$\mathscr{Z}[x(n+m)] = z^m X(z), \quad R_{x^-} < |z| < R_{x^+} \quad (7.1.10)$$

可见，序列的移位只会使 z 变换在 $z=0$ 或 $z=\infty$ 处的零极点情况发生变化。因此，对于具有环形收敛域的序列，移位后其 z 变换的收敛域保持不变。

2) 单边 z 变换的移位

若序列 $x(n)$ 是双边序列，其单边 z 变换为

$$x(n)u(n) \leftrightarrow X(z)$$

则序列左移后，它的单边 z 变换等于

$$x(n+m)u(n) \leftrightarrow z^m \left[X(z) - \sum_{k=0}^{m-1} x(k) z^{-k} \right] \quad (7.1.11)$$

证明　根据单边 z 变换的定义可得

$$\mathscr{Z}[x(n+m)u(n)] = \sum_{n=0}^{\infty} x(n+m) z^{-n} = z^m \sum_{n=0}^{\infty} x(n+m) z^{-(n+m)} = z^m \sum_{k=m}^{\infty} x(k) z^{-k}$$
$$= z^m \left[\sum_{k=0}^{\infty} x(k) z^{-k} - \sum_{k=0}^{m-1} x(k) z^{-k} \right]$$
$$= z^m \left[X(z) - \sum_{k=0}^{m-1} x(k) z^{-k} \right]$$

同样，可以得到右移序列的单边 z 变换为

$$\mathscr{Z}[x(n-m)u(n)] = z^{-m} \left[X(z) + \sum_{k=-m}^{-1} x(k) z^{-k} \right] \quad (7.1.12)$$

如果 $x(n)$ 是因果序列，则上式右边的 $\sum_{k=-m}^{-1} x(k) z^{-k}$ 项都等于零。于是其右移序列的单边 z 变换与双边 z 变换的结果相同。

例 7.7　求矩形序列 $x(n) = R_N(n)$ 的 z 变换。

解　矩形序列可表示为

$$R_N(n) = u(n) - u(n-N)$$

则根据序列的线性和移位性质，有

$$\mathscr{Z}[R_N(n)] = \mathscr{Z}[u(n)] - \mathscr{Z}[u(n-N)]$$
$$= \frac{1}{1-z^{-1}} - z^{-N} \cdot \frac{1}{1-z^{-1}}$$
$$= \frac{1-z^{-N}}{1-z^{-1}} \quad (|z| > 0)$$

3. z 域尺度变换

若 $x(n) \leftrightarrow X(z)$，$R_{x^-} < |z| < R_{x^+}$，则

$$a^n x(n) \leftrightarrow X\left(\frac{z}{a}\right), \quad |a|R_{x^-} < |z| < |a|R_{x^+} \tag{7.1.13}$$

即序列 $x(n)$ 乘以指数序列 a^n 相当于在 z 域的展缩，因此称为 z 域尺度变换。

例 7.8　求指数衰减正弦序列 $a^n \sin(\omega_0 n) u(n)$ 的 z 变换，其中 $0 < a < 1$。

解　因为

$$\mathscr{Z}\big[\sin(\omega_0 n) u(n)\big] = \frac{z\sin\omega_0}{z^2 - 2z\cos\omega_0 + 1} \quad (|z| > 1)$$

根据 z 域尺度变换特性可得

$$\mathscr{Z}\big[a^n \sin(\omega_0 n) u(n)\big] = \frac{\dfrac{z}{a}\sin\omega_0}{\left(\dfrac{z}{a}\right)^2 - 2\left(\dfrac{z}{a}\right)\cos\omega_0 + 1} = \frac{az\sin\omega_0}{z^2 - 2az\cos\omega_0 + a^2} \quad (|z| > a)$$

4. z 域微分特性

若 $x(n) \leftrightarrow X(z)$，$R_{x^-} < |z| < R_{x^+}$，则

$$nx(n) \leftrightarrow -z\frac{\mathrm{d}}{\mathrm{d}z}X(z), \quad R_{x^-} < |z| < R_{x^+} \tag{7.1.14}$$

证明　因为

$$\mathscr{Z}\big[x(n)\big] = X(z) = \sum_{n=-\infty}^{\infty} x(n) z^{-n}$$

上式两边对 z 求导，得

$$\frac{\mathrm{d}X(z)}{\mathrm{d}z} = \frac{\mathrm{d}}{\mathrm{d}z}\Big[\sum_{n=-\infty}^{\infty} x(n) z^{-n}\Big] = \sum_{n=-\infty}^{\infty} x(n)\frac{\mathrm{d}}{\mathrm{d}z}(z^{-n})$$

$$= -z^{-1}\sum_{n=-\infty}^{\infty} nx(n) z^{-n} = -z^{-1}\mathscr{Z}\big[nx(n)\big]$$

所以

$$\mathscr{Z}\big[nx(n)\big] = -z\frac{\mathrm{d}}{\mathrm{d}z}X(z), \quad R_{x^-} < |z| < R_{x^+}$$

5. 初值定理

若 $x(n)$ 是因果序列，已知 $X(z) = \mathscr{Z}\big[x(n)\big]$，则

$$x(0) = \lim_{z \to \infty} X(z) \tag{7.1.15}$$

证明　因为

$$X(z) = \sum_{n=0}^{\infty} x(n) z^{-n} = x(0) + x(1)z^{-1} + x(2)z^{-2} + \cdots$$

当 $z \to \infty$ 时，上式的级数中除了第一项外，其余各项都趋于零，所以

$$\lim_{z \to \infty} X(z) = \lim_{z \to \infty} \sum_{n=0}^{\infty} x(n) z^{-n} = x(0)$$

6. 终值定理

若 $x(n)$ 是因果序列，且其 z 变换的极点，除可以有一个一阶极点在 $z=1$ 处，其他极点均在单位圆内，则

$$\lim_{n\to\infty}x(n)=\lim_{z\to1}[(z-1)X(z)] \tag{7.1.16}$$

证明
$$(z-1)X(z)=\sum_{n=-\infty}^{\infty}[x(n+1)-x(n)]z^{-n}$$

因为 $x(n)$ 是因果序列，当 $n<0$ 时，$x(n)=0$，所以

$$(z-1)X(z)=\lim_{n\to\infty}\Big[\sum_{m=-1}^{n}x(m+1)z^{-m}-\sum_{m=0}^{n}x(m)z^{-m}\Big]$$

因为 $(z-1)X(z)$ 在单位圆上无极点，上式两端对 $z=1$ 取极限得

$$\lim_{z\to1}(z-1)X(z)=\lim_{n\to\infty}\Big[\sum_{m=-1}^{n}x(m+1)z^{-m}-\sum_{m=0}^{n}x(m)z^{-m}\Big]$$
$$=\lim_{n\to\infty}[x(0)+x(1)+\cdots+x(n+1)-x(0)-x(1)-\cdots-x(n)]$$
$$=\lim_{n\to\infty}x(n+1)=\lim_{n\to\infty}x(n)$$

终值定理也可用 $X(z)$ 在 $z=1$ 处的留数表示，由于
$$\lim_{z\to1}(z-1)X(z)=\mathrm{Res}[X(z),1]$$

因此
$$x(\infty)=\mathrm{Res}[X(z),1]$$

7. 时域卷积定理

设
$$w(n)=x(n)*y(n)$$
$$x(n)\leftrightarrow X(z),\quad R_x^-<|z|<R_x^+$$
$$y(n)\leftrightarrow Y(z),\quad R_y^-<|z|<R_y^+$$

则
$$W(z)=\mathscr{L}[w(n)]=X(z)Y(z),\quad R_w^-<z<R_w^+ \tag{7.1.17}$$

证明
$$W(z)=\mathscr{L}[x(n)*y(n)]$$
$$=\sum_{n=-\infty}^{\infty}\Big[\sum_{m=-\infty}^{\infty}x(m)y(n-m)\Big]z^{-n}$$
$$=\sum_{m=-\infty}^{\infty}x(m)\Big[\sum_{n=-\infty}^{\infty}y(n-m)z^{-n}\Big]$$
$$=\sum_{m=-\infty}^{\infty}x(m)z^{-m}\Big[\sum_{n=-\infty}^{\infty}y(n-m)z^{-(n-m)}\Big]$$
$$=X(z)Y(z)$$

$W(z)$ 的收敛域就是 $X(z)$ 和 $Y(z)$ 收敛域的重叠部分。

例 7.9 已知系统的单位脉冲响应 $h(n)=a^nu(n)$，$|a|<1$，系统输入序列为 $x(n)=u(n)$，求系统的输出 $y(n)$。

解
$$y(n)=h(n)*x(n)$$
$$H(z)=\mathscr{L}[h(n)]=\frac{1}{1-az^{-1}},\quad |z|>|a|$$
$$X(z)=\mathscr{L}[x(n)]=\frac{1}{1-z^{-1}},\quad |z|>1$$
$$Y(z)=H(z)X(z)=\frac{1}{(1-z^{-1})(1-az^{-1})},\quad |z|>1$$

$$y(n) = \frac{1}{2\pi j} \oint_C \frac{z^{n+1}}{(z-1)(z-a)} \mathrm{d}z$$

由收敛域可判定：$n < 0$ 时，$y(n) = 0$。

$n \geqslant 0$ 时，有

$$y(n) = \mathrm{Res}\left[Y(z)z^{n-1}\right]_{z=1} + \mathrm{Res}\left[Y(z)z^{n-1}\right]_{z=a} = \frac{1}{1-a} + \frac{a^{n+1}}{a-1} = \frac{1-a^{n+1}}{1-a}$$

将 $y(n)$ 表示为

$$y(n) = \frac{1-a^{n+1}}{1-a} u(n)$$

8. 复卷积定理

设

$$w(n) = x(n)y(n)$$
$$x(n) \leftrightarrow X(z), \quad R_{x^-} < |z| < R_{x^+}$$
$$y(n) \leftrightarrow Y(z), \quad R_{y^-} < |z| < R_{y^+}$$

则

$$W(z) = \frac{1}{2\pi j} \oint_C X(v) Y\left(\frac{z}{v}\right) v^{-1} \mathrm{d}v, \quad R_{x^-}R_{y^-} < |z| < R_{x^+}R_{y^+} \tag{7.1.18}$$

式中，C 为 $X(v)$ 与 $Y\left(\dfrac{z}{v}\right)$ 收敛域重叠部分内逆时针方向的一条闭合围线。

证明　$\displaystyle W(z) = \sum_{n=-\infty}^{\infty} x(n)y(n)z^{-n} = \sum_{n=-\infty}^{\infty} \left[\frac{1}{2\pi j} \oint_C X(v)v^{n-1} \mathrm{d}v\right] y(n)z^{-n}$

$$= \frac{1}{2\pi j} \oint_C X(v) \sum_{n=-\infty}^{\infty} y(n)\left(\frac{z}{v}\right)^{-n} \frac{\mathrm{d}v}{v}$$

$$= \frac{1}{2\pi j} \oint_C X(v) Y\left(\frac{z}{v}\right) \frac{\mathrm{d}v}{v}$$

由 $X(z)$ 和 $Y(z)$ 的收敛域得到

$$R_{x^-} < |v| < R_{x^+}, \quad R_{y^-} < \left|\frac{z}{v}\right| < R_{y^+}$$

因此

$$R_{x^-}R_{y^-} < |z| < R_{x^+}R_{y^+}$$

7.1.5　逆 z 变换

从给定的 z 变换的闭合式 $X(z)$ 中还原出原序列 $x(n)$ 的过程称为逆 z 变换。求逆 z 变换的方法有留数法、部分分式展开法和长除法。本书仅介绍留数法和部分分式展开法。

1. 留数法

根据复变函数理论，若函数 $X(z)$ 在环状区域 $R_{x^-} < |z| < R_{x^+}$（$R_{x^-} \geqslant 0$，$R_{x^+} \leqslant \infty$）内是解析的，则在此区域内 $X(z)$ 可展成罗朗级数，即

$$X(z) = \sum_{n=-\infty}^{\infty} C_n \cdot z^{-n}, \quad R_{x^-} < |z| < R_{x^+} \tag{7.1.19}$$

而

$$C_n = \frac{1}{2\pi j} \oint_C X(z) \cdot z^{n-1} \cdot \mathrm{d}z, \quad n = 0, \pm 1, \pm 2, \cdots \tag{7.1.20}$$

其中围线 C 是在 $X(z)$ 的环状解析域(即收敛域)内环绕原点的一条逆时针方向的闭合单围线,如图 7.1.10 所示。

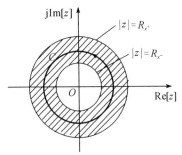

图 7.1.10　围线积分路径

比较式(7.1.19)和式(7.1.20)可知,$x(n)$ 就是罗朗级数的系数 C_n,故有

$$x(n) = \frac{1}{2\pi j} \oint_C X(z) \cdot z^{n-1} \cdot dz, \quad C \in (R_{x^-}, R_{x^+}) \tag{7.1.21}$$

只要求出上述围线积分,就可由 $X(z)$ 解得 $x(n)$。直接计算围线积分较麻烦,一般都采用留数定理来求解。

若被积函数 $F(z) = X(z) \cdot z^{n-1}$ 在围线 C 上连续,在 C 以内有 K 个极点 z_k,在 C 以外有 M 个极点 z_m,根据留数定理则有

$$\frac{1}{2\pi j} \oint_C X(z) \cdot z^{n-1} \cdot dz = \sum_k \text{Res} \left[X(z) \cdot z^{n-1} \right]_{z=z_k} \tag{7.1.22}$$

式中,$\text{Res} \left[X(z) \cdot z^{n-1} \right]_{z=z_k}$ 表示 $F(z)$ 在极点 $z=z_k$ 处的留数,逆 z 变换是围线 C 内所有极点处留数之和。

如果 z_k 是单阶极点,则有

$$\text{Res} \left[X(z) \cdot z^{n-1} \right]_{z=z_k} = \left[(z - z_k) X(z) \cdot z^{n-1} \right]_{z=z_k} \tag{7.1.23}$$

如果 z_k 是多阶(l 阶)极点,则有

$$\text{Res} \left[X(z) \cdot z^{n-1} \right]_{z=z_k} = \frac{1}{(l-1)!} \frac{d^{l-1}}{dz^{l-1}} \left[(z - z_k)^l \cdot X(z) \cdot z^{n-1} \right]_{z=z_k} \tag{7.1.24}$$

式(7.1.24)表明,对于 l 阶极点,需要求 $l-1$ 次导数,这是比较麻烦的。如果 C 内有多阶极点,而 C 外没有多阶极点,则可根据留数辅助定理,改求 C 外的所有极点留数之和,使问题简单化。

根据留数辅助定理,有

$$\sum_{k=1}^{K} \text{Res} \left[X(z) \cdot z^{n-1} \right]_{z=z_k} = -\sum_{m=1}^{M} \text{Res} \left[X(z) \cdot z^{n-1} \right]_{z=z_m} \tag{7.1.25}$$

式(7.1.25)成立的条件是 $X(z) \cdot z^{n-1}$ 的分母阶次比分子阶次高两阶或两阶以上。

设 $X(z) = \dfrac{B(z)}{A(z)}$,$B(z)$ 和 $A(z)$ 分别是 M 与 N 阶多项式,则式(7.1.25)成立的条件是

$$N - M - n + 1 \geqslant 2 \tag{7.1.26}$$

如果满足式(7.1.26),围线 C 内有多阶极点,而 C 外没有多阶极点,则逆 z 变换可按式(7.1.25),改求 C 外极点处留数之和,最后再加一个负号。

例 7.10　已知 $X(z) = \dfrac{z^2}{(4-z)\left(z-\dfrac{1}{4}\right)}$,$|z| > 4$,求 $X(z)$ 的逆 z 变换 $x(n)$。

解
$$x(n) = \frac{1}{2\pi j} \oint_C \frac{z^2}{(4-z)\left(z-\frac{1}{4}\right)} \cdot z^{n-1} \cdot dz$$

围线 C 是收敛域 $|z|>4$ 内的一条闭合曲线，如图 7.1.11 所示。

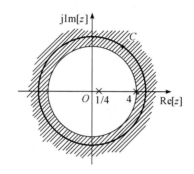

图 7.1.11　例 7.10 中 $X(z)$ 的收敛域及闭合围线

令
$$F(z) = \frac{z^2}{(4-z)\left(z-\frac{1}{4}\right)} \cdot z^{n-1} = \frac{-z^{n+1}}{(z-4)\left(z-\frac{1}{4}\right)}$$

当 $n+1 \geqslant 0$，即 $n \geqslant -1$ 时，$F(z)$ 在 C 内有 $z=4$，$z=\frac{1}{4}$ 两个单阶极点，可得

$$x(n) = \text{Res}\left[F(z)\right]_{z=4} + \text{Res}\left[F(z)\right]_{z=\frac{1}{4}} = -\frac{1}{15} \cdot 4^{n+2} + \frac{1}{15} \cdot 4^{-n} \quad (n \geqslant -1)$$

$n=-1$ 时，代入计算可得 $x(n)=0$，故结果可进一步写为

$$x(n) = -\frac{1}{15} \cdot 4^{n+2} + \frac{1}{15} \cdot 4^{-n} \quad (n \geqslant 0)$$

当 $n+1 \leqslant 0$，即 $n \leqslant -2$ 时，$F(z)$ 在 C 内有 $z=4$，$z=\frac{1}{4}$ 两个单阶极点，在 $z=0$ 处有一个多阶极点，在 C 外部没有极点，且 $F(z)$ 分母阶次比分子阶次高 2 阶或 2 阶以上，故选 C 外部极点求留数，其留数必为 0，故 $x(n)=0$，$n \leqslant -2$。

最后得到

$$x(n) = \begin{cases} \dfrac{1}{15}(4^{-n} - 4^{n+2}), & n \geqslant 0 \\ 0, & n < 0 \end{cases}$$

或写成

$$x(n) = \frac{1}{15}(4^{-n} - 4^{n+2})u(n)$$

事实上，该例题中由于收敛域是 $|z|>4$，根据前面分析的序列特性对于收敛域的影响可知，$x(n)$ 一定是因果序列，这样 $n<0$ 时，$x(n)$ 一定为 0，无需再求。本例如此求解是为了证明留数法的正确性。

例 7.11　已知 $X(z) = \dfrac{1-a^2}{(1-az)(1-az^{-1})}$，$|a|<1$，求 $X(z)$ 的逆 z 变换 $x(n)$。

解　该题没有给出收敛域，为求出唯一的原序列，必须先确定收敛域。分析 $X(z)$，得到其极点分布图如图 7.1.12 所示。图中有两个极点 $z_1=a$ 和 $z_2=a^{-1}$，这样收敛域就有三种选法：

（1）$|z|>|a^{-1}|$，对应的 $x(n)$ 是因果序列；

（2）$|z|<|a|$，对应的 $x(n)$ 是左序列；

（3）$|a|<|z|<|a^{-1}|$，对应的 $x(n)$ 是双边序列。

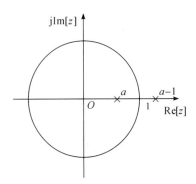

图 7.1.12　例 7.11 中 $X(z)$ 的极点

下面分别按照三种不同的收敛域来求 $x(n)$。

（1）收敛域为 $z>|a^{-1}|$。

$$F(z) = X(z)z^{n-1} = \frac{1-a^2}{(1-az)(1-az^{-1})}z^{n-1} = \frac{1-a^2}{-a(z-a)(z-a^{-1})}z^n$$

由于对应的原序列是因果序列，故无需求 $n<0$ 时的 $x(n)$。此时围线 C 为 $|z|>|a^{-1}|$ 区域内的一条闭合的逆时针方向的围线。当 $n \geqslant 0$ 时，$F(z)$ 在围线 C 内有两个极点：$z_1=a$ 和 $z_2=a^{-1}$，因此

$$\begin{aligned}
x(n) &= \operatorname{Res}\left[F(z)\right]_{z=a} + \operatorname{Res}\left[F(z)\right]_{z=a^{-1}} \\
&= \left.\frac{(1-a^2)z^n}{-a(z-a)(z-a^{-1})}(z-a)\right|_{z=a} + \left.\frac{(1-a^2)z^n}{-a(z-a)(z-a^{-1})}(z-a^{-1})\right|_{z=a^{-1}} \\
&= a^n - a^{-n}
\end{aligned}$$

最后可表示为

$$x(n) = (a^n - a^{-n})u(n)$$

（2）收敛域为 $|z|<|a|$。

这种情况对应的原序列是左序列，无需计算 $n \geqslant 0$ 时的 $x(n)$。此时，围线 C 处于 $|z|<|a|$ 区域内。当 $n<0$ 时，$F(z)$ 在围线 C 内只有一个极点：$z=0$，且是 n 阶极点。改求围线 C 外极点处的留数之和，即

$$\begin{aligned}
x(n) &= -\operatorname{Res}\left[F(z)\right]_{z=a} - \operatorname{Res}\left[F(z)\right]_{z=a^{-1}} \\
&= -a^n + a^{-n}
\end{aligned}$$

最后可表示为

$$x(n) = (-a^n + a^{-n})u(-n-1)$$

（3）收敛域为 $|a|<|z|<|a^{-1}|$。

这种情况对应的是双边序列。可根据被积函数 $F(z)$，按 $n \geqslant 0$ 和 $n<0$ 两种情况来求 $x(n)$。此时围线 C 位于 $|a|<|z|<|a^{-1}|$ 区域内。

当 $n \geqslant 0$ 时，$F(z)$ 在围线 C 内只有一个极点：$z=a$，所以有

$$x(n) = \operatorname{Res}\left[F(z)\right]_{z=a} = a^n$$

当 $n<0$ 时，$F(z)$ 在围线 C 内有两个极点，其中极点 $z=0$ 为 n 阶极点。改求围线 C 外极点处的留数之和，$F(z)$ 在围线 C 外有一个极点：$z=a^{-1}$，所以有

$$x(n) =- \text{Res}\left[F(z)\right]_{z=a^{-1}} = a^{-n}$$

最后可表示为

$$x(n) = \begin{cases} a^n, & n \geqslant 0 \\ a^{-n}, & n < 0 \end{cases}$$

即

$$x(n) = a^{|n|}$$

2. 部分分式展开法

对于大多数单阶极点的序列，常常也用部分分式展开法求逆 z 变换。可以先将 $X(z)$ 展开成一些简单而常见的部分分式之和，然后分别求出各部分分式的逆变换，把各逆变换相加即可得到 $x(n)$。

z 变换的基本形式为 $\dfrac{z}{z-a}$、$\dfrac{z}{(z-a)^2}$ 等，在利用 z 变换的部分分式展开的时候，通常先将 $\dfrac{X(z)}{z}$ 展开，然后每个分式乘以 z，这样对于一阶极点，$X(z)$ 便可展成 $\dfrac{z}{z-a}$、$\dfrac{z}{(z-a)^2}$ 的形式。

下面先给出一个简单的例题，然后讨论部分分式展开法的一般公式。

例 7.12　设 $X(z)=\dfrac{1}{(1-2z^{-1})(1-0.5z^{-1})}$，$|z|>2$，试利用部分分式法求逆 z 变换。

解　已知条件可进一步写为

$$X(z) = \frac{z^2}{(z-2)(z-0.5)}$$

则

$$\frac{X(z)}{z} = \frac{z}{(z-2)(z-0.5)} = \frac{A_1}{z-2} + \frac{A_2}{z-0.5}$$

式中

$$A_1 = \left[\frac{X(z)}{z}(z-2)\right]_{z=2} = \frac{4}{3}$$

$$A_2 = \left[\frac{X(z)}{z}(z-0.5)\right]_{z=0.5} =- \frac{1}{3}$$

所以

$$\frac{X(z)}{z} = \frac{\dfrac{4}{3}}{z-2} - \frac{\dfrac{1}{3}}{z-0.5}$$

因而

$$X(z) = \frac{4}{3} \cdot \frac{z}{z-2} - \frac{1}{3} \cdot \frac{z}{z-0.5}$$

因为 $|z|>2$，所以 $x(n)$ 是因果序列，查表可得

$$x(n) = \left[\frac{4}{3} \cdot 2^n - \frac{1}{3} \cdot (0.5)^n\right]u(n)$$

一般情况下，$X(z)$ 可以表示成有理分式：

$$X(z) = \frac{B(z)}{A(z)} = \frac{\sum\limits_{i=0}^{M} b_i z^{-i}}{1 + \sum\limits_{i=1}^{N} a_i z^{-i}}$$

则 $X(z)$ 可展开成以下的部分分式形式：

$$X(z) = \sum_{n=0}^{M-N} B_n z^{-n} + \sum_{k=1}^{N-r} \frac{A_k}{1 - z_k z^{-1}} + \sum_{k=1}^{r} \frac{C_k}{[1 - z_i z^{-1}]^k}$$

其中 z_i 为 $X(z)$ 的一个 r 阶极点，各个 z_k 是 $X(z)$ 的单阶极点（$k=1, 2, \cdots, N-r$），B_n 是 $X(z)$ 的整式部分的系数。当 $M \geqslant N$ 时，存在 B_n（$M=N$ 时只有 B_0 项）；$M < N$ 时，各个 B_n 均为零。B_n 可用长除法求得。

系数 A_k 是 z_k 的留数，其值为

$$A_k = \mathrm{Res} \left[\frac{X(z)}{z} \right]_{z=z_k} = \left[(z - z_k) \frac{X(z)}{z} \right]_{z=z_k}, \quad k=1, 2, \cdots, N-r$$

系数 C_k 可用下式求得：

$$C_k = \frac{1}{(r-k)!} \left\{ \frac{\mathrm{d}^{r-k}}{\mathrm{d}z^{r-k}} \left[(z - z_i)^r \cdot \frac{X(z)}{z^k} \right] \right\}_{z=z_i}, \quad k=1, 2, \cdots, r$$

注意： 在进行部分分式展开时，也用到留数问题。求各部分分式对应的原序列时，还要确定它的收敛域在哪里，因此一般情况下不如直接用留数法求方便。表 7.1.1 给出了基本 z 变换对的公式，可供查询。

表 7.1.1 常见序列的 z 变换

序　列	z 变换	收敛域
$\delta(n)$	1	全部 z
$u(n)$	$\dfrac{1}{1 - z^{-1}}$	$|z| > 1$
$a^n u(n)$	$\dfrac{1}{1 - a z^{-1}}$	$|z| > |a|$
$R_N(n)$	$\dfrac{1 - z^{-N}}{1 - z^{-1}}$	$|z| > 0$
$-a^n u(-n-1)$	$\dfrac{1}{1 - a z^{-1}}$	$|z| < |a|$
$nu(n)$	$\dfrac{z^{-1}}{(1 - z^{-1})^2}$	$|z| > 1$
$n a^n u(n)$	$\dfrac{a z^{-1}}{(1 - a z^{-1})^2}$	$|z| > |a|$

序　列	z 变换	收敛域
$e^{jw_0 n} u(n)$	$\dfrac{1}{1 - e^{jw_0} z^{-1}}$	$|z| > 1$
$\sin(w_0 n) u(n)$	$\dfrac{z^{-1} \sin w_0}{1 - 2z^{-1} \cos w_0 + z^{-2}}$	$|z| > 1$
$\cos(w_0 n) u(n)$	$\dfrac{1 - z^{-1} \cos w_0}{1 - 2z^{-1} \cos w_0 + z^{-2}}$	$|z| > 1$

7.1.6　拉普拉斯变换、傅里叶变换与 z 变换的关系

前面已经讨论了三种变换：拉普拉斯变换、傅里叶变换和 z 变换，这些变换并不是孤立的，而是有密切联系的，在一定条件下，可以相互转换。

1. z 变换和拉普拉斯变换的关系

由式(7.1.4)有

$$X_{sb}(s) = X(z) \big|_{z = e^{sT}}$$

同时有

$$X(z) = X_{sb}(s) \big|_{s = \frac{1}{T} \ln z}$$

上式表明，从采样信号的拉普拉斯变换到序列的 z 变换，就是由复变量 s 平面到复变量 z 平面的映射，其映射关系为

$$z = e^{sT}$$

为了清楚地表示映射关系，将 s 写成直角坐标形式，z 写成极坐标形式：

$$s = \sigma + j\omega, \; z = re^{j\Omega}$$

则有

$$r = e^{\sigma T}$$
$$\Omega = \omega T$$

上式表明，s 平面和 z 平面有如下映射关系：

(1) s 平面上的虚轴($\sigma = 0$，$s = j\omega$)映射到 z 平面的单位圆上，其右半平面($\sigma > 0$)映射到 z 平面的单位圆外，而左半平面($\sigma < 0$)映射到 z 平面的单位圆内。

(2) s 平面的实轴($\omega = 0$，$s = \sigma$)映射到 z 平面的正实轴，平行于实轴的直线映射到 z 平面是始于原点的辐射线。在 s 平面上，当 ω 从 $-\pi/T$ 增加到 π/T，则 z 平面中 Ω 从 $-\pi$ 变到 π，幅角 Ω 旋转一周，映射到整个 z 平面一次。所以，ω 每增加一个采样频率 $2\pi/T$，Ω 就相应增加 2π，即重复旋转一周，又映射到整个 z 平面一次。

综上所述，在 s 平面上宽度为 $2\pi/T$ 的水平带将映射成整个 z 平面，左半部分映射成 z 平面上单位圆内部，右半部分映射成单位圆外部，虚轴上长度为 $2\pi/T$ 的每一段都映射为 z 平面的单位圆。因为 s 平面可被分为无穷多条宽度为 $2\pi/T$ 的水平带，所以可映射成无穷多个 z 平面，不过这无穷多个 z 平面是重叠在一起的。因此，z 平面和 s 平面之间的映射不是单值映射。

s 和 z 平面之间的映射关系如表 7.1.2 所示。

表 7.1.2 z 平面与 s 平面的映射关系

s 平面($s=\sigma+j\omega$)		z 平面($z=re^{j\Omega}$)	
虚轴 $\begin{pmatrix}\sigma=0\\s=j\omega\end{pmatrix}$		单位圆 $\begin{pmatrix}r=1\\\Omega\text{ 任意}\end{pmatrix}$	
左半平面 $(\sigma<0)$		单位圆内 $\begin{pmatrix}r<1\\\Omega\text{ 任意}\end{pmatrix}$	
右半平面 $(\sigma>0)$		单位圆外 $\begin{pmatrix}r>1\\\Omega\text{ 任意}\end{pmatrix}$	
平行于虚轴的直线 (σ 为常数)		圆 $\begin{pmatrix}\sigma>0,\ r>1\\\sigma<0,\ r<1\end{pmatrix}$	
实轴 $\begin{pmatrix}\omega=0\\s=\sigma\end{pmatrix}$		正实轴 $\begin{pmatrix}\Omega=0\\r\text{ 任意}\end{pmatrix}$	
平行于实轴的直线 (ω 为常数)		始于原点的辐射线 $\begin{pmatrix}\Omega\text{ 为常数}\\r\text{ 任意}\end{pmatrix}$	
通过 $\pm j\dfrac{k\omega_s}{2}$ 平行于实轴的直线 ($k=1,3,5\cdots$)		负实轴 $\begin{pmatrix}\Omega=\pi\\r\text{ 任意}\end{pmatrix}$	

2. z 变换与傅里叶变换的关系

因为 $z=r\mathrm{e}^{\mathrm{j}\Omega}$，在 z 平面的单位圆上有 $r=1$，则有 $z=\mathrm{e}^{\mathrm{j}\Omega}$，此时

$$X(z)\big|_{z=\mathrm{e}^{\mathrm{j}\Omega}} = \sum_{n=-\infty}^{\infty} x(n)z^{-n}\Big|_{z=\mathrm{e}^{\mathrm{j}\Omega}} = \sum_{n=-\infty}^{\infty} x(n)\mathrm{e}^{-\mathrm{j}\Omega n} = X(\mathrm{e}^{\mathrm{j}\Omega})$$

即

$$X(z)\big|_{z=\mathrm{e}^{\mathrm{j}\Omega}} = X(\mathrm{e}^{\mathrm{j}\Omega})$$

所以，序列在单位圆上的 z 变换即为序列的傅里叶变换。

7.2　LTI 离散系统的复频域分析

z 变换是分析离散系统的有力数学工具，与拉普拉斯变换在连续系统分析中的地位相同。在连续系统的分析中，通过单边拉普拉斯变换把描述系统的微分方程转化为 s 域代数方程，使得系统响应的求解变得简单。在离散系统中，通过单边 z 变换将描述系统的差分方程转化为 z 域代数方程，同时将系统的初始状态包含于代数方程中，既可以求得零输入响应也可以求得零状态响应。

7.2.1　差分方程的变换解

线性时不变离散系统的差分方程一般形式为

$$\sum_{k=0}^{N} a_k y(n-k) = \sum_{r=0}^{M} b_r x(n-r) \tag{7.2.1}$$

将等式两边取单边 z 变换，可得

$$\sum_{k=0}^{N} a_k z^{-k}\Big[Y(z)+\sum_{l=-k}^{-1} y(l)z^{-l}\Big] = \sum_{r=0}^{M} b_r z^{-r}\Big[X(z)+\sum_{j=-r}^{-1} x(j)z^{-j}\Big] \tag{7.2.2}$$

全响应的 z 变换为

$$Y(z) = \frac{-\sum_{k=0}^{N}\Big[a_k z^{-k}\sum_{l=-k}^{-1} y_{\mathrm{zi}}(l)z^{-1}\Big]}{\sum_{k=0}^{N} a_k z^{-k}} + \frac{\sum_{r=0}^{M} b_r z^{-r}}{\sum_{k=0}^{N} a_k z^{-k}}X(z)$$

$$= Y_{\mathrm{zi}}(z) + Y_{\mathrm{zs}}(z) \tag{7.2.3}$$

式中第一部分为零输入响应的 z 变换 $Y_{\mathrm{zi}}(z)$，第二部分为零状态响应的 z 变换 $Y_{\mathrm{zs}}(z)$。

若激励信号 $x(n)=0$，即系统处于零输入状态，则式(7.2.1)变为

$$\sum_{k=0}^{N} a_k y_{\mathrm{zi}}(n-k) = 0$$

而式(7.2.2)变为

$$\sum_{k=0}^{N} a_k z^{-k}\Big[Y_{\mathrm{zi}}(z)+\sum_{l=-k}^{-1} y_{\mathrm{zi}}(l)z^{-l}\Big] = 0$$

则

$$Y_{\mathrm{zi}}(z) = \frac{-\sum_{k=0}^{N}\Big[a_k z^{-k}\sum_{l=-k}^{-1} y_{\mathrm{zi}}(l)z^{-1}\Big]}{\sum_{k=0}^{N} a_k z^{-k}} \tag{7.2.4}$$

对应的响应序列就是上式的逆 z 变换，即

$$y_{zi}(n) = \mathscr{Z}^{-1}[Y_{zi}(z)]$$

其中显然 $y_{zi}(l) = y(l)(-N \leqslant l \leqslant -1)$，它是系统的零输入响应，该响应是由系统的初始状态 $y(l)(-N \leqslant l \leqslant -1)$ 而产生的。

7.2.2 零状态响应的求解

若系统的初始状态 $y(l) = 0$，即系统处于零初始状态。此时式（7.2.2）为

$$\sum_{k=0}^{N} a_k z^{-k} Y_{zs}(z) = \sum_{r=0}^{M} b_r z^{-r} \left[X(z) + \sum_{j=-r}^{-1} x(j) z^{-j} \right] \qquad (7.2.5)$$

若激励 $x(n)$ 为因果序列，上式可写为

$$\sum_{k=0}^{N} a_k z^{-k} Y_{zs}(z) = \sum_{r=0}^{M} b_r z^{-r} X(z)$$

则

$$Y_{zs}(z) = \frac{\displaystyle\sum_{r=0}^{M} b_r z^{-r}}{\displaystyle\sum_{k=0}^{N} a_k z^{-k}} X(z) \qquad (7.2.6)$$

$$y_{zs}(n) = \mathscr{Z}^{-1}[Y_{zs}(z)]$$

这样所得的 $y_{zs}(n)$ 是系统的零状态响应，它完全是由激励 $x(n)$ 而产生的。系统的全响应等于系统的零输入响应和零状态响应之和。

例 7.13 已知离散系统的差分方程为

$$y(n) - by(n-1) = x(n)$$

若激励 $x(n) = a^n u(n)$，初始值 $y(-1) = 0$，求系统的响应 $y(n)$。

解 对差分方程两边取单边 z 变换，可得

$$Y(z) - bz^{-1}Y(z) - by(-1) = X(z)$$

因为 $y(-1) = 0$，所以有

$$Y(z) = \frac{1}{1 - bz^{-1}} X(z)$$

由于

$$X(z) = \mathscr{Z}[x(n)] = \frac{1}{1 - az^{-1}}, \quad |z| > |a|$$

所以

$$Y(z) = \frac{1}{(1 - bz^{-1})(1 - az^{-1})}, \quad |z| > |a|$$

则

$$y(n) = \mathscr{Z}^{-1}[Y(z)] = \frac{1}{a - b}(a^{n+1} - b^{n+1}) u(n)$$

例 7.14 将上例中的初始值改为 $y(-1) = 2$，求系统的响应 $y(n)$。

解 差分方程两边进行单边 z 变换，得

$$Y(z) - bz^{-1}Y(z) - by(-1) = X(z)$$

因为 $y(-1) = 2$，所以有

$$Y(z) = \frac{1}{1-bz^{-1}} X(z) + \frac{2b}{1-bz^{-1}}$$

将 $X(z) = \dfrac{1}{1-az^{-1}}$，$|z| > |a|$ 代入得

$$Y(z) = \frac{1}{(1-bz^{-1})(1-az^{-1})} + \frac{2b}{1-bz^{-1}}, \quad |z| > |a|$$

对上式进行逆 z 变换，得系统的响应为

$$y(n) = \frac{1}{a-b}(a^{n+1} - b^{n+1})u(n) + 2b^{n+1}u(n)$$

其中，第一部分是系统的零状态响应，第二部分是系统的零输入响应。

7.3　LTI 离散系统的系统函数与系统特性

7.3.1　系统函数

离散系统的系统函数定义为零状态响应和激励的象函数之比。由式(7.2.6)可知

$$H(z) = \frac{Y_{zs}(z)}{X(z)} = \frac{\sum\limits_{r=0}^{M} b_r z^{-r}}{\sum\limits_{k=0}^{N} a_k z^{-k}} = \frac{B(z)}{A(z)} \tag{7.3.1}$$

式中 $B(z)$、$A(z)$ 分别为

$$A(z) = \sum_{k=0}^{N} a_k z^{-k} = a_0 + a_1 z^{-1} + a_2 z^{-2} + \cdots + a_N z^{-N} \tag{7.3.2}$$

$$B(z) = \sum_{r=0}^{M} b_r z^{-r} = b_0 + b_1 z^{-1} + b_2 z^{-2} + \cdots + b_M z^{-M} \tag{7.3.3}$$

引入系统函数的概念后，零状态响应的象函数可写为

$$Y_{zs}(z) = H(z)X(z)$$

由第 3 章已经知道，系统的零状态响应也可以用激励和单位脉冲响应的卷积表示，即

$$y_{zs}(n) = x(n) * h(n)$$

由时域卷积定理得到

$$Y_{zs}(z) = X(z)H(z) \tag{7.3.4}$$

其中

$$H(z) = \mathscr{Z}[h(n)] = \sum_{n=\infty}^{\infty} h(n)z^{-n} \tag{7.3.5}$$

可见，系统函数 $H(z)$ 与系统的单位脉冲响应是一对 z 变换。我们既可以利用卷积求系统的零状态响应，又可以借助系统函数与激励 z 变换式乘积的逆 z 变换来求此响应。

例 7.15　某 LTI 离散系统，已知当输入 $x(n) = \left(-\dfrac{1}{2}\right)^n u(n)$ 时，其零状态响应为

$$y_{zs}(n) = \left[\frac{3}{2}\left(\frac{1}{2}\right)^n + 4\left(-\frac{1}{3}\right)^n - \frac{9}{2}\left(-\frac{1}{2}\right)^n\right]u(n)$$

求系统的单位序列响应和描述系统的差分方程。

解　零状态响应的象函数为

$$Y_{zs}(z) = \frac{3}{2} \cdot \frac{z}{z - \frac{1}{2}} + 4 \cdot \frac{z}{z + \frac{1}{3}} - \frac{9}{2} \cdot \frac{z}{z + \frac{1}{2}}$$

$$= \frac{z^3 + 2z^2}{\left(z - \frac{1}{2}\right)\left(z + \frac{1}{3}\right)\left(z + \frac{1}{2}\right)}$$

输入的象函数为

$$x(z) = \frac{z}{z + \frac{1}{2}}$$

故得系统函数为

$$H(z) = \frac{Y_{zs}(z)}{X(z)} = \frac{z^2 + 2z}{z^2 - \frac{1}{6}z - \frac{1}{6}}$$

求逆变换得

$$h(n) = \mathscr{L}^{-1}\left[H(z)\right] = \left[3\left(\frac{1}{2}\right)^n - 2\left(-\frac{1}{3}\right)^n\right]u(n)$$

将系统函数分子、分母同乘以 z^{-2} 得

$$H(z) = \frac{Y_{zs}(z)}{X(z)} = \frac{1 + 2z^{-1}}{1 - \frac{1}{6}z^{-1} - \frac{1}{6}z^{-2}}$$

则描述系统的差分方程为

$$y(n) - \frac{1}{6}y(n-1) - \frac{1}{6}y(n-2) = x(n) + 2x(n-1)$$

7.3.2　系统的极零点分布对系统频率响应特性的影响

将式(7.3.1)的分子与分母多项式因式分解，得到

$$H(z) = A \frac{\prod\limits_{r=1}^{M}(1 - c_r z^{-1})}{\prod\limits_{k=1}^{N}(1 - d_k z^{-1})} \tag{7.3.6}$$

式中，$A = b_0/a_0$，c_r 是 $H(z)$ 的零点，d_k 是其极点。参数 A 影响频率响应函数的幅度大小，影响系统特性的是零点 c_r 和极点 d_k 的分布。下面我们采用几何方法研究系统零极点分布对系统频率特性的影响。

将式(7.3.6)分子、分母同乘以 z^{N+M}，得到

$$H(z) = A z^{N-M} \frac{\prod\limits_{r=1}^{M}(z - c_r)}{\prod\limits_{k=1}^{N}(z - d_k)} \tag{7.3.7}$$

设系统稳定，将 $z = \mathrm{e}^{\mathrm{j}\Omega}$ 代入上式，得到系统频率响应函数为

$$H(\mathrm{e}^{\mathrm{j}\Omega}) = A\mathrm{e}^{\mathrm{j}\Omega(N-M)} \frac{\prod\limits_{r=1}^{M}(\mathrm{e}^{\mathrm{j}\Omega} - c_r)}{\prod\limits_{k=1}^{N}(\mathrm{e}^{\mathrm{j}\Omega} - d_k)} \tag{7.3.8}$$

在 z 平面上，$e^{j\Omega} - c_r$ 用一根由零点 c_r 指向单位圆上 $e^{j\Omega}$ 点 B 的向量 $\overrightarrow{c_r B}$ 表示，同样，$e^{j\Omega} - d_k$ 用一根由极点 d_k 指向 $e^{j\Omega}$ 点 B 的向量 $\overrightarrow{d_k B}$ 表示，如图 7.3.1 所示，即 $\overrightarrow{c_r B}$ 和 $\overrightarrow{d_k B}$ 分别为零点向量和极点向量，将它们用极坐标表示：

$$\overrightarrow{c_r B} = c_r B \, e^{j\alpha_r}$$

$$\overrightarrow{d_k B} = d_k B \, e^{j\beta_k}$$

将 $\overrightarrow{c_r B}$ 和 $\overrightarrow{d_k B}$ 的表示式代入式(7.3.8)，得到

$$H(e^{j\Omega}) = A e^{j\Omega(N-M)} \frac{\displaystyle\prod_{r=1}^{M} \overrightarrow{c_r B}}{\displaystyle\prod_{k=1}^{N} \overrightarrow{d_k B}} = \big| H(e^{j\Omega}) \big| \, e^{j\varphi(\Omega)} \tag{7.3.9}$$

其中

$$\big| H(e^{j\Omega}) \big| = \big| A \big| \frac{\displaystyle\prod_{r=1}^{M} c_r B}{\displaystyle\prod_{k=1}^{N} d_k B} \tag{7.3.10}$$

$$\varphi(\Omega) = \Omega(N-M) + \sum_{r=1}^{M} \alpha_r - \sum_{k=1}^{N} \beta_k \tag{7.3.11}$$

系统的频率响应特性由式(7.3.10)和式(7.3.11)确定。当频率 Ω 从 0 变化到 2π 时，这些向量的终点 B 沿单位圆逆时针旋转一周，按照式(7.3.10)和式(7.3.11)分别估算出系统的幅频特性和相频特性。在原点 $z=0$ 处的极点或零点至单位圆的距离大小不变，其值为 1，故对幅频特性不起作用。图 7.3.1 给出了具有两个零点和两个极点的系统的频率响应的几何解释和频率响应的幅度。

经简单分析可知，单位圆附近的零点位置将对幅频响应凹谷的位置和深度有明显的影响，零点在单位圆上，则谷点为零，即为传输零点。零点也可在单位圆外。而在单位圆内且靠近单位圆附近的极点对幅度响应的凸峰的位置和高度则有明显的影响，极点在单位圆外，则系统不稳定。利用这种直观的几何方法，适当地控制零点和极点的分布，就能改变系统的频率响应特性，达到预期的要求。

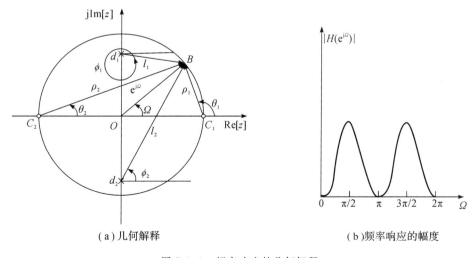

(a) 几何解释　　　　　　　　　　　(b) 频率响应的幅度

图 7.3.1　频率响应的几何解释

例 7.16 已知 $H(z)=z^{-1}$，分析其频率特性。

解 由 $H(z)=z^{-1}$，可知极点为 $z=0$，幅频特性 $|H(\mathrm{e}^{\mathrm{j}\Omega})|=1$，相频特性 $\varphi(\Omega)=-\Omega$，频响特性如图 7.3.2 所示。用几何方法也容易确定，当 $\Omega=0$ 转到 $\Omega=2\pi$ 时，极点向量的长度始终为 1。由该例可以得到结论：处于原点处的零点或极点，由于零点向量长度或者极点向量长度始终为 1，因此原点处的零极点不影响系统的幅频响应特性，但对相频特性有影响。

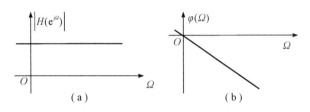

图 7.3.2　$H(z)=z^{-1}$ 的频响特性

例 7.17 设一阶系统的差分方程为 $y(n)=by(n-1)+x(n)$，用几何法分析其幅度特性。

解 由系统差分方程得到系统函数为

$$H(z)=\frac{1}{1-bz^{-1}}=\frac{z}{z-b}, \quad |z|>|b|$$

式中 $0<b<1$。系统极点为 $z=b$，零点 $z=0$。当 B 点从 $\Omega=0$ 逆时针旋转时，在 $\Omega=0$ 点由于极点向量长度最短，形成波峰；在 $\Omega=\pi$ 处形成波谷；$z=0$ 处零点不影响幅频响应。极、零点分布及幅频特性如图 7.3.3 所示。

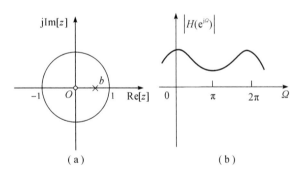

图 7.3.3　例 7.17 图

例 7.18 已知 $H(z)=1-z^{-N}$，试定性画出系统的幅频特性。

解 $\qquad H(z)=1-z^{-N}=\dfrac{z^{N}-1}{z^{N}}$

$H(z)$ 的极点为 $z=0$，这是一个 N 阶极点，它不影响系统的幅频特性。零点有 N 个，由分子多项式的根决定：

$$z^{N}-1=0, \quad z^{N}=\mathrm{e}^{\mathrm{j}2\pi k}$$

$$z=\mathrm{e}^{\mathrm{j}\frac{2\pi}{N}k}, \quad k=0, 1, 2, \cdots, N-1$$

N 个零点等间隔分布在单位圆上，设 $N=8$，零极点分布如图 7.3.4 所示。当 Ω 从 0 变化到 2π 时，每遇到一个零点，幅度为零，在两个零点的中间幅度最大，形成峰值。幅度谷值点频率为：$\Omega_k=(2\pi/N)k$，$k=0, 1, 2, \cdots, N-1$。一般将具有图 7.3.4 所示的幅频特性的滤波器称为梳状滤波器。

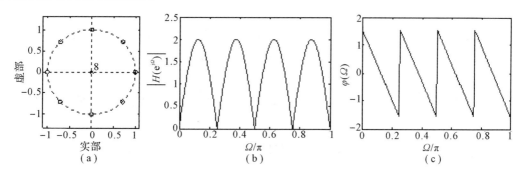

图 7.3.4　梳状滤波器的极零点分布及幅频、相频特性图

7.3.3　系统的极点分布对离散系统因果稳定性的影响

　　因果(可实现)的线性时不变系统其单位脉冲响应 $h(n)$ 一定是因果序列,那么其系统函数 $H(z)$ 的收敛域一定包含 ∞ 点,即 ∞ 不是极点,极点分布在某个圆内,收敛域在某个圆外。

　　线性时不变离散系统稳定的充分必要条件是

$$\sum_{n=-\infty}^{\infty} |h(n)| < \infty$$

即系统的单位脉冲响应绝对可和。

　　而系统函数为

$$H(z) = \sum_{n=\infty}^{\infty} h(n) z^{-n}$$

若要求 $H(z)$ 存在,则上式右边的级数绝对收敛,即

$$\sum_{n=\infty}^{\infty} |h(n) z^{-n}| < \infty$$

当 $|z|=1$ 时,上式变为

$$\sum_{n=\infty}^{\infty} |h(n)| < \infty$$

　　显然,这与系统稳定的充分必要条件相同。这说明系统函数在单位圆上收敛时,系统稳定。也就是说,如果系统函数 $H(z)$ 的收敛域包括单位圆,则系统稳定;反之,如果系统稳定,则系统函数 $H(z)$ 的收敛域应包含单位圆。

　　不难看出,对于因果系统,如果系统函数 $H(z)$ 的极点都在单位圆内,则系统稳定;反之,如果系统稳定,则系统函数的极点都在单位圆内。

　　例 7.19　已知系统的系统函数 $H(z) = \dfrac{1-a^2}{(1-az^{-1})(1-az)}$,$0<a<1$,分析该系统的因果性和稳定性。

　　解　$H(z)$ 的极点为 $z=a$,$z=a^{-1}$,其收敛域应分为三种情况。

　　(1) 收敛域为 $a^{-1}<|z|\leqslant\infty$:对应的系统是因果系统,但由于收敛域不包含单位圆,因此系统不稳定。可求得其单位脉冲响应 $h(n)=(a^n-a^{-n})u(n)$,这是一个因果序列,但不收敛。

（2）收敛域为 $0 \leqslant |z| < a$：对应的系统是非因果且不稳定系统。其单位脉冲响应 $h(n) = (a^{-n} - a^n)u(-n-1)$，这是一个非因果且不收敛的序列。

（3）收敛域为 $a < |z| < a^{-1}$：对应的系统是非因果系统，但由于收敛域包含单位圆，因此是稳定系统。其单位脉冲响应 $h(n) = a^{|n|}$，这是一个双边的收敛序列。

7.4 基于 MATLAB 的离散时间信号与系统的复频域分析

7.4.1 离散时间信号 z 变换和逆 z 变换

如果 z 变换是 z 的有理分式，虽然其逆 z 变换是无限序列，但求它的系数和指数都是数值计算的范畴，可以用 MATLAB 解决。

如果序列 $x(n)$ 的长度有限，即 length(x) 有限，其 n＝ns:nf，则其 z 变换为

$$X(z) = \sum_{n=ns}^{nf} x(n) z^{-n}$$

它是一个 z 的多项式，不存在收敛问题。用 MATLAB 的表达式可写成

$$X(z) = x(1) * z^{\hat{}} - n(1) + x(2) * z^{\hat{}} - n(2) + \cdots + x(end) * z^{\hat{}} - n(end)$$

这是 MATLAB 中信号序列 z 变换的典型形式。它的逆 z 变换一目了然，就是其系数向量 x。这也是和连续系统的拉普拉斯变换的不同之处。在 s 域，纯粹分子上的 s 多项式属于非物理系统，分母中 s 的次数必定高于分子。在 z 域，有限长序列的 z 变换必定是（纯粹分子上）z 的多项式，无限长序列的 z 变换则是 z 的有理分式，而且其分母中 z 的次数可以低于分子。

例 7.20 已知两序列

$$x_1(n) = \{1, 2, 3; -1, 0, 1\}$$
$$x_2(n) = \{2, 4, 3, 5; -2, -1, 0, 1\}$$

试用 MATLAB 分别求出 $x_1(n)$、$x_2(n)$ 及两者的卷积 $x(n)$ 的 z 变换。

解 根据 MATLAB 的表达式：

$$X(z) = x(1) * z^{\hat{}} - n(1) + x(2) * z^{\hat{}} - n(2) + \cdots + x(end) * z^{\hat{}} - n(end)$$

因此，本例中 $x_1(n)$ 和 $x_2(n)$ 的 z 变换为

$$X_1(z) = z + 2 + 3z^{-1}, \quad X_2(z) = 2z^2 + 4z + 3 + 5z^{-1}$$

根据 z 变换的时域卷积定理，只要求出 $X(z) = X_1(z) X_2(z)$ 即可。这是两个多项式相乘，可用 conv 函数来求得序列 $x(n)$，$x(n)$ 也应是 x 和 n 两个数组。conv 函数只能给出数组 x，数组 n 要自己判别。n 的起点 ns＝ns1＋ns2＝-3，终点 nf＝nf1＋nf2＝2。由 x 和 n 即可得出 $X(z)$。

程序如下：

```
%计算 x(n)的 z 变换
x1=[1, 2, 3];  ns1=-1;          %设定 x1 和 ns1
nf1=ns1+length(x1)-1;           %nf1 可以算出
x2=[2, 4, 3, 5]; ns2=-2;        %设定 x2 和 ns2
nf2=ns2+length(x2)-1;           %nf2 可以算出
x=conv(x1, x2)                  %求出 x
```

```
n=(ns1+ns2):(nf1+nf2)              %求出 n
```

程序运行结果：

```
x=2      8    17    23    19   15
n=-3    -2   -1     0     1    2
```

由此可得

$$X(z) = 2z^3 + 8z^2 + 17z + 23 + 19z^{-1} + 15z^{-2}$$

$X(z)$ 是 z 的多项式形式，它的逆 z 变换就是其系数组成的向量 x 和 z 的幂次组成的时间向量 n，所以是有限长序列。

例 7.21 求 z 的多项式分式的逆 z 变换。

已知系统的系统函数为 $H(z) = \dfrac{-3z^{-1}}{2 - 2.2z^{-1} + 0.5z^{-2}}$，输入例 7.20 中的 $x_2(n)$ 信号，用逆 z 变换计算输出 $y(n)$，$y(n) = IZT[Y(z)]$。

解 由例 7.20 可知

$$X_2(z) = 2z^2 + 4z + 3 + 5z^{-1}$$

故

$$Y(z) = X(z)H(z) = X_2(z)H(z) = z^{-nsy} \frac{B(z)}{A(z)}$$

其中，$B = \mathrm{conv}(-3, [2, 4, 3, 5])$，$A = [2, -2.2, 0.5]$，$nsy =$ 分母分子多项式 z 的最高幂次之差。调用 $[r, p, k] = \mathrm{residuez}(B, A)$，可由 B、A 求出 r、p、k，进而求逆 z 变换，得

$$y(n) = r(1)p(1)^{n-nsy}u(n-nsy) + r(2)p(2)^{n-nsy}u(n-nsy) + k(1)$$
$$\delta(n-nsy) + k(2)\delta(n-nsy-1)$$

其中，$u(n-n_0)$ 和 $\delta(n-n_0)$ 分别为 n_0 处的单位阶跃函数和单位脉冲函数。

程序如下：

```
x=[2,4,3,5];nsx=-2;                %输入序列及初始时间
nfx=nsx+length(x)-1;               %计算序列终止时间
Bw=-3;nsbw=-1;                     %系统函数的分子系数及 z 的最高次数
Aw=[2,-2.2,0.5];nsaw=0;            %系统函数的分母系数及 z 的最高次数
B=conv(-3,x);                      %输入与分子 z 变换的多项式乘积
A=Aw;                              %分母不变
nsy=nsaw-(nsbw-nsx)                %分子比分母的次数高 nsy
[r,p,k]=residuez(B,A)              %求留数 r、极点 p 及直接项 k
nf=input('终点时间 nf=');          % 要求键入终点时间
n=min(nsx,nsy):nf;                 %生成总时间数组
%求无限序列 yi 和直接序列 yd
yi=(r(1)*p(1).^(n-nsy)+r(2)*p(2).^(n-nsy)).*stepseq(nsy,n(1),nf);
yd=k(1)*impseq(nsy,n(1),nf)+k(2)*impseq(-1-nsy,n(1),nf);
y=yi+yd;                           %合成输出
xe=zeros(1,length(n));             %初始化，将 x 延拓为 xe
xe(find((n>=nsx)&(n<=nfx)==1))=x;  %在对应的 n 处把 xe 赋值 x
subplot(2,1,1),stem(n,xe,'.'),line([min(n(1),0],nf],[0,0]);
subplot(2,1,2),stem(n,y,'.'),line([min(n(1),0],nf],[0,0]);
```

其中，stepseq 和 impseq 为两个子函数，程序代码分别如下：

```
function[x, n]=stepseq(n0, ns, nf)
n=[ns:nf];x=[(n−n0)>=0];
function[x, n]=impseq(n0, ns, nf)
n=[ns:nf];
x=[(n−n0)==0];
```

程序运行结果：

```
nsy=−1
r=−57.7581
   204.7581
p=0.7791
   0.3209
k=−150   −30
```

可写出 $Y(z)$ 的部分分式如下：

$$Y(z) = \frac{r(1)}{1-p(1)z^{-1}} + \frac{r(2)}{1-p(2)z^{-1}} + k(1) + k(2)z^{-1}$$

所以可得到 $y(n)$ 的表达式为

$$y(n) = -57.7581 \times 0.7791^{n+1}u(n+1) + 204.7581 \times$$
$$0.3209^{n+1}u(n+1) - 150\delta(n+1) - 30\delta(n)$$

$x(n)$ 和 $y(n)$ 的图形如图 7.4.1 所示。

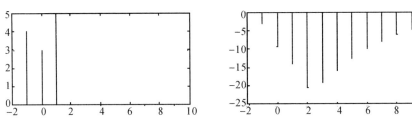

图 7.4.1　例 7.21 的输入和输出

如果不需要求出表达式，本题可直接用工具箱函数 filter 来解，键入

```
x=[2, 4, 3, 4, zeros(1, 10)]; Bw=−3; Aw=[2, −2.2, 0.5];
y=filter(Bw, Aw, x), stem(y)
```

所得波形与图 7.4.1 相同，只不过 x 和 y 都从 n=1 开始，而长度则取决于输入 x 的长度，故在 x 给定序列的后面加了 10 个 0。

7.4.2　基于 MATLAB 的系统频率响应函数求解与分析

MATLAB 信号处理工具箱提供了求系统频率响应函数及系统零极点的函数。

1. freqz 计算系统的频率响应函数

可以用 MATLAB 信号处理工具箱中 freqz 函数来求系统的频率响应函数，下面介绍其具体用法。

H=freqz(B, A，w)表示计算由向量 w 指定的数字频率点上数字系统的频率响应函数 $H(e^{j\omega})$，结果存于向量 H 中。B 和 A 为系统的系统函数 $H(z)$ 的分子和分母多项式的系数向量。

[H，w]=freqz(B, A，M)表示计算出 M 个频率点上的频率响应，存放于向量 H 中，

M 个频率点存放于向量 w 中。freqz 函数自动将这 M 个频率点均匀设置在频率范围 $[0, \pi]$ 上。

$[H, w] = \text{freqz}(B, A, M, 'whole')$ 表示自动将这 M 个频率点均匀设置在频率范围 $[0, 2\pi]$ 内。

当然，还可以由频率响应向量 H 得到各采样频点上的幅频响应函数和相频响应函数，再调用 plot 绘制其曲线图。

$$|H(e^{j\Omega})| = \text{abs}(H)$$

$$\varphi(\Omega) = \text{angle}(H)$$

其中，abs 函数的功能是对复数求模，对实数求绝对值；angle 函数的功能是求复数的相角。

freqz(B, A) 表示自动选取 512 个频率点计算。不带输出向量的 freqz 函数将自动绘出固定格式的幅频响应和相频响应曲线。所谓固定格式，是指频率范围为 $[0, \pi]$，频率和相位是线性坐标，幅频响应为对数坐标。

还有其余几种格式，可用 help 命令查阅。

2. zplane 绘制系统的零极点图

可以用 MATLAB 信号处理工具箱中 zplane 函数来绘制系统的极零点图，下面介绍其具体用法。

zplane(z, p) 表示绘制出列向量 z 中的零点(以符号"O"表示)和列向量 p 中的极点(以符号"×"表示)，同时画出参考单位圆，并在多阶零点和极点的右上角标出其阶数。如果 z 和 p 为矩阵，则 zplane 以不同的颜色分别绘出 z 和 p 各列中的零点和极点。

zplane(B, A) 表示绘制出系统函数 $H(z)$ 的零极点图。其中 B 和 A 为系统函数的分子和分母多项式系数向量。

7.4.3　基于 MATLAB 的系统因果稳定性分析

如果系统函数分母多项式阶数较高(如 3 阶以上)，用手工计算极点分布并判定系统稳定性不是一件容易的事。用 MATLAB 函数判定则很简单，判定函数如下：

```
function stab(A)              %stab 为系统稳定性判定函数，A 是 H(z)的分母多项式系数向量
disp('系统极点为：')
P=roots(A)                    %求 H(z)的极点并显示
disp('系统极点模的最大值为：')
M=max(abs(P))                 %求所有极点的模的最大值并显示
if M<1 disp('系统稳定'),
else, disp('系统不稳定'),
end
```

注意，这里要求 $H(z)$ 是正幂有理分式。给 $H(z)$ 的分母多项式系数向量 A 赋值，调用该函数，求出并显示系统极点，极点模的最大值为 M，判断 M 值，如果 M<1，则显示"系统稳定"，否则，显示"系统不稳定"。

如果 $H(z)$ 的分母多项式系数 $A = [2, -2.98, 0.17, 2.3418, -1.5147]$，则调用该函数输出如下：

系统极点为：$P = -0.9000 \quad 0.7000 + 0.6000i \quad 0.7000 - 0.6000i \quad 0.9900$

系统极点模的最大值为：$M = 0.9900$

系统稳定

　　例 7.22　调用 MATLAB 中的 zplane 和 freqz 求解例 7.18 中系统的幅频和相频响应函数及零极点图。

　　解　程序如下：

```
B=[1 0 0 0 0 0 0 0 −1];A=1;              %设置系统函数系数向量 B 和 A
subplot(2,3,1);zplane(B,A);              %绘制零极点图
[H,w]=freqz(B,A);                        %计算频率响应
subplot(2,3,2);plot(w/pi,abs(H));        %绘制幅频响应曲线
xlabel('\omega/\pi');ylabel('|H(e^-j^\omega)|');axis([0,1,0,2.5]);
subplot(2,3,3);plot(w/pi,angle(H));      %绘制相频响应曲线
xlabel('\omega/\pi');ylabel('\phi(\omega)');
```

　　运行上面的程序绘制出 8 阶梳状滤波器的零极点图和幅频特性、相频特性，如图 7.3.4 所示。

本 章 小 结

　　本章主要介绍了离散时间信号与系统的复频域分析，通过本章的学习使读者掌握离散时间信号与系统的复频域变换工具 z 变换，它将描述离散时间系统的差分方程转变为代数方程，从而使分析过程大为简化。

　　本章主要内容有：

　　(1) 离散时间信号 z 变换的定义为

$$X(z) = \sum_{n=-\infty}^{\infty} x(n)z^{-n}$$

　　对于任意给定的序列 $x(n)$，使其 z 变换收敛的所有 z 值的集合称为 $X(z)$ 的收敛域，即满足 $\sum_{n=-\infty}^{\infty} |x(n)z^{-n}| = M < \infty$ 的所有 z 值的集合。

　　(2) 序列的特性不同，其 z 变换收敛域的特点也不一样。归纳如下：有限长序列的 z 变换的收敛域形式为整个 z 平面，但 0、∞ 两个点比较特殊，要单独考虑；右序列 $(n_1 \geqslant 0)$ 的 z 变换的收敛域为一个圆的外部；左序列 $(n_2 \leqslant 0)$ 的收敛域的形式为一个圆的内部；双边序列 z 变换的收敛域的形式为一个圆环区域。根据序列的不同特性，可以先判断出其收敛域的形式，为后续求出的具体收敛域提供参考。

　　(3) 离散时间信号的逆 z 变换分为留数法和部分分式法。采用留数法求逆 z 变换时，需要在不同的情况下正确判断出极点及其在 z 平面上分布时和围线 C 的关系；采用部分分式法求逆 z 变换的时候需要牢记常见的几个序列的 z 变换及其收敛域。

　　(4) z 变换和拉普拉斯变换及傅里叶变换的关系。

　　如果序列是由连续信号采样得到的，则序列的 z 变换和连续信号的拉普拉斯变换之间的关系为

$$X(z)\,|_{z=e^{sT}} = X_{sb}(s)$$

如果序列的 z 变换和傅里叶变换均存在，则两者之间的关系为

$$X(z)\big|_{z=e^{j\Omega}} = X(e^{j\Omega})$$

即序列的傅立叶变换为其 z 变换在单位圆上的值。

（5）$H(z)$ 称为离散系统的系统函数，它表示系统的零状态响应与激励信号的 z 变换之比。而且系统函数 $H(z)$ 与系统的单位脉冲响应 $h(n)$ 是一对 z 变换，即

$$H(z) = \mathscr{Z}\big[h(n)\big] = \sum_{n=\infty}^{\infty} h(n)z^{-n}$$

（6）系统的零极点分布对系统因果稳定性有一定影响。因果系统的系统函数 $H(z)$ 的收敛域一定为某一个圆外；稳定系统的系统函数 $H(z)$ 的收敛域一定包含单位圆。若系统既因果又稳定，则其系统的极点都在单位圆内。

（7）单位圆附近的零点位置将对幅频响应凹谷的位置和深度有明显的影响，零点在单位圆上，则谷点为零，即为传输零点。零点也可在单位圆外。而在单位圆内且靠近单位圆附近的极点对幅度响应的凸峰的位置和高度则有明显的影响，极点在单位圆外，则系统不稳定。利用这种直观的几何方法，适当地控制零点和极点的分布，就能改变系统的频率响应特性，达到预期的要求。

习　题　7

7.1　求下列序列的 z 变换，并指出其收敛域。

（1）$2^{-n}u(n)$；

（2）$-2^{-n}u(-n-1)$；

（3）$2^{-n}u(-n)$；

（4）$\delta(n)$；

（5）$\delta(n-1)$；

（6）$2^{-n}\big[u(n)-u(n-10)\big]$。

7.2　求以下序列的 z 变换及其收敛域，并在 z 平面上画出极零点分布图。

（1）$x(n)=R_N(n)$，$N=4$；

（2）$x(n)=Ar^n\cos(\omega_0 n+\varphi)u(n)$　（$r=0.9$，$\omega_0=0.5\pi$ rad，$\varphi=0.25\pi$ rad）；

（3）$x(n)=\begin{cases} n, & 0 \leqslant n \leqslant N \\ 2N-n, & N+1 \leqslant n \leqslant 2N \text{。} \\ 0, & \text{其他} \end{cases}$

式中 $N=4$。

7.3　已知 $x(n)=a^n u(n)$，$0<a<1$，分别求：

（1）$x(n)$ 的 z 变换；

（2）$nx(n)$ 的 z 变换；

（3）$a^{-n}x(-n)$ 的 z 变换。

7.4 已知
$$X(z) = \frac{3}{1 - \frac{1}{2}z^{-1}} + \frac{2}{1 - 2z^{-1}}$$

求出对应 $X(z)$ 的各种可能的序列表达式。

7.5 已知 $X(z) = \dfrac{-3z^{-1}}{2 - 5z^{-1} + 2z^{-2}}$,分别求:

(1) 收敛域为 $0.5 < |z| < 2$ 对应的原序列 $x(n)$;

(2) 收敛域为 $|z| > 2$ 对应的原序列 $x(n)$。

7.6 用部分分式法求以下 $X(z)$ 的逆 z 变换:

(1) $X(z) = \dfrac{1 - \frac{1}{3}z^{-1}}{2 - 5z^{-1} + 2z^{-2}}$, $|z| > 2$;

(2) $X(z) = \dfrac{1 - 2z^{-1}}{1 - \frac{1}{4}z^{-2}}$, $|z| < \frac{1}{2}$。

7.7 已知 $x(n)$ 的双边 z 变换为 $X(z)$,证明
$$\mathscr{Z}[x(-n)] = X(z^{-1})$$

7.8 用 z 变换解下列差分方程。

(1) $y(n) - 0.9y(n-1) = 0.05u(n)$, $y(n) = 0$, $n \leqslant -1$。

(2) $y(n) - 0.9y(n-1) = 0.05u(n)$, $y(-1) = 1$, $y(n) = 0$, $n < -1$。

(3) $y(n) - 0.8y(n-1) - 0.15y(n-2) = \delta(n)$, $y(-1) = 0.2$, $y(-2) = 0.5$, $y(n) = 0$, $n \leqslant -3$。

7.9 已知 $\mathscr{Z}[x(n)] = X(z)$,证明
$$\mathscr{Z}\Big[\sum_{k=0}^{n} x(k)\Big] = \frac{z}{z-1}X(z)$$

7.10 某离散时间系统的差分方程为 $y(n) + y(n-1) = x(n)$。

(1) 求系统函数 $H(z)$ 及系统的单位脉冲响应 $h(n)$;

(2) 若 $x(n) = 10u(n)$,求系统的零状态响应。

7.11 某离散时间系统的差分方程为 $y(n+2) - 3y(n+1) + 2y(n) = x(n+1) - 2x(n)$,系统初始条件为 $y(0) = 1$, $y(-1) = 1$;输入 $x(n) = u(n)$。

(1) 求系统的零输入响应;

(2) 求系统的零状态响应;

(3) 求系统的全响应。

7.12 某离散时间系统的零状态响应为 $y_{zs}(n) = [2 - 0.5^n + (-1.5)^n]u(n)$,当系统的输入 $x(n) = u(n)$ 时,求该系统的系统函数 $H(z)$ 及描述该系统的差分方程。

7.13 如题 7.13 图所示系统。

(1) 试证明图(a)、(b)、(c)满足相同的差分方程;

(2) 求该系统的单位脉冲响应;

（3）若 $x(n)=u(n)$，求系统的零状态响应。

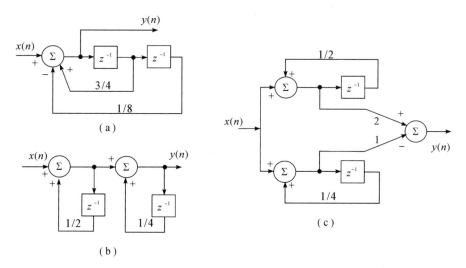

题 7.13 图

7.14　设某线性时不变系统的系统函数为

$$H(z) = \frac{1-a^{-1}z^{-1}}{1-az^{-1}}, \; a \text{ 为实数}$$

（1）在 z 平面上用几何法证明该系统是全通网络，即 $|H(e^{j\omega})|$＝常数；

（2）参数 a 取何值才能使系统因果稳定？画出系统的极零点分布图及收敛域。

7.15　求下列系统函数在 $10<|z|\leqslant\infty$ 及 $0.5<|z|<10$ 两种收敛域情况下的单位脉冲响应，并说明系统的稳定性和因果性。

$$H(z) = \frac{9.5z}{(z-0.5)(10-z)}$$

7.16　已知某离散系统用以下差分方程描述：

$$y(n) = y(n-1)+y(n-2)+x(n-1)$$

（1）求系统函数 $H(z)$，并画出系统的极零点分布图；

（2）限定系统是因果的，写出 $H(z)$ 的收敛域，并求出其单位脉冲响应 $h(n)$；

（3）限定系统是稳定的，写出 $H(z)$ 的收敛域，并求出其单位脉冲响应 $h(n)$。

7.17　已知某线性因果网络用以下差分方程描述：

$$y(n) = 0.9y(n-1)+x(n)+0.9x(n-1)$$

（1）求网络的系统函数 $H(z)$ 及单位脉冲响应 $h(n)$；

（2）写出系统的频率响应 $H(e^{j\omega})$ 的表达式，并定性画出其幅频特性曲线；

（3）设输入为 $x(n)=e^{j\omega_0 n}$，求系统的输出 $y(n)$。

7.18　已知横向数字滤波器的结构如题 7.18 图所示，试以 $M=8$ 为例：

（1）写出其差分方程；

（2）求出系统函数 $H(z)$ 并画出零极点分布图；

（3）求出系统单位脉冲响应；

（4）粗略画出系统的幅频特性曲线。

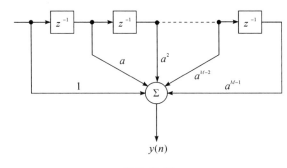

题 7.18 图

7.19 已知系统的输入和单位脉冲响应分别为

$$x(n) = a^n u(n), \quad h(n) = b^n u(n), \quad 0 < a < 1, \, 0 < b < 1$$

（1）试用卷积法求系统的输出 $y(n)$；

（2）试用 z 变换法求系统的输出 $y(n)$。

7.20 已知某线性因果系统用下面的差分方程描述：

$$y(n) - 2ry(n-1)\cos\theta + r^2 y(n-2) = x(n)$$

式中，$x(n) = a^n u(n)$，$0 < a < 1$，$0 < r < 1$，$\theta =$ 常数。试求系统的响应 $y(n)$。

7.21 假设系统函数为

$$H(z) = \frac{(z+9)(z-3)}{3z^4 - 3.98z^3 + 1.17z^2 + 2.3418z - 1.5147}$$

试用 MATLAB 语言判断系统是否稳定。

7.22 假设系统函数为

$$H(z) = \frac{z^2 + 5z - 50}{2z^4 - 2.98z^3 + 0.17z^2 + 2.3418z - 1.5147}$$

用 MATLAB 语言编程实现：

（1）画出零极点分布图，并判断系统是否稳定；

（2）求出输入为单位阶跃序列 $u(n)$ 时系统的输出，检查系统是否稳定。

7.23 下面四个二阶网络的系统函数具有一样的极点分布：

$$H_1(z) = \frac{1}{1 - 1.6z^{-1} + 0.9425z^{-2}}$$

$$H_2(z) = \frac{1 - 0.3z^{-1}}{1 - 1.6z^{-1} + 0.9425z^{-2}}$$

$$H_3(z) = \frac{1 - 0.8z^{-1}}{1 - 1.6z^{-1} + 0.9425z^{-2}}$$

$$H_4(z) = \frac{1 - 1.6z^{-1} + 0.8z^{-2}}{1 - 1.6z^{-1} + 0.9425z^{-2}}$$

试用 MATLAB 语言研究零点分布对于系统单位脉冲响应的影响。要求：

（1）分别画出各系统的零极点分布图；

（2）分别求出各系统的单位脉冲响应，并画出其波形图；

（3）分析零点分布对于单位脉冲响应的影响。

第 8 章　系统的状态变量分析

系统分析就是建立描述系统的数学模型并求出它的解。描述系统的方法通常可以分为输入-输出法和状态变量法。

输入-输出法也称为外部法，它主要关心的是系统的激励和输入之间的关系。前面各章所讨论的描述系统的方法均为输入-输出法。这种方法仅局限于研究系统的外部特征，未能全面揭示系统的内部特性，通常只适用于单输入、单输出的线性时不变系统。随着系统组成的日益复杂，对系统分析的要求也越来越高。在许多情况下，人们不仅关心系统输出的变化情况，而且还要研究系统内部的一些变量，以便更好地设计和控制系统，这就需要研究以系统内部变量为基础的状态变量分析法。

状态变量分析法是现代控制理论的重要标志，对于 n 阶系统，状态变量法是用 n 个状态变量的一阶微分（或差分）方程来描述系统。它的主要特点是：

(1) 能完整揭示系统内部特性；

(2) 便于分析多输入-多输出系统；

(3) 便于计算机数值计算；

(4) 容易推广应用于非线性和时变系统。

本书只讨论线性时不变系统的状态变量分析。

8.1　状态变量和状态方程

在分析和设计一个系统时，往往需要弄清楚系统内部或外部某些参量随时间变化的情况，从而对系统性能有一个全面的了解。系统的状态变量和状态方程正是用于描述系统内部变化情况的。

8.1.1　系统的状态和状态变量的概念

首先，从一个电路系统实例引出状态和状态变量的概念。

图 8.1.1 是具有两个储能元件的二阶系统，由一个输入电流源 $i_s(t)$、两个电阻、一个电感和一个电容组成。根据电容电流 $i_C(t) = C \dfrac{\mathrm{d}u_C(t)}{\mathrm{d}t}$，电感电压 $u_L(t) = L \dfrac{\mathrm{d}i_L(t)}{\mathrm{d}t}$，在某个时刻 t，按基尔霍夫定律可列出如下方程：

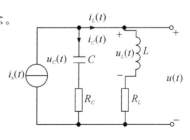

图 8.1.1　二阶电路

$$\begin{cases} i_s(t) = C\dfrac{du_C(t)}{dt} + i_L(t) \\ u_C(t) + R_C C\dfrac{du_C(t)}{dt} = L\dfrac{di_L(t)}{dt} + R_L i_L(t) \end{cases} \tag{8.1.1}$$

整理得

$$\begin{cases} \dfrac{du_C(t)}{dt} = -\dfrac{1}{C}i_L(t) + \dfrac{1}{C}i_s(t) \\ \dfrac{di_L(t)}{dt} = \dfrac{1}{L}u_C(t) - \dfrac{R_L + R_C}{L}i_L(t) + \dfrac{R_C}{L}i_s(t) \end{cases} \tag{8.1.2}$$

若指定电路两端的电压 $u(t)$ 和电容电流 $i_C(t)$ 为输出,可得

$$\begin{cases} u(t) = u_C(t) + R_C[i_s(t) - i_L(t)] = u_C(t) - R_C i_L(t) + R_C i_s(t) \\ i_C(t) = -i_L(t) + i_s(t) \end{cases} \tag{8.1.3}$$

由微分方程理论可知,若已知初始时刻 t_0 的电容电压 $u_C(t_0)$ 和电感电流 $i_L(t_0)$,则根据 $t \geq t_0$ 时的给定输入 $i_s(t)$ 就可以唯一确定方程式(8.1.2)在 $t \geq t_0$ 时的解 $u_C(t)$ 和 $i_L(t)$。由式(8.1.3)可见,任意时刻 $t(t \geq t_0)$ 的输出 $u(t)$ 和 $i_C(t)$ 可由该时刻的 $u_C(t)$、$i_L(t)$ 以及输入 $i_s(t)$ 唯一确定。由此可见,电感中的电流 $i_L(t)$ 和电容上的电压 $u_C(t)$ 提供了该系统内部的充分而又必要的信息,这种信息可以表征系统内部的全部工作情况。表征系统运动的信息称为状态。这里 $u_C(t_0)$ 和 $i_L(t_0)$ 可被称为图 8.1.1 电路系统在 $t = t_0$ 时刻的状态。电路的储能由电容电压和电感电流确定,这里系统的状态实际反映了系统的储能状况。

通过上述分析可见,只要知道 t_0 时刻的状态以及 $t \geq t_0$ 时系统的输入,就可以唯一确定系统在任何 $t \geq t_0$ 时间的全部行为。换句话说,系统在 $t \geq t_0$ 的系统状态和工作情况可以由系统在 $t = t_0$ 时的初始状态和 $t \geq t_0$ 以后系统的输入完全确定。而 t_0 时刻的状态是 $t < t_0$ 时系统工作积累的结果,并在 $t = t_0$ 时以元件储能的方式表现出来,故称状态是对系统过去、现在和将来行为的描述。

状态变量是描述系统状态随时间 t 变化的一组变量,它们在某个时刻的值就组成了系统在该时刻的状态。描述系统的独立的状态变量的数目是一定的,多于这个数目,则必有不独立变量;少于这个数目,则不足以描述整个系统。系统中有几个独立的储能元件,则有几个独立的状态变量。对于 n 阶动态系统需要 n 个独立的状态变量,通常用 $w_1(t)$,$w_2(t)$,$\cdots$,$w_n(t)$ 表示。把一组状态变量用一个向量来表示就称为状态矢量。对于 n 阶动态系统而言,其对应的状态矢量是 n 维的,记为 $\boldsymbol{W}(t) = [w_1(t) w_2(t) \cdots w_n(t)]^T$,T 为转置符号。

图 8.1.1 所示的系统中把电容上的电压 $u_C(t)$ 和电感上的电流 $i_L(t)$ 作为状态变量,这两个状态变量就构成一个二维的状态矢量,可记为

$$\boldsymbol{W}(t) = \begin{bmatrix} w_1(t) \\ w_2(t) \end{bmatrix} = \begin{bmatrix} u_C(t) \\ i_L(t) \end{bmatrix}$$

状态变量的选取并不是唯一的。例如图 8.1.1 所示的电路系统中,也可以选择电容上的电流 $i_C(t)$ 和电感上的电压 $u_L(t)$ 作为状态变量。不同的状态变量构成不同的状态矢量,状态矢量所有可能值的集合称为状态空间。系统在任意时刻的状态都可用状态空间的一点来表示,当 t 变动时,它所绘出的曲线称为状态轨迹。

8.1.2　状态方程和输出方程

1. 状态方程和输出方程

在图 8.1.1 所示的电路中，设输入 $x(t)=i_s(t)$，选取两个状态变量分别为 $w_1(t)=u_C(t)$、$w_2(t)=i_L(t)$，并用其上加点来表示取一阶导数，则式(8.1.2)可写成

$$\begin{cases} \dot{w}_1(t) = -\dfrac{1}{C}w_2(t) + \dfrac{1}{C}x(t) \\ \dot{w}_2(t) = \dfrac{1}{L}w_1(t) - \dfrac{R_C+R_L}{L}w_2(t) + \dfrac{R_C}{L}x(t) \end{cases}$$

将它们写成矢量矩阵的形式(为了简便，变量中的(t)省略)，可得

$$\begin{bmatrix} \dot{w}_1 \\ \dot{w}_2 \end{bmatrix} = \begin{bmatrix} 0 & -\dfrac{1}{C} \\ \dfrac{1}{L} & -\dfrac{R_C+R_L}{L} \end{bmatrix} \begin{bmatrix} w_1 \\ w_2 \end{bmatrix} + \begin{bmatrix} \dfrac{1}{C} \\ \dfrac{R_C}{L} \end{bmatrix} x \tag{8.1.4}$$

式(8.1.4)就是状态变量分析中的状态方程，它描述了状态变量的一阶导数与状态变量和输入之间的关系。

对于 n 阶系统有 n 个独立的状态变量，故而 n 阶系统的状态方程是 n 个联立的一阶微分方程或差分方程。由于所选状态变量不同，会得出不同的状态方程，故状态方程也不是唯一的。尽管状态方程形式不同，但它们都描述了同一系统，所以同一系统的不同状态方程之间存在着某种线性变换关系。

对于图 8.1.1 所示的电路，取电路两端电压 $u(t)$ 和电容电流 $i_C(t)$ 作为系统输出，即

$$\boldsymbol{Y}(t) = \begin{bmatrix} y_1(t) \\ y_2(t) \end{bmatrix} = \begin{bmatrix} u(t) \\ i_C(t) \end{bmatrix}$$

则式(8.1.3)可写成

$$\begin{cases} y_1(t) = w_1(t) - R_C w_2(t) + R_C x(t) \\ y_2(t) = -w_2(t) + x(t) \end{cases}$$

写成矢量矩阵的形式，可得

$$\begin{bmatrix} y_1 \\ y_2 \end{bmatrix} = \begin{bmatrix} 1 & -R_C \\ 0 & -1 \end{bmatrix} \begin{bmatrix} w_1 \\ w_2 \end{bmatrix} + \begin{bmatrix} R_C \\ 1 \end{bmatrix} x \tag{8.1.5}$$

式(8.1.5)就是系统的输出方程。输出方程描述的是系统的输出与状态变量及输入之间的关系，它是一个简单的代数方程。

通常将状态方程和输出方程总称为系统的动态方程或系统方程。

2. 系统的动态方程的一般形式

对于一般的 n 阶多输入-多输出的 LTI 连续系统，如图 8.1.2 所示，它有 p 个输入 $x_1(t)$，$x_2(t)$，$\cdots$，$x_p(t)$，q 个输出 $y_1(t)$，$y_2(t)$，$\cdots$，$y_q(t)$，系统的 n 个状态变量记为 $w_1(t)$，$w_2(t)$，$\cdots$，$w_n(t)$。

图 8.1.2　多输入-多输出连续系统

图 8.1.2 所示系统的状态方程的一般形式为

$$
\begin{cases}
\dot{w}_1 = a_{11}w_1 + a_{12}w_2 + \cdots + a_{1n}w_n + b_{11}x_1 + b_{12}x_2 + \cdots + b_{1p}x_p \\
\dot{w}_2 = a_{21}w_1 + a_{22}w_2 + \cdots + a_{2n}w_n + b_{21}x_1 + b_{22}x_2 + \cdots + b_{2p}x_p \\
\qquad\qquad\qquad\qquad\qquad\vdots \\
\dot{w}_n = a_{n1}w_1 + a_{n2}w_2 + \cdots + a_{nn}w_n + b_{n1}x_1 + b_{n2}x_2 + \cdots + b_{np}x_p
\end{cases}
\tag{8.1.6}
$$

输出方程为

$$
\begin{cases}
y_1 = c_{11}w_1 + c_{12}w_2 + \cdots + c_{1n}w_n + d_{11}x_1 + d_{12}x_2 + \cdots + d_{1p}x_p \\
y_2 = c_{21}w_1 + c_{22}w_2 + \cdots + c_{2n}w_n + d_{21}x_1 + d_{22}x_2 + \cdots + d_{2p}x_p \\
\qquad\qquad\qquad\qquad\qquad\vdots \\
y_q = c_{q1}w_1 + c_{q2}w_2 + \cdots + c_{qn}w_n + d_{q1}x_1 + d_{q2}x_2 + \cdots + d_{qp}x_p
\end{cases}
\tag{8.1.7}
$$

式中，a_{11}，$\cdots$，a_{nn}，b_{11}，$\cdots$，b_{np}，c_{11}，$\cdots$，c_{qn}，d_{11}，$\cdots$，d_{qp} 是由系统参数确定的系数，对于线性时不变系统，它们都是常数。如果用矢量矩阵形式可表示为

状态方程：

$$
\dot{\boldsymbol{W}} = \boldsymbol{A}\boldsymbol{W} + \boldsymbol{B}\boldsymbol{X}
\tag{8.1.8}
$$

输出方程：

$$
\boldsymbol{Y} = \boldsymbol{C}\boldsymbol{W} + \boldsymbol{D}\boldsymbol{X}
\tag{8.1.9}
$$

其中

$$
\boldsymbol{W} = \begin{bmatrix} w_1 \\ w_2 \\ \vdots \\ w_n \end{bmatrix}, \quad
\dot{\boldsymbol{W}} = \begin{bmatrix} \dot{w}_1 \\ \dot{w}_2 \\ \vdots \\ \dot{w}_n \end{bmatrix}, \quad
\boldsymbol{X} = \begin{bmatrix} x_1 \\ x_2 \\ \vdots \\ x_p \end{bmatrix}, \quad
\boldsymbol{Y} = \begin{bmatrix} y_1 \\ y_2 \\ \vdots \\ y_q \end{bmatrix}
$$

分别称为状态矢量、状态矢量的一阶导数、输入矢量和输出矢量。

$$
\boldsymbol{A} = \begin{bmatrix}
a_{11} & a_{12} & \cdots & a_{1n} \\
a_{21} & a_{22} & \cdots & a_{2n} \\
\vdots & \vdots & \ddots & \vdots \\
a_{n1} & a_{n2} & \cdots & a_{nn}
\end{bmatrix}
\qquad
\boldsymbol{B} = \begin{bmatrix}
b_{11} & b_{12} & \cdots & b_{1p} \\
b_{21} & b_{22} & \cdots & b_{2p} \\
\vdots & \vdots & \ddots & \vdots \\
b_{n1} & b_{n2} & \cdots & b_{np}
\end{bmatrix}
$$

$$
\boldsymbol{C} = \begin{bmatrix}
c_{11} & c_{12} & \cdots & c_{1n} \\
c_{21} & c_{22} & \cdots & c_{2n} \\
\vdots & \vdots & \ddots & \vdots \\
c_{q1} & c_{q2} & \cdots & c_{qn}
\end{bmatrix}
\qquad
\boldsymbol{D} = \begin{bmatrix}
d_{11} & d_{12} & \cdots & d_{1p} \\
d_{21} & d_{22} & \cdots & d_{2p} \\
\vdots & \vdots & \ddots & \vdots \\
d_{q1} & d_{q2} & \cdots & d_{qp}
\end{bmatrix}
$$

$\boldsymbol{A}$、$\boldsymbol{B}$、$\boldsymbol{C}$、$\boldsymbol{D}$ 分别为系数矩阵，其中 $\boldsymbol{A}$ 为 $n \times n$ 方阵，称为系统矩阵；$\boldsymbol{B}$ 为 $n \times p$ 矩阵，称为输入矩阵；$\boldsymbol{C}$ 为 $q \times n$ 矩阵，称为输出矩阵；$\boldsymbol{D}$ 为 $q \times p$ 矩阵。对于线性时不变系统，它们都是常量矩阵。

式(8.1.8)和式(8.1.9)是线性时不变连续系统状态方程和输出方程的标准形式。

上述状态方程和输出方程的概念都是通过连续系统引入的，对于离散系统情况类似，只是状态变量都是序列，因而离散系统的状态方程表现为一阶前向差分方程组。

对于 n 阶多输入-多输出 LTI 离散系统，其状态方程和输出方程可写为

状态方程：

$$W(n+1) = AW(n) + BX(n) \tag{8.1.10}$$

输出方程：

$$Y(n) = CW(n) + DX(n) \tag{8.1.11}$$

其中

$$\boldsymbol{W}(n+1) = \begin{bmatrix} w_1(n+1) \\ w_2(n+1) \\ \vdots \\ w_n(n+1) \end{bmatrix}, \boldsymbol{W}(n) = \begin{bmatrix} w_1(n) \\ w_2(n) \\ \vdots \\ w_n(n) \end{bmatrix}, \boldsymbol{X}(n) = \begin{bmatrix} x_1(n) \\ x_2(n) \\ \vdots \\ x_p(n) \end{bmatrix}, \boldsymbol{Y}(n) = \begin{bmatrix} y_1(n) \\ y_2(n) \\ \vdots \\ y_q(n) \end{bmatrix}$$

$W(n)$、$X(n)$ 和 $Y(n)$ 分别称为状态矢量、输入矢量和输出矢量。A、B、C 和 D 为常数矩阵，其形式和连续系统的相同。

式(8.1.10)和式(8.1.11)是线性时不变离散系统状态方程和输出方程的标准形式。

按式(8.1.8)、式(8.1.9)或式(8.1.10)、式(8.1.11)可画出根据状态变量分析多输入-多输出系统的矩阵框图，如图 8.1.3 所示。连续系统和离散系统的矩阵框图形式相同，只是对于连续系统，框图中用积分器 $\int$，积分器输出端的信号为状态矢量 $W(t)$，输入端信号为其一阶导数 $\dot{W}(t)$；而对于离散系统，框图中用延迟单元 D，延迟单元的输出端为状态矢量 $W(n)$，输入端信号为 $W(n+1)$。

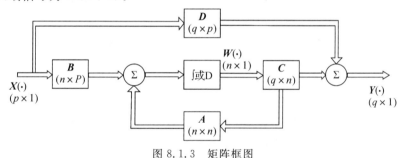

图 8.1.3　矩阵框图

在状态空间中以状态变量描述系统的方法称为状态变量法。通过前面的讨论可知，用状态变量法分析系统时，系统的输出很容易由状态变量和输入信号求得，因此，分析系统的关键在于状态方程的建立和求解。接下来的章节中，我们将对连续系统和离散系统中状态方程的建立和求解方法分别进行讨论。

8.2　状态方程的建立

建立给定系统状态方程的方法很多，大体可分为两大类：直接法和间接法。其中直接法是根据给定系统的结构直接列写系统状态方程，特别适用于电路系统的分析；而间接法可根据描述系统的输入-输出方程、系统函数、系统的框图或信号流图等建立状态方程，常用来研究控制系统。

8.2.1　连续时间系统状态方程的建立

1. 由电路图建立状态方程

为建立电路系统状态方程，首先要选择状态变量。对于线性时不变系统，通常选择电容电压和电感电流为状态变量。这是因为电容和电感的伏安特性中包含了状态变量的一阶导数，便于用 KCL 和 KVL 列写状态方程，同时，电容电压和电感电流又直接与系统的储能状态相联系。

对于 n 阶系统，所选状态变量的个数应为 n，并且必须保证这 n 个状态变量相互独立。对于电路而言，必须保证所选状态变量为独立的电容电压和独立的电感电流。下面给出电路中可能出现的四种非独立电容电压和非独立电感电流的电路结构：① 电路中出现只含电容的回路，如图 8.2.1(a)所示；② 电路中出现只含电容和理想电压源的回路，如 8.2.1(b)所示；③ 电路中出现只含电感的节点或割集，如图 8.2.1(c)所示；④ 电路中出现只含电感和理想电流源的节点或割集，如图 8.2.1(d)所示。根据 KCL 和 KVL，可以明显看出它们的非独立性。如果出现上述情况，则任意去掉其中一个电容电压(对情况①和②)或电感电流(对情况③和④)，就可保证剩下的电容电压和电感电流是独立的。

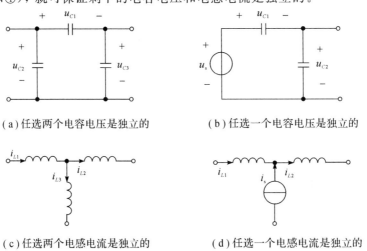

（a）任选两个电容电压是独立的　　　　　　（b）任选一个电容电压是独立的

（c）任选两个电感电流是独立的　　　　　　（d）任选一个电感电流是独立的

图 8.2.1　非独立的电容电压和电感电流

建立电路的状态方程，就是要根据电路列写出各状态变量的一阶微分方程。在选取独立的电容电压 u_C 和电感电流 i_L 作为状态变量之后，由电容和电感的伏安关系 $i_C = C\dfrac{du_C}{dt}$、

$u_L = L\dfrac{di_L}{dt}$ 可知，为使方程中含有状态变量 u_C 的一阶导数 du_C/dt，可对接有该电容的独立节点列写 KCL 电流方程；为使方程中含有状态变量 i_L 的一阶导数 di_L/dt，可对接有该电感的独立回路列写 KVL 电压方程。对列出的方程，只保留状态变量和输入信号，设法消去其他一些不需要的变量，经整理即可给出标准的状态方程。对于输出方程，由于它是简单的代数方程，通常可用观察法由电路直接列出。

综上，可以归纳出由电路直接列写状态方程和输出方程的步骤：

(1) 选电路中所有独立的电容电压和电感电流作为状态变量；

(2) 对接有所选电容的独立节点列写 KCL 电流方程，对含有所选电感的独立回路列写 KVL 电压方程；

(3) 若上一步所列的方程中含有除输入以外的非状态变量，则利用适当的 KCL、KVL 方程将它们消去，然后整理给出标准的状态方程形式；

(4) 用观察法由电路或前面已推导出的一些关系直接列写输出方程，并整理成标准形式。

例 8.1　若以电流 i_C 和电压 u 为输出,写出图 8.2.2 所示电路的状态方程和输出方程。

解　该电路由两个输入信号、两个电感、一个电容和一个电阻组成,其中有三个储能元件,因此,系统有三个状态变量。选取电容电压 u_C 和电感电流 i_{L1}、i_{L2} 为状态变量,即

$$w_1 = u_C, \ w_2 = i_{L1}, \ w_3 = i_{L2}$$

由基尔霍夫定律可列出一个电流方程和两个独立电压方程:

$$\begin{cases} C\dfrac{\mathrm{d}u_C}{\mathrm{d}t} = i_{L1} + i_{L2} \\[2mm] u_s = u_C + L_1\dfrac{\mathrm{d}i_{L1}}{\mathrm{d}t} \\[2mm] u_s = u_C + L_2\dfrac{\mathrm{d}i_{L2}}{\mathrm{d}t} + (i_{L2} + i_s)R \end{cases}$$

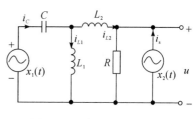

图 8.2.2　例 8.1 电路图

整理上式,并用状态变量替换上式中的电压、电流,得

$$\dot{w}_1 = \frac{1}{C}w_2 + \frac{1}{C}w_3$$

$$\dot{w}_2 = -\frac{1}{L_1}w_1 + \frac{1}{L_1}u_s$$

$$\dot{w}_3 = -\frac{1}{L_2}w_1 - \frac{R}{L_2}w_3 + \frac{1}{L_2}u_s - \frac{R}{L_2}i_s$$

写成矢量矩阵形式为

$$\begin{bmatrix} \dot{w}_1 \\ \dot{w}_2 \\ \dot{w}_3 \end{bmatrix} = \begin{bmatrix} 0 & \dfrac{1}{C} & \dfrac{1}{C} \\[2mm] -\dfrac{1}{L_1} & 0 & 0 \\[2mm] -\dfrac{1}{L_2} & 0 & -\dfrac{R}{L_2} \end{bmatrix} \begin{bmatrix} w_1 \\ w_2 \\ w_3 \end{bmatrix} + \begin{bmatrix} 0 & 0 \\[2mm] \dfrac{1}{L_1} & 0 \\[2mm] \dfrac{1}{L_2} & -\dfrac{R}{L_2} \end{bmatrix} \begin{bmatrix} u_s \\ i_s \end{bmatrix}$$

电路的两个输出,即电流 i_C 和电阻两端电压 u 为

$$y_1 = i_C = i_{L1} + i_{L2} = w_2 + w_3$$

$$y_2 = u = R(i_s + i_{L2}) = Rw_3 + Ri_s$$

写成矢量矩阵形式为

$$\begin{bmatrix} y_1 \\ y_2 \end{bmatrix} = \begin{bmatrix} i_C \\ u \end{bmatrix} = \begin{bmatrix} 0 & 1 & 1 \\ 0 & 0 & R \end{bmatrix} \begin{bmatrix} w_1 \\ w_2 \\ w_3 \end{bmatrix} + \begin{bmatrix} 0 & 0 \\ 0 & R \end{bmatrix} \begin{bmatrix} u_s \\ i_s \end{bmatrix}$$

例 8.2　电路如图 8.2.3 所示,若以 R_5 上的电压 u_5 和电源电流 i_1 为输出,列出电路的状态方程和输出方程。

解　选电感电流 i_{L1}、i_{L2} 和电容电压 u_C 为状态变量,则有

$$w_1 = i_{L1}, \ w_2 = i_{L2}, \ w_3 = u_C$$

对于接有电容的节点 a,列出电流方程为

$$C\dot{w}_3 = w_1 - w_2 \tag{8.2.1}$$

选仅包含电感 L_2 的回路 II 和仅包含电感 L_1 的回路 III,列出电压方程为

$$\begin{cases} L_2 \dot{w}_2 = w_3 + R_5 i_5 \\ L_1 \dot{w}_1 = -w_3 + R_4 i_4 \end{cases} \qquad (8.2.2)$$

上式中出现了非状态变量 i_4、i_5，应设法消去。为此，可利用除节点 a 和回路 II 以及回路 III 以外的独立节点电流方程和独立回路电压方程。选 u_s、R_4、R_5 组成的回路，列出电压方程为

$$u_s = R_4 i_4 + R_5 i_5 \qquad (8.2.3)$$

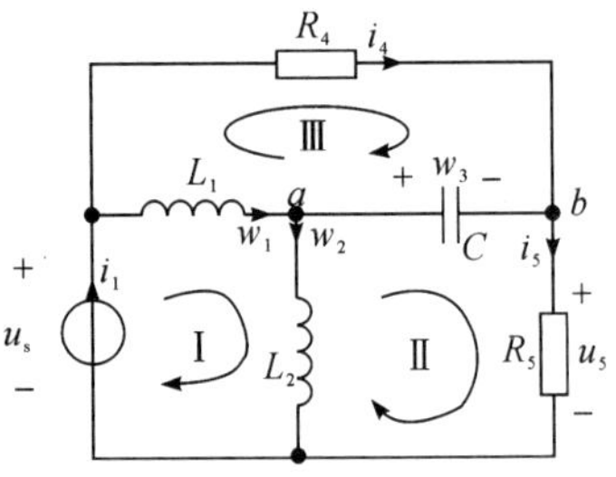

选取节点 b，列出电流方程为

$$i_s = i_4 + i_C = i_4 + C \dot{w}_3$$

将式(8.2.1)代入上式，得

$$i_s = i_4 + w_1 - w_2 \qquad (8.2.4)$$

由式(8.2.3)和式(8.2.4)可解得

$$\begin{cases} i_4 = \dfrac{1}{R_4 + R_5}(u_s - R_5 w_1 + R_5 w_2) \\ i_s = \dfrac{1}{R_4 + R_5}(u_s + R_4 w_1 - R_4 w_2) \end{cases} \qquad (8.2.5)$$

将 i_4、i_5 代入到式(8.2.4)后稍加整理，得到图 8.2.3 所示电路的状态方程为

$$\begin{bmatrix} \dot{w}_1 \\ \dot{w}_2 \\ \dot{w}_3 \end{bmatrix} = \begin{bmatrix} \dfrac{-R_4 R_5}{L_1(R_4 + R_5)} & \dfrac{R_4 R_5}{L_1(R_4 + R_5)} & -\dfrac{1}{L_1} \\ \dfrac{R_4 R_5}{L_2(R_4 + R_5)} & \dfrac{-R_4 R_5}{L_2(R_4 + R_5)} & \dfrac{1}{L_2} \\ \dfrac{1}{C} & -\dfrac{1}{C} & 0 \end{bmatrix} \begin{bmatrix} w_1 \\ w_2 \\ w_3 \end{bmatrix} + \begin{bmatrix} \dfrac{R_4}{L_1(R_4 + R_5)} \\ \dfrac{R_5}{L_2(R_4 + R_5)} \\ 0 \end{bmatrix} [u_s]$$

再观察电路可得电路的输出，即 R_5 上的电压 u_5 和电源电流 i_1 为

$$\begin{cases} y_1 = u_5 = R_5 i_5 \\ y_2 = i_1 = w_1 + i_4 \end{cases}$$

将 i_4、i_5 代入上式并整理，得到电路的输出方程为

$$\begin{bmatrix} y_1 \\ y_2 \end{bmatrix} = \begin{bmatrix} u_5 \\ i_1 \end{bmatrix} = \begin{bmatrix} \dfrac{R_4 R_5}{R_4 + R_5} & \dfrac{-R_4 R_5}{R_4 + R_5} & 0 \\ \dfrac{R_4}{R_4 + R_5} & \dfrac{R_5}{R_4 + R_5} & 0 \end{bmatrix} \begin{bmatrix} w_1 \\ w_2 \\ w_3 \end{bmatrix} + \begin{bmatrix} \dfrac{R_5}{R_4 + R_5} \\ \dfrac{1}{R_4 + R_5} \end{bmatrix} [u_s]$$

　　由以上分析可知，电路的状态方程是一阶微分方程组，当电路结构稍微复杂时，手工列写就比较复杂，可以借助于计算机的响应软件完成编写工作，详细内容可参考计算机辅助电路分析与设计方面的教材。

2. 由微分方程建立状态方程

对于连续系统来说，微分方程是几阶，状态变量就有几个。

例 8.3 已知系统的微分方程为

$$\dddot{y} + 2\ddot{y} + 3\dot{y} + 4y = 10x$$

其中，上面加几个黑点就表示取几阶导数，x 和 y 分别为系统的输入和输出。写出该系统的状态方程和输出方程。

图 8.2.3 　例 8.2 电路图

解 由于微分方程的右边没有输入信号的微分项，因此一般可设状态变量为

$$w_1 = y, \quad w_2 = \dot{y}, \quad w_3 = \ddot{y}$$

于是可得

$$\dot{w}_1 = w_2$$

$$\dot{w}_2 = w_3$$

$$\dot{w}_3 = -4w_1 - 3w_2 - 2w_3 + 10x$$

$$y = w_1$$

写成矢量矩阵形式，得到状态方程为

$$\begin{bmatrix} \dot{w}_1 \\ \dot{w}_2 \\ \dot{w}_3 \end{bmatrix} = \begin{bmatrix} 0 & 1 & 0 \\ 0 & 0 & 1 \\ -4 & -3 & -2 \end{bmatrix} \begin{bmatrix} w_1 \\ w_2 \\ w_3 \end{bmatrix} + \begin{bmatrix} 0 \\ 0 \\ 10 \end{bmatrix} \begin{bmatrix} x \end{bmatrix}$$

输出方程为

$$\boldsymbol{y} = \begin{bmatrix} 1 & 0 & 0 \end{bmatrix} \begin{bmatrix} w_1 \\ w_2 \\ w_3 \end{bmatrix}$$

例 8.4 已知系统微分方程为

$$\dddot{y} + 2\ddot{y} - 3\dot{y} - 6y = 3\dddot{x} + 8\ddot{x} - 3\dot{x} + 10x$$

求系统的动态方程。

解 本例的微分方程右边出现了输入信号的微分项，如果还是像上例那样选择状态变量，状态方程中将出现输入信号的微分项，不符合状态方程的标准形式。为了在状态方程中消去输入信号的微分项，状态变量中必含有输入信号 x。选状态变量 w_1 为

$$w_1 = y - 3x \tag{8.2.6}$$

代入微分方程，得

$$\dddot{w}_1 + 2\ddot{w}_1 - 3\dot{w}_1 - 6w_1 = 2\ddot{x} + 6\dot{x} - 8x \tag{8.2.7}$$

上式中消去了 $\dddot{x}$ 项。为消去 $\ddot{x}$，选择状态变量 w_2 为

$$w_2 = \dot{w}_1 - 2x$$

代入式(8.2.7)，得

$$\ddot{w}_2 + \dot{w}_2 - 3w_2 + 6w_1 = 2\dot{x} - 2x \tag{8.2.8}$$

为消去 $\dot{x}$，选状态变量 w_3 为

$$w_3 = \dot{w}_2 - 2x$$

代入式(8.2.8)，得

$$\dot{w}_3 = -2w_3 + 3w_2 - 6w_1 - 6x$$

由此可得到状态方程为

$$\begin{cases} \dot{w}_1 = w_2 = 2x \\ \dot{w}_2 = w_3 + 2x \\ \dot{w}_3 = -2w_3 + 3w_2 - 6w_1 - 6x \end{cases}$$

写成矢量矩阵形式为

$$\begin{bmatrix} \dot{w}_1 \\ \dot{w}_2 \\ \dot{w}_3 \end{bmatrix} = \begin{bmatrix} 0 & 1 & 0 \\ 0 & 0 & 1 \\ -6 & 3 & -2 \end{bmatrix} \begin{bmatrix} w_1 \\ w_2 \\ w_3 \end{bmatrix} + \begin{bmatrix} 2 \\ 2 \\ -6 \end{bmatrix} \begin{bmatrix} x \end{bmatrix}$$

输出方程为

$$y = w_1 + 3x$$

例 8.5 两输入-两输出的系统由下面的微分方程组描述,求其动态方程。

$$\begin{cases} \dot{y}_1 + \dot{y}_2 = x_1 \\ \ddot{y}_2 + \dot{y}_1 + \dot{y}_2 + y_1 = x_2 \end{cases}$$

解 对于多输入-多输出系统,其状态方程的建立与单输入-单输出系统的情况相似。在微分方程中,输出 y_1 只有一阶导数,输出 y_2 有两阶导数,因此,状态变量应有三个。选择状态变量为 $w_1 = y_1$,$w_2 = y_2$,$w_3 = \dot{y}_2$,代入微分方程组,得到状态方程为

$$\begin{bmatrix} \dot{w}_1 \\ \dot{w}_2 \\ \dot{w}_3 \end{bmatrix} = \begin{bmatrix} 0 & 0 & 1 \\ 0 & 0 & 1 \\ -1 & 0 & 0 \end{bmatrix} \begin{bmatrix} w_1 \\ w_2 \\ w_3 \end{bmatrix} + \begin{bmatrix} 1 & 0 \\ 0 & 0 \\ -1 & 1 \end{bmatrix} \begin{bmatrix} x_1 \\ x_2 \end{bmatrix}$$

输出方程为

$$\begin{bmatrix} y_1 \\ y_2 \end{bmatrix} = \begin{bmatrix} 1 & 0 & 0 \\ 0 & 1 & 0 \end{bmatrix} \begin{bmatrix} w_1 \\ w_2 \\ w_3 \end{bmatrix}$$

3. 由信号流图建立状态方程

系统的不同的状态变量分析法是对同一种系统描述方法的不同表现形式,相互之间可以互相转换,其中以信号流图最为简单、直观,因而通过信号流图建立状态方程和输出方程最方便。因此,如果已知系统的输入-输出方程或系统函数,可以先将其转换为信号流图,然后再由信号流图列出系统的状态方程。

在系统的信号流图中,其基本的动态部件是积分器,而积分器的输出 $y(t)$ 和输入 $x(t)$ 之间满足一阶微分方程:

$$\dot{y}(t) = x(t)$$

因此,可选各积分器的输出作为状态变量 $w_i(t)$,这样积分器的输入信号就可以表示为状态变量的一阶导数 $\dot{w}_i(t)$。根据信号流图的连接关系,对该积分器输入端列出 $\dot{w}_i(t)$ 的方程,就可得到与状态变量 $w_i(t)$ 有关的状态方程。

例 8.6 已知系统的信号流图如图 8.2.4 所示,试求系统的状态方程。

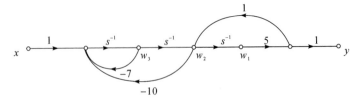

图 8.2.4　例 8.6 的信号流图

解　该系统是三阶的，因而有三个状态变量，分别取信号流图中三个积分器的输出作为三个状态变量，并从最后一个节点依次向前取为 w_1、w_2、w_3。根据信号流图，可以得到状态方程为

$$\begin{cases} \dot{w}_1 = w_2 \\ \dot{w}_2 = w_3 \\ \dot{w}_3 = -10w_2 - 7w_3 + x \end{cases}$$

输出方程为

$$y = 5w_1 + w_2$$

写成矢量矩阵形式为

$$\begin{bmatrix} \dot{w} \\ \dot{w}_2 \\ \dot{w}_3 \end{bmatrix} = \begin{bmatrix} 0 & 1 & 0 \\ 0 & 0 & 1 \\ 0 & -10 & -7 \end{bmatrix} \begin{bmatrix} w_1 \\ w_2 \\ w_3 \end{bmatrix} + \begin{bmatrix} 0 \\ 0 \\ 1 \end{bmatrix} [x]$$

$$\boldsymbol{y} = \begin{bmatrix} 5 & 1 & 0 \end{bmatrix} \begin{bmatrix} w_1 \\ w_2 \\ w_3 \end{bmatrix}$$

例 8.7　已知系统的信号流图如图 8.2.5 所示，试求它的状态方程。

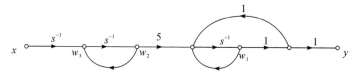

图 8.2.5　例 8.7 信号流图

解　该系统是三阶的，因而有三个状态变量。选择积分器的输出作为状态变量，从右往左依次为 w_1、w_2、w_3，根据信号流图，可得状态方程为

$$\begin{cases} \dot{w}_1 = 5w_2 - 5w_1 \\ \dot{w}_2 = -2w_2 + w_3 \\ \dot{w}_3 = x \end{cases}$$

输出方程为

$$y = w_1 + 5w_2 - 5w_1 = -4w_1 + 5w_2$$

写成矢量矩阵形式为

$$\begin{bmatrix} \dot{w} \\ \dot{w}_2 \\ \dot{w}_3 \end{bmatrix} = \begin{bmatrix} -5 & 5 & 0 \\ 0 & -2 & 1 \\ 0 & 0 & 0 \end{bmatrix} \begin{bmatrix} w_1 \\ w_2 \\ w_3 \end{bmatrix} + \begin{bmatrix} 0 \\ 0 \\ 1 \end{bmatrix} [x]$$

$$\boldsymbol{y} = \begin{bmatrix} -4 & 5 & 0 \end{bmatrix} \begin{bmatrix} w_1 \\ w_2 \\ w_3 \end{bmatrix}$$

上面两个例子实际上是同一个系统的两种不同的信号流图，这个系统的微分方程是

$$\dddot{y} + 7\ddot{y} + 10\dot{y} = 5\dot{x} + 5x$$

对应的系统函数为

$$H(s) = \frac{5s+5}{s^3+7s^2+10s} = \frac{1}{s} \cdot \frac{5}{s+2} \cdot \frac{s+1}{s+5}$$

对于同一个微分方程，根据不同的实现方法可以得到不同形式的信号流图，从而得到不同的状态方程和输出方程。但是，由于它们描述的是同一个系统，因此其输入和输出信号的关系是相同的。由上面的例子可以看出，从系统的微分方程作出系统的信号流图，可以更方便地得到系统的状态方程。

例 8.8　已知描述某连续系统的微分方程为

$$\dddot{y} + a_2\ddot{y} + a_1\dot{y} + a_0 y = b_2\ddot{x} + b_1\dot{x} + b_0 x$$

写出该系统的状态方程和输出方程。

解　由微分方程不难写出其系统函数为

$$H(s) = \frac{b_2 s^2 + b_1 s + b_0}{s^3 + a_2 s^2 + a_1 s + a_0} = \frac{b_2 s^{-1} + b_1 s^{-2} + b_0 s^{-3}}{1 - (-a_2 s^{-1} - a_1 s^{-2} - a_0 s^{-3})}$$

由系统函数画出其信号流图，如图 8.2.6 所示。

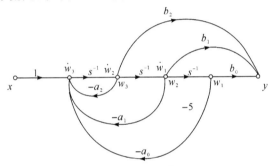

图 8.2.6　例 8.8 的信号流图

选各积分器的输出端作为状态变量，它们已标示在图 8.2.6 中，在各积分器的输入端即可列出状态方程：

$$\begin{cases} \dot{w}_1 = w_2 \\ \dot{w}_2 = w_3 \\ \dot{w}_3 = -a_0 w_1 - a_1 w_2 - a_2 w_3 + x \end{cases}$$

在系统的输出端可列出输出方程：

$$y = b_0 w_1 + b_1 w_2 + b_2 w_3$$

分别写成矩阵形式为

$$\begin{bmatrix} \dot{w}_1 \\ \dot{w}_2 \\ \dot{w}_3 \end{bmatrix} = \begin{bmatrix} 0 & 1 & 0 \\ 0 & 0 & 1 \\ -a_0 & -a_1 & -a_2 \end{bmatrix} \begin{bmatrix} w_1 \\ w_2 \\ w_3 \end{bmatrix} + \begin{bmatrix} 0 \\ 0 \\ 1 \end{bmatrix} [x]$$

$$\boldsymbol{y} = \begin{bmatrix} b_0 & b_1 & b_2 \end{bmatrix} \begin{bmatrix} w_1 \\ w_2 \\ w_3 \end{bmatrix}$$

同一个系统，状态变量的选取不是唯一的，其状态方程和输出方程随状态变量选取的不同而不同。

8.2.2　离散时间系统状态方程的建立

列写离散系统状态方程的方法与连续系统类似，可以由系统的差分方程直接写出，也可由系统的信号流图、系统函数写出。但由连续系统状态方程的建立方法可知，由信号流图建立状态方程最便捷、最简单，所以对于离散系统一般是由系统的差分方程或系统函数 $H(z)$ 画出系统的信号流图，然后再由信号流图建立相应的状态方程。

由于离散系统状态方程描述了状态变量的前向一阶移位 $w_i(n+1)$ 与各状态变量和输入信号之间的关系，因此选各迟延单元 D(对应信号流图中增益为 z^{-1} 的支路)的输出端信号作为状态变量 $w_i(n)$，那么其输入端信号就是 $w_i(n+1)$。这样在迟延单元的输入端就可列写状态方程，在系统的输出端可列出输出方程。

例如，图 8.2.7(a)为一个一阶系统，其系统函数为 $H(z)=\dfrac{1}{z+a}$，该系统的信号流图如图 8.2.7(b)所示。

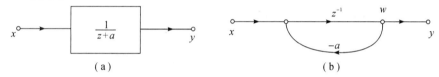

(a)　　　　　　　　　　　　　　　　(b)

图 8.2.7　一阶系统

选迟延单元的输出信号为状态变量 $w(n)$，则其输入信号为

$$w(n+1)=-aw(n)+x(n)$$

例 8.9　已知系统的差分方程为

$$y(n+3)+2y(n+2)-3y(n+1)+4y(n)=x(n+2)+2x(n+1)-3x(n)$$

写出其状态方程和输出方程。

解　由差分方程可写出该系统的系统函数为

$$H(z)=\frac{z^2+2z-3}{z^3+2z^2-3z+4}=\frac{z^{-1}+2z^{-2}-3z^{-3}}{1+2z^{-1}-3z^{-2}+4z}$$

得到系统的信号流图如图 8.2.8 所示，取图中三个迟延单元的输出作为状态变量(已标示在图中)，在迟延单元的输入端可列出状态方程为

$$\begin{cases} w_1(n+1)=w_2(n) \\ w_2(n+1)=w_3(n) \\ w_3(n+1)=-4w_1(n)+3w_2(n)-2w_3(n)+x(n) \end{cases}$$

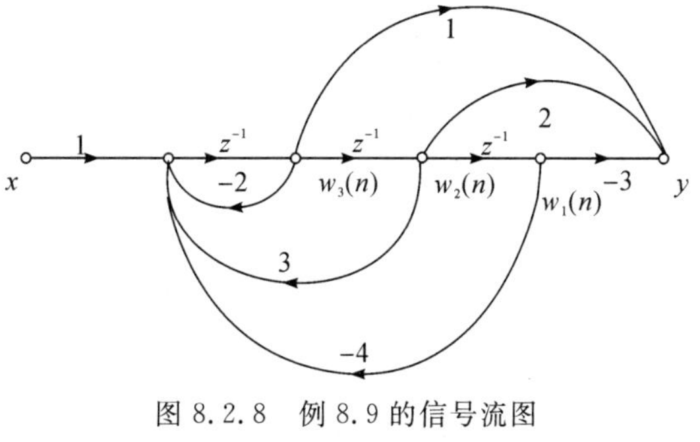

图 8.2.8　例 8.9 的信号流图

在信号流图的输出端可得出输出方程为

$$y(n) = -3w_1(n) + 2w_2(n) + w_3(n)$$

写成矩阵形式为

$$\begin{bmatrix} w_1(n+1) \\ w_2(n+1) \\ w_3(n+1) \end{bmatrix} = \begin{bmatrix} 0 & 1 & 0 \\ 0 & 0 & 1 \\ -4 & 3 & -2 \end{bmatrix} \begin{bmatrix} w_1(n) \\ w_2(n) \\ w_3(n) \end{bmatrix} + \begin{bmatrix} 0 \\ 0 \\ 1 \end{bmatrix} x(n)$$

$$\mathbf{y}(n) = \begin{bmatrix} -3 & 2 & 1 \end{bmatrix} \begin{bmatrix} w_1(n) \\ w_2(n) \\ w_3(n) \end{bmatrix}$$

例 8.10 已知系统函数 $H(z) = \dfrac{2z-1}{z^2+3z+2}$，试写出系统的状态方程和输出方程。

解 把系统函数写成并联形式：

$$H(z) = \frac{-1}{z+1} + \frac{3}{z+2}$$

可得到系统的并联形式的信号流图，如图 8.2.9 所示。

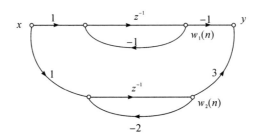

图 8.2.9 例 8.10 的信号流图

选取迟延单元的输出作为状态变量，可得到状态方程和输出方程为

$$\begin{bmatrix} w_1(n+1) \\ w_2(n+1) \end{bmatrix} = \begin{bmatrix} -1 & 0 \\ 0 & -2 \end{bmatrix} \begin{bmatrix} w_1(n) \\ w_2(n) \end{bmatrix} + \begin{bmatrix} 1 \\ 1 \end{bmatrix} x(n)$$

$$\mathbf{y}(n) = \begin{bmatrix} -1 & 3 \end{bmatrix} \begin{bmatrix} w_1(n) \\ w_2(n) \end{bmatrix}$$

例 8.11 已知某离散系统有两个输入 $x_1(n)$、$x_2(n)$ 和两个输出 $y_1(n)$、$y_2(n)$，其信号流图如图 8.2.10 所示，写出该系统的状态方程和输出方程。

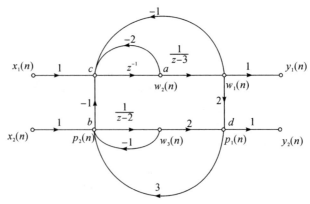

图 8.2.10 例 8.11 的信号流图

解 选迟延单元和一阶子系统的输出信号作为状态变量 $w_1(n)$、$w_2(n)$、$w_3(n)$，如图 8.2.10 所示。对于较复杂的信号流图，可在具有多个信号输入的节点设中间变量，以便于方程的列写。这里将节点 d 和 b 处的信号分别设为 $p_1(n)$ 和 $p_2(n)$。根据信号流图，可得

$$\begin{cases} p_1(n) = 2w_1(n) + 2w_3(n) \\ p_2(n) = 3p_1(n) - w_3(n) + x_2(n) = 6w_1(n) + 5w_3(n) + x_2(n) \end{cases}$$

在两个一阶子系统的输入端点 a 和 b 可分别列出方程：

$$\begin{cases} w_1(n+1) = w_2(n) \\ w_3(n+1) = p_2(n) = 6w_1(n) + 5w_3(n) + x_2(n) \end{cases} \tag{8.2.9}$$

在延迟单元的输入端点 c 可列出方程为

$$\begin{aligned} w_2(n+1) &= -2w_2(n) - w_1(n) - p_2(n) + x_1(n) \\ &= -7w_1(n) - 2w_2(n) - 5w_3(n) + x_1(n) - x_2(n) \end{aligned} \tag{8.2.10}$$

在系统的两个输出端可写出方程：

$$\begin{cases} y_1(n) = w_1(n) \\ y_2(n) = p_1(n) = 2w_1(n) + 2w_3(n) \end{cases} \tag{8.2.11}$$

将式(8.2.9)~式(8.2.11)整理成矩阵形式为

$$\begin{bmatrix} w_1(n+1) \\ w_2(n+1) \\ w_3(n+1) \end{bmatrix} = \begin{bmatrix} 0 & 1 & 0 \\ -7 & -2 & -5 \\ 6 & 0 & 5 \end{bmatrix} \begin{bmatrix} w_1(n) \\ w_2(n) \\ w_3(n) \end{bmatrix} + \begin{bmatrix} 0 & 0 \\ 1 & -1 \\ 0 & 1 \end{bmatrix} \begin{bmatrix} x_1(n) \\ x_2(n) \end{bmatrix}$$

$$\begin{bmatrix} y_1(n) \\ y_2(n) \end{bmatrix} = \begin{bmatrix} 1 & 0 & 0 \\ 2 & 0 & 2 \end{bmatrix} \begin{bmatrix} w_1(n) \\ w_2(n) \\ w_3(n) \end{bmatrix}$$

例 8.12 某离散系统由下列差分方程组描述

$$\begin{cases} 3y_1(n-2) + 2y_1(n-1) + 2y_1(n) - y_2(n) = 5x_1(n) - 7x_2(n) \\ 2y_2(n-2) - 3y_2(n-1) + y_1(n) = 3x_2(n) \end{cases}$$

其中，$x_1(n)$、$x_2(n)$ 为输入，$y_1(n)$、$y_2(n)$ 是输出。试写出该系统的状态方程。

解 该系统是由二阶差分方程描述的多输入-多输出系统，信号流图不易画出。根据状态方程的特点，应设法通过选取状态变量将上述二阶差分方程化为一阶差分方程。选取如下状态变量：

$$\begin{cases} w_1(n) = y_1(n-2) \\ w_2(n) = y_1(n-1) \\ w_3(n) = y_2(n-2) \\ w_4(n) = y_2(n-1) \end{cases} \tag{8.2.12}$$

由上式容易得出

$$\begin{cases} w_1(n+1) = y_1(n-1) = w_2(n) \\ w_2(n+1) = y_1(n) \\ w_3(n+1) = y_2(n-1) = w_4(n) \\ w_4(n+1) = y_2(n) \end{cases} \tag{8.2.13}$$

将式(8.2.12)和式(8.2.13)代入差分方程可得

$$\begin{cases} 3w_1(n) + 2w_2(n) + 2w_2(n+1) - w_4(n+1) = 5x_1(n) - 7x_2(n) \\ 2w_3(n) - 3w_4(n) + w_2(n+1) = 3x_2(n) \end{cases} \quad (8.2.14)$$

由式(8.2.14)可得

$$\begin{cases} w_2(n+1) = -2w_3(n) + 3w_4(n) + 3x_2(n) \\ w_4(n+1) = 3w_1(n) + 2w_2(n) - 4w_3(n) + 6w_4(n) - 5x_1(n) + 13x_2(n) \end{cases} \quad (8.2.15)$$

由式(8.2.13)和式(8.2.15)可写出状态方程为

$$\begin{bmatrix} w_1(n+1) \\ w_2(n+1) \\ w_3(n+1) \\ w_4(n+1) \end{bmatrix} = \begin{bmatrix} 0 & 1 & 0 & 0 \\ 0 & 0 & -2 & 3 \\ 0 & 0 & 0 & 1 \\ 3 & 2 & -4 & 6 \end{bmatrix} \begin{bmatrix} w_1(n) \\ w_2(n) \\ w_3(n) \\ w_4(n) \end{bmatrix} + \begin{bmatrix} 0 & 0 \\ 0 & 3 \\ 0 & 0 \\ -5 & 13 \end{bmatrix} \begin{bmatrix} x_1(n) \\ x_2(n) \end{bmatrix}$$

输出方程为

$$y_1(n) = -2w_3(n) + 3w_4(n) + 3x_2(n)$$

$$y_2(n) = 3w_1(n) + 2w_2(n) - 4w_3(n) + 6w_4(n) - 5x_1(n) + 13x_2(n)$$

写成矩阵形式为

$$\begin{bmatrix} y_1(n) \\ y_2(n) \end{bmatrix} = \begin{bmatrix} 0 & 0 & -2 & 3 \\ 3 & 2 & -4 & 6 \end{bmatrix} \begin{bmatrix} w_1(n) \\ w_2(n) \\ w_3(n) \\ w_4(n) \end{bmatrix} + \begin{bmatrix} 0 & 3 \\ -5 & 13 \end{bmatrix} \begin{bmatrix} x_1(n) \\ x_2(n) \end{bmatrix}$$

8.3　连续时间系统状态方程的求解

前面已经讨论过连续时间系统状态方程和输出方程的一般形式为

$$\dot{W} = AW + BX \quad (8.3.1)$$

$$Y = CW + DX \quad (8.3.2)$$

下面讨论如何求解这些方程。输出方程的求解只是简单的代数运算，不需要专门讨论；状态方程是一组一阶常系数微分方程，常用的求解方法有时域解法和 s 域解法。

8.3.1　连续时间系统状态方程的时域解法

用时域求解状态方程时要用到"矩阵指数函数"，下面先给出矩阵指数函数的定义和主要性质。

矩阵指数函数的定义为

$$e^{At} = I + At + \frac{1}{2!}A^2t^2 + \frac{1}{3!}A^3t^3 + \cdots + \frac{1}{n!}A^nt^n + \cdots = \sum_{i=0}^{\infty} \frac{1}{i!}A^it^i$$

式中，A 为 $n \times n$ 的方阵，e^{At} 也是一个 $n \times n$ 的方阵，I 是单位矩阵。

矩阵指数函数的主要性质有：

(1) $e^{At}e^{-At} = I$ 　　　　　　　　　　　　　　　　　　　　　(8.3.3)

(2) $e^{-At} = (e^{At})^{-1}$ 　　　　　　　　　　　　　　　　　　　(8.3.4)

(3) $\dfrac{d}{dt}e^{At} = Ae^{At} = e^{At}A$ 　　　　　　　　　　　　　(8.3.5)

(4) $\dfrac{\mathrm{d}}{\mathrm{d}t}\big[\mathrm{e}^{-At}\boldsymbol{X}(t)\big]=-\mathrm{e}^{-At}\boldsymbol{A}\boldsymbol{X}(t)+\mathrm{e}^{-At}\dot{\boldsymbol{X}}(t)$　　　　　　(8.3.6)

这些性质容易理解，这里不再证明。

下面介绍用时域法求解状态方程。

将式(8.3.1)两边左乘 e^{-At}，得

$$\mathrm{e}^{-At}\dot{\boldsymbol{W}}(t)=\mathrm{e}^{-At}\boldsymbol{A}\boldsymbol{W}(t)+\mathrm{e}^{-At}\boldsymbol{B}\boldsymbol{X}(t)$$

移项可得

$$\mathrm{e}^{-At}\dot{\boldsymbol{W}}(t)-\mathrm{e}^{-At}\boldsymbol{A}\boldsymbol{W}(t)=\mathrm{e}^{-At}\boldsymbol{B}\boldsymbol{X}(t)$$

根据矩阵指数函数的性质，上式可写为

$$\dfrac{\mathrm{d}}{\mathrm{d}t}\big[\mathrm{e}^{-At}\boldsymbol{W}(t)\big]=\mathrm{e}^{-At}\boldsymbol{B}\boldsymbol{X}(t)$$

对上式两端取 t_0 到 t 的积分，可得

$$\mathrm{e}^{-At}\boldsymbol{W}(t)-\mathrm{e}^{-At_0}\boldsymbol{W}(t_0)=\int_{t_0}^{t}\mathrm{e}^{-A\tau}\boldsymbol{B}\boldsymbol{X}(\tau)\mathrm{d}\tau$$

上式两端左乘 e^{At} 并移项，得

$$\boldsymbol{W}(t)=\mathrm{e}^{A(t-t_0)}\boldsymbol{W}(t_0)+\int_{t_0}^{t}\mathrm{e}^{A(t-\tau)}\boldsymbol{B}\boldsymbol{X}(\tau)\mathrm{d}\tau \qquad(8.3.7)$$

式(8.3.7)就是连续时间系统状态方程时域解的公式。式中，$\boldsymbol{W}(t_0)$ 是 $t=t_0$ 时系统的状态矢量，即初始状态矢量。若 $t_0=0$，则状态方程的解为

$$\boldsymbol{W}(t)=\mathrm{e}^{At}\boldsymbol{W}(0)+\int_{0}^{t}\mathrm{e}^{A(t-\tau)}\boldsymbol{B}\boldsymbol{X}(\tau)\mathrm{d}\tau \qquad(8.3.8)$$

因为矩阵 $\boldsymbol{B}$ 是常量矩阵，因此式(8.3.8)右边第二项可以看成 $\mathrm{e}^{At}\boldsymbol{B}$ 与 $\boldsymbol{X}(t)$ 的卷积。如果用类似于矩阵乘法的运算规则定义两个函数矩阵的卷积积分(注：矩阵卷积不满足交换律)，例如：

$$\begin{bmatrix}f_{11}&f_{12}\\f_{21}&f_{22}\end{bmatrix}*\begin{bmatrix}g_{11}&g_{12}\\g_{21}&g_{22}\end{bmatrix}=\begin{bmatrix}f_{11}*g_{11}+f_{12}*g_{21}&f_{11}*g_{12}+f_{12}*g_{22}\\f_{21}*g_{11}+f_{22}*g_{21}&f_{21}*g_{12}+f_{22}*g_{22}\end{bmatrix}$$

则式(8.3.8)状态方程的解可以表示为

$$\boldsymbol{W}(t)=\mathrm{e}^{At}\boldsymbol{W}(0)+\mathrm{e}^{At}\boldsymbol{B}*\boldsymbol{X}(t)=\boldsymbol{W}_{\mathrm{zi}}(t)+\boldsymbol{W}_{\mathrm{zs}}(t) \qquad(8.3.9)$$

式中，

$$\boldsymbol{W}_{\mathrm{zi}}(t)=\mathrm{e}^{At}\boldsymbol{W}(0) \qquad(8.3.10)$$
$$\boldsymbol{W}_{\mathrm{zs}}(t)=\mathrm{e}^{At}\boldsymbol{B}*\boldsymbol{X}(t) \qquad(8.3.11)$$

由上式可见，系统的状态方程的解由两部分组成，第一项为零输入解，第二项为零状态解。

将状态矢量解式(8.3.9)代入输出方程(8.3.2)，得

$$\begin{aligned}\boldsymbol{Y}(t)&=\boldsymbol{C}\big[\mathrm{e}^{At}\boldsymbol{W}(0)+\mathrm{e}^{At}\boldsymbol{B}*\boldsymbol{X}(t)\big]+\boldsymbol{D}\boldsymbol{X}(t)\\&=\boldsymbol{C}\mathrm{e}^{At}\boldsymbol{W}(0)+\big[\boldsymbol{C}\mathrm{e}^{At}\boldsymbol{B}\big]*\boldsymbol{X}(t)+\boldsymbol{D}\boldsymbol{X}(t)\\&=\boldsymbol{Y}_{\mathrm{zi}}(t)+\boldsymbol{Y}_{\mathrm{zs}}(t)\end{aligned} \qquad(8.3.12)$$

式中，$\boldsymbol{Y}_{\mathrm{zi}}(t)=\boldsymbol{C}\mathrm{e}^{At}\boldsymbol{W}(0)$，$\boldsymbol{Y}_{\mathrm{zs}}(t)=\big[\boldsymbol{C}\mathrm{e}^{At}\boldsymbol{B}\big]*\boldsymbol{X}(t)+\boldsymbol{D}\boldsymbol{X}(t)$，分别是系统的零输入响应矢量和零状态响应矢量。

从上面的讨论可以看出，无论是状态方程的解还是输出方程的解都可分为两部分，一部分是零输入解，是由初始状态 $\boldsymbol{W}(0)$ 引起的；另一部分是零状态解，由输入 $\boldsymbol{X}(t)$ 引起。而

这两部分的变化规律都与 e^{At} 有关,可以说 e^{At} 体现了系统状态变化的实质,也是求解状态方程和输出方程的关键。通常将 e^{At} 称为状态转移矩阵,用 $\boldsymbol{\varphi}(t)$ 表示,即

$$\boldsymbol{\varphi}(t) = e^{At} \qquad\qquad (8.3.13)$$

于是,状态方程和输出方程的解式(8.3.9)和式(8.3.12)可写为

$$\boldsymbol{W}(t) = \boldsymbol{\varphi}(t)\boldsymbol{W}(0) + \boldsymbol{\varphi}(t)\boldsymbol{B} * \boldsymbol{X}(t) \qquad\qquad (8.3.14)$$

$$\boldsymbol{Y}(t) = \boldsymbol{C}\boldsymbol{\varphi}(t)\boldsymbol{W}(0) + [\boldsymbol{C}\boldsymbol{\varphi}(t)\boldsymbol{B}] * \boldsymbol{X}(t) + \boldsymbol{D}\boldsymbol{X}(t) \qquad\qquad (8.3.15)$$

状态转移矩阵 $\boldsymbol{\varphi}(t)$ 是求解状态方程和输出方程的关键。求解 $\boldsymbol{\varphi}(t)$ 的方法很多,这里仅简单介绍一种常用的方法——多项式法,其基本思路是依据凯莱-哈密顿定理将 e^{At} 定义式中的无穷项和转化为有限项和。

凯莱-哈密顿定理指出,对于 m 阶方阵 $\boldsymbol{A}$,当 $i \geq m$ 时,有

$$\boldsymbol{A}^i = b_0\boldsymbol{I} + b_1\boldsymbol{A} + b_2\boldsymbol{A}^2 + \cdots + b_{m-1}\boldsymbol{A}^{m-1} \qquad\qquad (8.3.16)$$

即,对于 $\boldsymbol{A}$ 高于或等于 m 的幂指数,可以用 $\boldsymbol{A}^{m-1}$ 以下幂次的各项线性组合表示。于是,将 e^{At} 定义式中高于或等于 m 的各项幂指数全部用 $\boldsymbol{A}^{m-1}$ 以下幂次的各项幂指数的线性组合表示,并经整理后可将 e^{At} 转化为有限项之和:

$$e^{At} = \alpha_0\boldsymbol{I} + \alpha_1\boldsymbol{A} + \alpha_2\boldsymbol{A}^2 + \cdots + \alpha_{m-1}\boldsymbol{A}^{m-1} \qquad\qquad (8.3.17)$$

由凯莱-哈密顿定理还可得出,如果将方阵 $\boldsymbol{A}$ 的特征根 $\lambda_i(i=1, 2, \cdots, m)$(即 $\boldsymbol{A}$ 的特征多项式 $\det(\lambda\boldsymbol{I}-\boldsymbol{A})=0$ 的根)替代式(8.3.17)中的方阵 $\boldsymbol{A}$,方程仍成立,即有

$$\begin{cases} e^{\lambda_1 t} = \alpha_0 + \alpha_1\lambda_1 + \alpha_2\lambda_1^2 + \cdots + \alpha_{m-1}\lambda_1^{m-1} \\ e^{\lambda_2 t} = \alpha_0 + \alpha_1\lambda_2 + \alpha_2\lambda_2^2 + \cdots + \alpha_{m-1}\lambda_2^{m-1} \\ \qquad\qquad\qquad\vdots \\ e^{\lambda_{mi} t} = \alpha_0 + \alpha_1\lambda_m + \alpha_2\lambda_m^2 + \cdots + \alpha_{m-1}\lambda_m^{m-1} \end{cases} \qquad (8.3.18)$$

如果 $\boldsymbol{A}$ 的某个特征根(如 λ_1)为 r 重根,则必须列出下面 r 个方程:

$$\begin{cases} \alpha_0 + \alpha_1\lambda_1 + \alpha_2\lambda_1^2 + \cdots + \alpha_{m-1}\lambda_1^{m-1} = e^{\lambda_1 t} \\ \dfrac{d}{d\lambda_1}[\alpha_0 + \alpha_1\lambda_1 + \alpha_2\lambda_1^2 + \cdots + \alpha_{m-1}\lambda_1^{m-1}] = \dfrac{d}{d\lambda_1}[e^{\lambda_1 t}] \\ \dfrac{d^2}{d\lambda_1^2}[\alpha_0 + \alpha_1\lambda_1 + \alpha_2\lambda_1^2 + \cdots + \alpha_{m-1}\lambda_1^{m-1}] = \dfrac{d^2}{d\lambda_1^2}[e^{\lambda_1 t}] \\ \qquad\qquad\qquad\vdots \\ \dfrac{d^{r-1}}{d\lambda_1^{r-1}}[\alpha\alpha_0 + \alpha_1\lambda_1 + \alpha_2\lambda_1^2 + \cdots + \alpha_{m-1}\lambda_1^{m-1}] = \dfrac{d^{r-1}}{d\lambda_1^{r-1}}[e^{\lambda_1 t}] \end{cases} \qquad (8.3.19)$$

这样就可建立 m 个含有待定函数 $\alpha_j(j=0, 1, \cdots, m-1)$ 的方程组,联立求解该方程组即可求出待定函数 α_j,将它们代入式(8.3.17)即可求得 $\boldsymbol{\varphi}(t)$。下面举例说明求解 $\boldsymbol{\varphi}(t)$ 的过程。

例 8.13　若有矩阵

$$\boldsymbol{A} = \begin{bmatrix} 0 & 1 \\ 0 & -2 \end{bmatrix}$$

求其状态转移矩阵 $\boldsymbol{\varphi}(t) = e^{At}$。

解　由于 $\boldsymbol{A}$ 是二阶方阵,故转移矩阵可表示为 $\boldsymbol{A}$ 的一次多项式,即

$$e^{At} = \alpha_0\boldsymbol{I} + \alpha_1\boldsymbol{A}$$

列出 $\boldsymbol{A}$ 的特征方程:

$$\det(\lambda \boldsymbol{I} - \boldsymbol{A}) = \det \begin{bmatrix} \lambda & -1 \\ 0 & \lambda+2 \end{bmatrix} = \lambda(\lambda+2) = 0$$

特征根为 $\lambda_1 = 0$、$\lambda_2 = -2$，它们均是单根，依据式(8.3.18)可得

$$\begin{cases} e^{\lambda_1 t} = \alpha_0 + \alpha_1 \lambda_1 \\ e^{\lambda_2 t} = \alpha_0 + \alpha_1 \lambda_2 \end{cases} \quad 即 \quad \begin{cases} 1 = \alpha_0 \\ e^{-2t} = \alpha_0 - 2\alpha_1 \end{cases}$$

解得

$$\alpha_0 = 1, \ \alpha_1 = \frac{1}{2}(1 - e^{-2t})$$

因而

$$\boldsymbol{\varphi}(t) = e^{\boldsymbol{A}t} = \alpha_0 \boldsymbol{I} + \alpha_1 \boldsymbol{A} = \begin{bmatrix} 1 & 0 \\ 0 & 1 \end{bmatrix} + \frac{1}{2}(1 - e^{-2t}) \begin{bmatrix} 0 & 1 \\ 0 & -2 \end{bmatrix} = \begin{bmatrix} 1 & \frac{1}{2}(1 - e^{-2t}) \\ 0 & e^{-2t} \end{bmatrix}$$

例 8.14　若有矩阵

$$\boldsymbol{A} = \begin{bmatrix} 1 & -1 \\ 1 & 3 \end{bmatrix}$$

求其状态转移矩阵 $\boldsymbol{\varphi}(t) = e^{\boldsymbol{A}t}$。

解　列出 $\boldsymbol{A}$ 的特征方程：

$$\det(\lambda \boldsymbol{I} - \boldsymbol{A}) = \det \begin{bmatrix} \lambda-1 & 1 \\ -1 & \lambda-3 \end{bmatrix} = (\lambda-1)(\lambda-3) + 1 = (\lambda-2)^2 = 0$$

特征根 $\lambda = 2$ 为二阶重根。

按式(8.3.19)有

$$\begin{cases} e^{2t} = \alpha_0 + 2\alpha_1 \\ te^{2t} = \alpha_1 \end{cases}$$

解得

$$\begin{cases} \alpha_0 = e^{2t} - 2te^{2t} \\ \alpha_1 = te^{2t} \end{cases}$$

所以有

$$\boldsymbol{\varphi}(t) = e^{\boldsymbol{A}t} = \alpha_0 \boldsymbol{I} + \alpha_1 \boldsymbol{A} = (e^{2t} - 2te^{2t}) \begin{bmatrix} 1 & 0 \\ 0 & 1 \end{bmatrix} + te^{2t} \begin{bmatrix} 1 & -1 \\ 1 & 3 \end{bmatrix} = \begin{bmatrix} e^{2t} - te^{2t} & -te^{2t} \\ te^{2t} & e^{2t} + te^{2t} \end{bmatrix}$$

例 8.15　已知 LTI 系统的状态方程和输出方程为

$$\begin{bmatrix} \dot{w}_1(t) \\ \dot{w}_2(t) \end{bmatrix} = \begin{bmatrix} -1 & 2 \\ -1 & -4 \end{bmatrix} \begin{bmatrix} w_1(t) \\ w_2(t) \end{bmatrix} + \begin{bmatrix} 0 \\ 1 \end{bmatrix} [x(t)]$$

$$\boldsymbol{y}(t) = \begin{bmatrix} 1 & 1 \end{bmatrix} \begin{bmatrix} w_1(t) \\ w_2(t) \end{bmatrix} + \begin{bmatrix} 1 \end{bmatrix} [x(t)]$$

初始状态 $w_1(0) = 3$，$w_2(0) = 2$，输入 $x(t) = \delta(t)$。试用时域法求状态方程的解和系统的输出。

解　(1) 求状态转移矩阵 $\boldsymbol{\varphi}(t)$。

系统矩阵为

$$\boldsymbol{A} = \begin{bmatrix} -1 & 2 \\ -1 & -4 \end{bmatrix}$$

系统的特征方程为

$$\det(\lambda \boldsymbol{I} - \boldsymbol{A}) = \det \begin{bmatrix} \lambda+1 & -2 \\ 1 & \lambda+4 \end{bmatrix} = (\lambda+2)(\lambda+3) = 0$$

特征根为 $\lambda_1 = -2$，$\lambda_2 = -3$。状态转移矩阵可写为

$$\boldsymbol{\varphi}(t) = \mathrm{e}^{\boldsymbol{A}t} = \alpha_0 \boldsymbol{I} + \alpha_1 \boldsymbol{A}$$

将 $\lambda_1 = -2$、$\lambda_2 = -3$ 分别取代上式中的 $\boldsymbol{A}$，可得

$$\begin{cases} \mathrm{e}^{-2t} = \alpha_0 - 2\alpha_1 \\ \mathrm{e}^{-3t} = \alpha_0 - 3\alpha_1 \end{cases}$$

解上述方程组可得

$$\alpha_0 = 3\mathrm{e}^{-2t} - 2\mathrm{e}^{-3t}, \ \alpha_1 = \mathrm{e}^{-2t} - \mathrm{e}^{-3t}$$

于是，系统的状态转移矩阵为

$$\boldsymbol{\varphi}(t) = \mathrm{e}^{\boldsymbol{A}t} = \alpha_0 \boldsymbol{I} + \alpha_1 \boldsymbol{A} = \left[3\mathrm{e}^{-2t} - 2\mathrm{e}^{-3t}\right] \begin{bmatrix} 1 & 0 \\ 0 & 1 \end{bmatrix} + \left[\mathrm{e}^{-2t} - \mathrm{e}^{-3t}\right] \begin{bmatrix} -1 & 2 \\ -1 & -4 \end{bmatrix}$$

$$= \begin{bmatrix} 2\mathrm{e}^{-2t} - \mathrm{e}^{-3t} & 2\mathrm{e}^{-2t} - 2\mathrm{e}^{-3t} \\ -\mathrm{e}^{-2t} + \mathrm{e}^{-3t} & -\mathrm{e}^{-2t} + 2\mathrm{e}^{-3t} \end{bmatrix}$$

（2）求状态方程的解。

由式(8.3.14)可知状态方程的解为

$$\boldsymbol{W}(t) = \boldsymbol{\varphi}(t)\boldsymbol{W}(0) + \boldsymbol{\varphi}(t)\boldsymbol{B} * \boldsymbol{X}(t)$$

将有关矩阵代入，可得

$$\boldsymbol{W}(t) = \begin{bmatrix} 2\mathrm{e}^{-2t} - \mathrm{e}^{-3t} & 2\mathrm{e}^{-2t} - 2\mathrm{e}^{-3t} \\ -\mathrm{e}^{-2t} + \mathrm{e}^{-3t} & -\mathrm{e}^{-2t} + 2\mathrm{e}^{-3t} \end{bmatrix} \begin{bmatrix} 3 \\ 2 \end{bmatrix} + \begin{bmatrix} 2\mathrm{e}^{-2t} - \mathrm{e}^{-3t} & 2\mathrm{e}^{-2t} - 2\mathrm{e}^{-3t} \\ -\mathrm{e}^{-2t} + \mathrm{e}^{-3t} & -\mathrm{e}^{-2t} + 2\mathrm{e}^{-3t} \end{bmatrix} \begin{bmatrix} 0 \\ 1 \end{bmatrix} * \delta(t)$$

$$= \begin{bmatrix} 10\mathrm{e}^{-2t} - 7\mathrm{e}^{-3t} \\ -5\mathrm{e}^{-2t} + 7\mathrm{e}^{-3t} \end{bmatrix} + \begin{bmatrix} 2\mathrm{e}^{-2t} - 2\mathrm{e}^{-3t} \\ -\mathrm{e}^{-2t} + 2\mathrm{e}^{-3t} \end{bmatrix} = \begin{bmatrix} 12\mathrm{e}^{-2t} - 9\mathrm{e}^{-3t} \\ -6\mathrm{e}^{-2t} + 9\mathrm{e}^{-3t} \end{bmatrix}, \ t \geqslant 0$$

由上式也容易看出，状态变量的零输入解和零状态解分别为

$$\boldsymbol{W}_{\mathrm{zi}}(t) = \begin{bmatrix} 10\mathrm{e}^{-2t} - 7\mathrm{e}^{-3t} \\ -5\mathrm{e}^{-2t} + 7\mathrm{e}^{-3t} \end{bmatrix}, \ t \geqslant 0$$

$$\boldsymbol{W}_{\mathrm{zs}}(t) = \begin{bmatrix} 2\mathrm{e}^{-2t} - 2\mathrm{e}^{-3t} \\ -\mathrm{e}^{-2t} + 2\mathrm{e}^{-3t} \end{bmatrix}, \ t \geqslant 0$$

（3）求系统的输出。

由式(8.3.2)可知系统的输出为

$$\boldsymbol{Y}(t) = \boldsymbol{C}\boldsymbol{W}(t) + \boldsymbol{D}\boldsymbol{X}(t)$$

将 $\boldsymbol{W}(t)$ 和 $\boldsymbol{X}(t)$ 分别代入得系统的全响应为

$$\boldsymbol{Y}(t) = \begin{bmatrix} 1 & 1 \end{bmatrix} \boldsymbol{W}(t) + \begin{bmatrix} 1 \end{bmatrix} \boldsymbol{X}(t) = \begin{bmatrix} 1 & 1 \end{bmatrix} \begin{bmatrix} 12\mathrm{e}^{-2t} - 9\mathrm{e}^{-3t} \\ -6\mathrm{e}^{-2t} + 9\mathrm{e}^{-3t} \end{bmatrix} + \delta(t)$$

$$= 6\mathrm{e}^{-2t} + \delta(t), \ t \geqslant 0$$

8.3.2 连续时间系统状态方程的 s 域解法

s 域解法即拉普拉斯变换解法。单边拉普拉斯变换是求解线性微分方程的有力工具，可以用它来解状态方程。

设状态矢量 $\boldsymbol{W}(t)$ 的分量 $w_i(t)(i=1,2,\cdots,n)$ 的拉普拉斯变换为 $\boldsymbol{W}_i(s)$，即

$$\boldsymbol{W}_i(s) = \mathscr{L}[w_i(t)]$$

则状态矢量 $\boldsymbol{W}(t)$ 的拉普拉斯变换为

$$\boldsymbol{W}(s) = \mathscr{L}[\boldsymbol{W}(t)] = [\mathscr{L}[w_1(t)] \quad \mathscr{L}[w_2(t)] \quad \cdots \quad \mathscr{L}[w_n(t)]]^{\mathrm{T}}$$
$$= [\boldsymbol{W}_1(s) \quad \boldsymbol{W}_2(s) \quad \cdots \quad \boldsymbol{W}_n(s)]^{\mathrm{T}}$$

它也是 n 维矢量。输入、输出矢量 $\boldsymbol{X}(t)$ 和 $\boldsymbol{Y}(t)$ 的拉普拉斯变换分别为

$$\boldsymbol{X}(s) = \mathscr{L}[\boldsymbol{X}(t)] = [\mathscr{L}[x_1(t)] \quad \mathscr{L}[x_2(t)] \quad \cdots \quad \mathscr{L}[x_p(t)]]^{\mathrm{T}}$$
$$\boldsymbol{Y}(s) = \mathscr{L}[\boldsymbol{Y}(t)] = [\mathscr{L}[y_1(t)] \quad \mathscr{L}[y_2(t)] \quad \cdots \quad \mathscr{L}[y_q(t)]]^{\mathrm{T}}$$

分别为 p 维和 q 维矢量。

由单边拉普拉斯变换的微分性质，有

$$\mathscr{L}[\dot{\boldsymbol{W}}(t)] = s\boldsymbol{W}(s) - \boldsymbol{W}(0)$$

式中，$\boldsymbol{W}(0)$ 为初始状态矢量。

利用以上关系，对状态方程式(8.3.1)两边取拉普拉斯变换，有

$$s\boldsymbol{W}(s) - \boldsymbol{W}(0) = A\boldsymbol{W}(s) + \boldsymbol{B}\boldsymbol{X}(s)$$

移项得

$$(s\boldsymbol{I} - \boldsymbol{A})\boldsymbol{W}(s) = \boldsymbol{W}(0) + \boldsymbol{B}\boldsymbol{X}(s)$$

上式两边左乘矩阵 $(s\boldsymbol{I}-\boldsymbol{A})^{-1}$，可得

$$\boldsymbol{W}(s) = (s\boldsymbol{I}-\boldsymbol{A})^{-1}\boldsymbol{W}(0) + (s\boldsymbol{I}-\boldsymbol{A})^{-1}\boldsymbol{B}\boldsymbol{X}(s) = \boldsymbol{\Phi}(s)\boldsymbol{W}(0) + \boldsymbol{\Phi}(s)\boldsymbol{B}\boldsymbol{X}(s)$$

$$(8.3.20)$$

式中

$$\boldsymbol{\Phi}(s) = (s\boldsymbol{I}-\boldsymbol{A})^{-1} \tag{8.3.21}$$

常称为预解矩阵。对式(8.3.20)取拉普拉斯逆变换，即可得到状态矢量的解为

$$\boldsymbol{W}(t) = \mathscr{L}^{-1}[\boldsymbol{\Phi}(s)\boldsymbol{W}(0)] + \mathscr{L}^{-1}[\boldsymbol{\Phi}(s)\boldsymbol{B}\boldsymbol{X}(s)] = \boldsymbol{W}_{zi}(t) + \boldsymbol{W}_{zs}(t) \tag{8.3.22}$$

其中

$$\boldsymbol{W}_{zi}(t) = \mathscr{L}^{-1}[\boldsymbol{\Phi}(s)\boldsymbol{W}(0)] \tag{8.3.23}$$

$$\boldsymbol{W}_{zs}(t) = \mathscr{L}^{-1}[\boldsymbol{\Phi}(s)\boldsymbol{B}\boldsymbol{X}(s)] \tag{8.3.24}$$

分别是状态矢量的零输入解和零状态解。

将上述零输入解式(8.3.23)和式(8.3.12)的零输入解相比较，并考虑到 $\boldsymbol{W}(0)$ 是常数矩阵，可得

$$\mathscr{L}^{-1}[\boldsymbol{\Phi}(s)]\boldsymbol{W}(0) = \mathrm{e}^{At}\boldsymbol{W}(0)$$

于是可得状态转移矩阵为

$$\boldsymbol{\varphi}(t) = \mathrm{e}^{At} = \mathscr{L}^{-1}[\boldsymbol{\Phi}(s)] = \mathscr{L}^{-1}[(s\boldsymbol{I}-\boldsymbol{A})^{-1}] \tag{8.3.25}$$

由上述分析可知，状态转移矩阵 $\boldsymbol{\varphi}(t)$ 和预解矩阵 $\boldsymbol{\Phi}(s)$ 是拉普拉斯变换对。式(8.3.25)提供了一个求解状态转移矩阵的方法。

对输出方程式(8.3.2)两端取拉普拉斯变换，得

$$\boldsymbol{Y}(s) = \boldsymbol{C}\boldsymbol{W}(s) + \boldsymbol{D}\boldsymbol{X}(s)$$

将式(8.3.20)代入上式，可得

$$\boldsymbol{Y}(s) = \boldsymbol{C}\boldsymbol{\Phi}(s)\boldsymbol{W}(0) + [\boldsymbol{C}\boldsymbol{\Phi}(s)\boldsymbol{B} + \boldsymbol{D}]\boldsymbol{X}(s) \tag{8.3.26}$$

对上式取拉普拉斯逆变换，可求出系统的输出为

$$Y(t) = \mathscr{L}^{-1}[\boldsymbol{C\Phi}(s)\boldsymbol{W}(0)] + \mathscr{L}^{-1}\{[\boldsymbol{C\Phi}(s)\boldsymbol{B} + \boldsymbol{D}]\boldsymbol{X}(s)\} = \boldsymbol{Y}_{zi}(t) + \boldsymbol{Y}_{zs}(t)$$

$$(8.3.27)$$

其中

$$\boldsymbol{Y}_{zi}(t) = \mathscr{L}^{-1}[\boldsymbol{C\Phi}(s)\boldsymbol{W}(0)]$$

$$\boldsymbol{Y}_{zs}(t) = \mathscr{L}^{-1}\{[\boldsymbol{C\Phi}(s)\boldsymbol{B} + \boldsymbol{D}]\boldsymbol{X}(s)\}$$

分别为系统的零输入响应和零状态响应。

由以上分析可以看出，式(8.3.26)中的第二项对应的是系统的零状态响应的拉普拉斯变换。定义

$$\boldsymbol{H}(s) = \boldsymbol{C\Phi}(s)\boldsymbol{B} + \boldsymbol{D} \qquad (8.3.28)$$

为多输入-多输出系统的系统函数矩阵，它是一个 $q \times p$ 矩阵，q，p 分别为系统输入、输出变量的个数，即

$$\boldsymbol{H}(s) = \begin{bmatrix} H_{11}(s) & H_{12}(s) & \cdots & H_{1p}(s) \\ H_{21}(s) & H_{22}(s) & \cdots & H_{2p}(s) \\ \vdots & \vdots & \ddots & \vdots \\ H_{q1}(s) & H_{q2}(s) & \cdots & H_{qp}(s) \end{bmatrix}$$

系统函数矩阵中第 i 行第 j 列的元素 $H_{ij}(s)$ 是第 i 个输出分量对于第 j 个输入分量的系统函数。系统函数 $\boldsymbol{H}(s)$ 的逆变换就是系统的冲激响应矩阵，即

$$\boldsymbol{h}(t) = \mathscr{L}^{-1}[\boldsymbol{H}(s)]$$

例 8.16　已知系统的状态方程和输出方程分别为

$$\begin{bmatrix} \dot{w}_1(t) \\ \dot{w}_2(t) \end{bmatrix} = \begin{bmatrix} 1 & 0 \\ 1 & -3 \end{bmatrix}\begin{bmatrix} w_1(t) \\ w_2(t) \end{bmatrix} + \begin{bmatrix} 1 \\ 0 \end{bmatrix}[x(t)]$$

$$\boldsymbol{y}(t) = \begin{bmatrix} -\dfrac{1}{4} & 1 \end{bmatrix}\begin{bmatrix} w_1(t) \\ w_2(t) \end{bmatrix}$$

初始状态 $w_1(0)=1$，$w_2(0)=2$，输入 $x(t)=u(t)$。试求系统的状态转移矩阵，并给出状态方程的解和系统的输出。

解　(1) 求状态转移矩阵。

由于

$$s\boldsymbol{I} - \boldsymbol{A} = s\begin{bmatrix} 1 & 0 \\ 0 & 1 \end{bmatrix} - \begin{bmatrix} 1 & 0 \\ 1 & -3 \end{bmatrix} = \begin{bmatrix} s-1 & 0 \\ -1 & s+3 \end{bmatrix}$$

所以有

$$\boldsymbol{\Phi}(s) = (s\boldsymbol{I} - \boldsymbol{A})^{-1} = \frac{1}{(s-1)(s+3)}\begin{bmatrix} s+3 & 0 \\ 1 & s-1 \end{bmatrix}$$

$$= \begin{bmatrix} \dfrac{1}{s-1} & 0 \\ \dfrac{1}{(s-1)(s+3)} & \dfrac{1}{s+3} \end{bmatrix} = \begin{bmatrix} \dfrac{1}{s-1} & 0 \\ \dfrac{\frac{1}{4}}{(s-1)} - \dfrac{\frac{1}{4}}{(s+3)} & \dfrac{1}{s+3} \end{bmatrix}$$

状态转移矩阵为

$$\boldsymbol{\varphi}(t) = \mathrm{e}^{\boldsymbol{A}t} = \mathscr{L}^{-1}[(s\boldsymbol{I} - \boldsymbol{A})^{-1}] = \begin{bmatrix} \mathrm{e}^t & 0 \\ \dfrac{1}{4}(\mathrm{e}^t - \mathrm{e}^{-3t}) & \mathrm{e}^{-3t} \end{bmatrix}$$

（2）求状态方程的解。

由式(8.3.22)可知，状态方程的解为

$$\boldsymbol{W}(t) = \mathcal{L}^{-1}\left[\boldsymbol{\Phi}(s)\boldsymbol{W}(0)\right] + \mathcal{L}^{-1}\left[\boldsymbol{\Phi}(s)\boldsymbol{B}\boldsymbol{X}(s)\right]$$

$$= \mathcal{L}^{-1}\left\{\begin{bmatrix} \dfrac{1}{s-1} & 0 \\ \dfrac{1}{(s-1)(s+3)} & \dfrac{1}{s+3} \end{bmatrix}\begin{bmatrix} 1 \\ 2 \end{bmatrix}\right\} + \mathcal{L}^{-1}\left\{\begin{bmatrix} \dfrac{1}{s-1} & 0 \\ \dfrac{1}{(s-1)(s+3)} & \dfrac{1}{s+3} \end{bmatrix}\begin{bmatrix} 1 \\ 0 \end{bmatrix}\begin{bmatrix} \dfrac{1}{s} \end{bmatrix}\right\}$$

$$= \begin{bmatrix} \mathrm{e}^t \\ \dfrac{1}{4}\mathrm{e}^t + \dfrac{7}{4}\mathrm{e}^{-3t} \end{bmatrix} + \begin{bmatrix} \mathrm{e}^t - 1 \\ \dfrac{1}{4}\mathrm{e}^t + \dfrac{1}{12}\mathrm{e}^{-3t} - \dfrac{1}{3} \end{bmatrix}, \ t \geqslant 0$$

（3）求系统的输出。

由式(8.3.27)可知系统的输出为

$$\boldsymbol{Y}(t) = \mathcal{L}^{-1}\left\{\begin{bmatrix} -\dfrac{1}{4} & 1 \end{bmatrix}\begin{bmatrix} \dfrac{1}{s-1} & 0 \\ \dfrac{1}{(s-1)(s+3)} & \dfrac{1}{s+3} \end{bmatrix}\begin{bmatrix} 1 \\ 2 \end{bmatrix}\right\}$$

$$+ \mathcal{L}^{-1}\left\{\begin{bmatrix} -\dfrac{1}{4} & 1 \end{bmatrix}\begin{bmatrix} \dfrac{1}{s-1} & 0 \\ \dfrac{1}{(s-1)(s+3)} & \dfrac{1}{s+3} \end{bmatrix}\begin{bmatrix} 1 \\ 0 \end{bmatrix}\begin{bmatrix} \dfrac{1}{s} \end{bmatrix}\right\}$$

$$= \mathcal{L}^{-1}\left[\dfrac{7}{4} \cdot \dfrac{1}{s+3}\right] + \mathcal{L}^{-1}\left[\dfrac{1}{12}\left(\dfrac{1}{s+3} - \dfrac{1}{s}\right)\right]$$

$$= \dfrac{7}{4}\mathrm{e}^{-3t} + \dfrac{1}{12}(\mathrm{e}^{-3t} - 1)$$

$$= \dfrac{11}{6}\mathrm{e}^{-3t} - \dfrac{1}{12}, \ t \geqslant 0$$

例 8.17　已知系统的状态方程为

$$\begin{bmatrix} \dot{w}_1(t) \\ \dot{w}_2(t) \end{bmatrix} = \begin{bmatrix} 0 & -2 \\ 1 & -2 \end{bmatrix}\begin{bmatrix} w_1(t) \\ w_2(t) \end{bmatrix} + \begin{bmatrix} 2 & 0 \\ 0 & 1 \end{bmatrix}\begin{bmatrix} x_1(t) \\ x_2(t) \end{bmatrix}$$

初始状态 $w_1(0)=1$，$w_2(0)=0$，输入为 $x_1(t)=\delta(t)$，$x_2(t)=u(t)$。试求系统状态方程的解。

解

$$s\boldsymbol{I} - \boldsymbol{A} = s\begin{bmatrix} 1 & 0 \\ 0 & 1 \end{bmatrix} - \begin{bmatrix} 0 & -2 \\ 1 & -2 \end{bmatrix} = \begin{bmatrix} s & 2 \\ -1 & s+2 \end{bmatrix}$$

$$\boldsymbol{\Phi}(s) = (s\boldsymbol{I} - \boldsymbol{A})^{-1} = \dfrac{1}{(s+1)^2 + 1}\begin{bmatrix} s+2 & -2 \\ 1 & s \end{bmatrix}$$

根据式(8.3.20)，有

$$\boldsymbol{W}(s) = (s\boldsymbol{I} - \boldsymbol{A})^{-1}\boldsymbol{W}(0) + (s\boldsymbol{I} - \boldsymbol{A})^{-1}\boldsymbol{B}\boldsymbol{X}(s)$$

根据已知条件有

$$\boldsymbol{X}(s) = \begin{bmatrix} \mathcal{L}[x_1(t)] \\ \mathcal{L}[x_2(t)] \end{bmatrix} = \begin{bmatrix} 1 \\ \dfrac{1}{s} \end{bmatrix}, \ \boldsymbol{W}(0) = \begin{bmatrix} 1 \\ 0 \end{bmatrix}$$

则

$$\boldsymbol{W}(s) = \frac{1}{(s+1)^2+1}\begin{bmatrix} s+2 & -2 \\ 1 & s \end{bmatrix}\begin{bmatrix} 1 \\ 0 \end{bmatrix} + \frac{1}{(s+1)^2+1}\begin{bmatrix} s+2 & -2 \\ 1 & s \end{bmatrix}\begin{bmatrix} 2 & 0 \\ 0 & 1 \end{bmatrix}\begin{bmatrix} 1 \\ \frac{1}{s} \end{bmatrix}$$

$$= \begin{bmatrix} \dfrac{s+2}{(s+1)^2+1} \\ \dfrac{1}{(s+1)^2+1} \end{bmatrix} + \begin{bmatrix} \dfrac{3(s+2)}{(s+1)^2+1} - \dfrac{1}{s} \\ \dfrac{3}{(s+1)^2+1} \end{bmatrix}$$

对上式取拉普拉斯逆变换，得

$$\boldsymbol{W}(t) = \begin{bmatrix} w_1(t) \\ w_2(t) \end{bmatrix} = \begin{bmatrix} \mathrm{e}^{-t}(\cos t + \sin t) \\ \mathrm{e}^{-t}\sin t \end{bmatrix} + \begin{bmatrix} 3\mathrm{e}^{-t}(\cos t + \sin t) - 1 \\ 3\mathrm{e}^{-t}\sin t \end{bmatrix}$$

$$= \begin{bmatrix} 4\mathrm{e}^{-t}(\cos t + \sin t) - 1 \\ 4\mathrm{e}^{-t}\sin t \end{bmatrix}$$

8.4 离散时间系统状态方程的求解

离散时间系统状态方程和输出方程的一般形式为

$$\boldsymbol{W}(n+1) = \boldsymbol{A}\boldsymbol{W}(n) + \boldsymbol{B}\boldsymbol{X}(n) \tag{8.4.1}$$

$$\boldsymbol{Y}(n) = \boldsymbol{C}\boldsymbol{W}(n) + \boldsymbol{D}\boldsymbol{X}(n) \tag{8.4.2}$$

其中

$$\boldsymbol{W}(n) = \begin{bmatrix} w_1(n) & w_2(n) & \cdots & w_n(n) \end{bmatrix}^{\mathrm{T}} \text{ 为状态矢量}$$

$$\boldsymbol{X}(n) = \begin{bmatrix} x_1(n) & x_2(n) & \cdots & x_p(n) \end{bmatrix}^{\mathrm{T}} \text{ 为输入矢量}$$

$$\boldsymbol{Y}(n) = \begin{bmatrix} y_1(n) & y_2(n) & \cdots & y_q(n) \end{bmatrix}^{\mathrm{T}} \text{ 为输出矢量}$$

它们都是离散时间序列，矩阵 $\boldsymbol{A}$、$\boldsymbol{B}$、$\boldsymbol{C}$、$\boldsymbol{D}$ 分别是 $n \times n$、$n \times p$、$q \times n$、$q \times p$ 维的系数矩阵，对于 LTI 系统，它们都是常数矩阵。

离散时间系统状态方程的求解与连续系统的求解方法类似，包括时域和 z 变换两种方法，下面分别介绍。

8.4.1 时域解法

离散时间系统状态方程的时域解法实际上是一种递推法或迭代法，迭代法特别适合于计算机求解。

若已知初始条件 $\boldsymbol{W}(0)$ 和输入 $\boldsymbol{X}(n)$，反复利用式(8.4.1)就可递推求得 $k=1, 2, 3, \cdots$ 时的 $\boldsymbol{W}(n)$，即

$$\boldsymbol{W}(1) = \boldsymbol{A}\boldsymbol{W}(0) + \boldsymbol{B}\boldsymbol{X}(0)$$

$$\boldsymbol{W}(2) = \boldsymbol{A}\boldsymbol{W}(1) + \boldsymbol{B}\boldsymbol{X}(1) = \boldsymbol{A}^2\boldsymbol{W}(0) + \boldsymbol{A}\boldsymbol{B}\boldsymbol{X}(0) + \boldsymbol{B}\boldsymbol{X}(1)$$

$$\boldsymbol{W}(3) = \boldsymbol{A}\boldsymbol{W}(2) + \boldsymbol{B}\boldsymbol{X}(2) = \boldsymbol{A}^3\boldsymbol{W}(0) + \boldsymbol{A}^2\boldsymbol{B}\boldsymbol{X}(0) + \boldsymbol{A}\boldsymbol{B}\boldsymbol{X}(1) + \boldsymbol{B}\boldsymbol{X}(2)$$

$$\vdots$$

$$\boldsymbol{W}(n) = \boldsymbol{A}\boldsymbol{W}(n-1) + \boldsymbol{B}\boldsymbol{X}(n-1)$$

$$= \boldsymbol{A}^n\boldsymbol{W}(0) + \boldsymbol{A}^{n-1}\boldsymbol{B}\boldsymbol{X}(0) + \boldsymbol{A}^{n-2}\boldsymbol{B}\boldsymbol{X}(1) + \cdots + \boldsymbol{B}\boldsymbol{X}(n-1)$$

或写为

$$W(n) = A^n W(0) + \sum_{i=0}^{n-1} A^{n-1-i} BX(i) \tag{8.4.3}$$

其中，矩阵 A^n 称为离散时间系统的状态转移矩阵，常用 $\boldsymbol{\varphi}(n)$ 来表示。

与连续系统类似，如果用序列矩阵卷积和的关系，则式(8.4.3)可写为

$$W(n) = \boldsymbol{\varphi}(n)W(0) + \sum_{i=0}^{n-1} \boldsymbol{\varphi}(n-1-i)BX(i)$$

$$= \boldsymbol{\varphi}(n)W(0) + [\boldsymbol{\varphi}(n-1)B] * X(n) = W_{zi}(n) + W_{zs}(n) \tag{8.4.4}$$

其中

$$W_{zi}(n) = \boldsymbol{\varphi}(n)W(0) \tag{8.4.5}$$

$$W_{zs}(n) = [\boldsymbol{\varphi}(n-1)B] * X(n) \tag{8.4.6}$$

分别为离散时间系统状态方程的零输入解和零状态解。

将式(8.4.4)代入输出方程式(8.4.2)，可得系统的输出为

$$Y(n) = C\boldsymbol{\varphi}(n)W(0) + [C\boldsymbol{\varphi}(n-1)B] * X(n) + DX(n) \tag{8.4.7}$$

$$= Y_{zi}(n) + Y_{zs}(n)$$

其中

$$Y_{zi}(n) = C\boldsymbol{\varphi}(n)W(0) \tag{8.4.8}$$

$$Y_{zs}(n) = [C\boldsymbol{\varphi}(n-1)B] * X(n) + DX(n) \tag{8.4.9}$$

分别为离散时间系统的零输入响应矢量和零状态响应矢量。

由以上分析可知，求解状态矢量和输出矢量时，关键的步骤在于求解状态转移矩阵 $\boldsymbol{\varphi}(n) = A^n$，其求解方法与连续系统的状态转移矩阵类似。

利用凯莱-哈密顿定理，对于 m 阶方阵 A，对于任意 $n \geqslant m$ 的正整数，有

$$\boldsymbol{\varphi}(n) = A^n = \alpha_0 I + \alpha_1 A + \alpha_2 A^2 + \cdots + \alpha_{m-1} A^{m-1} \tag{8.4.10}$$

分别用 A 的特征根代入式(8.4.10)，解联立的方程式即可求得系数 $\alpha_0, \alpha_1, \cdots, \alpha_{m-1}$。

若 A 的某个特征根(如 λ_1)为 r 阶重根，对该重根，可以列出如下方程组：

$$\begin{cases} \alpha_0 + \alpha_1 \lambda_1 + \alpha_2 \lambda_1^2 + \cdots + \alpha_{m-1} \lambda_1^{m-1} = \lambda_1^n \\ \dfrac{d}{d\lambda_1}[\alpha_0 + \alpha_1 \lambda_1 + \alpha_2 \lambda_1^2 + \cdots + \alpha_{m-1} \lambda_1^{m-1}] = \dfrac{d}{d\lambda_1}[\lambda_1^n] \\ \dfrac{d^2}{d\lambda_1^2}[\alpha_0 + \alpha_1 \lambda_1 + \alpha_2 \lambda_1^2 + \cdots + \alpha_{m-1} \lambda_1^{m-1}] = \dfrac{d^2}{d\lambda_1^2}[\lambda_1^n] \\ \qquad\qquad\qquad\qquad \vdots \\ \dfrac{d^{r-1}}{d\lambda_1^{r-1}}[\alpha_0 + \alpha_1 \lambda_1 + \alpha_2 \lambda_1^2 + \cdots + \alpha_{m-1} \lambda_1^{m-1}] = \dfrac{d^{r-1}}{d\lambda_1^{r-1}}[\lambda_1^n] \end{cases} \tag{8.4.11}$$

例 8.18 若有矩阵

$$A = \begin{bmatrix} 1 & 0 & 0 \\ 0 & 1 & 0 \\ 0 & 1 & 2 \end{bmatrix}$$

试求该离散系统的状态转移矩阵 $\boldsymbol{\varphi}(n) = A^n$。

解 由于 A 是三阶矩阵，故状态矩阵 A^n 可表示为 A 的二次多项式，即

$$A^n = \alpha_0 I + \alpha_1 A + \alpha_2 A^2 \tag{8.4.12}$$

A 的特征方程为

$$\det(\lambda \boldsymbol{I} - \boldsymbol{A}) = \det \begin{bmatrix} \lambda - 1 & 0 & 0 \\ 0 & \lambda - 1 & 0 \\ 0 & -1 & \lambda - 2 \end{bmatrix} = (\lambda - 1)^2 (\lambda - 2) = 0$$

特征根为 $\lambda_1 = 1$(二重)，$\lambda_2 = 2$。

对于二重根 $\lambda_1 = 1$，根据式(8.4.10)有

$$\begin{cases} \alpha_0 + \alpha_1 + \alpha_2 = 1 \\ \alpha_1 + 2\alpha_2 = k \end{cases} \tag{8.4.13}$$

对于特征根 $\lambda_2 = 2$，根据式(8.4.11)有

$$\alpha_0 + 2\alpha_1 + 4\alpha_2 = 2^n \tag{8.4.14}$$

联立方程(8.4.13)和(8.4.14)，可解得 $\alpha_0 = -2n + 2^n$，$\alpha_1 = 2 + 3n - 2^{n+1}$，$\alpha_2 = -1 - n + 2^n$，

代入式(8.4.12)可得

$$\boldsymbol{A}^n = (-2n + 2^n) \begin{bmatrix} 1 & 0 & 0 \\ 0 & 1 & 0 \\ 0 & 0 & 1 \end{bmatrix} + (2 + 3n - 2^{n+1}) \begin{bmatrix} 1 & 0 & 0 \\ 0 & 1 & 0 \\ 0 & 1 & 2 \end{bmatrix}$$

$$+ (-1 - n + 2n) \begin{bmatrix} 1 & 0 & 0 \\ 0 & 1 & 0 \\ 0 & 1 & 2 \end{bmatrix}^2$$

$$= \begin{bmatrix} 1 & 0 & 0 \\ 0 & 1 & 0 \\ 0 & 2^n - 1 & 2^n \end{bmatrix}$$

例 8.19 已知离散时间系统状态方程和输出方程分别为

$$\begin{bmatrix} w_1(n+1) \\ w_2(n+1) \end{bmatrix} = \begin{bmatrix} -1 & 3 \\ -2 & 4 \end{bmatrix} \begin{bmatrix} w_1(n) \\ w_2(n) \end{bmatrix} + \begin{bmatrix} 11 & 0 \\ 0 & 6 \end{bmatrix} \begin{bmatrix} x_1(n) \\ x_2(n) \end{bmatrix}$$

$$y(n) = \begin{bmatrix} 1 & -1 \end{bmatrix} \begin{bmatrix} w_1(n) \\ w_2(n) \end{bmatrix} + \begin{bmatrix} 0 & 1 \end{bmatrix} \begin{bmatrix} x_1(n) \\ x_2(n) \end{bmatrix}$$

系统的初始状态为零，输入分别为 $x_1(n) = \delta(n)$、$x_2(n) = u(n)$，试用时域法求出系统状态方程和输出方程的解。

解 (1)求系统的状态转移矩阵 $\boldsymbol{\varphi}(n) = \boldsymbol{A}^n$。

因为 $\boldsymbol{A}$ 为二阶矩阵，所以状态转移矩阵为

$$\boldsymbol{\varphi}(n) = \boldsymbol{A}^n = \alpha_0 \boldsymbol{I} + \alpha_1 \boldsymbol{A}$$

A 的特征方程为

$$\det(\lambda \boldsymbol{I} - \boldsymbol{A}) = \det \begin{bmatrix} \lambda + 1 & -3 \\ 2 & \lambda - 4 \end{bmatrix} = (\lambda + 1)(\lambda - 4) + 6$$

$$= (\lambda - 1)(\lambda - 2) = 0$$

特征根为 $\lambda_1 = 1$，$\lambda_2 = 2$。

根据式(8.4.10)，则有

$$\begin{cases} 1^n = \alpha_0 + \alpha_1 \\ 2^n = \alpha_0 + 2\alpha_1 \end{cases}$$

解得

$$\begin{cases} \alpha_0 = 2 - 2^n \\ \alpha_1 = 2^n - 1 \end{cases}$$

所以

$$\boldsymbol{\varphi}(n) = \boldsymbol{A}^n = \alpha_0 \boldsymbol{I} + \alpha_1 \boldsymbol{A} = (2 - 2^n)\begin{bmatrix} 1 & 0 \\ 0 & 1 \end{bmatrix} + (2^n - 1)\begin{bmatrix} -1 & 3 \\ -2 & 4 \end{bmatrix} = \begin{bmatrix} 3 - 2^{n+1} & 3 \cdot 2^n - 3 \\ 2 - 2^{n+1} & 3 \cdot 2^n - 2 \end{bmatrix}$$

(2) 求系统的状态方程的解。

根据式(8.4.4)，系统状态方程的解为

$$\boldsymbol{W}(n) = \begin{bmatrix} w_1(n) \\ w_2(n) \end{bmatrix} = \boldsymbol{\varphi}(n)\boldsymbol{W}(0) + [\boldsymbol{\varphi}(n-1)\boldsymbol{B}] * \boldsymbol{X}(n)$$

$$= \left\{ \begin{bmatrix} 3 - 2^n & 3 \cdot 2^{n-1} - 3 \\ 2 - 2^n & 3 \cdot 2^{n-1} - 2 \end{bmatrix} \begin{bmatrix} 11 & 0 \\ 0 & 6 \end{bmatrix} \right\} * \begin{bmatrix} \delta(n) \\ u(n) \end{bmatrix}$$

$$= \begin{bmatrix} 7 \cdot 2^n - 18n + 15 \\ 7 \cdot 2^n - 12n + 4 \end{bmatrix} u(n)$$

(3) 求系统的输出响应。

根据式(8.4.7)，系统的输出响应为

$$\boldsymbol{Y}(n) = \boldsymbol{C}\boldsymbol{\varphi}(n)\boldsymbol{W}(0) + [\boldsymbol{C}\boldsymbol{\varphi}(n-1)\boldsymbol{B}] * \boldsymbol{X}(n) + \boldsymbol{D}\boldsymbol{X}(n)$$

$$= \begin{bmatrix} 1 & -1 \end{bmatrix} \left\{ \begin{bmatrix} 3 - 2^n & 3 \cdot 2^{n-1} - 3 \\ 2 - 2^n & 3 \cdot 2^{n-1} - 2 \end{bmatrix} \begin{bmatrix} 11 & 0 \\ 0 & 6 \end{bmatrix} \right\} * \begin{bmatrix} \delta(n) \\ u(n) \end{bmatrix} + \begin{bmatrix} 0 & 1 \end{bmatrix} \begin{bmatrix} \delta(n) \\ u(n) \end{bmatrix}$$

$$= (-6n + 12)u(n)$$

8.4.2　z 变换解法

与连续时间系统的拉普拉斯变换类似，对于离散系统用单边 z 变换求解状态方程也比较简便。

设状态矢量 $\boldsymbol{W}(n)$ 的分量 $w_i(n)(i=1, 2, \cdots, n)$ 的 z 变换为 $\boldsymbol{W}_i(z)$，即

$$\boldsymbol{W}_i(z) = \mathscr{Z}[w_i(n)]$$

则状态矢量 $\boldsymbol{W}(n)$ 的 z 变换为

$$\boldsymbol{W}(z) = \mathscr{Z}[\boldsymbol{W}(n)] = [\mathscr{Z}[w_1(n)] \quad \mathscr{Z}[w_2(n)] \quad \cdots \quad \mathscr{Z}[w_n(n)]]^{\mathrm{T}}$$

$$= [\boldsymbol{W}_1(z) \quad \boldsymbol{W}_2(z) \quad \cdots \quad \boldsymbol{W}_n(z)]^{\mathrm{T}}$$

它也是 n 维矢量。输入、输出矢量 $\boldsymbol{X}(n)$ 和 $\boldsymbol{Y}(n)$ 的 z 变换分别为

$$\boldsymbol{X}(z) = \mathscr{Z}[\boldsymbol{X}(n)] = [\mathscr{Z}[x_1(n)] \quad \mathscr{Z}[x_2(n)] \quad \cdots \quad \mathscr{Z}[x_p(n)]]^{\mathrm{T}}$$

$$\boldsymbol{Y}(z) = \mathscr{Z}[\boldsymbol{Y}(n)] = [\mathscr{Z}[y_1(n)] \quad \mathscr{Z}[y_2(n)] \quad \cdots \quad \mathscr{Z}[y_q(n)]]^{\mathrm{T}}$$

分别为 p 维和 q 维矢量。对式(8.4.1)和式(8.4.2)两端分别取单边 z 变换，有

$$z\boldsymbol{W}(z) - z\boldsymbol{W}(0) = \boldsymbol{A}\boldsymbol{W}(z) + \boldsymbol{B}\boldsymbol{X}(z) \tag{8.4.15}$$

$$\boldsymbol{Y}(z) = \boldsymbol{C}\boldsymbol{W}(z) + \boldsymbol{D}\boldsymbol{X}(z) \tag{8.4.16}$$

将式(8.4.15)移项得

$$(z\boldsymbol{I} - \boldsymbol{A})\boldsymbol{W}(z) = z\boldsymbol{W}(0) + \boldsymbol{B}\boldsymbol{X}(z)$$

两边左乘 $(z\boldsymbol{I} - \boldsymbol{A})^{-1}$，得

$$W(z) = (zI - A)^{-1}zW(0) + (zI - A)^{-1}BX(z) \qquad (8.4.17)$$

为了方便,定义

$$\Phi(z) = (zI - A)^{-1}z \qquad (8.4.18)$$

并称其为预解矩阵。于是可将式(8.4.17)简化为

$$W(z) = \Phi(z)W(0) + z^{-1}\Phi(z)BX(z) \qquad (8.4.19)$$

将上式两端取逆 z 变换,可得到状态方程的解为

$$W(n) = \mathscr{Z}^{-1}[\Phi(z)W(0)] + \mathscr{Z}^{-1}[z^{-1}\Phi(z)BX(z)] = W_{zi}(n) + W_{zs}(n) \quad (8.4.20)$$

其中

$$W_{zi}(n) = \mathscr{Z}^{-1}[\Phi(z)W(0)] \qquad (8.4.21)$$

$$W_{zs}(n) = \mathscr{Z}^{-1}[z^{-1}\Phi(z)BX(z)] \qquad (8.4.22)$$

分别称为状态矢量的零输入解和零状态解。

将式(8.4.21)和式(8.4.5)比较,并考虑 $W(0)$ 为常量矩阵,可得

$$\varphi(n)W(0) = \mathscr{Z}^{-1}[\Phi(z)W(0)] = \mathscr{Z}^{-1}[\Phi(z)]W(0)$$

可见,系统的状态转移矩阵 $\varphi(n)$ 和预解矩阵 $\Phi(z)$ 是一个单边 z 变换对。这也为求解状态转移矩阵提供了另外一种途径。

将式(8.4.19)代入式(8.4.16),可得

$$Y(z) = C\Phi(z)W(0) + [Cz^{-1}\Phi(z)BX(z) + DX(z)] \qquad (8.4.23)$$

对上式取逆 z 变换,可求出系统的输出响应为

$$Y(n) = \mathscr{Z}^{-1}[C\Phi(z)W(0)] + \mathscr{Z}^{-1}[Cz^{-1}\Phi(z)BX(z) + DX(z)] = Y_{zi}(n) + Y_{zs}(n)$$

$$(8.4.24)$$

其中

$$Y_{zi}(n) = \mathscr{Z}^{-1}[C\Phi(z)W(0)] \qquad (8.4.25)$$

$$Y_{zs}(n) = \mathscr{Z}^{-1}[Cz^{-1}\Phi(z)BX(z) + DX(z)] \qquad (8.4.26)$$

分别为离散系统的零输入响应和零状态响应。

由以上分析可以看出,式(8.4.23)中的第二项对应的是系统的零状态响应的 z 变换。

定义

$$H(z) = Cz^{-1}\Phi(z)B + D \qquad (8.4.27)$$

为多输入-多输出离散系统的系统函数矩阵,它是一个 $q \times p$ 矩阵,q、p 分别为系统输入、输出变量的个数,即

$$H(z) = \begin{bmatrix} H_{11}(z) & H_{12}(z) & \cdots & H_{1p}(z) \\ H_{21}(z) & H_{22}(z) & \cdots & H_{2p}(z) \\ \vdots & \vdots & \ddots & \vdots \\ H_{q1}(z) & H_{q2}(z) & \cdots & H_{qp}(z) \end{bmatrix}$$

系统函数矩阵中第 i 行第 j 列的元素 $H_{ij}(z)$ 是第 i 个输出分量对于第 j 个输入分量的系统函数。系统函数 $H(z)$ 的逆 z 变换就是系统的冲激响应矩阵,即

$$h(n) = \mathscr{Z}^{-1}[H(z)]$$

例 8.20 已知离散时间系统的状态方程和输出方程分别为

$$\begin{bmatrix} w_1(n+1) \\ w_2(n+1) \end{bmatrix} = \begin{bmatrix} 0 & 1 \\ 3 & 2 \end{bmatrix} \begin{bmatrix} w_1(n) \\ w_2(n) \end{bmatrix} + \begin{bmatrix} 0 \\ 1 \end{bmatrix} x(n)$$

$$\boldsymbol{y}(n) = \begin{bmatrix} 3 & 3 \end{bmatrix} \begin{bmatrix} w_1(n) \\ w_2(n) \end{bmatrix} + x(n)$$

系统的初始状态为 $w_1(0)=1$、$w_2(0)=0$，输入为 $x(n)=\delta(n)$。试用 z 变换法求出系统的输出向量。

解　由于

$$(z\boldsymbol{I} - \boldsymbol{A})^{-1} = \begin{bmatrix} z & -1 \\ -3 & z-2 \end{bmatrix}^{-1} = \frac{1}{(z+1)(z-3)} \begin{bmatrix} z-2 & 1 \\ 3 & z \end{bmatrix}$$

$$\boldsymbol{X}(z) = \mathscr{Z}\big[\delta(n)\big] = 1$$

由式(8.4.17)可得

$$\boldsymbol{W}(z) = (z\boldsymbol{I} - \boldsymbol{A})^{-1} z\boldsymbol{W}(0) + (z\boldsymbol{I} - \boldsymbol{A})^{-1}\boldsymbol{B}\boldsymbol{X}(z)$$

$$= \frac{1}{(z+1)(z-3)} \begin{bmatrix} z-2 & 1 \\ 3 & z \end{bmatrix} z \begin{bmatrix} 1 \\ 0 \end{bmatrix} + \frac{1}{(z+1)(z-3)} \begin{bmatrix} z-2 & 1 \\ 3 & z \end{bmatrix} \begin{bmatrix} 0 \\ 1 \end{bmatrix} 1$$

$$= \frac{1}{(z+1)(z-3)} \begin{bmatrix} z^2 - 2z + 1 \\ 4z \end{bmatrix}$$

代入式(8.4.16)可得

$$\boldsymbol{Y}(z) = \begin{bmatrix} 3 & 3 \end{bmatrix} \frac{1}{(z+1)(z-3)} \begin{bmatrix} z^2 - 2z + 1 \\ 4z \end{bmatrix} + 1 = \frac{4z}{z-3}$$

对上式取逆 z 变换，可得系统的输出向量为

$$\boldsymbol{y}(n) = \mathscr{Z}^{-1}\big[\boldsymbol{Y}(z)\big] = \mathscr{Z}^{-1}\left[\frac{4z}{z-3}\right] = 4 \cdot 3^n u(n)$$

8.5　状态矢量的线性变换及系统的稳定性

8.5.1　状态矢量的线性变换

从状态变量的选择可以看出，同一系统可以选择不同的状态变量，但所选的每一种状态变量间存在着线性变换关系。这种线性变换对于简化系统分析是很有用的。

例 8.21　描述某 LTI 系统的动态方程为

$$\begin{bmatrix} \dot{w}_1(t) \\ \dot{w}_2(t) \end{bmatrix} = \begin{bmatrix} -1 & 2 \\ -1 & -4 \end{bmatrix} \begin{bmatrix} w_1(t) \\ w_2(t) \end{bmatrix} + \begin{bmatrix} 0 \\ 1 \end{bmatrix} \big[x(t)\big]$$

$$\boldsymbol{y}(t) = \begin{bmatrix} 1 & 1 \end{bmatrix} \begin{bmatrix} w_1(t) \\ w_2(t) \end{bmatrix} + \begin{bmatrix} 1 \end{bmatrix} \big[x(t)\big]$$

若另选一组状态变量 $g_1(t)$ 和 $g_2(t)$，它们与原状态变量之间满足下列线性变换关系：

$$\begin{bmatrix} g_1(t) \\ g_2(t) \end{bmatrix} = \begin{bmatrix} 1 & 1 \\ 1 & 2 \end{bmatrix} \begin{bmatrix} w_1(t) \\ w_2(t) \end{bmatrix}$$

试写出用状态变量 $g_1(t)$ 和 $g_2(t)$ 表示的动态方程。

解　由于

$$\boldsymbol{G}(t)=\begin{bmatrix}g_1(t)\\g_2(t)\end{bmatrix}=\begin{bmatrix}1&1\\1&2\end{bmatrix}\begin{bmatrix}w_1(t)\\w_2(t)\end{bmatrix}=\begin{bmatrix}1&1\\1&2\end{bmatrix}\boldsymbol{W}(t)\qquad(8.5.1)$$

则有

$$\boldsymbol{W}(t)=\begin{bmatrix}1&1\\1&2\end{bmatrix}^{-1}\boldsymbol{G}(t)=\begin{bmatrix}2&-1\\-1&1\end{bmatrix}\boldsymbol{G}(t)\qquad(8.5.2)$$

对式(8.5.1)两端求导,并将式(8.5.2)代入,可得

$$\begin{aligned}\dot{\boldsymbol{G}}(t)&=\begin{bmatrix}1&1\\1&2\end{bmatrix}\dot{\boldsymbol{W}}(t)=\begin{bmatrix}1&1\\1&2\end{bmatrix}\begin{bmatrix}-1&2\\-1&-4\end{bmatrix}\begin{bmatrix}w_1(t)\\w_2(t)\end{bmatrix}+\begin{bmatrix}1&1\\1&2\end{bmatrix}\begin{bmatrix}0\\1\end{bmatrix}[x(t)]\\[6pt]&=\begin{bmatrix}1&1\\1&2\end{bmatrix}\begin{bmatrix}-1&2\\-1&-4\end{bmatrix}\begin{bmatrix}2&-1\\-1&1\end{bmatrix}\boldsymbol{G}(t)+\begin{bmatrix}1&1\\1&2\end{bmatrix}\begin{bmatrix}0\\1\end{bmatrix}[x(t)]\\[6pt]&=\begin{bmatrix}-2&0\\0&-3\end{bmatrix}\boldsymbol{G}(t)+\begin{bmatrix}1\\2\end{bmatrix}[x(t)]\qquad(8.5.3)\end{aligned}$$

$$\begin{aligned}\boldsymbol{y}(t)&=\begin{bmatrix}1&1\end{bmatrix}\begin{bmatrix}w_1(t)\\w_2(t)\end{bmatrix}+[1][x(t)]=\begin{bmatrix}1&1\end{bmatrix}\begin{bmatrix}2&-1\\-1&1\end{bmatrix}\boldsymbol{G}(t)+[1][x(t)]\\[6pt]&=\begin{bmatrix}1&0\end{bmatrix}\boldsymbol{G}(t)+[1][x(t)]\end{aligned}$$

所以,用 $g_1(t)$ 和 $g_2(t)$ 表示的动态方程为

$$\begin{bmatrix}\dot{g}_1(t)\\\dot{g}_2(t)\end{bmatrix}=\begin{bmatrix}-2&0\\0&-3\end{bmatrix}\begin{bmatrix}g_1(t)\\g_2(t)\end{bmatrix}+\begin{bmatrix}1\\2\end{bmatrix}[x(t)]$$

$$\boldsymbol{y}(t)=\begin{bmatrix}1&0\end{bmatrix}\begin{bmatrix}g_1(t)\\g_2(t)\end{bmatrix}+[1][x(t)]$$

一般而言,对于动态方程

$$\dot{\boldsymbol{W}}(t)=\boldsymbol{A}\boldsymbol{W}(t)+\boldsymbol{B}\boldsymbol{X}(t)\qquad(8.5.4)$$

$$\boldsymbol{Y}(t)=\boldsymbol{C}\boldsymbol{W}(t)+\boldsymbol{D}\boldsymbol{X}(t)\qquad(8.5.5)$$

有非奇异矩阵 $\boldsymbol{P}$,使状态矢量 $\boldsymbol{W}(t)$ 经线性变换成为新的状态矢量 $\boldsymbol{G}(t)$,即

$$\boldsymbol{G}(t)=\boldsymbol{P}^{-1}\boldsymbol{W}(t)\qquad(8.5.6)$$

显然有

$$\boldsymbol{W}(t)=\boldsymbol{P}\boldsymbol{G}(t)\qquad(8.5.7)$$

对式(8.5.6)求导,并将式(8.5.4)代入,可得

$$\dot{\boldsymbol{G}}(t)=\boldsymbol{P}^{-1}\dot{\boldsymbol{W}}(t)=\boldsymbol{P}^{-1}\boldsymbol{A}\boldsymbol{W}(t)+\boldsymbol{P}^{-1}\boldsymbol{B}\boldsymbol{X}(t)\qquad(8.5.8)$$

将式(8.5.7)分别代入式(8.5.8)和式(8.5.5),可得用状态矢量 $\boldsymbol{G}(t)$ 表示的状态方程和输出方程为

$$\dot{\boldsymbol{G}}(t)=\boldsymbol{P}^{-1}\dot{\boldsymbol{W}}(t)=\boldsymbol{P}^{-1}\boldsymbol{A}\boldsymbol{P}\boldsymbol{G}(t)+\boldsymbol{P}^{-1}\boldsymbol{B}\boldsymbol{X}(t)=\boldsymbol{A}_{\mathrm{g}}\boldsymbol{G}(t)+\boldsymbol{B}_{\mathrm{g}}\boldsymbol{X}(t)\qquad(8.5.9)$$

$$\boldsymbol{Y}(t)=\boldsymbol{C}\boldsymbol{P}\boldsymbol{G}(t)+\boldsymbol{D}\boldsymbol{X}(t)=\boldsymbol{C}_{\mathrm{g}}\boldsymbol{G}(t)+\boldsymbol{D}_{\mathrm{g}}\boldsymbol{X}(t)\qquad(8.5.10)$$

由此可见,在新的状态矢量下,状态方程和输出方程中的系数矩阵 $\boldsymbol{A}_{\mathrm{g}}$、$\boldsymbol{B}_{\mathrm{g}}$、$\boldsymbol{C}_{\mathrm{g}}$、$\boldsymbol{D}_{\mathrm{g}}$ 和原方程的 $\boldsymbol{A}$、$\boldsymbol{B}$、$\boldsymbol{C}$、$\boldsymbol{D}$ 之间满足下列关系

$$\begin{cases} \boldsymbol{A}_{\mathrm{g}} = \boldsymbol{P}^{-1}\boldsymbol{AP} \\ \boldsymbol{B}_{\mathrm{g}} = \boldsymbol{P}^{-1}\boldsymbol{B} \\ \boldsymbol{C}_{\mathrm{g}} = \boldsymbol{CP} \\ \boldsymbol{D}_{\mathrm{g}} = \boldsymbol{D} \end{cases} \tag{8.5.11}$$

由式(8.5.11)可见,新状态矢量下的系统矩阵 $\boldsymbol{A}$ 与原系统矩阵 $\boldsymbol{A}$ 互为相似矩阵。由于相似矩阵具有相同的特征值,故而,表征系统特性的特征值不因选择状态矢量的不同而改变。

系统的系统函数描述的是系统的输入和输出之间的关系,与状态矢量的选择无关,因此,对于同一系统,选择不同的状态矢量来描述时,其系统函数应是相同的。

当系统的特征根均为单根时,常用的线性变换是将系统矩阵 $\boldsymbol{A}$ 变换为对角矩阵。下面举例说明其具体变换方法。

例 8.22 已知描述某系统的系统矩阵为

$$\boldsymbol{A} = \begin{bmatrix} 5 & 6 \\ -2 & -2 \end{bmatrix}$$

试将其变换为对角矩阵。

解 系统的特征多项式为

$$\det(\lambda\boldsymbol{I} - \boldsymbol{A}) = \det\begin{bmatrix} \lambda-5 & -6 \\ 2 & \lambda+2 \end{bmatrix} = (\lambda-1)(\lambda+2)$$

特征根为 $\lambda_1=1$、$\lambda_2=2$。

对应于 λ_1 的特征矢量 $[\xi_{11} \quad \xi_{21}]^{\mathrm{T}}$ 满足方程:

$$(\lambda_1\boldsymbol{I} - \boldsymbol{A})\begin{bmatrix} \xi_{11} \\ \xi_{21} \end{bmatrix} = 0$$

即

$$\begin{bmatrix} 1-5 & -6 \\ 2 & 1+2 \end{bmatrix}\begin{bmatrix} \xi_{11} \\ \xi_{21} \end{bmatrix} = 0$$

于是有

$$\begin{cases} -4\xi_{11} - 6\xi_{21} = 0 \\ 2\xi_{11} + 3\xi_{21} = 0 \end{cases}$$

可见,属于 λ_1 的特征矢量是多解的,选 $\xi_{11}=3$,$\xi_{21}=-2$。

对应于 λ_2 的特征矢量 $[\xi_{12} \quad \xi_{22}]^{\mathrm{T}}$ 满足方程:

$$(\lambda_2\boldsymbol{I} - \boldsymbol{A})\begin{bmatrix} \xi_{12} \\ \xi_{22} \end{bmatrix} = 0$$

即

$$\begin{bmatrix} 2-5 & -6 \\ 2 & 2+2 \end{bmatrix}\begin{bmatrix} \xi_{12} \\ \xi_{22} \end{bmatrix} = 0$$

于是有

$$\begin{cases} -3\xi_{12} - 6\xi_{22} = 0 \\ 2\xi_{12} + 4\xi_{22} = 0 \end{cases}$$

可见,属于 λ_2 的特征矢量也是多解的,选 $\xi_{12}=2$,$\xi_{22}=-1$。

由此构成的模态矩阵为

$$\boldsymbol{P} = \begin{bmatrix} \xi_{11} & \xi_{12} \\ \xi_{21} & \xi_{22} \end{bmatrix} = \begin{bmatrix} 3 & 2 \\ -2 & -1 \end{bmatrix}, \quad \boldsymbol{P}^{-1} = \begin{bmatrix} -1 & -2 \\ 2 & 3 \end{bmatrix}$$

所以 $\boldsymbol{A}$ 的对角矩阵为

$$\boldsymbol{A}_{\mathrm{g}} = \boldsymbol{P}^{-1}\boldsymbol{A}\boldsymbol{P} = \begin{bmatrix} -1 & -2 \\ 2 & 3 \end{bmatrix} \begin{bmatrix} 5 & 6 \\ -2 & -2 \end{bmatrix} \begin{bmatrix} 3 & 2 \\ -2 & -1 \end{bmatrix} = \begin{bmatrix} 1 & 0 \\ 0 & 2 \end{bmatrix}$$

可见，对角矩阵 $\boldsymbol{A}_{\mathrm{g}}$ 中对角线上的值就是系统的特征根。

8.5.2　由状态方程判断系统的稳定性

系统的稳定性通常由系统函数的极点来确定。在用状态方程和输出方程表示的多输入-多输出系统中，同样可以用系统函数矩阵的极点来确定系统的稳定性。

1. 连续时间系统的稳定性

对于连续时间系统，由前面得出的结论可知：如果系统函数 $H(s)$ 的极点都在 s 平面的左半平面，则系统是稳定的。

在用状态变换法分析系统时，系统函数矩阵由式(8.3.28)给出，即

$$\boldsymbol{H}(s) = \boldsymbol{C}\boldsymbol{\Phi}(s)\boldsymbol{B} + \boldsymbol{D} = \boldsymbol{C}(s\boldsymbol{I} - \boldsymbol{A})^{-1}\boldsymbol{B} + \boldsymbol{D} \tag{8.5.12}$$

式中，$\boldsymbol{A}$、$\boldsymbol{B}$、$\boldsymbol{C}$、$\boldsymbol{D}$ 都是系数矩阵，对于 LTI 系统，它们都是常数矩阵。

由于 $(s\boldsymbol{I} - \boldsymbol{A})^{-1} = \dfrac{\mathrm{adj}(s\boldsymbol{I} - \boldsymbol{A})}{\det(s\boldsymbol{I} - \boldsymbol{A})}$，代入式(8.5.12)可得

$$\boldsymbol{H}(s) = \boldsymbol{C}\frac{\mathrm{adj}(s\boldsymbol{I} - \boldsymbol{A})}{\det(s\boldsymbol{I} - \boldsymbol{A})}\boldsymbol{B} + \boldsymbol{D} = \frac{\boldsymbol{C}\mathrm{adj}(s\boldsymbol{I} - \boldsymbol{A})\boldsymbol{B} + \boldsymbol{D}\det(s\boldsymbol{I} - \boldsymbol{A})}{\det(s\boldsymbol{I} - \boldsymbol{A})}$$

所以 $\boldsymbol{H}(s)$ 的极点就是特征方程 $\det(s\boldsymbol{I} - \boldsymbol{A}) = 0$ 的根，即为系统的特征根。判断特征根是否位于 s 平面的左半平面就可以判断系统是否稳定。可见，当用状态方程和输出方程来描述系统时，系统的稳定性质与系统状态方程中的系统矩阵 $\boldsymbol{A}$ 有关。判断特征根是否在左半平面可以用罗斯-霍尔维兹准则。

例 8.23　已知系统的状态方程为

$$\begin{bmatrix} \dot{w}_1(t) \\ \dot{w}_2(t) \\ \dot{w}_3(t) \end{bmatrix} = \begin{bmatrix} 0 & 1 & 0 \\ -k & -1 & -k \\ 0 & -1 & -4 \end{bmatrix} \begin{bmatrix} w_1(t) \\ w_2(t) \\ w_3(t) \end{bmatrix} + \begin{bmatrix} 0 & 0 \\ 0 & k \\ 1 & 0 \end{bmatrix} \begin{bmatrix} x_1(t) \\ x_2(t) \end{bmatrix}$$

试求当 k 在什么范围内系统是稳定的。

解　由于

$$\boldsymbol{A} = \begin{bmatrix} 0 & 1 & 0 \\ -k & -1 & -k \\ 0 & -1 & -4 \end{bmatrix}$$

系统的特征多项式为

$$\det(s\boldsymbol{I} - \boldsymbol{A}) = \det \begin{bmatrix} s & -1 & 0 \\ k & s+1 & k \\ 0 & 1 & s+4 \end{bmatrix} = s^3 + 5s^2 + 4s + 4k = 0$$

利用罗斯-霍尔维兹准则，为保证上面的三次多项式的根都落在 s 左半平面，必须满足

$$\begin{cases} 4k > 0 \\ 20 > 4k \end{cases}$$

解得 $0 < k < 5$，即当 $0 < k < 5$ 时，系统是稳定的。

显然，对于这类问题，若状态方程中系统矩阵 A 以对角阵的形式给出，系统稳定性的分析将十分简单，由此可以看出，矩阵 A 对角化具有重要意义。

2. 离散时间系统的稳定性

对于离散时间系统，前面曾得出结论：如果系统函数 $H(z)$ 的极点都在单位圆内，则系统是稳定的。

在用状态变量法分析离散时间系统时，由式(8.4.27)得到系统函数矩阵：

$$H(z) = Cz^{-1}\boldsymbol{\Phi}(z)B + D = C(zI - A)^{-1}B + D \qquad (8.5.13)$$

式中，A、B、C、D 均为系数矩阵，对于 LTI 系统，它们均是常数矩阵。与连续系统类似，系统函数矩阵 $H(z)$ 的极点是特征方程 $\det(zI - A) = 0$ 的根。当 $\det(zI - A) = 0$ 的全部根都位于 z 平面的单位圆内时，系统稳定，否则系统不稳定。

由以上分析可以看出，离散时间系统的稳定性只与状态方程中的系统矩阵 A 有关。

例 8.24　已知某系统的状态方程为

$$\begin{bmatrix} w_1(n+1) \\ w_2(n+1) \end{bmatrix} = \begin{bmatrix} 0 & 1 \\ a & -1 \end{bmatrix} \begin{bmatrix} w_1(n) \\ w_2(n) \end{bmatrix} + \begin{bmatrix} 0 & 0 \\ 1 & 0 \end{bmatrix} \begin{bmatrix} x_1(n) \\ x_2(n) \end{bmatrix}$$

其中 $-1 < a < 1$，问此系统是否稳定。

解　由于

$$A = \begin{bmatrix} 0 & 1 \\ a & -1 \end{bmatrix}$$

系统的特征方程为

$$\det(zI - A) = \det \begin{bmatrix} z & -1 \\ -a & z+1 \end{bmatrix} = z^2 + z - a = 0$$

系统的特征根为

$$z_{1,2} = -\frac{1}{2} \pm \frac{1}{2}\sqrt{1 + 4a}$$

系统若稳定，必须有 $|z_{1,2}| < 1$，即特征根落在单位圆内。对于给定的 $-1 < a < 1$ 范围，按两种情况来讨论。

第一种情况：当 $-1 < a < -\frac{1}{4}$ 时，z_1 和 z_2 均为复根，为保证系统稳定，必须有

$$\sqrt{\left(\frac{1}{2}\right)^2 + \left(\frac{1}{2}\sqrt{1+4a}\right)^2} < 1$$

解得 $a < \frac{1}{2}$。因而，当 $-1 < a < -\frac{1}{4}$ 时，系统的两个复根均在单位圆内，系统是稳定的。

第二种情况：当 $-\frac{1}{4} < a < 1$ 时，z_1 和 z_2 均为实根，为保证系统稳定，必须有

$$\left| -\frac{1}{2} \pm \frac{1}{2}\sqrt{1+4a} \right| < 1$$

同时考虑给定的 a 的取值范围，得出系统稳定的条件为 $-\frac{1}{4} < a < 0$。

综上所述，对于给定的$-1<a<1$范围，只有在$-1<a<0$的范围内，系统才是稳定的。

8.6　系统的可控制性和可观测性

可控制性和可观测性是现代控制理论中两个很重要的基本概念。用状态方程和输出方程描述系统时，着重考虑的是系统内部各状态的变化情况。其中，状态方程描述了输入作用所引起的系统状态变化情况，于是存在系统的全部状态是否都能由输入来控制的问题，即系统能否在有限的时间内，在输入的作用下从某一状态转移到另一指定状态，这就是系统的可控制性问题。输出方程描述了输出随状态变化的情况，那么能否通过观测有限时间内的输出值来确定出系统的状态，这就是系统的可观测性问题。下面先举几个例子来说明可控制性和可观测性的概念。

观察图 8.6.1 所示的系统，图中 $w_1(t)$、$w_2(t)$ 为系统的状态变量，$x(t)$ 和 $y(t)$ 分别为系统的输入和输出变量。显而易见，输入信号 $x(t)$ 只对 $w_1(t)$ 有影响，对 $w_2(t)$ 无影响。这表明，输入信号只能使 $w_1(t)$ 转移到任意的新状态，而不能使 $w_2(t)$ 转移到任意的新状态，故系统是不完全可控的，或称不可控的。系统的输出 $y(t)=w_1(t)$，但 $w_1(t)$ 受 $w_2(t)$ 影响，$y(t)$ 能间接获得 $w_2(t)$ 的信息，故通过系统的输出可以知道状态变量 $w_1(t)$、$w_2(t)$ 的信息，所以系统是完全可观测的，或称系统可观测。

观察图 8.6.2 所示的系统，$w_1(t)$、$w_2(t)$ 均受输入信号 $x(t)$ 的控制，故系统是可控制的，但输出 $y(t)$ 与 $w_2(t)$ 无关，通过输出不能了解状态变量 $w_2(t)$ 的信息，故系统是不可观测的。

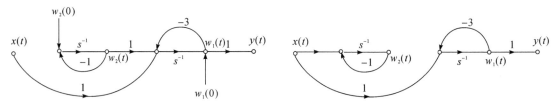

图 8.6.1　不可控系统的信号流图　　　　图 8.6.2　不可观测系统的信号流图

那么，什么样的系统是可控制的或可观测的？或者说，如何判断一个系统的可控制性或可观测性呢？下面我们将提出系统可控制性、可观测性的分析研究方法。

8.6.1　系统的可控制性

系统的可控制性也称为能控制性，简称可控性或能控性。可定义为：当系统用状态方程描述时，给定系统的任意初始状态，如果存在一个输入矢量，在有限的时间内，能把系统的全部状态转移到任意终态，那么称该系统是状态完全可控的，简称系统可控。如果只对部分状态变量能做到这一点，则称系统是不完全可控的，简称系统不可控。

下面分别对连续时间系统和离散时间系统的可控制性进行研究。

1. 连续时间系统的可控制性

由凯莱-哈密顿定理可知，任何高于 n 次的 $\boldsymbol{A}$ 的幂，都可以用低于 n 次的 $\boldsymbol{A}$ 的幂的线性组合来表示，即当 $k \geqslant n$ 时，有

$$\boldsymbol{A}^k = a_0 \boldsymbol{I} + a_1 \boldsymbol{A} + a_2 \boldsymbol{A}^2 + \cdots + a_{n-1} \boldsymbol{A}^{n-1} = \sum_{m=0}^{n-1} a_m \boldsymbol{A}^m \tag{8.6.1}$$

由此可得，矩阵指数 $\mathrm{e}^{\boldsymbol{A}t}$ 可表示成 $\boldsymbol{A}$ 的 $n-1$ 阶多项式：

$$\mathrm{e}^{\boldsymbol{A}t} = \sum_{k=0}^{\infty} \frac{\boldsymbol{A}^k}{k!} t^k = \sum_{k=0}^{\infty} \frac{t^k}{k!} \sum_{m=0}^{n-1} a_m \boldsymbol{A}^m = \sum_{m=0}^{n-1} \boldsymbol{A}^m \sum_{k=0}^{\infty} \frac{t^k}{k!} a_m$$

令

$$b_m(t) = \sum_{k=0}^{\infty} \frac{t^k}{k!} a_m$$

则有

$$\mathrm{e}^{\boldsymbol{A}t} = \sum_{m=0}^{n-1} b_m(t) \boldsymbol{A}^m \tag{8.6.2}$$

设系统的状态方程为

$$\dot{\boldsymbol{W}}(t) = \boldsymbol{A}\boldsymbol{W}(t) + \boldsymbol{B}\boldsymbol{X}(t)$$

根据状态方程的时域解即式(8.3.7)，在有限的时间间隔 $t \in [t_0, t_1]$ 内，系统从初始状态 $\boldsymbol{W}(t_0)$ 转移到 $t = t_1$ 时的状态为

$$\boldsymbol{W}(t_1) = \mathrm{e}^{\boldsymbol{A}(t_1 - t_0)} \boldsymbol{W}(t_0) + \int_{t_0}^{t_1} \mathrm{e}^{\boldsymbol{A}(t_1 - \tau)} \boldsymbol{B}\boldsymbol{X}(\tau) \mathrm{d}\tau$$

可不失一般性地假设，当 $t = t_1$ 时的状态为 0，即 $\boldsymbol{W}(t_1) = 0$，则有

$$\boldsymbol{W}(t_0) = -\left[\mathrm{e}^{\boldsymbol{A}(t_1 - t_0)}\right]^{-1} \int_{t_0}^{t_1} \mathrm{e}^{\boldsymbol{A}(t_1 - \tau)} \boldsymbol{B}\boldsymbol{X}(\tau) \mathrm{d}\tau = -\int_{t_0}^{t_1} \mathrm{e}^{\boldsymbol{A}(t_0 - \tau)} \boldsymbol{B}\boldsymbol{X}(\tau) \mathrm{d}\tau$$

将式(8.6.2)代入上式，得

$$\boldsymbol{W}(t_0) = -\int_{t_0}^{t_1} \sum_{m=0}^{n-1} b_m(t_0 - \tau) \boldsymbol{A}^m \boldsymbol{B}\boldsymbol{X}(\tau) \mathrm{d}\tau = -\sum_{m=0}^{n-1} \boldsymbol{A}^m \boldsymbol{B} \int_{t_0}^{t_1} b_m(t_0 - \tau) \boldsymbol{X}(\tau) \mathrm{d}\tau \tag{8.6.3}$$

令

$$u_m = \int_{t_0}^{t_1} b_m(t_0 - \tau) \boldsymbol{X}(\tau) \mathrm{d}\tau$$

则

$$\boldsymbol{W}(t_0) = -\sum_{m=0}^{n-1} \boldsymbol{A}^m \boldsymbol{B} u_m = -\begin{bmatrix} \boldsymbol{B} & \boldsymbol{A}\boldsymbol{B} & \cdots & \boldsymbol{A}^{n-1}\boldsymbol{B} \end{bmatrix} \begin{bmatrix} u_0 \\ u_1 \\ \vdots \\ u_{n-1} \end{bmatrix} = -\boldsymbol{M}_{\mathrm{c}} \boldsymbol{u} \tag{8.6.4}$$

其中，$\boldsymbol{M}_{\mathrm{c}} = \begin{bmatrix} \boldsymbol{B} & \boldsymbol{A}\boldsymbol{B} & \cdots & \boldsymbol{A}^{n-1}\boldsymbol{B} \end{bmatrix}$ 为 $n \times np$ 维矩阵，$\boldsymbol{u} = \begin{bmatrix} u_0 & u_1 & \cdots & u_{n-1} \end{bmatrix}^{\mathrm{T}}$ 为 np 维列向量。式(8.6.4)为非齐次线性方程组，该方程如果有解，就表明存在输入信号，可使状态变量在有限时间内由初始状态 $\boldsymbol{W}(t_0)$ 转移到新状态 $\boldsymbol{W}(t_1)$，即系统就是可控制的。由线性方程组解存在的定理可知，其解存在的条件是矩阵 $\boldsymbol{M}_{\mathrm{c}}$ 中有 n 个线性无关的列向量，即系统状态可控的条件为

$$\mathrm{rank}\boldsymbol{M}_{\mathrm{c}} = \mathrm{rank}\begin{bmatrix} \boldsymbol{B} & \boldsymbol{A}\boldsymbol{B} & \cdots & \boldsymbol{A}^{n-1}\boldsymbol{B} \end{bmatrix} = n \tag{8.6.5}$$

当系统的输入只有一个时，$\boldsymbol{M}_{\mathrm{c}}$ 为方阵，此时系统状态可控的条件是 $\boldsymbol{M}_{\mathrm{c}}$ 为非奇异矩阵，即 $\boldsymbol{M}_{\mathrm{c}}$ 的行列式不为零。

由以上分析可知，连续时间系统状态可控性只与状态方程中的矩阵 $\boldsymbol{A}$、$\boldsymbol{B}$ 有关。

例 8.25　给定下列两系统状态方程：

(a) $\begin{bmatrix} \dot{w}_1(t) \\ \dot{w}_2(t) \end{bmatrix} = \begin{bmatrix} 1 & 1 \\ 0 & -1 \end{bmatrix} \begin{bmatrix} w_1(t) \\ w_2(t) \end{bmatrix} + \begin{bmatrix} 1 \\ 0 \end{bmatrix} [x(t)]$

(b) $\begin{bmatrix} \dot{w}_1(t) \\ \dot{w}_2(t) \end{bmatrix} = \begin{bmatrix} 1 & 1 \\ 2 & -1 \end{bmatrix} \begin{bmatrix} w_1(t) \\ w_2(t) \end{bmatrix} + \begin{bmatrix} 0 \\ 1 \end{bmatrix} [x(t)]$

试判断这两系统是否都可控。

解　验证系统是否可控，只要观察式(8.6.5)表示的矩阵是否满秩。

对于系统(a)有

$$M_c = \begin{bmatrix} B & AB \end{bmatrix} = \begin{bmatrix} \begin{bmatrix} 1 \\ 0 \end{bmatrix} & \begin{bmatrix} 1 & 1 \\ 0 & -1 \end{bmatrix} \begin{bmatrix} 1 \\ 0 \end{bmatrix} \end{bmatrix} = \begin{bmatrix} 1 & 1 \\ 0 & 0 \end{bmatrix}$$

所以 $\mathrm{rank}M_c = 1$，因而系统(a)是不完全可控的。

对于系统(b)有

$$M_c = \begin{bmatrix} B & AB \end{bmatrix} = \begin{bmatrix} \begin{bmatrix} 0 \\ 1 \end{bmatrix} & \begin{bmatrix} 1 & 1 \\ 2 & -1 \end{bmatrix} \begin{bmatrix} 0 \\ 1 \end{bmatrix} \end{bmatrix} = \begin{bmatrix} 0 & 1 \\ 1 & -1 \end{bmatrix}$$

所以 $\mathrm{rank}M_c = 2$，因而系统(b)是完全可控的。

2. 离散时间系统的可控制性

离散时间系统的状态方程为

$$W(n+1) = AW(n) + BX(n)$$

由式(8.4.3)可得，从系统的初始状态 $W(0)$ 经过有限的 n 步后转移到终态 $W(n)$ 为

$$W(n) = A^n W(0) + \sum_{i=0}^{n-1} A^{n-1-i} BX(i)$$

可不失一般性地假设，系统在 n 时刻的状态为零，即 $W(n)=0$，则有

$$0 = A^n W(0) + \sum_{i=0}^{n-1} A^{n-1-i} BX(i)$$

进一步可得

$$\begin{aligned} W(0) &= -A^{-n} \sum_{i=0}^{n-1} A^{n-1-i} BX(i) = -\sum_{i=0}^{n-1} A^{-1-i} BX(i) \\ &= -\begin{bmatrix} A^{-1} BX(0) + A^{-2} BX(1) + \cdots + A^{-n} BX(n-1) \end{bmatrix} \\ &= -\begin{bmatrix} A^{-1}B & A^{-2}B & \cdots & A^{-n}B \end{bmatrix} \begin{bmatrix} X(0) \\ X(1) \\ \vdots \\ X(n-1) \end{bmatrix} \\ &= -M'_c X \end{aligned} \tag{8.6.6}$$

其中，$M'_c = \begin{bmatrix} A^{-1}B & A^{-2}B & \cdots & A^{-n}B \end{bmatrix}$，$X = \begin{bmatrix} X(0) & X(1) & \cdots & X(n-1) \end{bmatrix}^T$，分别为 $n \times np$ 维矩阵和 np 维列向量。该式是一个非齐次线性方程组，其解存在的充要条件是

$$\mathrm{rank}M'_c = \mathrm{rank}\begin{bmatrix} A^{-1}B & A^{-2}B & \cdots & A^{-n}B \end{bmatrix} = n \tag{8.6.7}$$

上式即为离散时间系统可控制性的判据。

由于满秩矩阵与另一满秩矩阵相乘其秩不变，故有

$$\mathrm{rank}M'_c = \mathrm{rank}\begin{bmatrix} A^n M'_c \end{bmatrix} = \mathrm{rank}\begin{bmatrix} A^{n-1}B & A^{n-2}B & \cdots & B \end{bmatrix} = n$$

变换矩阵的列,并将变换后的矩阵记为 $\boldsymbol{M}_c$,其秩也不变,故有

$$\text{rank}\boldsymbol{M}_c = \text{rank}[\boldsymbol{B} \quad \boldsymbol{AB} \quad \cdots \quad \boldsymbol{A}^{n-1}\boldsymbol{B}] = n$$

通常将

$$\boldsymbol{M}_c = [\boldsymbol{B} \quad \boldsymbol{AB} \quad \cdots \quad \boldsymbol{A}^{n-1}\boldsymbol{B}] \tag{8.6.8}$$

称为离散时间系统的可控矩阵。对比式(8.6.5)可见,离散时间系统和连续时间系统的可控矩阵是相同的。

例 8.26　给定离散系统的状态方程为

$$\begin{bmatrix} w_1(n+1) \\ w_2(n+1) \end{bmatrix} = \begin{bmatrix} 0 & 1 \\ -1 & 0 \end{bmatrix} \begin{bmatrix} w_1(n) \\ w_2(n) \end{bmatrix} + \begin{bmatrix} 1 \\ 3 \end{bmatrix} [x(n)]$$

问该系统能否通过 $x(n)$ 的控制作用,在有限时间之内使系统由给定的起始状态转到零状态。

解　对于该系统有

$$\boldsymbol{M}_c = [\boldsymbol{B} \quad \boldsymbol{AB}] = \begin{bmatrix} \begin{bmatrix} 1 \\ 3 \end{bmatrix} & \begin{bmatrix} 0 & 1 \\ -1 & 0 \end{bmatrix}\begin{bmatrix} 1 \\ 3 \end{bmatrix} \end{bmatrix} = \begin{bmatrix} 1 & 3 \\ 3 & -1 \end{bmatrix}$$

显然,此方阵是满秩的,因而系统完全可控,可以在有限的时间内,通过输入的控制,使系统由初始状态转到零状态。

8.6.2　系统的可观测性

系统的可观测性也称为能观测性,是指对于用状态方程和输出方程描述的系统,能在有限的时间间隔内根据系统的输出来确定系统的所有状态的能力,简称客观性或能观性。若只能由输出确定系统的部分状态,则称系统是不完全可观测的。

例如,某连续时间系统的动态方程为

$$\begin{bmatrix} \dot{w}_1(t) \\ \dot{w}_2(t) \end{bmatrix} = \begin{bmatrix} 1 & 0 \\ 0 & 2 \end{bmatrix} \begin{bmatrix} w_1(t) \\ w_2(t) \end{bmatrix} + \begin{bmatrix} 0 \\ 1 \end{bmatrix} [x(t)]$$

$$\boldsymbol{y}(t) = \begin{bmatrix} 1 & 0 \end{bmatrix} \begin{bmatrix} w_1(t) \\ w_2(t) \end{bmatrix} + [x(t)]$$

由输出方程可见,在已知输入的条件下,根据输出 $\boldsymbol{y}(t)$ 就能确定 $w_1(t)$。但是,若要根据输出量 $\boldsymbol{y}(t)$ 确定状态变量 $w_2(t)$,则是不可能的。因为,不仅输出和 $w_2(t)$ 没有关系,而且系统矩阵是对角矩阵,因而 $w_1(t)$ 和 $w_2(t)$ 之间也没有关系。也就是说,通过输出 $\boldsymbol{y}(t)$ 只能观测到状态变量 $w_1(t)$,而不能观测到状态变量 $w_2(t)$。因此,系统是不完全可观测的,或称系统是不可观测的。

下面分别对连续时间和离散时间系统的可观测性加以研究。

1. 连续时间系统的可观测性

连续时间系统的动态方程为

$$\dot{\boldsymbol{W}}(t) = \boldsymbol{AW}(t) + \boldsymbol{BX}(t)$$

$$\boldsymbol{Y}(t) = \boldsymbol{CW}(t) + \boldsymbol{DX}(t)$$

由前面的分析可知,连续时间系统的时域解为

$$\boldsymbol{Y}(t) = \boldsymbol{C}\mathrm{e}^{\boldsymbol{A}t}\boldsymbol{W}(0) + \boldsymbol{C}\int_{t_0}^{t} \mathrm{e}^{\boldsymbol{A}(t-\tau)}\boldsymbol{BX}(\tau)\mathrm{d}\tau + \boldsymbol{DX}(t) \tag{8.6.9}$$

其中，$\boldsymbol{B}$、$\boldsymbol{C}$、$\boldsymbol{D}$ 及 $\boldsymbol{X}(t)$ 均为已知。可不失一般性地假定初始状态为 $t_0 = 0$，系统 t 时刻的输入 $\boldsymbol{X}(t) = 0$，于是有

$$\boldsymbol{Y}(t) = \boldsymbol{C}\mathrm{e}^{\boldsymbol{A}t}\boldsymbol{W}(0)$$

将式(8.6.2)代入上式，可得

$$\boldsymbol{Y}(t) = \boldsymbol{C}\sum_{m=0}^{n-1}b_m(t)\boldsymbol{A}^m\boldsymbol{W}(0)$$

$$= \begin{bmatrix} b_0(t)\boldsymbol{I} & b_1(t)\boldsymbol{I} & \cdots & b_{n-1}(t)\boldsymbol{I} \end{bmatrix}\begin{bmatrix} \boldsymbol{C} \\ \boldsymbol{CA} \\ \boldsymbol{CA}^2 \\ \vdots \\ \boldsymbol{CA}^{n-1} \end{bmatrix}\boldsymbol{W}(0) \qquad (8.6.10)$$

式中，$\boldsymbol{I}$ 为 q 阶单位矩阵，是将 $\boldsymbol{Y}(t)$ 记为向量矩阵形式引入的。$\begin{bmatrix} b_0(t)\boldsymbol{I} & b_1(t)\boldsymbol{I} & \cdots & b_{n-1}(t)\boldsymbol{I} \end{bmatrix}$ 是 $q \times nq$ 维矩阵，nq 列都是线性无关的；$\boldsymbol{M}_0 = \begin{bmatrix} \boldsymbol{C} & \boldsymbol{CA} & \cdots & \boldsymbol{CA}^{n-1} \end{bmatrix}^{\mathrm{T}}$ 也是 $q \times nq$ 维矩阵，称为连续时间系统的可观测矩阵。式(8.6.10)展开后有 nq 个方程，若其中有 n 个独立方程，便可由 n 步测量得到的输出信号 $\boldsymbol{Y}(t)$ 确定唯一的一组初始状态变量 $\boldsymbol{W}(0)$。当独立方程的个数多于 n 个时，其解会出现矛盾；当独立方程的个数少于 n 个时，会有无穷解。于是得到由 $\boldsymbol{Y}(t)$ 值可唯一确定 $\boldsymbol{W}(0)$ 的充要条件是

$$\mathrm{rank}\boldsymbol{M}_0 = \mathrm{rank}\begin{bmatrix} \boldsymbol{C} & \boldsymbol{CA} & \cdots & \boldsymbol{CA}^{n-1} \end{bmatrix}^{\mathrm{T}} = n \qquad (8.6.11)$$

式(8.6.11)就是系统可观测性的判定条件。

2. 离散时间系统的可观测性

离散时间系统的动态方程为

$$\boldsymbol{W}(n+1) = \boldsymbol{AW}(n) + \boldsymbol{BX}(n)$$
$$\boldsymbol{Y}(n) = \boldsymbol{CW}(n) + \boldsymbol{DX}(n)$$

其解为

$$\boldsymbol{W}(n) = \boldsymbol{A}^n\boldsymbol{W}(0) + \sum_{i=0}^{n-1}\boldsymbol{A}^{n-1-i}\boldsymbol{BX}(i)$$

$$\boldsymbol{Y}(n) = \boldsymbol{CA}^n\boldsymbol{W}(0) + \boldsymbol{C}\sum_{i=0}^{n-1}\boldsymbol{A}^{n-1-i}\boldsymbol{BX}(i) + \boldsymbol{DX}(n)$$

研究可观测性时，$\boldsymbol{A}$、$\boldsymbol{B}$、$\boldsymbol{C}$、$\boldsymbol{D}$ 和 $\boldsymbol{X}(n)$ 均为已知。可不失一般性地假设 n 时刻系统的输入 $\boldsymbol{X}(n) = 0$，则此时系统动态方程对应的解为

$$\boldsymbol{W}(n) = \boldsymbol{A}^n\boldsymbol{W}(0), \boldsymbol{Y}(n) = \boldsymbol{CA}^n\boldsymbol{W}(0)$$

观测 n 步后，可得到下述方程组

$$\begin{cases} \boldsymbol{Y}(0) = \boldsymbol{CW}(0) \\ \boldsymbol{Y}(1) = \boldsymbol{CAW}(0) \\ \vdots \\ \boldsymbol{Y}(n-1) = \boldsymbol{CA}^{n-1}\boldsymbol{W}(0) \end{cases}$$

写成矢量矩阵形式为

$$\begin{bmatrix} \boldsymbol{Y}(0) \\ \boldsymbol{Y}(1) \\ \vdots \\ \boldsymbol{Y}(n-1) \end{bmatrix} = \begin{bmatrix} \boldsymbol{C} \\ \boldsymbol{CA} \\ \vdots \\ \boldsymbol{CA}^{n-1} \end{bmatrix}\boldsymbol{W}(0) = \boldsymbol{M}_0\boldsymbol{W}(0) \qquad (8.6.12)$$

式中，$\boldsymbol{M}_0 = \begin{bmatrix} \boldsymbol{C} & \boldsymbol{CA} & \cdots & \boldsymbol{CA}^{n-1} \end{bmatrix}^{\mathrm{T}}$ 为 $q \times nq$ 维矩阵，称为离散时间系统的可观测矩阵。与连续系统的类似，方程(8.6.12)有唯一解，即系统可观测的充要条件是

$$\mathrm{rank}\boldsymbol{M}_0 = \mathrm{rank}\begin{bmatrix} \boldsymbol{C} & \boldsymbol{CA} & \cdots & \boldsymbol{CA}^{n-1} \end{bmatrix}^{\mathrm{T}} = n$$

由此可见，系统的可观测性与状态方程中的系统矩阵 $\boldsymbol{A}$、输出方程中的矩阵 $\boldsymbol{C}$ 有关。

例 8.27　有两个离散系统，它们的状态方程相同，为

$$\begin{bmatrix} w_1(n+1) \\ w_2(n+1) \end{bmatrix} = \begin{bmatrix} 2 & 1 \\ 0 & 3 \end{bmatrix}\begin{bmatrix} w_1(n) \\ w_2(n) \end{bmatrix} + \begin{bmatrix} 1 \\ 0 \end{bmatrix}\begin{bmatrix} x(n) \end{bmatrix}$$

输出方程分别为

$$\boldsymbol{y}_{\mathrm{a}}(n) = \begin{bmatrix} 1 & -1 \end{bmatrix}\begin{bmatrix} w_1(n) \\ w_2(n) \end{bmatrix}$$

$$\boldsymbol{y}_{\mathrm{b}}(n) = \begin{bmatrix} 1 & 0 \end{bmatrix}\begin{bmatrix} w_1(n) \\ w_2(n) \end{bmatrix} + x(n)$$

试判断系统 a 和 b 是否可观测。

解　根据系统的可观测性矩阵，对于系统 a 和系统 b 分别有

$$\boldsymbol{M}_{\mathrm{a0}} = \begin{bmatrix} \begin{bmatrix} 1 & -1 \end{bmatrix} & \begin{bmatrix} 1 & -1 \end{bmatrix}\begin{bmatrix} 2 & 1 \\ 0 & 3 \end{bmatrix} \end{bmatrix}^{\mathrm{T}} = \begin{bmatrix} 1 & -1 \\ 2 & -2 \end{bmatrix}$$

$$\boldsymbol{M}_{\mathrm{b0}} = \begin{bmatrix} \begin{bmatrix} 1 & 0 \end{bmatrix} & \begin{bmatrix} 1 & 0 \end{bmatrix}\begin{bmatrix} 2 & 1 \\ 0 & 3 \end{bmatrix} \end{bmatrix}^{\mathrm{T}} = \begin{bmatrix} 1 & 0 \\ 2 & 1 \end{bmatrix}$$

则有 $\mathrm{rank}\boldsymbol{M}_{\mathrm{a0}} = 1$，$\mathrm{rank}\boldsymbol{M}_{\mathrm{b0}} = 2$。故系统 a 不完全可观测，系统 b 可观测。

本　章　小　结

状态变量分析法主要研究系统内部的一些变量，使研究者可以比较方便地、更好地设计和控制系统。本章主要介绍了连续时间系统和离散时间系统的状态方程的建立方法及相应的求解方法，其中，连续时间系统状态方程的求解分为时域法和 s 域解法，离散时间系统状态方程的求解分为时域法和 z 变换解法。本章最后还介绍了系统状态方程的线性变换及如何由系统的状态方程来判断系统的稳定性等知识。

习　题　8

8.1　写出题 8.1 图所示电路的状态方程。

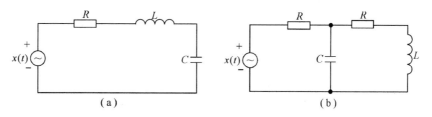

题 8.1 图

8.2 写出题 8.2 图所示电路的状态方程。若以电阻上的电压(图中 $y(t)$)为输出,写出其输出方程。

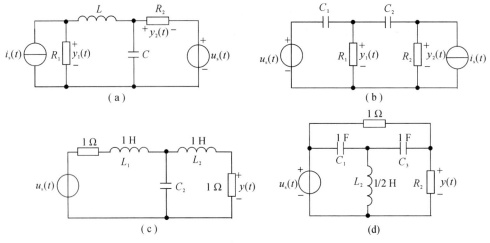

题 8.2 图

8.3 由下列微分方程写出系统的状态方程和输出方程。

(1) $\dddot{y} + 5\ddot{y} + 7\dot{y} + 3y = x$;

(2) $\ddot{y} + 4\dot{y} = x$;

(3) $\ddot{y} + 4\dot{y} + 3y = \dot{x} + x$;

(4) $\dddot{y} + 5\ddot{y} + \dot{y} + 2y = \dot{x} + 2x$;

(5) $\dddot{y} + 3\ddot{y} + 2\dot{y} + y = \ddot{x} + 2\dot{x} + x$。

8.4 描述连续系统的微分方程如下,写出它们的状态方程和输出方程。

(1) $\ddot{y}_1 + y_2 = x_1$,$\ddot{y}_2 + \dot{y}_1 + \dot{y}_2 + y_1 = x_2$;

(2) $\ddot{y}_1 + y_2 = x$,$\ddot{y}_2 + y_1 = x$。

8.5 写出题 8.5 图所示用信号流图描述的各系统的状态方程和输出方程。

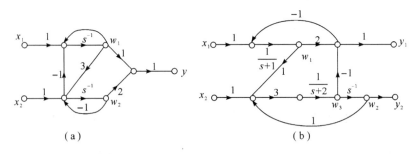

题 8.5 图

8.6 离散系统用下列差分方程描述,试分别写出它们的状态方程和输出方程。

(1) $y(n) + 2y(n-1) + 5y(n-2) + 6y(n-3) = x(n-3)$;

(2) $y(n) + 3y(n-1) + 2y(n-2) + y(n-3) = x(n-1) + 2x(n-2) + 3x(n-3)$;

(3) $y(n+2) + 3y(n+1) + 2y(n) = x(n+1) + x(n)$。

8.7 根据题 8.7 图所示的信号流图，写出各离散系统的状态方程和输出方程。

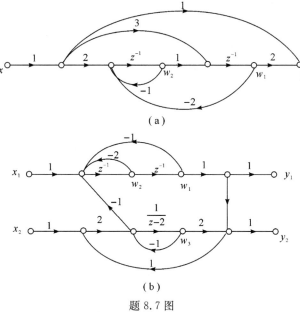

（a）

（b）

题 8.7 图

8.8 分别根据下列连续时间系统状态方程中的系统矩阵求出其状态转移矩阵 $\boldsymbol{\varphi}(t) = \mathrm{e}^{\boldsymbol{A}t}$。

(1) $\boldsymbol{A} = \begin{bmatrix} -2 & 0 \\ 0 & -3 \end{bmatrix}$;

(2) $\boldsymbol{A} = \begin{bmatrix} 1 & 2 \\ 0 & -2 \end{bmatrix}$;

(3) $\boldsymbol{A} = \begin{bmatrix} 0 & w \\ w & 0 \end{bmatrix}$;

(4) $\boldsymbol{A} = \begin{bmatrix} a & 1 \\ 0 & a \end{bmatrix}$;

(5) $\boldsymbol{A} = \begin{bmatrix} 1 & 0 & 1 \\ 0 & -1 & 2 \\ 0 & 0 & 0 \end{bmatrix}$。

8.9 求下列状态方程的解。

(1) $\begin{bmatrix} \dot{w}_1(t) \\ \dot{w}_2(t) \end{bmatrix} = \begin{bmatrix} 1 & 0 \\ 1 & 1 \end{bmatrix} \begin{bmatrix} w_1(t) \\ w_2(t) \end{bmatrix} + \begin{bmatrix} 1 \\ 1 \end{bmatrix} [x(t)]$，并且 $\begin{bmatrix} w_1(0) \\ w_2(0) \end{bmatrix} = \begin{bmatrix} 1 \\ 0 \end{bmatrix}$，$x(t) = u(t)$；

(2) $\begin{bmatrix} \dot{w}_1(t) \\ \dot{w}_2(t) \end{bmatrix} = \begin{bmatrix} -3 & -2 \\ 2 & 2 \end{bmatrix} \begin{bmatrix} w_1(t) \\ w_2(t) \end{bmatrix} + \begin{bmatrix} 3 \\ 0 \end{bmatrix} [x(t)]$，并且 $\begin{bmatrix} w_1(0) \\ w_2(0) \end{bmatrix} = \begin{bmatrix} 2 \\ -1 \end{bmatrix}$，$x(t) = u(t)$。

8.10 已知系统的状态转移矩阵为

(1) $\boldsymbol{\varphi}(t) = \begin{bmatrix} 2\mathrm{e}^{-t} - \mathrm{e}^{-2t} & 2(\mathrm{e}^{-2t} - \mathrm{e}^{-t}) \\ \mathrm{e}^{-t} - \mathrm{e}^{-2t} & 2\mathrm{e}^{-2t} - \mathrm{e}^{-t} \end{bmatrix}$;

(2) $\boldsymbol{\varphi}(t) = \begin{bmatrix} \mathrm{e}^{-t} - 2t\mathrm{e}^{-t} & 4t\mathrm{e}^{-t} \\ -t\mathrm{e}^{-t} & \mathrm{e}^{-t} + 2t\mathrm{e}^{-t} \end{bmatrix}$。

分别求其对应的系统矩阵 $\boldsymbol{A}$。

8.11 已知系统的动态方程为

$$\begin{bmatrix} \dot{w}_1(t) \\ \dot{w}_2(t) \end{bmatrix} = \begin{bmatrix} -1 & 2 \\ -1 & -4 \end{bmatrix} \begin{bmatrix} w_1(t) \\ w_2(t) \end{bmatrix} + \begin{bmatrix} 1 \\ 1 \end{bmatrix} [x(t)], \quad y(t) = \begin{bmatrix} 1 & -1 \end{bmatrix} \begin{bmatrix} w_1(t) \\ w_2(t) \end{bmatrix} + x(t)$$

且系统的初始状态为 $[w_1(0) \quad w_2(0)]^{\mathrm{T}} = [1 \quad -1]^{\mathrm{T}}$，输入为 $x(t) = u(t)$。

(1) 求系统状态方程和输出方程的解；

(2) 求系统的函数矩阵 $\boldsymbol{H}(s)$；

(3) 求系统的单位冲激响应。

8.12 根据下列离散时间系统的系统矩阵 $\boldsymbol{A}$，分别求出其对应的状态转移矩阵 $\boldsymbol{\varphi}(n) = \boldsymbol{A}^n$。

$$(1) \ \boldsymbol{A} = \begin{bmatrix} \dfrac{1}{2} & 0 \\ 0 & \dfrac{1}{3} \end{bmatrix}; \qquad\qquad (2) \ \boldsymbol{A} = \begin{bmatrix} \dfrac{3}{4} & 0 \\ \dfrac{1}{2} & \dfrac{1}{2} \end{bmatrix};$$

$$(3) \ \boldsymbol{A} = \begin{bmatrix} \dfrac{1}{2} & \dfrac{1}{4} \\ 1 & \dfrac{1}{2} \end{bmatrix}; \qquad\qquad (4) \ \boldsymbol{A} = \begin{bmatrix} \dfrac{1}{2} & 0 \\ \dfrac{1}{2} & \dfrac{1}{2} \end{bmatrix}.$$

8.13 已知离散时间系统的状态方程为

$$\begin{bmatrix} w_1(n+1) \\ w_2(n+1) \end{bmatrix} = \begin{bmatrix} \dfrac{1}{2} & \dfrac{1}{6} \\ 0 & \dfrac{1}{3} \end{bmatrix} \begin{bmatrix} w_1(n) \\ w_2(n) \end{bmatrix} + \begin{bmatrix} 0 \\ 1 \end{bmatrix} x(n)$$

分别求在下列初始条件下状态方程的解。

$$(1) \ \begin{bmatrix} w_1(0) \\ w_2(0) \end{bmatrix} = \begin{bmatrix} 1 \\ 1 \end{bmatrix}, \ x(n) = 0;$$

$$(2) \ \begin{bmatrix} w_1(0) \\ w_2(0) \end{bmatrix} = \begin{bmatrix} 1 \\ -1 \end{bmatrix}, \ x(n) = u(n)\text{。}$$

8.14 已知某离散时间系统的状态方程和输出方程为

$$\begin{bmatrix} w_1(n+1) \\ w_2(n+1) \end{bmatrix} = \begin{bmatrix} 0 & \dfrac{1}{4} \\ \dfrac{1}{2} & \dfrac{3}{4} \end{bmatrix} \begin{bmatrix} w_1(n) \\ w_2(n) \end{bmatrix} + \begin{bmatrix} 0 \\ 1 \end{bmatrix} x(n), \ \boldsymbol{y}(n) = \begin{bmatrix} 0 & 1 \end{bmatrix} \begin{bmatrix} w_1(n) \\ w_2(n) \end{bmatrix}$$

(1) 若初始状态为 $[w_1(0) \quad w_2(0)]^{\mathrm{T}} = [1 \quad 1]^{\mathrm{T}}$，输入为 $x(n) = u(n)$，求系统的输出 $\boldsymbol{y}(n)$；

(2) 求系统函数 $H(z)$。

8.15 已知离散时间系统的系统矩阵为

$$\boldsymbol{A} = \begin{bmatrix} 1 & a \\ 2 & \dfrac{1}{2} \end{bmatrix}$$

当 a 为何值时系统稳定？

8.16 已知连续时间系统的动态方程为

$$\dot{\boldsymbol{W}} = \boldsymbol{A}\boldsymbol{W} + \boldsymbol{B}\boldsymbol{X}$$

$$\boldsymbol{Y} = \boldsymbol{C}\boldsymbol{W}$$

其中

$$\boldsymbol{A} = \begin{bmatrix} 1 & 0 \\ -1 & 2 \end{bmatrix}$$

试检验下列情况下系统的可控制性和可观测性。

(1) $\boldsymbol{B}=\begin{bmatrix}1\\0\end{bmatrix}$, $\boldsymbol{C}=\begin{bmatrix}0 & 1\end{bmatrix}$　　　　　　　(2) $\boldsymbol{B}=\begin{bmatrix}1\\0\end{bmatrix}$, $\boldsymbol{C}=\begin{bmatrix}1 & 0\end{bmatrix}$

(3) $\boldsymbol{B}=\begin{bmatrix}0\\1\end{bmatrix}$, $\boldsymbol{C}=\begin{bmatrix}1 & 0\end{bmatrix}$

8.17　试检验下列系统的可控制性和可观测性。

(1) $\begin{bmatrix}\dot{w}_1(t)\\\dot{w}_2(t)\end{bmatrix}=\begin{bmatrix}1 & 0\\1 & -3\end{bmatrix}\begin{bmatrix}w_1(t)\\w_2(t)\end{bmatrix}+\begin{bmatrix}1\\0\end{bmatrix}\begin{bmatrix}x(t)\end{bmatrix}$, $\boldsymbol{y}(t)=\begin{bmatrix}-\dfrac{1}{4} & 1\end{bmatrix}\begin{bmatrix}w_1(t)\\w_2(t)\end{bmatrix}$;

(2) $\begin{bmatrix}\dot{w}_1(t)\\\dot{w}_2(t)\end{bmatrix}=\begin{bmatrix}2 & 2\\2 & -1\end{bmatrix}\begin{bmatrix}w_1(t)\\w_2(t)\end{bmatrix}+\begin{bmatrix}2\\0\end{bmatrix}\begin{bmatrix}x(t)\end{bmatrix}$, $\boldsymbol{y}(t)=\begin{bmatrix}1 & -2\end{bmatrix}\begin{bmatrix}w_1(t)\\w_2(t)\end{bmatrix}$;

(3) $\begin{bmatrix}\dot{w}_1(t)\\\dot{w}_2(t)\end{bmatrix}=\begin{bmatrix}0 & 0\\0 & 0\end{bmatrix}\begin{bmatrix}w_1(t)\\w_2(t)\end{bmatrix}+\begin{bmatrix}0\\1\end{bmatrix}\begin{bmatrix}x(t)\end{bmatrix}$, $\boldsymbol{y}(t)=\begin{bmatrix}0 & 1\end{bmatrix}\begin{bmatrix}w_1(t)\\w_2(t)\end{bmatrix}$。

8.18　已知某离散系统的状态方程为

$$\begin{bmatrix}w_1(n+1)\\w_2(n+1)\end{bmatrix}=\begin{bmatrix}-3 & 1\\-2 & 0\end{bmatrix}\begin{bmatrix}w_1(n)\\w_2(n)\end{bmatrix}+\begin{bmatrix}0\\1\end{bmatrix}x(n)$$

(1) 判断系统是否可控；

(2) 若系统可控，设初始状态为 $\begin{bmatrix}w_1(0) & w_2(0)\end{bmatrix}^{\mathrm{T}}=\begin{bmatrix}1 & 1\end{bmatrix}^{\mathrm{T}}$，试确定一个合适的输入 $x(n)$，使该系统在 $n=2$ 时的状态为 $\begin{bmatrix}w_1(2) & w_2(2)\end{bmatrix}^{\mathrm{T}}=\begin{bmatrix}0 & 0\end{bmatrix}^{\mathrm{T}}$。

8.19　已知离散时间系统的状态方程和输出方程分别为

$$\begin{bmatrix}w_1(n+1)\\w_2(n+1)\end{bmatrix}=\begin{bmatrix}0 & 1\\2 & -1\end{bmatrix}\begin{bmatrix}w_1(n)\\w_2(n)\end{bmatrix}+\begin{bmatrix}0\\1\end{bmatrix}x(n)$$

$$\boldsymbol{y}(n)=\begin{bmatrix}0 & 1\end{bmatrix}\begin{bmatrix}w_1(n)\\w_2(n)\end{bmatrix}$$

(1) 判断系统是否可观测；

(2) 已知输入 $x(0)=0$, $x(1)=1$，观测值为 $y(1)=1$, $y(2)=6$，试确定系统的初始状态 $w_1(0)$ 和 $w_2(0)$ 的值。

8.20　系统框图如题 8.20 图所示。

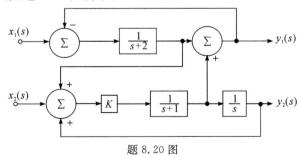

题 8.20 图

(1) 画出系统的信号流图；

(2) 建立系统的状态方程和输出方程；

(3) 求出系统的系统函数矩阵；

(4) 确定系统稳定时 K 值的允许范围。

参考文献

[1] 吴大正. 信号与线性系统分析[M]. 4 版. 北京：高等教育出版社，2005.

[2] 郑君里，应启珩，杨为理. 信号与系统[M]. 2 版. 北京：高等教育出版社，2000.

[3] 管致中，夏恭格，孟桥. 信号与线性系统[M]. 4 版. 北京：高等教育出版社，2004.

[4] 陈后金. 信号与系统[M]. 北京：高等教育出版社，2007.

[5] 聂祥飞，王海宝，谭泽富. MATLAB 程序设计及其在信号处理中的应用[M]. 西安：西安交通大学出版社，2005.

[6] 唐向宏，岳恒立，郑雪峰. MATLAB 及在电子信息类课程中的应用[M]. 北京：电子工业出版社，2006.

[7] 曹才开，宋树祥，梅志红，等. 信号与系统[M]. 北京：清华大学出版社，2006.

[8] 罗纳德 N. 布雷斯韦尔. The Fourier Transform and Its Applications(英文版)/傅里叶变换及其应用[M]. 北京：机械工业出版社，2002.

[9] 应自炉. 信号与系统[M]. 北京：国防工业出版社，2005.

[10] 徐天成，钱冬宁，张胜付. 信号与系统[M]. 哈尔滨：哈尔滨工业大学出版社，2000.

[11] 燕庆明. 信号与系统教程[M]. 北京：高等教育出版社，2004.

[12] 沈元隆，周井泉. 信号与系统[M]. 北京：人民邮电出版社，2007.